21 世纪应用型本科土木建筑系列实用规划教材

土木工程测量(第 2 版)

主　编　　陈久强　　刘文生
副主编　　雷中英　　郭明建
参　编　　佘加勇
主　审　　黄全义

内 容 简 介

本书在编写过程中，遵循理论联系实际和突出应用的原则，介绍了土木工程测量的定位原理和方法、特征点、线、面的测量方法，主要内容包括：测量工作的基准面、基准线和坐标系统；测量的定位元素和定位方法；水准测量、角度测量、距离测量、直线定向、测量误差、小区域控制测量、地形图与地形测量；识图、用图的基本知识，施工测量的基本工作；建筑施工控制测量、民用与工业建筑施工测量、变形测量；线路中线测量、曲线测设、纵横断面测量；公路、桥梁、隧道、管道等的施工测量等。同时，本书在介绍测量原理、方法和常规测量仪器的基础上，对新型电子仪器的测量原理和使用方法、现代测绘技术的实际应用也作了相应的介绍。

本书可作为高等院校土木工程及相关专业的教材，也可作为土木工程技术人员的参考用书。

图书在版编目（CIP）数据

土木工程测量/陈久强，刘文生主编．—2 版．—北京：北京大学出版社，2012.1
（21 世纪应用型本科土木建筑系列实用规划教材）
ISBN 978-7-301-19723-3

Ⅰ．①土… Ⅱ．①陈…②刘… Ⅲ．①土木工程—工程测量—高等学校—教材 Ⅳ．①TU198

中国版本图书馆 CIP 数据核字（2011）第 231574 号

书　　　名：	**土木工程测量（第 2 版）**
著作责任者：	陈久强　刘文生　主编
策划编辑：	卢 东　吴 迪
责任编辑：	卢 东
标准书号：	ISBN 978-7-301-19723-3/TU・0192
出版者：	北京大学出版社
地　　　址：	北京市海淀区成府路 205 号　100871
网　　　址：	http://www.pup.cn
电　　　话：	邮购部 010-62752015　发行部 010-62750672　编辑部 010-62750667
编辑部邮箱：	pup6@pup.cn
总编室邮箱：	zpup@pup.cn
印刷者：	北京虎彩文化传播有限公司
发行者：	北京大学出版社
经销者：	新华书店
	787 毫米×1092 毫米　16 开本　21 印张　485 千字
	2006 年 2 月第 1 版
	2012 年 1 月第 2 版　2025 年 1 月第 16 次印刷
定　　价：	45.00 元

未经许可，不得以任何方式复制或抄袭本书之部分或全部内容。
版权所有，侵权必究　　举报电话：010-62752024
　　　　　　　　　　　　电子邮箱：fd@pup.cn

第 2 版前言

本书自 2006 年出版以来，经有关院校教学使用，反映良好。随着近年来国家关于建设工程的新政策、新法规的不断出台，一些新的规范、规程陆续颁布实施，为了更好地开展教学，满足学生学习的要求，我们对本书进行了修订。

这次修订主要做了以下工作：

1. 将全书的内容顺序做了调整，如 4.4 直线定向调整为 6.2 坐标方位角；
2. 补充或加强了电子水准仪、全站仪数字化测图、公路施工测量、缓和曲线放样等内容；
3. 删除了在土木工程建设中已经不常用的测量方法，如小三角测量、地形图梯形分幅、地籍测量、建筑方格网等内容；
4. 增加了计算器、EXCEL 等常用测量计算的内容；
5. 对全书的版式进行了全新的编排，增加了每章教学要点、技能要点、引例；
6. 对书中的文字和图中错误进行了更正。

经修订，本书具有以下特点：

1. 所有案例数据都具有工程实际的特点，避免以往虚构数据的毛病；
2. 每章增加了教学要点和人文知识，注重人文科技结合渗透，提高学生的阅读兴趣；
3. 在规范、规程的应用上全部采用国家颁布的最新标准，所选用的仪器、设备、工具是国际上通用的、符合计量认证标准、具有代表性的，以增强教材的现实性。

参加本书修订工作的有：湖南大学陈久强（第 1、3、7、11 章）、湖南大学余加勇（第 8 章）、湖北工业大学刘文生（第 4、5、6、10 章）、长江大学雷中英（第 9 章）、孝感学院郭明建（第 2 章）。全书由刘文生统稿。

对于本书存在的不足和差错，欢迎同行批评指正。对使用本书、关注本书以及提出修改意见的同行们表示深深的感谢。

编 者
2011 年 10 月

第1版前言

本教材是根据教育部1998年颁布的普通高等学校土木工程类专业《测量学》教学大纲的要求，结合我国高等教育改革、专业范围和方向调整、课程设置、学时的实际分配而编写的。为适应培养土木工程的设计、施工、管理及项目规划、研究开发能力的高科技人才的需要，教材编写立足于基本理论、基本知识、基本技能；着重于新技术、新方法、新设备、新内容、新规范的介绍，以拓宽知识面、增强适应性。为满足培养公路、城市道路、铁道、桥梁、建筑、隧道与地下建筑、管线等工程的设计、施工、管理、研究等方面的21世纪高新土木工程技术人才的需求，将土木工程测量的"点、线、面、平、纵、横"定位以及解决工程建设中相关放样、测图、用图等测量技术问题融为一体，由浅入深、由表及里、循序渐进地介绍了测量学的系列知识。本教材编写的内容适用于作为土木工程和其他相关专业教学用书，以及作为土木工程技术人员的参考用书。

本教材具有以下特点：

（1）理论新：做到基本理论、经典理论详尽而清楚，对于测绘界科研成果中的新理论，将依据可靠的、应用性强的、符合专业发展方向的原则有选择地编入，以便学生业务水平的提高和向高层次发展。

（2）体系新：从专业要求出发，整体考虑专业特点进行课程设置和教学内容的安排，并将教学内容与教改后的总学时统一协调，各章相对独立而又有机联系，突出重点和难点，文字表达详简得当，例题详解、习题与思考题给出提示或参考答案，便于学生自学。

（3）内容新：注意吸收国内外的先进教学经验和教学方法，编入新的测绘理论、技术和方法，特别注意教学内容的理论、技术、方法与生产实践相结合，在测、绘、算方面向着数字化、文档（库）化看齐，确保教材的适应性。

（4）适时性：在规范、规程的应用上全部采用国家颁布的最新标准，所选用的仪器、设备、工具是国际上通用的、符合计量认证标准、具有代表性的，以增强教材的现实性。

参加本教材编写工作的有：湖南大学陈久强（第1、3、7、11章）、湖南大学余加勇（第8章）、孝感学院郭明建（第2章）、江西科技师范学院袁辉（第4章）、湖北工业大学刘文生（第5、6、10章）、长江大学雷中英（第9、12章）。全书由陈久强、刘文生任主编并统稿。承蒙武汉大学黄全义教授认真、细致地审查，在此表示衷心的感谢。

由于编者水平所限，教材中难免存在缺点和错误，敬请广大读者、专家、同行批评指正。

编 者
2005年12月

目 录

第1章 绪论 ·········· 1

1.1 土木工程测量学的任务及作用 ······ 2
  1.1.1 土木测量学的定义 ········ 2
  1.1.2 土木工程测量学的任务 ····· 3
  1.1.3 土木工程测量学的作用 ····· 4
  1.1.4 土木工程建设应掌握的基本测量内容 ·········· 4

1.2 测量坐标系统 ············ 5
  1.2.1 测量基准面的概念 ········ 5
  1.2.2 坐标系统 ·············· 6
  1.2.3 高程系统 ············· 10

1.3 地面点定位的基本概念 ········ 10
  1.3.1 地面点定位元素 ········· 10
  1.3.2 地面点定位的原理 ······· 10
  1.3.3 地面点定位的程序与原则 ··············· 11

1.4 用水平面代替水准面的限度 ····· 12
  1.4.1 地球曲率对距离的影响 ··· 13
  1.4.2 地球曲率对高程的影响 ··· 13
  1.4.3 地球曲率对水平角的影响 ··············· 13

1.5 测量常用计量单位 ··········· 14
  1.5.1 长度单位 ············· 14
  1.5.2 面积与体积单位 ········· 14
  1.5.3 平面角单位 ············ 14
  1.5.4 测量数据计算的凑整规则 ··············· 15

思考题 ······················ 15
习题 ······················· 15

第2章 水准测量 ········ 17

2.1 水准测量原理 ············· 18

2.2 水准测量仪器和工具及其技术操作 ················ 19
  2.2.1 DS_3型微倾式水准仪的构造 ················ 19
  2.2.2 水准尺与尺垫 ·········· 22
  2.2.3 水准仪技术操作 ········ 23
  2.2.4 扶尺和搬站 ············ 24

2.3 水准测量的实施 ············ 25
  2.3.1 水准点 ················ 25
  2.3.2 水准路线 ············· 25
  2.3.3 水准测量外业的实施 ···· 26
  2.3.4 水准测量检核 ·········· 28
  2.3.5 水准测量成果处理 ······ 29

2.4 DS_3型水准仪的检验与校正 ···· 31
  2.4.1 $L'L'//VV$的检验与校正 ················· 31
  2.4.2 十字丝横丝$\perp VV$的检验与校正 ·········· 32
  2.4.3 $LL//CC$的检验与校正 ··· 33

2.5 水准测量误差分析 ·········· 34
  2.5.1 仪器误差 ············· 34
  2.5.2 观测误差 ············· 35
  2.5.3 外界环境因素的影响 ···· 35

2.6 三、四等水准测量 ·········· 36
  2.6.1 主要技术要求 ·········· 36
  2.6.2 一个测站的观测程序 ···· 37
  2.6.3 测站计算与检核 ········ 37
  2.6.4 全路线的计算与检核 ···· 39
  2.6.5 三、四等水准测量成果处理 ··············· 40

2.7 其他水准测量仪器 ·········· 40
  2.7.1 自动安平水准仪 ········ 40
  2.7.2 精密水准仪 ············ 42

2.7.3 数字水准仪 ………… 44
思考题 ………………………… 47
习题 …………………………… 47

第3章 角度测量 …………………… 50

3.1 角度测量原理 ……………… 51
    3.1.1 水平角测量原理 ……… 51
    3.1.2 竖直角测量原理 ……… 52
3.2 光学经纬仪及其技术操作 … 52
    3.2.1 光学经纬仪的构造 …… 53
    3.2.2 光学测微装置与
         读数方法 ……………… 57
    3.2.3 经纬仪的技术操作 …… 58
3.3 水平角测量 ………………… 60
    3.3.1 测回法 ………………… 60
    3.3.2 方向观测法 …………… 61
3.4 竖直角测量 ………………… 64
    3.4.1 竖盘构造 ……………… 64
    3.4.2 竖直角计算公式 ……… 64
    3.4.3 竖直角测量和计算 …… 65
    3.4.4 竖盘指标差与竖盘自动
         归零装置 ……………… 66
3.5 经纬仪的检验与校正 ……… 67
    3.5.1 照准部水准管轴的
         检验校正 ……………… 67
    3.5.2 十字丝的检验校正 …… 68
    3.5.3 视准轴的检验校正 …… 69
    3.5.4 横轴的检验校正 ……… 70
    3.5.5 竖盘指标差的检验校正 … 70
    3.5.6 光学对中器的检验校正 … 71
3.6 角度测量的误差及注意事项 … 72
    3.6.1 角度测量的误差 ……… 72
    3.6.2 水平角观测注意事项 … 74
3.7 电子经纬仪介绍 …………… 75
    3.7.1 光电度盘测角原理 …… 75
    3.7.2 电子经纬仪的使用 …… 79
思考题 ………………………… 80
习题 …………………………… 81

第4章 距离测量与直线定向 ……… 83

4.1 钢尺量距 …………………… 84

4.1.1 量距工具 ……………… 84
4.1.2 直线定线 ……………… 85
4.1.3 一般方法量距 ………… 86
4.1.4 精密方法量距 ………… 88
4.1.5 钢尺量距的误差及
         注意事项 ……………… 91
4.2 视距测量 …………………… 92
    4.2.1 视距测量原理 ………… 92
    4.2.2 视距测量的观测与计算 … 93
    4.2.3 视距常数的测定 ……… 94
    4.2.4 视距测量误差分析及
         注意事项 ……………… 95
4.3 光电测距 …………………… 96
    4.3.1 光电测距概述 ………… 96
    4.3.2 光电测距基本原理 …… 97
    4.3.3 相位法测距原理 ……… 97
    4.3.4 短程光电测距仪及其
         使用 …………………… 99
    4.3.5 光电测距的误差分析及其
         注意事项 ……………… 104
思考题 ………………………… 105
习题 …………………………… 106

第5章 测量误差的基本知识 ……… 108

5.1 测量误差与精度 …………… 109
    5.1.1 测量误差的概念 ……… 109
    5.1.2 测量误差的来源 ……… 109
    5.1.3 研究测量误差的目的和
         意义 …………………… 110
    5.1.4 测量误差的分类及
         处理方法 ……………… 110
    5.1.5 精度的概念及评定精度的
         标准 …………………… 112
5.2 误差传播定律 ……………… 114
    5.2.1 误差传播的概念与
         误差传播定律 ………… 114
    5.2.2 一般函数的中误差 …… 114
    5.2.3 线性函数的中误差 …… 115
    5.2.4 误差传播定律的应用 … 116
5.3 等精度直接观测值的最可靠值及
    其中误差 …………………… 117

  5.3.1 算术平均值的原理 …… 117
  5.3.2 似真差及其特性 …… 118
  5.3.3 算术平均值中误差 …… 118
  5.3.4 用改正数计算观测值的
    中误差 …… 118
 5.4 非等精度直接观测值的最可靠值
  及其中误差 …… 120
  5.4.1 权的概念 …… 120
  5.4.2 权与中误差的关系 …… 120
  5.4.3 定权的方法 …… 120
  5.4.4 加权平均值及其
    中误差 …… 122
 思考题 …… 123
 习题 …… 123

第6章 控制测量 …… 125

 6.1 概述 …… 126
  6.1.1 平面控制测量 …… 126
  6.1.2 高程控制测量 …… 128
 6.2 坐标方位角 …… 128
  6.2.1 标准方向 …… 128
  6.2.2 直线方向的表示方法 …… 129
  6.2.3 坐标方位角和
    点位坐标 …… 130
 6.3 导线测量 …… 132
  6.3.1 导线测量的基本概念 …… 132
  6.3.2 导线测量外业工作 …… 133
  6.3.3 导线测量内业计算 …… 134
  6.3.4 无定向导线 …… 138
 6.4 交会测量 …… 139
  6.4.1 前方交会 …… 140
  6.4.2 后方交会 …… 141
  6.4.3 测边交会定点 …… 142
 6.5 三角高程测量 …… 143
  6.5.1 三角高程测量原理 …… 143
  6.5.2 地球曲率和大气折光 …… 143
  6.5.3 三角高程测量的观测和
    计算 …… 145
 6.6 全站仪与全站导线测量 …… 146

  6.6.1 全站仪的基本构造 …… 146
  6.6.2 全站仪的类型及
    技术指标 …… 148
  6.6.3 全站仪的基本功能 …… 149
  6.6.4 全站仪测量 …… 150
  6.6.5 全站仪三维导线测量 …… 152
 6.7 GPS测量 …… 153
  6.7.1 概述 …… 153
  6.7.2 GPS的组成 …… 154
  6.7.3 GPS坐标系统 …… 155
  6.7.4 GPS定位原理 …… 156
  6.7.5 GPS控制网设计 …… 156
  6.7.6 GPS外业测量工作 …… 158
  6.7.7 GPS测量数据处理 …… 159
  6.7.8 GPS在公路勘测中的
    控制测量 …… 161
 思考题 …… 161
 习题 …… 162

第7章 地形测量 …… 164

 7.1 地形图基本知识 …… 165
  7.1.1 地形图的比例尺 …… 165
  7.1.2 地形图的分幅与编号 …… 167
  7.1.3 地形图的图廓元素 …… 168
  7.1.4 地形图的内容 …… 170
 7.2 大比例尺地形图测绘 …… 177
  7.2.1 测图前的准备工作 …… 178
  7.2.2 碎部测量仪器及其
    使用 …… 179
  7.2.3 碎部测量方法 …… 181
  7.2.4 测站的测绘工作 …… 184
  7.2.5 地形图的绘制与
    测图结束工作 …… 187
 7.3 数字测图基本知识 …… 190
  7.3.1 数字测图概述 …… 190
  7.3.2 数字测图作业过程 …… 192
  7.3.3 野外数据采集 …… 194
  7.3.4 碎部点坐标测算 …… 198
  7.3.5 数字测图内业简介 …… 203

思考题 ………………………… 207
　　习题 …………………………… 207

第8章　地形图的应用 ………… 209

8.1　地形图的阅读 ……………… 210
　　8.1.1　图廓外附注的识读 …… 210
　　8.1.2　地物和地貌的识读 …… 210
8.2　地形图应用的基本内容 …… 211
　　8.2.1　测量图上点的坐标值 … 211
　　8.2.2　测量图上点的高程 …… 212
　　8.2.3　测量直线的长度及其
　　　　　坐标方位角 …………… 212
　　8.2.4　测量两点间的坡度 …… 212
8.3　图形面积的量算 …………… 213
　　8.3.1　透明方格纸法 ………… 213
　　8.3.2　平行线法 ……………… 213
　　8.3.3　坐标计算法 …………… 214
　　8.3.4　求积仪法 ……………… 214
8.4　地形图在工程建设中的应用 … 215
　　8.4.1　利用地形图确定
　　　　　汇水面积 ……………… 215
　　8.4.2　按既定坡度在地形图上
　　　　　选线 …………………… 216
　　8.4.3　按设计线路绘制
　　　　　断面图 ………………… 216
　　8.4.4　平整场地中的
　　　　　土方计算 ……………… 217
8.5　数字地形图的应用 ………… 220
　　8.5.1　利用数字地形图查询
　　　　　基本几何要素 ………… 220
　　8.5.2　利用数字地形图计算
　　　　　土方量 ………………… 221
　　8.5.3　利用数字地形图绘制
　　　　　断面图 ………………… 225
　　8.5.4　利用数字地形图进行
　　　　　工程设计 ……………… 226
　　思考题 ………………………… 226
　　习题 …………………………… 226

第9章　施工测量的基本工作 …… 228

9.1　施工测量概述 ……………… 229
　　9.1.1　施工测量的目的与
　　　　　任务 …………………… 229
　　9.1.2　施工测量的原则与
　　　　　要求 …………………… 230
　　9.1.3　施工测量的精度 ……… 230
　　9.1.4　施工测量的施测程序 … 230
9.2　测设的基本工作 …………… 230
　　9.2.1　已知水平距离的测设 … 230
　　9.2.2　已知角度的测设 ……… 231
　　9.2.3　已知高程的测设 ……… 232
　　9.2.4　已知坡度的直线测设 … 233
9.3　地面点平面位置的测设 …… 234
　　9.3.1　直角坐标法 …………… 234
　　9.3.2　极坐标法 ……………… 235
　　9.3.3　交会法 ………………… 235
　　9.3.4　全站仪坐标法 ………… 236
　　思考题 ………………………… 237
　　习题 …………………………… 237

第10章　建筑工程施工测量 …… 238

10.1　建筑施工控制测量 ………… 239
　　10.1.1　建筑基线的布设 …… 239
　　10.1.2　建筑基线的放样方法 … 240
　　10.1.3　建筑施工场地高程
　　　　　　控制测量 …………… 241
　　10.1.4　建筑施工测量的
　　　　　　技术准备 …………… 241
10.2　民用建筑施工测量 ………… 243
　　10.2.1　建筑物定位方法 …… 244
　　10.2.2　轴线控制桩设置 …… 245
　　10.2.3　基础施工测量 ……… 246
　　10.2.4　墙体施工测量 ……… 246
　　10.2.5　高层建筑施工测量 … 247
10.3　工业建筑施工测量 ………… 249
　　10.3.1　工业建筑控制网的
　　　　　　测设 ………………… 249
　　10.3.2　柱列轴线与桩基测设 … 250
　　10.3.3　施工模板定位 ……… 250
　　10.3.4　构件安装定位测量 … 250

10.3.5 烟囱、水塔施工放样 … 253
10.3.6 竣工测量及总图编绘 … 254
10.4 变形测量 … 255
　　10.4.1 建(构)筑物变形的基本概念 … 255
　　10.4.2 变形测量的特点与技术要求 … 255
　　10.4.3 沉降观测 … 256
　　10.4.4 位移观测 … 260
　　10.4.5 倾斜观测 … 261
　　10.4.6 挠度与裂缝观测 … 263
思考题 … 264
习题 … 265

第11章 线路工程测量 … 266

11.1 线路工程测量概述 … 267
　　11.1.1 线路工程测量的任务和内容 … 267
　　11.1.2 线路工程测量的特点和基本程序 … 268
11.2 线路中线测量 … 268
　　11.2.1 交点的测设 … 269
　　11.2.2 转点的测设 … 271
　　11.2.3 线路转角的测定 … 271
　　11.2.4 中桩设置 … 272
11.3 线路的曲线及其测设 … 273
　　11.3.1 圆曲线及其测设 … 274
　　11.3.2 复曲线及其测设 … 279
　　11.3.3 缓和曲线及其测设 … 279
11.4 线路中桩坐标计算 … 283
11.5 线路纵断面与横断面测量 … 287
　　11.5.1 基平测量 … 288
　　11.5.2 中平测量 … 288
　　11.5.3 纵断面图的绘制 … 290
　　11.5.4 竖曲线测设 … 292
　　11.5.5 线路横断面测量 … 295
　　11.5.6 横断面图的绘制 … 297
11.6 公路施工测量 … 297
　　11.6.1 施工准备测量 … 297
　　11.6.2 线路纵坡的测设 … 298
　　11.6.3 路基边桩的测设 … 298
　　11.6.4 路基边坡的测设 … 299
11.7 桥梁施工测量 … 300
　　11.7.1 桥梁施工控制网的建立 … 301
　　11.7.2 桥梁墩台中心定位 … 302
　　11.7.3 桥梁墩台纵横轴线测设 … 304
　　11.7.4 墩台施工放样 … 305
11.8 隧道施工测量 … 306
　　11.8.1 隧道测量的内容与作用 … 306
　　11.8.2 地面控制测量 … 306
　　11.8.3 地下控制测量 … 308
　　11.8.4 竖井联系测量 … 309
　　11.8.5 隧道掘进中的测量工作 … 311
11.9 管道施工测量 … 313
　　11.9.1 复核中线和测设施工控制桩 … 313
　　11.9.2 槽口放线 … 314
　　11.9.3 地下管道施工控制标志的测设 … 314
　　11.9.4 顶管施工测量 … 315
思考题 … 317
习题 … 317

附录　测量实验的一般要求 … 319

参考文献 … 323

第 1 章 绪 论

教学要点

知识要点	掌握程度	相关知识
测量基本概念	(1) 准确理解测量学的基本概念 (2) 测量坐标系统	(1) 分类、任务 (2) 基准面、平面坐标系、高程
测量定位	(1) 定位参数 (2) 定位元素 (3) 测量的基本原则	(1) 地球形状 (2) 定位方法 (3) 定位误差

技能要点

技能要点	掌握程度	应用方向
点的三维坐标	(1) 掌握高斯坐标的建立方法 (2) 1985 国家高程基准	(1) 高斯坐标系的精度特点 (2) 高差、海拔高度
测量方法	水准测量、角度测量和距离测量	测量专用仪器

基本概念

测量学、基准面、水准面、大地水准面、高斯平面直角坐标系、高程、高差、距离、角度、经度、纬度、地理坐标。

 引例

地球是人类赖以生存的基础，人类的一切活动都在地球上，各类工程建设都是在地球上进行的。测量学正是人类生产与生活的需要而诞生的一门科学。

测量学研究的对象是地球，如何准确认识并描述地球的形状，一直是人类要面对的问题。从最初的平面到圆球，再到椭球，都是认识上的一次质的飞跃。当今，卫星发射、巡航导弹、太空活动都需要精确定位，都需要对地球形状更加准确的认识和描述。

然而，真实的地球形状是不断变化的不规则的形体，球、椭球都是对地球的近似描述，即便是当今大型电子计算机建立的数字地球或数字地面模型，都是对地球的近似描述。

1.1 土木工程测量学的任务及作用

1.1.1 土木测量学的定义

测量学是研究地球形状、大小及确定地球表面空间点位，以及对空间点位信息进行采集、处理、储存、管理的科学。按照研究的范围、对象及技术手段不同，又分为诸多学科。

普通测量学，是在不考虑地球曲率影响的情况下，研究地球自然表面局部区域的地形、确定地面点位的基础理论、基本技术方法与应用的学科，是测量学的基础部分。其内容是将地表的地物、地貌及人工建（构）筑物等测绘成地形图，为各建设部门提供数据和资料。

大地测量学，是研究地球的大小、形状、地球重力场以及建立国家大地控制网的学科。现代大地测量学已进入以空间大地测量为主的领域，可提供高精度、高分辨率、适时、动态的定量空间信息，是研究地壳运动与形变、地球动力学、海平面变化、地质灾害预测等的重要手段之一。

地形测量学，是研究地面及其附属物的测绘理论和方法的学科。

海洋测量学，是以海洋和陆地水域为对象，研究港口、码头、航道、水下地形测量以及海图绘制的理论、技术和方法的学科。

摄影测量学，是利用摄影或遥感技术获取被测物体的影像或数字信息，进行分析、处理后以确定物体的形状、大小和空间位置，并判断其性质的学科。按获取影像方式的不同，摄影测量学又分为水下、地面、航空摄影测量学和航天遥感等。随着空间、数字和全息影像技术的发展，摄影测量可方便地提供数字图件、建立各种数据库、虚拟现实，已成为测量学的关键技术。

工程测量学，是研究各类工程在规划、勘测设计、施工、竣工验收和运营管理等各阶段的测量理论、技术和方法的学科。其主要内容包括控制测量、地形测量、施工测量、安装测量、竣工测量、变形观测、跟踪监测等。

地图制图学，是研究各种地图的制作理论、原理、工艺技术和应用的学科。其主要内

容包括地图的编制、投影、整饰和印刷等。

GPS 测量，又称为导航全球定位系统，是通过地面上 GPS 卫星信号接收机，接收太空 GPS 卫星发射的导航信息，从而快捷地确定（解算）接收机天线中心的位置。由于其高精度、高效率、多功能、操作简便，已在包括土木工程在内的众多领域广泛应用。

土木工程测量属于工程测量学的范畴，以土木工程测绘为工作内容，也与其他测量学科有着密切的联系。

1.1.2 土木工程测量学的任务

土木工程测量学按其施测对象分为工业建设、城市建设、公路铁路、桥梁、隧道与地下工程、水利水电工程、管线等工程测量。在工程建设过程中，工程项目一般分为规划与勘测设计、施工、营运管理 3 个阶段，测量工作贯穿于工程项目建设的全过程，根据不同的施测对象和阶段，土木工程测量学具有以下几项任务。

1. 测图

测图是指应用各种测绘仪器和工具，在地球表面局部区域内，测定地物（如房屋、道路、桥梁、河流、湖泊）和地貌（如平原、洼地、丘陵、山地）的特征点或棱角点的三维坐标，根据局部区域地图投影理论，将测量资料按比例绘制成图或制作成电子图。既能表示地物平面位置又能表现地貌变化的图称为地形图；仅能表示地物平面位置的图称为地物图。工程竣工后，为了便于工程验收和运营管理、维修，还需测绘竣工图；为了满足与工程建设有关的土地规划与管理、用地界定等的需要，需要测绘各种平面图（如地籍图、宗地图）；对于道路、管线和特殊建（构）筑物的设计，还需测绘带状地形图和沿某方向表示地面起伏变化的断面图等。

2. 用图

用图是指是利用成图的基本原理，如构图方法、坐标系统、表达方式等，在图上进行量测，以获得所需要的资料（如地面点的三维坐标、两点间的距离、地块面积、地面坡度、断面形状），或将图上量测的数据反算成实地相应的测量数据，以解决设计和施工中的实际问题。例如，利用有利的地形来选择建筑物的布局、形式、位置和尺寸，在地形图上进行方案比较、土方量估算、施工场地布置与平整等。

工程建设项目的规划设计方案力求经济、合理、实用、美观。这就要求在规划设计中，充分利用地形，合理使用土地，正确处理建设项目与环境的关系，做到规划设计与自然美的结合，使建筑物与自然地形形成协调统一的整体。因而，用图贯穿于工程规划设计的全过程。同时在工程项目的改（扩）建、施工阶段、运营管理阶段也需要用图。

3. 放图

放图也称为施工放样，是根据设计图提供的数据，按照设计精度要求，通过测量手段将建（构）筑物的特征点、线、面等标定到实地工作面上，为施工提供正确位置，指导施工。施工放样又称为施工测设，它是测图的逆反过程。施工放样贯穿于施工阶段的全过程。同时，在施工过程中，还需利用测量手段监测建（构）筑物的三维坐标、构件与设备的安装定位等，以保证工程施工质量。

4. 变形测量

在大型建筑物的施工过程中和竣工之后，为了确保建筑物在各种荷载或外力作用下施工和运营的安全性和稳定性，或验证其设计理论和检查施工质量，需要对其进行位移和变形监测，这种监测称为变形测量。它是在建筑物上设置若干观测点，按测量观测程序和相应周期，测定观测点在荷载或外力作用下随时间延续三维坐标的变化值，以分析判断建筑物的安全性和稳定性。变形观测包括位移观测、倾斜观测、裂缝观测等。

综合上述，测量工作贯穿于工程建设的全过程。参与工程建设的技术人员必须具备工程测量的基本技能。因此，工程测量学是工程建设技术人员的一门必修技术基础课。

1.1.3　土木工程测量学的作用

测绘技术及成果应用十分广泛，对于国民经济建设、国防建设和科学研究起着重要的作用。国民经济建设发展的整体规划，城镇和工矿企业的建设与改（扩）建，交通、水利水电、各种管线的修建，农业、林业、矿产资源等的规划、开发、保护和管理，以及灾情监测等都需要测量工作；在国防建设中，测绘技术对国防工程建设、战略部署和战役指挥、诸兵种协同作战、现代化技术装备和武器装备应用等都起着重要作用；对于空间技术研究、地壳形变、海岸变迁、地极运动、地震预报、地球动力学、卫星发射与回收等科学研究方面，测绘信息资料也是不可缺少的。同时，测绘资料是重要的基础信息，其成果是信息产业的重要组成部分。

在土木工程中，测绘科学的各项高新技术，已在或正在土木工程各专业中得到广泛应用。在工程建设的规划设计阶段，各种比例尺地形图、数字地形图或有关 GIS（地理信息系统），用于城镇规划设计、管理、道路选线以及总平面和竖向设计等，以保障建设项目选址得当，规划布局科学合理；在施工阶段，特别是大型、特大型工程的施工，GPS（全球定位系统）技术和测量机器人技术已经用于高精度建（构）筑物的施工测设，并适时地对施工、安装工作进行检验校正，以保证施工符合设计要求；在工程管理方面，竣工测量资料是扩（改）建和管理维护必须的资料。对于大型或重要建（构）筑物还要定期进行变形监测，以确保其安全可靠；在土地资源管理方面，地籍图、房产图对土地资源开发、综合利用、管理和权属确认具有法律效力。因此，测绘资料是项目建设的重要依据，是土木工程勘察设计现代化的重要技术，是工程项目顺利施工的重要保证，是房产、地产管理的重要手段，是工程质量检验和监测的重要措施。

1.1.4　土木工程建设应掌握的基本测量内容

土木工程技术人员必须明确测量学科在土木工程建设中的重要地位。通过本课程的学习，要求掌握测量的基本理论和技术原理，熟练操作常规测量仪器，正确地应用工程测量基本理论和方法，以及各种测量仪器、软件和工具，通过实地测量、计算，把小范围区域的地物、地貌按一定比例尺测绘成图，并能从地形图上获取设计所需的数据资料，且具有施工放样和变形测量、竣工测量等的独立工作能力。这也是土木工程技术工作的基本条件。

1.2 测量坐标系统

1.2.1 测量基准面的概念

测量工作是在地球表面进行的,想确定地表上某点的位置,就必须建立一个相应的测量工作面——基准面,统一计算基准,实现空间点信息共享。为了达到此目的,测量基准面应满足两个条件:一是基准面的形状与大小应尽可能接近于地球的形状与大小;二是可用规则的简单几何形体与数学表达式来表达。如图1.1(a)所示,地球表面有高山、丘陵、平原、盆地和海洋等,为自然起伏、极不规则的曲面。例如珠穆朗玛峰高于海平面8844.43m,太平洋西部的马里亚纳海沟深至11034m,尽管它们高低相差悬殊,但与地球的平均半径6731km相比是微小的。另外,地球表面约71%的面积为海洋,陆地面积约占29%。

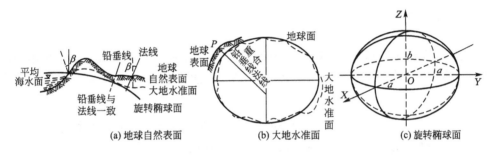

图1.1 地球自然表面、大地水准面和旋转椭球面

根据上述条件,人们设想以一个自由静止的海水面向陆地延伸,并包含整个地球,形成一个封闭的曲面来代替地球表面,这个曲面称为水准面。与水准面相切的平面,称为水平面。可见,水准面与水平面可以有无数个,其中通过平均海水面的水准面称为大地水准面。由大地水准面包含的形体称为大地体,如图1.1(b)所示。大地水准面是测量工作的基准面,也是地面点高程计算的起算面(又称为高程基准面)。在测区面积较小时,可将水平面作为测量工作的基准面。

地球是太阳系中的一颗行星,根据万有引力定律,地球上物体受地球重力(主要考虑地球引力和地球自转离心力)的作用,水准面上任一点的铅垂线(称为重力作用线,是测量工作的基准线)都垂直于该曲面,这是水准面的一个重要特征。由于地球内部质量分布不均匀,重力受到影响,致使铅垂线方向产生不规则变化,导致大地水准面成为一个有微小起伏的复杂曲面,如图1.1(b)所示,缺乏作基准面的第二条件。如果在此曲面上进行测量工作,测量、计算、制图都非常困难。为此,根据不同轨迹卫星的长期观测成果,经过推算,选择了一个非常接近大地体又能用数学式表达的规则几何形体来代表地球的整体形状。这个几何形体称为旋转椭球体,其表面称为旋转椭球面。测量上概括地球总形体的旋转椭球体称为参考椭球体,如图1.1(c)所示,相应的规则曲面称为参考椭球面。其数学表

达式为

$$\frac{x^2}{a^2}+\frac{y^2}{a^2}+\frac{z^2}{b^2}=1 \tag{1-1}$$

式中：a、b 为椭球体几何参数，a 为长半轴，b 为短半轴；参考椭球体扁率 α 应满足

$$\alpha=\frac{a-b}{a} \tag{1-2}$$

根据 a、b，还定义了第一偏心率 $e[e^2=(a^2-b^2)/a^2]$，第二偏心率 $e'[e'^2=(a^2-b^2)/b^2]$。我国现采用的参考椭球体为 1975 年 16 届"国际大地测量与地球物理联合会"通过并推荐的椭球体(简称为 IUGG1975)，几何参数为：$a=6378.140$km，$\alpha=1/298.257$，推算 $b=6356.755$km，$e=0.00669438499959$，$e'=0.00673950181947$。由于 α 很小，当测区面积不大时，可将地球当作圆球体，其半径采用地球平均半径 $R=(2a+b)/3$，取近似值为 6371km。

测量工作的实质是确定地面点的空间位置，即在测量基准面上用3个量(该点的平面或球面坐标与该点的高程)来表示。因此，要确定地面点位必须建立测量坐标系统和高程系统。

1.2.2 坐标系统

坐标系统用来确定地面点在地球椭球面或投影平面上的位置。测量上通常采用地理坐标系统、高斯-克吕格平面直角坐标系统、独立平面直角坐标系统和 WGS-84 坐标系统。

1. 地理坐标系

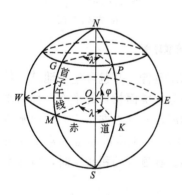

图 1.2 地理坐标系

用经度、纬度来表示地面点位置的坐标系称为地理坐标系。如果用天文经度 λ、天文纬度 φ 来表示则称为天文地理坐标系，如图 1.2 所示；而用大地经度 L、大地纬度 B 来表示则称为大地地理坐标系。天文地理坐标是用天文测量方法直接测定的，大地地理坐标是根据大地测量所得数据推算得到的。地理坐标是一种球面坐标，常用于大地问题解算、地球形状和大小的研究、编制大面积地图、火箭与卫星发射、战略防御和指挥等方面。

由地理学可知，地球北极 N 与南极 S 的连线称为地轴，NS 为短轴，地球的球心为 O。过地面点 P 和地轴的平面称为子午面，子午面与地球表面的交线称为子午线；通过英国伦敦格林威治天文台的子午面 $NGMSO$ 称为首子午面，相应的子午线称为首子午线(零子午线)，其经度为 $0°$。地面上任意一点 P 的子午面 $NPKSO$ 与首子午面间所夹的二面角 λ 称为 P 点的经度。经度由首子午面向东、向西各由 $0°\sim 180°$ 度量，在首子午线以东称为东经，以西称为西经。通过地心 O 且垂直于地轴的平面称为赤道面，赤道面与地球表面的交线称为赤道。地面点 P 的铅垂线与赤道面所形成的夹角 φ 称为 P 点的纬度。由赤道面向北极度量称为北纬，向南极度量称为南纬，其取值范围为 $0°\sim 90°$。例如北京某点的天文地理坐标为东经 $116°28'$，北纬 $39°54'$。

大地经纬度是根据一个起始大地点(称为大地原点,该点的大地经纬度与天文经纬度一致)的大地坐标,再按大地测量所得数据推算而得。20 世纪 50 年代,在我国天文大地网建立初期,鉴于当时的历史条件,采用了克拉索夫斯基椭球元素,并与苏联 1942 年普尔科沃坐标系进行联测,通过计算,建立了我国的 1954 年北京坐标系;我国目前使用的大地坐标系,是以位于陕西省泾阳县境内的国家大地点为起算点根据 IUGG1975 建立的统一坐标系,称为 1980 年国家大地坐标系。

地面上同一点的天文坐标与地理坐标是不完全相同的,因为两者采用的基准面和基准线不同,天文坐标采用的为大地水准面和铅垂线,而大地坐标采用的是旋转椭球面和法线(地表任一点向参考椭球面所作的垂线),如图 1.1(a)所示,地表点的铅垂线与法线一般不重合,其夹角 β 称为垂线偏差。

2. 高斯-克吕格平面直角坐标系

地理坐标建立在球面基础上,不能直接用于测图、工程建设规划、设计、施工,因此测量工作最好在平面上进行。所以需要将球面坐标按一定的数学算法归算到平面上去,即按照地图投影理论(高斯投影)将球面坐标转化为平面直角坐标。

高斯投影是设想将截面为椭圆的柱面套在椭球体外面,如图 1.3(a)所示,使柱面轴线通过椭球中心,并且使椭球面上的中央子午线与柱面相切,而后将中央子午线附近的椭球面上的点、线正形投影到柱面上,如 M 投影点为 m。再沿过极点 N 的母线将柱面剪开,展成平面,如图 1.3(b)所示,这样就形成了高斯投影平面。由此可见,经高斯投影后,中央子午线与赤道呈直线,其长度不变,并且两者正交。而离开中央子午线和赤道的点、线均有变形,离得越远变形越大。

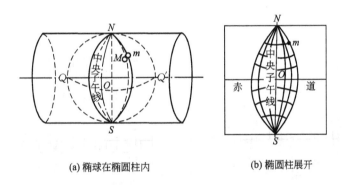

(a) 椭球在椭圆柱内　　　(b) 椭圆柱展开

图 1.3　高斯投影

为了控制由曲面等角投影(正形投影)到平面时引起的变形在测量容许值范围内,将地球按一定的经度差分成若干带,各带分别独立进行投影。从首子午线自西向东每隔 6°划为一带,称为 6°带。每带均统一编排带号,用 N 表示。自西向东依次编为 1~60,如图 1.4 所示。位于各带边界上的子午线称为分带子午线,位于各带中央的子午线称为中央子午线或轴子午线。各带中央子午线的经度 λ_0^6 按下式计算。

$$\lambda_0^6 = 6°N - 3° \tag{1-3}$$

亦可从经度 1°30′自西向东按 3°经差分带,称为 3°带,其带号用 n 表示,依次编号 1~120,各带的中央子午线经度 λ_0^3 按下式计算。

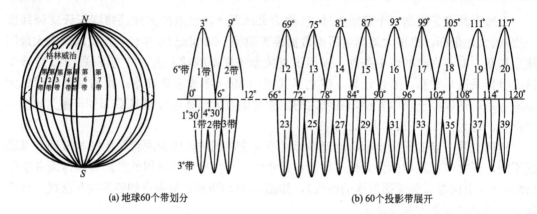

(a) 地球60个带划分　　　　　　　　(b) 60个投影带展开

图 1.4　高斯投影分带

$$\lambda_0^3 = 3n \tag{1-4}$$

例如，北京某点的经度为 $116°28'$，它属于 $6°$ 带的带号 $N = \mathrm{INT}\left[\dfrac{116°28'}{6°} + 1\right] = 20$，中央子午线经度 $\lambda_0^6 = 6° \times 20 - 3° = 117°$。$3°$ 带的带号 $n = \mathrm{INT}\left[\dfrac{116°28' - 1°30'}{3°} + 1\right] = 39$，相应的中央子午线经度 $\lambda_0^3 = 3° \times 39 = 117°$。分带应视测量的精度选择，工程建设一般选择 $6°$、$3°$ 带，亦可按 $9°$（宽带）、$1°5$（窄带）分带。

分带投影后，以各带中央子午线为纵轴（x 轴），北方向为正；赤道为横轴（y 轴），东方向为正；其交点为原点，即建立起各投影带的高斯-克吕格平面直角坐标系，如图 1.5(a) 所示。

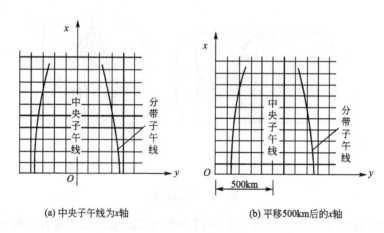

(a) 中央子午线为 x 轴　　　　　　(b) 平移500km后的 x 轴

图 1.5　高斯-克吕格平面直角坐标系

我国领土位于北半球，在高斯-克吕格平面直角坐标系中，x 值均为正值。而地面点位于中央子午线以东 y 为正值，以西 y 为负值。这种以中央子午线为纵轴的坐标值称为自然值。为了避免 y 值出现负值，规定每带纵轴向西平移 500km，如图 1.5(b) 所示，来计算横坐标值。而每带赤道长约 667.2km，这样在新的坐标系下，横坐标纯为正值。为了区分地面点所在的带，还应在新坐标系横坐标值（以米计的6位整数）前冠以投影带号。这种由带号、500km 和自然值组成的横坐标 Y 称为横坐标通用值。例如，地面上两点 A、B 位于 6°带的 18 带,横坐标自然值分别为:$y_A=34257.38$m,$y_B=-104172.34$m,则相应的横坐标通用值为:$Y_A=18534257.38$m,$Y_B=18395827.66$m。我国境内 6°带的带号在 13~23 之间,而 3°带的带号在 24~45 之间,相互之间带号不重叠,根据某点的通用值即可判断该点处于 6°带还是 3°带。

3. 独立平面直角坐标系

当测区范围较小(半径≤10km)时,可将地球表面视作平面,直接将地面点沿铅垂线方向投影到水平面上,用平面直角坐标系表示该点的投影位置。以测区子午线方向(真子午线或磁子午线)为纵轴(x 轴),北方向为正;横轴(y 轴)与 x 轴垂直,东方向为正。这样就建立了独立平面直角坐标系,如图 1.6 所示。实际测量中,为了避免出现负值,一般将坐标原点选在测区的西南角,因此又称为假定平面直角坐标系。

两种平面直角坐标系与数学坐标系相比较,区别在于纵、横轴互换,且象限按顺时针方向Ⅰ、Ⅱ、Ⅲ、Ⅳ排列,如图 1.6 所示,目的是便于将数学中的三角和几何公式不作任何改变直接应用于测量学中。

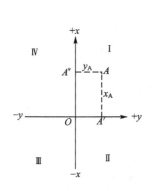

图 1.6 独立平面直角坐标系

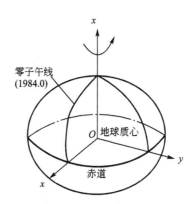

图 1.7 WGS-84 坐标系

4. WGS-84 坐标系

WGS-84 坐标系的几何定义是:原点在地球质心,z 轴指向国际时间局 BIH 1984 年(Bureau International de I'Heure)定义的协议地球极 CTP(Conventional Terrestrial Pole)方向,x 轴指向 BIH-1984.0 的零子午面和 CTP 赤道面的交点,y 轴与 z、x 轴构成右手坐标系,如图 1.7 所示。

由于地球自转轴相对于地球体而言,地极点在地球表面的位置随着时间而发生变化,这种现象称为极移运动,简称极移。国际时间局(BIH)定期向外公布地极的瞬间位置。WGS-84 坐标系是由美国国防部以 BIH-1984 年首次公布的瞬时地极(B1H-1984.0)作为基准建立并于 1984 年公布的空间三维直角坐标系,为世界通用的世界大地坐标系统(World Geodetic System,1984),简称 WGS-84 坐标系。参考椭球体的几何参数为:$a=6378137\pm2$m,$\alpha=1/298.257223563$,$e^2=0.00669437999013$,$e'^2=0.00673949674223$。GPS 卫星测量获得的是地心空间三维直角坐标,属于 WGS-84 坐标系。我国国家大地坐标系、城市坐标系、土木工程中采用的独立平面直角坐标系与 WGS-84 坐标系之间存在相互转换关系。

1.2.3 高程系统

地面点至水准面的铅垂距离称为该点的高程。地面点到大地水准面的铅垂距离称为该点的绝对高程(简称高程)或海拔,用 H 表示。A、B 两点的高程为 H_A、H_B(图1.8)。建国以来,我国把以青岛市大港1号码头两端的验潮站多年观测资料求得的黄海平均海水面作为高程基准面,其高程为0.000m,建立了1956年黄海高程系。并在青岛市观象山建立了中华人民共和国水准原点,其高程为72.289m。随着观测资料的积累,采用1953~1979年的验潮资料,1985年精确地确定了黄海平均海水面,推算得国家水准原点的高程为72.260m,由此建立了1985国家高程基准,作为统一的国家高程系统,1987年开始启用。现在仍在使用的1956年黄海高程系以及其他高程系(如吴淞江高程系、珠江高程系等)都应统一到"1985国家高程基准"上。在局部地区,若采用国家高程基准有困难时,也可以假定一个水准面作为高程基准面。地面点到假定水准面的铅垂距离称为该点的相对高程或假定高程,通常用 H' 表示。如图1.8所示,A、B 点的相对高程分别为 H'_A、H'_B。地面上两点之间的高程之差称为高差,用 h 表示。由图1.8可知,A、B 两点间的高差为

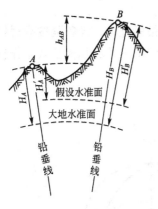

图1.8 高程系统

$$h_{AB}=H_B-H_A=H'_B-H'_A \quad (1-5)$$

由此可见,如已知 H_A 和 h_{AB},即可求得 H_B,即

$$H_B=H_A+h_{AB} \quad (1-6)$$

1.3 地面点定位的基本概念

1.3.1 地面点定位元素

想确定地面点的位置,就必须求得它在椭球面或投影平面上的坐标(λ、φ 或 x、y)和高程(H)3个量,这3个量称为三维定位参数。而将(λ、φ 或 x、y)称为二维定位参数。无论采用何种坐标系统,都需要测量出地面点间的距离 D、相关角度 β 和高程 H,则 D、β 和 H 称为地面点的定位元素。

1.3.2 地面点定位的原理

想确定地面上某特征点 P 的位置,在工程建设中,通常采用卫星定位和几何测量的定位方法。卫星定位是利用卫星信号接收机,同时接收多颗定位卫星的信号,解算出待定点 P 的定位元素,如图1.9(a)所示。设各卫星的空间坐标为 x_i、y_i、z_i,P 点的空间坐标为 x_P、y_P、z_P,P 点接收机与卫星间的距离为 D_i,则有

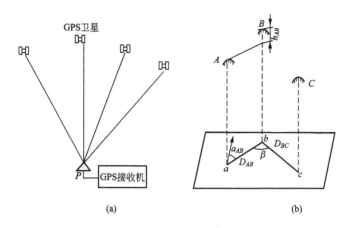

图 1.9 地面点定位原理

$$D_i = \sqrt{(x_P - x_i)^2 + (y_P - y_i)^2 + (z_P - z_i)^2} \tag{1-7}$$

将上式联立可解得 x_P、y_P、z_P。在解算过程中通过高斯投影即可转化为平面直角坐标。几何测量定位如图 1.9(b)所示,地面上有 A、B、C 3 点,其中已知 A 点的三维坐标 x_A、y_A、H_A,B、C 为待定点,若测定 A、B 间的距离为 D_{AB},AB 边与坐标纵轴 x 间的夹角 α_{AB}(称为方位角)和 h_{AB},则有

$$\left. \begin{array}{l} x_B = x_A + D_{AB}\cos\alpha_{AB} \\ y_B = y_A + D_{AB}\sin\alpha_{AB} \\ H_B = H_A + h_{AB} \end{array} \right\} \tag{1-8}$$

同理,若 A、B 点的坐标已知,只要测定 AB 边和 BC 边的夹角 β 和距离 D_{BC}、高差 h_{BC},推算出 α_{BC} 后,即可按式(1-8)求得 C 点的空间坐标。

地面点定位的方法除上述之外,还有如图 1.10 所示的极坐标法 [图 1.10(a)]、直角坐标法 [图 1.10(b)]、角度交会法 [图 1.10(c)]、距离交会法 [图 1.10(d)]、边角交会法 [图 1.10(e)] 等,只要测定其中相应的距离 D_i 和角度 β_i,即可确定 C 点的平面位置。

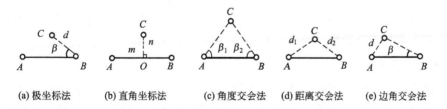

(a) 极坐标法 (b) 直角坐标法 (c) 角度交会法 (d) 距离交会法 (e) 边角交会法

图 1.10 地面点定位方法

1.3.3 地面点定位的程序与原则

测量地面点定位元素时,不可避免地会产生误差,甚至发生错误。如果按上述方法逐点连续定位,不加以检查和控制,势必造成因误差传播导致点位误差逐渐增大,最后达到不可容许的程度。为了限制误差的传播,测量工作中的程序必须适当,控制连续定位的延伸。同时也应遵循特定的原则,不能盲目施测,造成恶劣的后果。测量工作应逐级进行,

即先进行控制测量，而后进行碎部测量和与工程建设相关的测量。

控制测量，就是在测区范围内，从测区整体出发，选择数量足够、分布均匀，且起着控制作用的点（称为控制点），并使这些点的连线构成一定的几何图形（如导线测量中的闭合多边形、折线形，三角测量中的小三角网、大地四边形等），用高一级精度精确测定其空间位置（定位元素），以此作为测区内其他测量工作的依据。控制点的定位元素必须通过坐标形成一个整体。控制测量分为平面控制测量和高程控制测量（见第6章）。

碎部测量，是指以控制点为依据，用低一级精度测定周围局部范围内地物、地貌特征点的定位元素，由此按成图规则依一定比例尺将特征点标绘在图上，绘制成各种图件（地形图、平面图等）。

相关测量，是指以控制点为依据，在测区内用低一级精度进行与工程建设项目有关的各种测量工作，如施工放样、竣工图测绘、施工监测等。它是根据设计数据或特定的要求测定地面点的定位元素，为施工检验、验收等提供数据和资料。

由上述程序可以看出，确定地面点位（整个测量工作）必须遵循以下原则。

1. 整体性原则

整体性是指测量对象各部分应构成一个完整的区域，各地面点的定位元素相互关联而不孤立。测区内所有局部区域的测量必须统一到同一技术标准，即从属于控制测量。因此测量工作必须"从整体到局部"。

2. 控制性原则

控制性是指在测区内建立一个自身的统一基准，作为其他任何测量的基础和质量保证，只有控制测量完成后，才能进行其他测量工作，以便有效控制测量误差。其他测量相对于控制测量而言精度要低一些。此原则称为"先控制后碎部"。

3. 等级性原则

等级性是指测量工作应"由高级到低级"。任何测量必须先进行高一级精度的测量，而后依此为基础进行低一级的测量工作，逐级进行。这样既可以满足技术要求，也能合理利用资源、提高经济效益。同时，任何测量定位必须满足技术规范规定的技术等级，否则测量成果不可应用。等级规定是工程建设中测量技术工作的质量标准，任何违背技术等级的不合格测量都是不允许的。

4. 检核性原则

测量成果必须真实、可靠、准确、置信度高，任何不合格或错误成果都将给工程建设带来严重后果。因此对测量资料和成果应进行严格的全过程检验、复核，消除错误和虚假、剔除不合格成果。实践证明：测量资料与成果必须保持其原始性，前一步工作未经检核不得进行下一步工作，未经检核的成果绝对不允许使用。检核包括观测数据检核、计算检核和精度检核。

1.4 用水平面代替水准面的限度

当测区范围较小时，在地球曲率的影响不超过测量和制图的容许误差范围的前提下，将地面视为平面,可不考虑地球曲率的影响。本节将针对地球曲率对定位元素的影响来讨论研究测区范围的限度。

1.4.1 地球曲率对距离的影响

如图1.11所示,设大地水准面上的两点A、B之间的弧长为D,所对的圆心角为θ,弧长D在水平面上的投影为D',两者的差值为ΔD。若将水准面看作近似的圆球面,地球的半径为R。则地球曲率对D的影响为

$$\Delta D = D' - D = R\tan\theta - R\theta = R(\tan\theta - \theta)$$

将$\tan\theta$按幂级数展开,即$\tan\theta = \theta + \theta^3/3 + 2\theta^5/15 + \cdots$,略去高次项而取前两项,并顾及到$\theta = D/R$,代入上式整理得

$$\Delta D = \frac{D^3}{3R^2} \quad \text{或} \quad \frac{\Delta D}{D} = \frac{D^2}{3R^2} \tag{1-9}$$

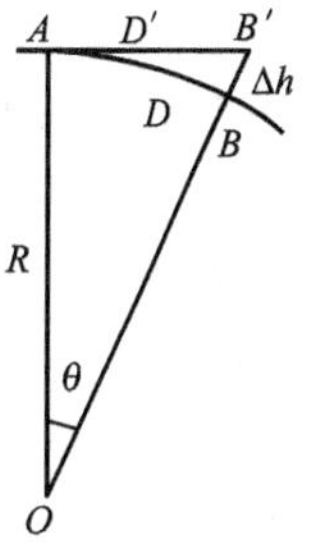

图1.11 地球曲率的影响

式中:$\Delta D/D$称为相对误差,通常表示成$1/M$的形式,其中M为正整数,M越大,精度越高。取$D=10\text{km}$、20km、30km,算得ΔD分别为8.2mm、65.7mm、221.7mm,$\Delta D/D$则分别为1/1220000、1/300000、1/135000。由此可见,ΔD与D^3成正比。当$D=10\text{km}$时,地球曲率对距离的影响相对误差为1/1220000,这对于地面上进行最精密的距离测量也是允许的,如特大桥梁的轴线规范规定的容许相对误差为1/120000。一般测量仅要求1/2000~1/5000。由此可以得出结论:在半径为10km的范围内,距离测量可以忽略地球曲率的影响;一般建筑工程的范围可以扩大到20km。

1.4.2 地球曲率对高程的影响

如图1.11所示,在同一水准面上A、B两点的高程相等,即高差$h=0$。若B投影到过A点的水平面上为B'点,则$\Delta h = BB'$就是以水平面代替水准面时地球曲率对高程的影响。亦有

$$\Delta h = OB - OB' = R - R\sec\theta = R(1 - \sec\theta)$$

将$\sec\theta$按幂级数展开,即$\sec\theta = 1 + \theta^2/2 + 5\theta^4/24 + \cdots$,略去高次项而取前两项,并顾及到$\theta = D/R$,代入上式整理得

$$\Delta h = \frac{D^2}{2R} \tag{1-10}$$

若D分别取0.1km、0.2km、0.5km、1.0km,相应的Δh分别为0.8mm、3.1mm、19.6mm、78.5mm。由此可见,Δh与D^2成正比。即使D很小,若以水平面代替水准面,地球曲率对高程的影响也是不容许的。因此,高程测量应根据测量精度要求和D的大小予以考虑其影响。

1.4.3 地球曲率对水平角的影响

根据球面三角学原理可知,球面上多边形内角和与平面上多边形内角和要大一个角超

值 ε。其值可按下式计算。

$$\varepsilon'' = \frac{P}{R^2} \cdot \rho'' \tag{1-11}$$

式中：P 为球面多边形的面积；R 为地球半径；$\rho'' = 206265''$。当 P 分别为 $10km^2$、$20km^2$、$50km^2$、$100km^2$、$500km^2$ 时，相应的 ε 为 $0.''05$、$0.''10$、$0.''25$、$0.''51$、$2.''54$。上述表明，当测区面积为 $100km^2$ 时，以水平面代替水准面，地球曲率对球面多边形内角的影响仅为 $0.''51$。所以在测区面积不大于 $100km^2$ 时，水平角测量可不考虑地球曲率的影响。

综合上述，当测区面积在 $100km^2$ 范围内，工程测量中进行的距离和水平角测量，可以不考虑地球曲率的影响；在精度要求不高的工程建设中其范围还可以适当扩大。但地球曲率对高程的影响，即使两点间的距离很短也不容许忽视。

1.5 测量常用计量单位

1.5.1 长度单位

国际通用长度基本单位为 m，我国法定长度计量单位采用的米(m)制与其他长度单位关系如下。

1m(米)＝10dm(分米)＝100cm(厘米)＝1000mm(毫米)＝10^6μm(微米)＝10^9nm(纳米)

1km(千米)＝1000m(米)

1.5.2 面积与体积单位

我国法定的面积单位，当面积较小时用 m^2(平方米)，当面积较大时用 km^2(平方千米)，$1km^2 = 10^6 m^2$。体积单位规定用 m^3(立方米或方)。

1.5.3 平面角单位

测量上常用的平面角单位有 60 进制的度、100 进制的新度和弧度。我国法定平面角单位为 60 进制的度，其换算关系如下。

60 进制的度：

1 圆周角＝360°(度)　　　　　　　　1°(度)＝60′(分)＝3600″(秒)

100 进制的新度：

1 圆周角＝400g(新度，称为"冈")　　1g(新度)＝100c(新分)＝10000cc(新秒)

弧度制：

以与半径等长的弧长所对的圆心角为度量角度的单位，称为 1 弧度，用"ρ"或"rad"表示。它与六十进制的度的关系为

$$1 \text{ 圆周角} = 2\pi(\text{弧度}) = 360°(\text{度})$$
$$1\rho° \approx 57.30°(\text{度}) \quad 1\rho' \approx 3438'(\text{分}) \quad 1\rho'' \approx 206265''(\text{秒})$$

1.5.4 测量数据计算的凑整规则

测量数据在成果计算过程中，往往涉及凑整问题。为了避免凑整误差的积累而影响测量成果的精度，通常采用以下凑整规则。

(1) 被舍去数值部分的首位大于 5，则保留数值最末位加 1。
(2) 被舍去数值部分的首位小于 5，则保留数值最末位不变。
(3) 被舍去数值部分的首位等于 5，则保留数值最末位凑成偶数。

综合上述原则，可表述为：大于 5 则进，小于 5 则舍，等于 5 视前一位数而定，奇进偶不进。例如，下列数字凑整后保留 3 位小数时，3.14159→3.142(奇进)，2.64575→2.646(进 1)，1.41421→1.414(舍去)，7.14256→7.142(偶不进)。

思 考 题

1. 名词解释：大地水准面、大地体、旋转椭球面、参考椭球面、铅垂线、高斯平面、中央子午线、横坐标通用值、绝对高程、相对高程、高差。
2. 土木工程测量的主要工作内容是什么？土木工程测量学的任务是什么？测图与测设有什么不同？
3. 大地水准面有何特点？大地水准面与高程基准面、大地体与参考椭球体有什么不同？
4. 确定地面点位有几种坐标系统？各用于什么情况？
5. 测量中的平面直角坐标系与数学平面直角坐标系有何不同？为什么？
6. 高斯平面直角坐标系中的横坐标自然值的几何意义是什么？
7. "1956 年黄海高程系"与"1985 国家高程基准"使用的大地水准面有何关系？
8. 确定地面点位的三项基本测量工作是什么？
9. 试简述地面点位确定的程序和原则。
10. 在什么情况下，可将水准面看作平面？为什么？
11. WGS-84 坐标系是如何建立的？

习 题

1. 某地面点的经度为东经 114°10′，试计算该点所在 6°带和 3°带的带号与中央子午线的经度？

2. 某地面点 A 位于 $6°$ 带的第 20 带，其横坐标自然值为 $y_A = -280000.00\text{m}$，该点的通用值是多少？A 点位于中央子午线以东还是以西？距中央子午线有多远？

3. 如第 2 题，若 A 点位于赤道附近，则它在 $3°$ 带的通用值为多少？

4. 地面上有 A、B 两点，相距 0.8km，则地球曲率对高程的影响为对距离影响的多少倍？

第2章 水准测量

教学要点

知识要点	掌握程度	相关知识
水准测量原理	准确理解水准测量的原理	高差和高程的计算公式
水准测量仪器及技术操作	(1) 了解水准仪的构造 (2) 掌握水准仪的技术操作 (3) 了解水准仪的检验与校正方法 (4) 掌握精密水准仪的读数方法	(1) 消除视差的方法 (2) 水准尺读数方法
水准测量的实施	(1) 重点掌握水准测量外业的实施方法 (2) 重点掌握水准测量检核方法 (3) 重点掌握水准测量成果处理方法	(1) 水准路线的布设形式 (2) 测量、记录、计算方法 (3) 各种检核的目的

技能要点

技能要点	掌握程度	应用方向
水准仪的技术操作	熟练掌握水准仪的使用方法	测量两点间高差
水准测量的实施	熟练掌握水准测量的施测方法	计算待定点高程

基本概念

视线高程、望远镜视准轴、水准点、水准路线、视差、高差闭合差。

引例

海拔是指地面某点高出平均海水面的高度,世界海拔最高点是珠穆朗玛峰峰顶。我国于1975年测定的珠穆朗玛峰的海拔是8848.13米。最近的一次测量是在2005年5月22日,测量登山队成功登上珠穆朗玛峰峰顶,再次精确测量珠峰高度,珠峰新高度在2005年10月公布,为8844.43米(峰顶岩石面高程测量精度为±0.21米;峰顶冰雪深度为3.50米)。马里亚纳海沟是地球上最深的地方,位于北太平洋西部马里亚纳群岛以东,马里亚纳海沟深11034米。

2.1 水准测量原理

水准测量是获得地面点高程的常用测量手段,也是高程测量精度最高的一种方法。水准测量是应用几何原理,用水准仪建立一条与高程基准面平行的视线,借助于水准尺来测定地面两点间的高差,按式(1-6)计算待定点的高程。水准测量又称为几何水准测量。

如图2.1所示,若已知A点的高程为H_A(称为已知高程点),欲测定B点的高程H_B(称为待定高程点),须先测定A、B两点间的高差h_{AB}。可在A、B点间I处(称为测站)安置一台可提供水平视线的水准仪来测定h_{AB},通过水准仪的视线在A点(称为后视点)水准尺(称为后视尺)上读数a(称为后视读数),在B点(称为前视点)水准尺(称为前视尺)上读数b(称为前视读数)。则

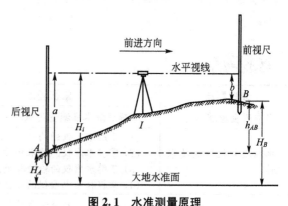

图2.1 水准测量原理

$$h_{AB} = a - b \tag{2-1}$$

若$a > b$,h_{AB}为正值,表示B高于A;反之,则B低于A。根据式(1-6)可得

$$H_B = H_A + h_{AB} = H_A + (a - b) \tag{2-2}$$

利用上式求算待定点高程的方法称为高差法。令$H_A + a = H_i$,称为视线高程或仪器高程,简称视线高,则有

$$H_B = H_i - b \tag{2-3}$$

利用上式求算待定点高程的方法称为视线高法。当需要观测多个前视点时,这种方法较方便。

2.2 水准测量仪器和工具及其技术操作

水准仪是为水准测量提供水平视线的仪器。我国水准仪系列标准按其精度等级分为 DS_{05}、DS_1、DS_3、DS_{20} 四种型号，D、S 分别为大地测量、水准仪的汉语拼音的第一个字母，下标数字表示精度等级。如 DS_3 型水准仪的"3"表示该仪器每千米往返观测高差精度为±3mm。水准仪按结构划分又有自动安平水准仪和数字水准仪两种。DS_{05}、DS_1 型为精密水准仪，DS_3、DS_{20} 型为工程水准仪。水准测量的工具主要有水准尺和尺垫。本节主要介绍 DS_3 型微倾式水准仪及其使用。

2.2.1 DS_3 型微倾式水准仪的构造

图 2.2 为 DS_3 型微倾式水准仪。它主要由望远镜、水准器、基座等组成。

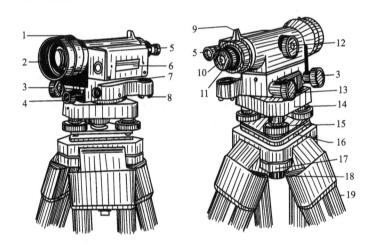

图 2.2 DS_3 型微倾式水准仪
1—望远镜；2—物镜；3—微动螺旋；4—制动螺旋；5—观察镜；6—管水准器；7—圆水准器；
8—圆水准器校正螺丝；9—照门；10—目镜；11—分划板护罩；12—物镜调焦螺旋；
13—微倾螺旋；14—轴座；15—脚螺旋；16—连接底板；
17—架头压块；18—压块螺丝；19—三脚架

1. 望远镜

望远镜具有成像和扩大视角的功能，是测量仪器观测远目标的主要部件。其作用是看清不同距离的目标和提供照准目标的视线。

如图 2.3 所示，望远镜由物镜、调焦透镜、十字丝分划板、目镜等组成。物镜、调焦透镜、目镜为复合透镜组，分别安装在镜筒的前、中、后三个部位，三者共光轴组成一个等效光学系统。通过转动调焦螺旋，调焦透镜沿光轴在镜筒内前后移动，改变等效光学系统的主焦距，从而可看清不同远近的目标。

十字丝分划板为一平板玻璃，上面刻有相互垂直的细线，称为十字丝。中间一条横线

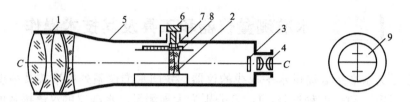

图 2.3　望远镜的构造

1—物镜；2—调焦透镜；3—十字丝分划板；4—目镜；5—物镜筒；
6—物镜调焦螺旋；7—齿轮；8—齿条；9—十字丝影像

称为中丝或横丝，上、下对称且平行于中丝的短线称为上丝和下丝，上、下丝统称视距丝，用来测量距离。竖向的线称竖丝或纵丝。十字丝分划板压装在分划板环座上，通过校正螺丝套装在镜筒内，位于目镜与调焦透镜之间，如图 2.3 所示。它是照准目标和读数的标志。

物镜光心与十字丝交点的连线称为望远镜视准轴，用 $C\text{-}C$ 表示，其为望远镜的照准线。

望远镜的成像原理如图 2.4 所示。远处目标 AB 反射的光线，通过物镜和调焦后的调焦透镜折射形成倒立实像 ab，落在十字丝分划板平面上。调节目镜对光螺旋，目镜又将 ab 和十字丝一起放大形成虚像 a_1b_1，即为在望远镜中观察到的目标 AB 倒立的影像。现代水准仪在调焦透镜后装有一个正像棱镜(如阿贝棱镜、施莱特棱镜)，通过棱镜反射后，看到的目标影像为正像。这种望远镜称为正像望远镜。

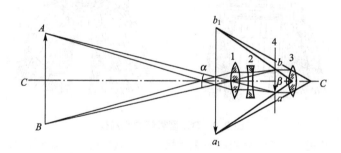

图 2.4　望远镜成像原理

1—物镜；2—调焦透镜；3—目镜；4—十字丝分划板

如图 2.4 所示，物体虚像 a_1b_1 对眼睛的张角 β 与 AB 对物镜光心的张角 α 之间的比值称为望远镜的放大倍率，用 V 表示。即

$$V=\frac{\beta}{\alpha} \tag{2-4}$$

通过望远镜能看到的物面范围大小称为视场，视场边缘对物镜中心形成的张角称为视场角，用 ω 表示。V、ω 是望远镜的重要技术指标，一般说来，V、ω 越大，望远镜看得越远，观察的范围越大。DS_3 型水准仪一般 $V=28\sim32$，ω 为 $1°30'$。

2. 水准器

水准器是用来衡量视准轴 $C\text{-}C$ 是否水平、仪器旋转轴(又称为竖轴)$V\text{-}V$ 是否铅垂的装置。有管状水准器(又称为水准管)和圆水准器两种,前者用于精平仪器使视准轴水平;后者用于粗平仪器使竖轴铅垂。

1) 管状水准器

图 2.5(a)所示为内壁沿纵向研磨成一定曲率的圆弧玻璃管,管内注以乙醚和乙醇混合液体,两端加热融封后形成一气泡。水准管纵向圆弧的顶点 O 称为管水准器的零点,过零点相切于内壁圆弧的纵向切线称为水准管轴,用 $L\text{-}L$ 表示。当气泡中心与零点重合时,称为气泡居中。为了使望远镜视准轴 $C\text{-}C$ 水平,水准管安装在望远镜左侧,并满足 $LL/\!/CC$,当水准管气泡居中时,LL 处于水平,则 CC 也就处于水平位置。这是水准仪应满足的重要条件。

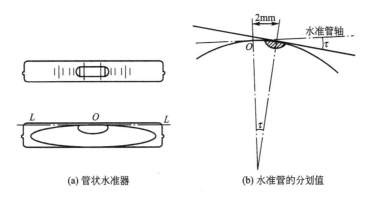

(a) 管状水准器　　　　(b) 水准管的分划值

图 2.5　管状水准器的构造与分划值

为了表示气泡的偏移量,沿水准管纵向对称于 O 点间隔 2mm 弧长刻一分划线。两刻线间 2mm 弧长所对的圆心角,称为水准管的分划值[图 2.5(b)],用 τ 表示。它表示气泡偏离零点 2mm(一格)时,水准管轴倾斜的角值,即

$$\tau = \frac{2\text{mm}}{R}\rho'' \qquad (2\text{-}5)$$

式中:$\rho''=206265''$;R 为水准管内壁的曲率半径,mm。

一般说来,τ 越小,水准管灵敏度和仪器安平精度越高。DS$_3$ 型水准仪的水准管分划值为 $20''/2\text{mm}$。

为了提高水准管气泡居中的精度和速度,水准管上方安装了一套符合棱镜系统,如图 2.6(a)所示,将气泡同侧两端的半个气泡影像反映到望远镜旁的观察镜中。当气泡不居

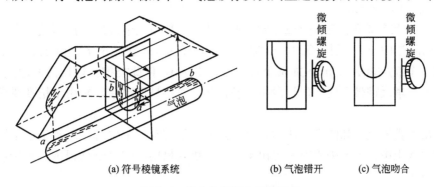

(a) 符号棱镜系统　　(b) 气泡错开　　(c) 气泡吻合

图 2.6　管水准器符合棱镜系统

中时,两端气泡影像相互错开,如图 2.6(b)所示;转动微倾螺旋(左侧气泡移动方向与螺旋转动方向一致),望远镜在竖直面内倾斜,使气泡影像吻合形成一光滑圆弧,如图 2.6(c)所示,表示气泡居中。这种水准器称为符合水准器。

2) 圆水准器

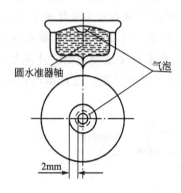

图 2.7 圆水准器构造

如图 2.7 所示,将玻璃圆盒顶面内壁研磨成一定半径的球面,内注混合液体。以球面中心 O' 为圆心刻有半径为 2mm 的分划圈。分划圈的圆心称圆水准器零点,过零点的球面法线称为圆水准器轴,用 $L'-L'$ 表示。圆水准器安装在托板上,并使 $L'L'//VV$,当气泡居中时,$L'L'$ 与 VV 同时处于铅垂位置。气泡由零点向任意方向偏离 2mm,$L'L'$ 相对于铅垂线倾斜一个角值,称为圆水准器分划值,用 τ' 表示。DS_3 型水准仪一般 τ' 为 $(8'\sim10')/2mm$。

3. 基座

基座由轴座、脚螺旋和连接底板组成。仪器的望远镜与托板铰接,通过竖轴插入轴座中,由轴座支承,轴座用三个脚螺旋与连接底板连接。整个仪器用中心连接螺旋固定在三脚架上。此外,如图 2.2 所示,控制望远镜水平转动的有制动、微动螺旋,制动螺旋拧紧后,转动微动螺旋,仪器在水平方向作微小转动,以利于精确照准目标。微倾螺旋可调节望远镜在竖直面内俯仰,以达到视准轴水平的目的。

2.2.2 水准尺与尺垫

水准尺又称为标尺,有直尺和塔尺两种,如图 2.8 所示。直尺一般用不易变形的干燥优质木材制成,全长 3m,多为双面尺。尺面为 1cm 黑白或红白相间分划,每 10cm 加一倒字注记(与正像望远镜配套的也有正字)。黑白相间的尺面为黑面尺,称为基本分划面,尺底起点为零。红白相间的尺面为红面尺,称为辅助分划面,尺底起点不为零,与黑面相差一个常数 K,称为零点常数。同一高度两面读数相差 K,用来检核红黑面读数。直尺用于等级水准测量,两把尺组成一对,一只 $K=4687m$,另一只 $K=4787m$,起点读数差(称为零点差)恰为 $\pm100mm$。

塔尺一般用玻璃钢、铝合金或优质木材制成。一般由三节尺段套接而成,全长为 5m。尺面为 5mm 或 10mm 分划,每 10cm 加一注记,超过 1m 在注记上加红点表示米数,如 "2" 上加 1 个红点表示 1.2m,加两个红点表示 2.2m,依此类推。塔尺两面起点均为零,属于单面尺。塔尺携带方便,但尺段接头易损坏,对接易出差错,常用于精度要求不高的水准测量。

尺垫由生铁铸成,如图 2.9 所示,呈三角形,下方有三个尖脚,以利于稳定地放置在地面上或插入土中。上方中央有一突出半球体,供立尺用,它用于高程传递的转点上,防止水准尺下沉。

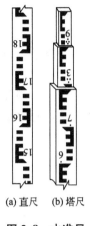

(a) 直尺　(b) 塔尺

图 2.8　水准尺　　　　　　图 2.9　尺垫

2.2.3　水准仪技术操作

水准仪技术操作包括水准尺及其尺垫的使用,是水准测量的一项基本功能训练。通过具体操作,理论联系实际,加深对仪器三大组成部分(望远镜、水准器、基座)的功能性认识,以达到正确使用仪器的目的。

1. 安置脚架(置架)

目的　将仪器脚架快速、稳定地安置到测站位置,并使其高度适中、架头粗平。

操作　旋松脚架架腿的个伸缩固定螺旋,抽出活动腿至适当高度(大致与肩平齐),拧紧固定螺旋;张开架腿使脚尖呈等边三角形,摆动一架腿(圆周运动)使架头大致水平,踏实脚架。然后将仪器用中心连接螺旋固定在脚架上,并使基座连接底板三边与架头三边对齐。在斜坡上安置仪器时,可调节位于上坡一架腿的长短来安置脚架。

2. 粗略整平(粗平)

目的　将仪器竖轴 VV 置于铅垂位置,视准轴 CC 大致置平。

操作　①任选两个脚螺旋 1、2,双手相向等速转动这对脚螺旋,使气泡移动至 1、2 连线过零点的垂线上,如图 2.10(a)所示;②转动另一个脚螺旋 3,如图 2.10(b)所示,使气泡位于分划圈的零点位置,或过零点与 1、2 连线的平行线上。

按上述步骤反复操作,直至仪器转至任一方向气泡均居中为止。值得注意的是,气泡运动的方向与左手大拇指旋转脚螺旋的方向一致,由此来判断脚螺旋转动方向,以便使气泡快速居中。

(a) 同时转动2个脚螺旋　　(b) 转动第3个脚螺旋

图 2.10　粗略整平

3. 瞄准水准尺(瞄准)

目的　瞄准后视、前视尺方向,为精平、读数创造条件。

操作 ①目镜对光、粗瞄，将望远镜朝向明亮背景，转动目镜对光螺旋，使十字丝影像清晰，然后松开制动螺旋，转动仪器，利用照门和准星瞄准水准尺，使水准尺进入望远镜视场，随即拧紧制动螺旋；②物镜对光、精瞄，转动调焦螺旋，使水准尺影像清晰，并落在十字丝平面上，然后转动微动螺旋，使十字丝竖丝与水准尺重合，如图 2.11 所示。

如不仔细进行上述对光，就会导致水准尺的影像与十字丝影像不共面，两者的影像不能同时看清，这种现象称为视差，如图 2.11 所示。检查视差的方法是：眼睛在目镜处上下微微移动，若两者的影像产生相对运动，则视差存在。

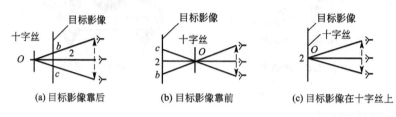

(a) 目标影像靠后　　　(b) 目标影像靠前　　　(c) 目标影像在十字丝上

图 2.11　视差影响

消除视差的方法是：反复、仔细、认真地进行目镜、物镜对光，直到两者影像无相对运动为止。视差对瞄准、读数均有影响，务必加以消除。

4．精确整平（精平）

目的　将照准方向的视线精密置平。

操作　调节微倾螺旋，使符合水准器气泡两半弧影像符合成一光滑圆弧，如图 2.6(c) 所示，这时视准轴在瞄准方向处于精密水平。

5．读数

目的　在标尺竖直、气泡居中、方向正确的前提下读取中横丝截取的尺面数字。

操作　读数前应判明水准尺的注记、分划特征和零点常数，以免读错。读数时以"dm"注记为参照点，先读出注记的"m"数和"dm"数（如 1.6m），再数读出"cm"数（如 2cm），最后估读不足 1cm 的"mm"数（如 2mm），综合起来即为 4 位的全读数（如 1622）。读数时，水准尺的影像无论倒字还是正字，一律从小向大的方向读数，读足 4 位，不要漏 0（如 1005，1050），不要误读（如将 6 误读为 9）。如图 2.12(a)、图 2.12(b) 所示标尺读数分别为 1622、0995。另外，精平后应马上读数，速度要快，以减少气泡移动引起读数误差。

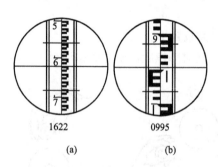

图 2.12　望远镜视场与水准尺读数

2.2.4　扶尺和搬站

1．扶尺

目的　将水准尺立于测点上，并处于铅垂线位置。

操作　水准尺左右倾斜容易在望远镜中发现，可及时纠正。当水准尺前后倾斜时，观测员难以发现，导致读数偏大。所以扶尺员应站在尺后，双手握住把手，两臂紧贴身躯，借助尺上水准器将水准尺铅直立在测点上。使用尺垫时，应事先将尺垫踏紧，将尺立在半球顶端。使用塔尺时，要防止尺段下滑造成读数错误。

2. 搬站

目的　将仪器顺利、安全地转移到下一测站。

操作　搬站时，先检查仪器中心连接螺旋是否可靠，将脚螺旋调至等高，然后收拢架腿，一手扶着基座，一手斜抱着架腿夹在腋下，安全搬站。如果地形复杂，应将仪器装箱搬站。严禁将仪器扛在肩上搬站，防止发生仪器事故。

2.3　水准测量的实施

2.3.1　水准点

用水准测量方法测定高程而建立的高程控制点称为水准点，如图 2.13 所示，用 **BM** 表示。需要长期保存的水准点一般用混凝土或石头制成标石，中间嵌半球型金属标志，埋设在冰冻线以下 0.5m 左右的坚硬土基中，并设防护井保护，称为永久性水准点，如图 2.13(a)所示。也可埋设在岩石或永久建筑物上，如图 2.13(b)所示。使用时间较短的，称为临时水准点，一般用混凝土标石埋在地面，如图 2.13(c)所示，或用大木桩顶面加一帽钉打入地下，并用混凝土固定，如图 2.13(d)所示，也可在岩石或建筑物上用红漆标记。

为了满足各类测量工作的需要，水准点按精度分为不同等级。国家水准点分一、二、三、四等 4 个等级，埋设永久性标志，其高程为绝对高程。为满足工程建设测量工作的需要，建立低于国家等级的等外水准点，埋设永久或临时标志，其高程应从国家水准点引测，引测有困难时，可采用相对高程。

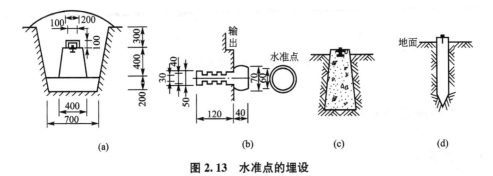

图 2.13　水准点的埋设

2.3.2　水准路线

进行水准测量的路径称为水准路线。根据测区情况和需要，工程建设中水准路线可布设成以下形式。

1. 闭合水准路线

如图 2.14(a)所示，从一已知高程点 BM_A 出发，沿线测定待定高程点 1，2，3，…的高程后，最后闭合在 BM_A 上，这种水准测量路线称为闭合水准(路线)，多用于面积较小的块状测区。

2. 附合水准路线

如图 2.14(b)所示，从一已知高程点 BM_A 出发，沿线测定待定高程点 1，2，3，…的高程后，最后附合在另一个已知高程点 BM_B 上，这种水准测量路线称为附合水准(路线)，多用于带状测区。

3. 支水准路线

如图 2.14(c)所示，从一已知高程点 BM_A 出发，沿线测定待定高程点 1，2，3，…的高程后，即不闭合又不附合在已知高程点上，这种水准测量路线称为支水准(路线)或支线水准，多用于测图水准点加密。

4. 水准网

如图 2.14(d)所示，由多条单一水准路线相互连接构成的网状图形称为水准网。其中 BM_A、BM_B 为高级点，C、D、E、F 等为结点。该形式多用于面积较大的测区。

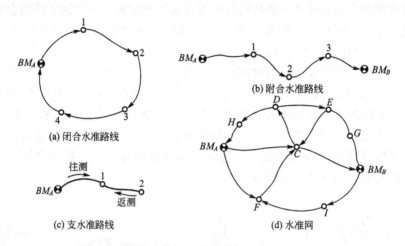

图 2.14 水准路线的布设

2.3.3 水准测量外业的实施

1. 一般要求

作业前应选择适当的仪器、标尺，并对其进行检验和校正。三、四等水准和图根控制测量用 DS_3 型仪器和双面尺，等外水准测量配单面尺。一般性测量采用单程观测，作为首级控制或支水准路线测量必须进行往返观测。等级水准测量的仪尺距、路线长度等必须符合规范要求。测量应尽可能采用中间法，即仪器安置在距离前、后视尺大致相等的位置。

2. 施测程序

如图 2.15 所示，设 A 点的高程 H_A 为 40.685m，现测定 B 点的高程 H_B 的程序如下。

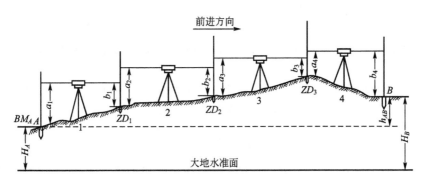

图 2.15 水准测量外业实施

（1）安置仪器于 1 站并进行粗平，后视尺立于 BM_A，在路线前进方向选择一点与 A 距离大致相等的适当位置作 ZD_1，作为临时的高程传递点，称为转点。放上并踏紧尺垫，将前视尺立于其上。

（2）照准 A 点尺，精平仪器后，读取后视读数 a_1（如 1384）；照准 ZD_1 点尺，精平仪器后，读取前视读数 b_1（如 1179），记入手簿中（表 2-1）。则

$$h_1 = a_1 - b_1 \quad (0.205\text{m})$$

表 2-1 水准测量记录手簿

仪器型号：DS$_3$		观测日期：2010.4.8		观 测：严 瑾	计 算：金 熙
仪器编号：9703281		天 气： 晴		记 录：任 珍	复 核：付 泽

测站	测点	水准尺读数		高差(m)	高程(m)	备注
		后视	前视			
1	BM_A	1384		0.205	40.685	
	ZD_1	1479	1179		40.890	
2				0.567		
	ZD_2	1498	0912		41.457	
3				0.912		
	ZD_3	0873	0586		42.369	
4				−0.791		
	ZD_4	1236	1664		41.578	
5				−0.188		
	BM_B		1424		41.390	
Σ		6470	5765	0.705		
辅助计算	$\sum a_i - \sum b_i = 6470 - 5765 = 0705 = \sum h_i$ $H_B - H_A = 41.390 - 40.685 = 0.705$ （计算无误）					

(3) 将仪器搬至 2 站，粗平，ZD_1 点尺面向仪器，A 点尺立于 ZD_2。

(4) 照准 ZD_1 点尺，精平仪器读数 a_2（如 1.479m）；照准 ZD_2 点尺，精平仪器读数 b_2（如 0.912m），记入手簿中。则

$$h_2 = a_2 - b_2 \quad (0.567\text{m})$$

(5) 按上述(3)、(4)步连续设站施测，直至测至终点 B 为止。各站的高差为

$$h_i = a_i - b_i \quad (i = 1, 2, 3, \cdots) \tag{2-6}$$

根据式(2-6)即可求得各测站间的高差。将各测站高差求和

$$h_{AB} = \sum h_i = \sum a_i - \sum b_i \tag{2-7}$$

B 点高程为

$$H_B = H_A + h_{AB} = H_A + \sum h_i \tag{2-8}$$

施测全过程的高差、高程计算和检核，均在水准测量记录手簿(表 2-1)中进行。

2.3.4 水准测量检核

1. 测站检核

每站进行水准测量时，如果观测的数据出现错误，则将导致高差和高程计算错误。为保证观测数据的正确性，通常采用双仪高法或双面尺法进行测站检核。不合格者，不得搬站。等级水准尤其如此。

1) 双仪高法

又称为变更仪器高法。在一个测站上，观测一次高差 $h' = a' - b'$ 后，将仪器升高或降低 10cm 左右，再观测一次高差 $h'' = a'' - b''$。当两次高差之差（称为较差）满足

$$\Delta h = h' - h'' \leqslant \Delta h_{容} \tag{2-9}$$

取平均值作为本站高差；否则应重测，直到满足式(2-9)为止。式中 $\Delta h_{容}$ 称为容许值，在相应的规范中查取。

2) 双面尺法

在一个测站上，用同一仪器高分别观测水准尺黑面和红面的读数，获得两个高差 $h_{黑} = a_{黑} - b_{黑}$ 和 $h_{红} = a_{红} - b_{红}$，若满足

$$\Delta h = h_{黑} - h_{红} \pm 100\text{mm} \leqslant \Delta h_{容} \tag{2-10}$$

取平均值作为本站高差；否则应重测。

2. 计算检核

手簿中计算的高差和高程应满足式(2-7)，并且使式(2-8)转化成 $H_B - H_A = \sum h_i$ 后的验算也同时成立。否则，高差计算和高程推算存在错误，应查明原因并予以纠正。计算检核在手簿辅助计算栏中进行(表 2-1)。

3. 成果检核

通过上述检核，仅限于读数误差和计算错误，不能排除其他诸多误差对观测成果的影响，例如转点位置移动、标尺或仪器下沉等，造成误差积累，使得实测高差 $\sum h_{测}$ 与理论高差 $\sum h_{理}$ 不相符，存在一个差值，称为高差闭合差，用 f_h 表示。即

$$f_h = \sum h_{测} - \sum h_{理} \tag{2-11}$$

因此，必须对高差闭合差进行检核。如果 f_h 满足

$$f_h \leqslant f_{h容} \tag{2-12}$$

表示测量成果符合精度要求,可以应用。否则必须重测。式中 $f_{h容}$ 称为容许高差闭合差,在相应的规范中有具体规定。例如《工程测量规范》(GB 50026—93)规定如下。

三等水准测量:平地 $f_{h容}=\pm 12\text{mm}\sqrt{L}$;山地 $f_{h容}=\pm 4\text{mm}\sqrt{n}$ (2-13)

四等水准测量:平地 $f_{h容}=\pm 20\text{mm}\sqrt{L}$;山地 $f_{h容}=\pm 6\text{mm}\sqrt{n}$ (2-14)

图根水准测量:平地 $f_{h容}=\pm 40\text{mm}\sqrt{L}$;山地 $f_{h容}=\pm 12\text{mm}\sqrt{n}$ (2-15)

式中:L 为往返测段、附合或闭合水准线路长度,以 km 计;n 为单程测站数,$f_{h容}$ 以 mm 计。高差理论值 $\sum h_{理}$ 分别按式(2-17)、式(2-19)和式(2-21)求得。

2.3.5 水准测量成果处理

1. 高差闭合差 f_h 的计算与检核

1) 闭合水准

由于路线的起点与终点为同一点,其高差 $\sum h_{测}$ 的理论值应为 0,即

$$\sum h_{理闭} = 0 \tag{2-16}$$

代入式(2-11)得

$$f_h = \sum h_{测} \tag{2-17}$$

然后按式(2-12)进行外业计算的成果检核,验算 f_h 是否符合规范要求。验算通过后,方能进入下一步高差改正数的计算。否则,必须进行补测,直至达到要求为止。

2) 附合水准

由于路线的起、终点 A、B 为已知点,两点间高差观测值 $\sum h_{测}$ 的理论值应为

$$\sum h_{理附} = H_B - H_A \tag{2-18}$$

代入式(2-11)得

$$f_h = \sum h_{测} - (H_B - H_A) \tag{2-19}$$

同理,按式(2-12)对外业的成果进行检核,通过后方能进入下一步计算。

3) 支线水准

由于路线进行往返观测,高差 $\sum h_{往} - (-\sum h_{返})$ 的理论值应为

$$\sum h_{理支} = 0 \tag{2-20}$$

代入式(2-11)得

$$f_h = \sum h_{往} + \sum h_{返} \tag{2-21}$$

同理,也用前述方法对外业的成果进行检核。

2. 高差改正数的计算与高差闭合差的调整

1) 高差改正数的计算

对于闭合水准和附合水准,在满足 $f_h \leqslant f_{h容}$ 的条件下,允许对观测值 $\sum h_{测i}$ 施加改正数 v_i,使之符合理论值。改正的原则是:将 f_h 反号按测程 L 或测站 n 成正比分配。设路线有 i 个测段(两水准点间的水准路线,$i=1,2,3,\cdots$),第 i 测段的水准路线长度为 L_i(以 km 计)或测站数为 n_i,总里程或总测站数为 $\sum L$ 或 $\sum n$,则各测段高差改正数为

$$v_i = \frac{-f_h}{\sum L} \cdot L_i \quad \text{或} \quad v_i = \frac{-f_h}{\sum n} \cdot n_i \tag{2-22}$$

改正数凑整至 mm，并按下式进行验算

$$\sum v_i = -f_h \quad (2-23)$$

若改正数的总和不等于闭合差的反数，则表明计算存在错误，应重算。如因凑整引起的微小不符值，则可将它加以分配在任一测段上。

2) 调整后高差的计算

高差改正数计算经检核无误后，将测段实测高差 $\sum h_{测i}$ 加以调整，加入改正数 v_i 得到调整后的高差 $\sum h_i'$，即

$$\sum h_i' = \sum h_{测i} + v_i \quad (2-24)$$

调整后线路的总高差应等于它相应的理论值，以资检核。

对于支线水准，在 $f_h \leqslant f_{h容}$ 的条件下，取其往返高差绝对值的平均值作为观测成果，高差的符号以往测为准。

3. 高程的计算

设 i 测段起点的高程为 H_{i-1}，则终点高程 H_i 应为

$$H_i = H_{i-1} + \sum h_i' \quad (2-25)$$

从而可求得各测段终点的高程，并推算至已知点进行检核。

4. 算例

某平地符合水准路线，BM_A、BM_B 为已知高程水准点，各测段的实测高差及测段路线长度如图 2.16 所示。该水准路线成果处理计算列入表 2-2 中。

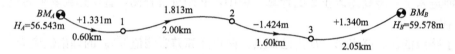

图 2.16 附合水准路线计算图

表 2-2 符合水准路线测量成果计算表

点号	路线长度 L(km)	测站数 n_i	实测高差 h_i(m)	改正数 v_i(mm)	改正后高差 h_i'(m)	高程 H_i(m)	备注
BM_A						56.543	
	0.60		+1.331	−2	+1.329		
1						57.872	
	2.00		+1.813	−8	+1.805		
2						59.677	BM_A、BM_B 的高程为已知
	1.60		−1.424	−7	−1.431		
3						58.246	
	2.05		+1.340	−8	+1.332		
BM_B						59.578	
$\sum$	6.25		+3.060	−25	+3.035		
辅助计算	$f_h = \sum h_{测} - (H_B - H_A) = +25 \text{mm}$ $f_{h容} = \pm 40\text{mm}\sqrt{L} = \pm 100\text{mm}$ $f_h \leqslant f_{h容}$ 符合精度要求 $v_{i1\text{km}} = -f_h/L = -25/6.25 = -4\text{mm/km}$ $\sum v_i = -25\text{mm} = -f_h$ 计算无误							

2.4 DS₃型水准仪的检验与校正

由前述可知,水准仪有视准轴 C-C、圆水准器轴 L'-L'、水准管轴 L-L、仪器旋转轴 V-V。水准仪能提供一条水平视线,其相应轴线间必须满足以下几何条件,如图2.17所示。

(1) 圆水准器轴应平行于竖轴,即 $L'L'//VV$。
(2) 十字丝横丝应垂直于竖轴。
(3) 水准管轴应平行于视准轴,即 $LL//CC$。

仪器出厂前,虽经过严格检验合格均能满足条件,但经过搬运、长期使用、震动等因素的影响,使其几何条件发生变化。为此,测量之前应对上述条件进行必要的检验与校正。

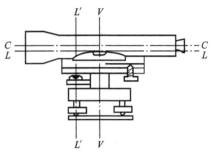

图2.17 水准仪的几何轴线

2.4.1 $L'L'//VV$ 的检验与校正

1. 检验目的

满足条件 $L'L'//VV$。当圆水准器气泡居中时,VV 基本铅垂,视准轴处于粗平。

2. 检验方法

安置仪器后,转动脚螺旋粗平仪器,使圆水准器气泡居中,如图2.18(a)所示。

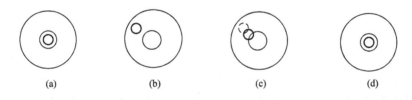

图2.18 圆水准器检验与校正

然后旋转仪器180°,若气泡仍然居中,表明条件满足。如果气泡偏离零点则应进行校正,如图2.18(b)所示。

3. 校正方法

转动脚螺旋使气泡退回偏离值的一半(图2.18(c)中粗实线);然后用校正针稍松圆水准器背面中心固紧螺丝,如图2.19所示,拨动3个校正螺丝,使气泡居中,如图2.18(d)所示。按上述检验、校正反复检校,直至望远镜处于任意位置气泡均居中。最后将中心固紧螺丝拧紧。

图2.19 圆水准器校正部位
1—圆水准器;2—校正螺丝;
3—固紧螺丝

4. 检验原理

如图2.20所示,设 $L'L'$ 与 VV 不平行而存在一个交角 α。

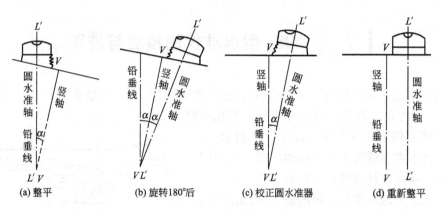

图 2.20 圆水准器检校原理

仪器粗平气泡居中后，$L'L'$处于铅垂，VV相对与铅垂线倾斜α角，如图 2.20(a)所示；望远镜绕VV旋转180°，$L'L'$保持与VV的交角α绕VV旋转，于是$L'L'$相对于铅垂线倾斜2α角，如图 2.20(b)所示。校正时，用脚螺旋使气泡退回偏离值的一半，此时VV处于铅垂，消除一个α角，如图 2.20(c)所示。而后拨校正螺丝使气泡居中，则$L'L'$也处于铅垂位置，再消除一个α角。于是$L'L' // VV$的目的就达到了，如图 2.20(d)所示。

2.4.2 十字丝横丝⊥VV的检验与校正

1. 检验目的

满足十字丝横丝⊥VV的条件，当VV铅垂时，横丝处于水平，用横丝任何位置读数均相同。

2. 检验方法

粗平仪器后，用十字丝的一端瞄准一点状目标P，如图 2.21(a)、图 2.21(c)所示，制动仪器，然后转动微动螺旋，从望远镜中观察P点。若P点始终在横丝上移动，则条件满足，如图 2.21(b)所示；若P点离开横丝，如图 2.21(d)所示，则须校正。

3. 校正方法

用螺丝刀松开物镜筒上目镜筒固定螺钉 3（有的仪器有十字丝座护罩，应先旋下），如图 2.21(e)所示，转动目镜筒 2（十字丝座连同一起转动），使横丝向P点移动偏离值的一半。然后拧紧固定螺钉（旋上护罩）。

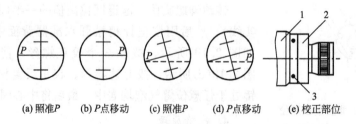

(a) 照准P　(b) P点移动　(c) 照准P　(d) P点移动　(e) 校正部位

图 2.21 十字丝的检验与校正

1—物镜筒；2—目镜筒；3—目镜筒固定螺钉

2.4.3 $LL /\!/ CC$ 的检验与校正

1. 检验目的

满足 $LL /\!/ CC$，当水准管气泡居中时，CC 处于精密水平位置。

2. 检验方法

如图 2.22 所示，假设水准管轴不平行于视准轴，两者在竖直面内投影的夹角为 i。选择一段 80m～100m 的平坦场地，两端钉木桩或放尺垫 A、B，并立上标尺。按中间法变更仪器高两次测定 A、B 间的高差 h_1 和 h_2，若较差 $\Delta h = h_1 - h_2 \leqslant 3mm$，取其平均值 $h_{AB} = (h_1 + h_2)/2$ 作为两点间的正确高差。将仪器搬至前视尺 B 附近（约 3m），精平仪器后在 A、B 尺上读数 a_3、b_3，若 $h_3 = a_3 - b_3 = h_{AB}$，则表明 $LL /\!/ CC$；若 $h_3 \neq h_{AB}$，表明 LL 与 CC 之间存在夹角 i，且 i 的值为

$$i'' = \frac{h_3 - h_{AB}}{D_{AB}} \rho'' \quad (\rho'' = 206265'') \tag{2-26}$$

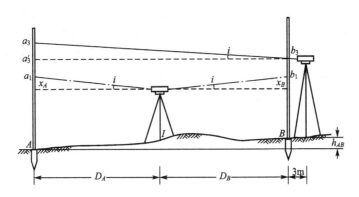

图 2.22 水准管的检验

当 $i > 20''$ 时，则应进行校正。

3. 检验原理

当仪器位于 A、B 中间 I 处时，由 i 角影响产生的读数误差为

$$\left.\begin{array}{l} x_A = D_A \tan i \\ x_B = D_B \tan i \end{array}\right\} \tag{2-27}$$

由于 $D_A = D_B$，则 $x_A = x_B$，所以

$$h_{AB} = (a - x_A) - (b - x_B) = a - b \tag{2-28}$$

这一点说明：当 i 存在时，若采用中间法测定高差，可以在计算中消除 i 角对高差的影响。当仪器位于 B 点附近时，由于 i 和 D_B 都很小，i 角对 b 的读数影响可以忽略不计，而对 a 的读数影响随 D_A 的增大而增大，在高差计算中无法消除其影响。

4. 校正方法

仪器在近 B 点不动，计算消除 i 角影响后 A 尺（远尺）的正确读数 a_3'，由图 2.22 可看出

$$a_3' = b_3 + h_{AB} \qquad (2-29)$$

若 $a_3 > a_3'$，说明视线向上倾斜；反之向下倾斜。转动微倾螺旋，使横丝对准 a_3'，此时，CC 处于水平，而水准管气泡必不居中。用校正针松动符合水准器左、右两校正螺丝，如图 2.23 所示，拨动上、下两校正螺丝使气泡严密居中。而后拧紧左右校正螺丝。

$LL/\!/CC$ 是水准仪的重要条件，因而必须反复检校，直至达到要求为止。最后指出，检验与校正时，由于校正螺丝均为对抗螺丝，应遵循"先松后紧，边松边紧，最后固紧"的原则，以防损坏仪器。

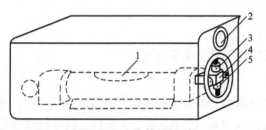

图 2.23 水准管的校正
1—水准管气泡；2—观察窗；3—上校正螺丝；
4—水准管架；5—下校正螺丝

2.5 水准测量误差分析

测量仪器的制造不可能完美，经检验校正也不能完全满足理想的几何条件；同时，由于观测人员感官的局限和外界环境因素的影响，使观测数据不可避免地存在误差。为了保证应有的观测精度，测量工作者应对测量误差产生的原因、性质及防止措施有所了解，以便将误差控制在最小程度。测量误差主要来源于仪器误差、观测误差和外界环境因素的影响3个方面。水准测量也不例外。

2.5.1 仪器误差

1. 视准轴不平行于水准管轴的误差

仪器经校正后，仍有残余误差。当仪器受震或使用日久，两轴线间会产生微小 i 角。即使水准管气泡居中，视线也不会水平，从而在标尺上的读数产生如式（2-27）的误差。这项 i 角的影响由 2.4 节可知，采用前后视距相等（即"中间法"）观测可以消除其影响。

2. 望远镜调焦透镜运行的误差

物镜对光时，调焦镜应严格沿光轴前后移动。由于仪器受震或仪器陈旧等原因，使得调焦镜不沿光轴运动，造成目标影像偏移，不能正常读数。这项误差随调焦镜位置的不同而变化，根据同距离等影响的原则，采用中间法前后视仅作一次对光，可削弱或消除其误差。

3. 水准尺的误差

这项误差包括尺长误差、分划误差和零点误差，它直接影响读数和高差精度。经检定不符合尺长误差、分划误差规定要求的水准尺应禁止使用。尺长误差较大的尺，对于精度要求较高的水准测量，应对读数进行尺长误差改正。零点误差是由于尺底不同程度磨损而造成的，成对使用的水准尺可在测段内设偶数站消除。这是因为水准尺前后视交替使用，相邻两站高差的影响值大小相等、符号相反。

2.5.2 观测误差

1. 水准管气泡居中的误差

水准测量读数前,必须使水准管气泡严格居中。由于水准管内壁的粘滞作用和观测者眼睛分辨能力局限,使气泡未严格居中而产生误差。实践证明,水准管气泡居中的误差与水准管分划值 τ 有关,一般为 $\pm 0.15\tau$,并与视线长 D 成正比。当采用符合水准器时,居中精度可提高 2 倍,即有

$$m_\tau = \pm \frac{0.15\tau}{2\rho''} D \tag{2-30}$$

2. 估读误差

观测者用望远镜在标尺上估读不足分划值的微小读数,产生的估读误差与人眼分辨能力(一般为 $60''$)、视线长度 D、望远镜放大倍率 V 有关。可按下式计算。

$$m_V = \pm \frac{60''}{V\rho''} D \tag{2-31}$$

当 $V=28$ 倍,D 分别为 100m、75m 时,m_V 分别为 1.0mm、0.8mm。

3. 水准尺倾斜的误差

水准尺左右倾斜,在望远镜中容易发现,可及时纠正。若沿视线方向前后倾斜 δ 角,会导致读数偏大 m_δ,其大小与读数大小有关,如图 2.24 所示,若读数为 b',而应读数为 b,则

$$m_\delta = b' - b = b'(1 - \cos\delta)$$

将 $\cos\delta$ 按幂级数展开,略去高次项取 $\cos\delta = 1 - \delta^2/2$,代入上式有

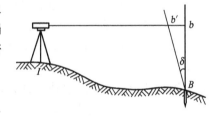

图 2.24 水准尺倾斜误差

$$m_\delta = \frac{b'}{2} \times \left(\frac{\delta''}{\rho''}\right)^2 \tag{2-32}$$

当 $\delta = 3°$,$b' = 2$m 时,$m_\delta = 3$mm。

由上述可知,观测误差对测量成果影响较大,而且是不可避免的偶然误差。因此,观测者应按照操作规程认真操作,快速观测,准确读数,借助标尺的水准器立直标尺。同时仔细调焦,消除视差,以尽量减小观测误差的影响。

2.5.3 外界环境因素的影响

1. 地球曲率和大气折光的影响

如图 2.25 所示,过仪器高度点 a 的水准面在水准尺上的读数为 b'。水准测量时,过 a 点的水平视线在标尺上的读数为 b'' 而不是水准面过 a 点的读数 b',$b'b''$ 即为地球曲率对读数的影响,称为地球曲率差,用 c 表示。按式(1-10)得

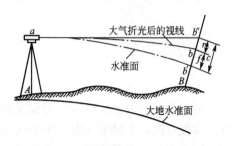

$$c = \frac{D^2}{2R} \quad (2-33)$$

式中：D 为视线长。

图 2.25 地球曲率差与大气折光差的影响

由于地面上空气密度上疏下密，当视线通过不同密度的大气层时，会发生折射，使得视线不水平，而是向上或向下呈弯曲状，水平视线在标尺上的实际读数为 b（图 2.25）而不为 b''，两者之差称为大气折光差，用 r 表示。在稳定的气象条件下，大气折光差约为地球曲率影响的 1/7，即

$$r = \frac{1}{7}c = \frac{D^2}{14R} \quad (2-34)$$

c、r 同时存在，其共同影响为

$$f = c - r = 0.43 \frac{D^2}{R} \quad (2-35)$$

地球曲率和大气折光的影响可用"中间法"消除或削弱。精度要求较高的水准测量还应选择良好的观测时间（一般为日出后或日落前2小时），并控制视线高出地面有一定高度和视线长度来减小其影响。

2. 仪器和水准尺升降的影响

在观测过程中，由于仪器的自重会使仪器随时间而下沉或由于土壤的弹性会使仪器上升，使得读数减小或增大。如果往测上坡使高差增大，则返测下坡使高差减小，取往返高差平均数，可削弱其影响。对一个测站进行往返观测就意味着观测程序的改变，按"后、前、前、后"或"前、后、后、前"的观测程序，取高差平均值，也能削弱其影响。因此，观测时选择坚实的地面作测站和转点，踏实脚架和尺垫，缩短测站观测时间，采取往返观测等，可以减小此项影响。

3. 大气温度和风力的影响

温度不规则变化、较大的风力，会引起大气折光变化，致使标尺影像跳动，难以读数。温度变化也会导致仪器几何条件变化，如烈日直射仪器会影响水准管气泡居中等，导致产生测量误差。因此，水准测量时，应选择有利的观测时间，在观测时应撑伞遮阳，避免仪器日晒雨淋，以减小其影响。

2.6 三、四等水准测量

2.6.1 主要技术要求

三、四等水准测量除用于国家高程控制网加密外，还常用于建立局部区域地形测量、工程测量高程首级控制，其高程应就近由国家高一级水准点引测。根据测区条件和用途，三、四等水准路线可布设成闭合或附合水准路线，水准点应埋设普通标石或作临时水准点，也可和平面控制点共享，三、四等水准测量的技术要求见表2-3。

表 2-3 三、四等水准测量技术指标

等级	水准仪	水准尺	视线高度(m)	视线长度(m)	前后视距差(m)	前后视距累积差(m)	红黑面读数差(mm)
三	DS_3	双面	≥0.3	≤75	≤3.0	≤6.0	≤2
四	DS_3	双面	≥0.2	≤100	≤5.0	≤10.0	≤3

等级	红黑面高差之差(mm)	观测次数		往返较差、符合或闭合路线闭合差	
		与已知点连测	符合或闭合路线	平地(mm)	山地(mm)
三	≤3	往返各一次	往返各一次	$\pm 12\sqrt{L}$	$\pm 4\sqrt{n}$
四	≤5	往返各一次	往一次	$\pm 20\sqrt{L}$	$\pm 6\sqrt{n}$

注：计算往返较差时，L 为单程路线长，以 km 计；n 为单程测站数。

2.6.2 一个测站的观测程序

三、四等水准测量采用成对双面尺观测。测站观测程序(表2-4)如下：
(1) 安置水准仪，粗平。
(2) 瞄准后视尺黑面，读取下、上、中丝的读数，记入手簿(1)、(2)、(3)栏。
(3) 瞄准前视尺黑面，读取下、上、中丝的读数，记入手簿(4)、(5)、(6)栏。
(4) 瞄准前视尺红面，读取中丝的读数，记入手簿(7)栏。
(5) 瞄准后视尺红面，读取中丝的读数，记入手簿(8)栏。

以上观测程序归纳为"后，前，前，后"，可减小仪器下沉误差。四等水准测量也可按"后，后，前，前"的程序观测。

上述观测完成后，应立即进行测站计算与检核，满足表2-3的限差要求后，方可迁站。

2.6.3 测站计算与检核

1. 视距计算与检核

后视距 $d_后$：(9)=[(1)-(2)]×100　　前视距 $d_前$：(10)=[(4)-(5)]×100
前后视距差 Δd：(11)=(9)-(10)　　前后视距累计差 $\Sigma \Delta d$：(12)=上站(12)+本站(11)
以上计算的 $d_后$、$d_前$、Δd、$\Sigma \Delta d$ 均应满足表2-3的规定，以满足中间法的要求。因此，每站安置仪器时，尽可能使 $\Sigma d_后 = \Sigma d_前$。

2. 读数检核

设后、前视尺的红、黑面零点常数分别为 K_1(如4787)、K_2(如4687)，同一尺的黑、红面读数差为

前视尺　(13)=(6)+K_2-(7)　　后视尺　(14)=(3)+K_1-(8)

(13)、(14)的值均应满足表2-3的要求,即三等水准不大于2mm,四等水准不大于3mm。否则应重新观测。满足上述要求即可进行高差计算。

3. 高差的计算与检核

黑面高差:(15)=(3)-(6)　红面高差:(16)=(8)-(7)

红黑面高差之差(较差):(17)=(15)-[(16)±100mm]=(14)-(13)

(17)对于三等水准应不大于3mm,四等水准不大于5mm。上式中100mm为前、后视尺红面的零点常数K的差值。正、负号可将(15)和(16)相比较确定,当(15)小于(16)接近100mm时,取负号;反之取正号。上述计算与检核满足要求后,取平均值作为测站高差。即

$$(18)=[(15)+(16)±100mm]/2$$

平均值(18)应与黑面高差(15)接近。上述计算与检核见表2-4。

表2-4　三、四等水准测量手簿

仪器型号:DS$_3$　　观测日期:2010.5.8　　观　测:严　瑾　　计　算:金　熙
仪器编号:9703281　　天　　气:晴　　　　记　录:任　珍　　复　核:付　泽

测站编号	测点编号	后尺 下丝 上丝 后视距(m) 视距差Δd(m)	前尺 下丝 上丝 前视距(m) ΣΔd(m)	方向及尺号	中丝读数(m) 黑面	中丝读数(m) 红面	K+黑-红(mm)	高差中数(m)	备注
		(1)	(4)	后-一	(3)	(8)	(14)		
		(2)	(5)	前-一	(6)	(7)	(13)	(18)	
		(9)	(10)	后-前	(15)	(16)	(17)		
		(11)	(12)						
1	BM$_A$~ZD$_1$	1614 1156 45.8 +1.0	0774 0326 44.8 +1.0	后-01 前-02 后-前	1384 0551 +0.833	6171 5239 +0.932	0 -1 +1	+0.8325	K_1=4787 K_2=4687
2	ZD$_1$~ZD$_2$	2188 1682 50.6 +1.2	2252 1758 49.4 +2.2	后-02 前-01 后-前	1934 2008 -0.074	6622 6796 -0.174	-1 -1 0	-0.0740	
3	ZD$_2$~ZD$_3$	1922 1529 39.3 -0.5	2066 1668 39.8 +1.7	后-01 前-02 后-前	1726 1866 -0.140	6512 6554 -0.042	+1 -1 +2	-0.1410	

续表

仪器型号：DS₃	观测日期：2010.5.8	观测：严瑾	计算：金熙
仪器编号：9703281	天　气：晴	记　录：任珍	复　核：付泽

测站编号	测点编号	后尺 下丝 上丝 后视距(m) 视距差 Δd(m)	前尺 下丝 上丝 前视距(m) $\sum \Delta d$(m)	方向及尺号	中丝读数(m) 黑面	中丝读数(m) 红面	$K+$黑$-$红 (mm)	高差中数 (m)	备注
4	$ZD_3 \sim ZD_4$	2041	2220	后—02	1832	6520	−1	−0.1740	
		1622	1790	前—01	2007	6793	+1		
		41.9	43.0	后—前	−0.175	−0.273	−2		
		−1.1	+0.6						
5	$ZD_4 \sim Ⅱ$	1531	2820	后—01	1304	6093	−2	−1.2795	
		1057	2349	前—02	1585	7271	+1		
		45.6	47.1	后—前	−1.281	−1.178	−3		
		−1.5	−0.9						
每页计算检核		$\sum(9)=223.2$ $-)\ \sum(10)=224.1$ 　　　　$=-0.9$ 　　　　$=5$ 站(12) $L=\sum(9)+\sum(10)=447.3$			$\sum(3)=8180$　$\sum(8)=31918$ $\sum(6)=9017$　$\sum(7)=32653$ $\sum(15)=-0.837$　$\sum(16)=-0.735$ 　$\sum[(3)+(8)]=40.098$ $-)\ \sum[(6)+(7)]=41.670$ 　　　　　　$=-1.572$ $\sum[(15)+(16)-0.100]=-1.672$ $\sum(18)=-0.8360$　$2\sum(18)=-1.672$　计算无误					

2.6.4　全路线的计算与检核

当观测完一个测段或全路线后，对水准测量记录按每页或测段进行检核（见表 2-4）。

高差检核：

$$\sum(15)=\sum(3)-\sum(6) \quad \sum(16)=\sum(8)-\sum(7)$$

$$\sum(15)+\sum(16)=\sum[(3)+(8)]-\sum[(6)+(7)]=2\sum(18) \quad （偶数站）$$

$$\sum(15)+\sum(16)=\sum[(3)+(8)]-\sum[(6)+(7)]\pm 100\text{mm}=2\sum(18) \quad （奇数站）$$

视距检核：

$$本页\sum(9)-本页\sum(10)=本页末站(12)-前页末站(12)$$

$$终点站(12)=\sum(9)-\sum(10)$$

上述检核无误后,则测段或全路线总长度为

$$L=\sum(9)+\sum(10)$$

2.6.5 三、四等水准测量成果处理

经过上述检核符合表 2-3 的要求后,依水准路线的形式,按 2.3.5 节的方法计算出高差闭合差 f_h。若 f_h 满足表 2-3 的技术要求,再进行闭合差调整,计算出各水准点的高程。

2.7 其他水准测量仪器

2.7.1 自动安平水准仪

自动安平水准仪是在望远镜内安装一个自动补偿器来代替水准管。仪器经粗平后,由于补偿器的作用,无需精平即可通过中丝获得视线水平时的读数,简化了操作,提高了观测速度;同时还补偿了如温度、风力、震动等对测量成果一定程度的影响,从而提高了观测精度。

1. 自动安平原理

如图 2.26 所示,视线水平时的十字丝交点在 A 处,读数为 a。当视准轴倾斜一个角值 α 后,十字丝交点由 A 移至 A',十字丝通过视准轴的读数为 a',不是水平视线的读数。显然 $AA'=f\alpha$。为了使水平视线能通过 A' 而获得读数 a,在光路上安置一个补偿器,让视线水平的读数 a 经过补偿器后偏转一个 β 角,最后落在十字丝交点 A'。这样,即使视准轴倾斜一定角度(一般为 $\pm 10'$),仍可读得水平视线的读数 a,因此达到了自动安平的目的。可见,补偿器必须满足

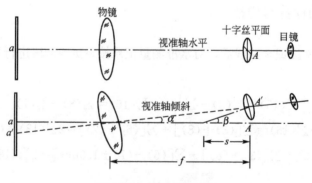

图 2.26 自动安平原理

$$f\alpha = s\beta \tag{2-36}$$

式中:f 为物镜等效焦距;s 为补偿器到十字丝交点的距离。

2. 补偿器的结构及原理

补偿器种类繁多，水准仪多用自由悬挂补偿器和机械补偿器。图 2.27 为国产 DZS₃ 型自动安平水准仪的光路示意图，补偿器由一块屋脊棱镜和两块直角棱镜组成，它是悬挂补偿器。在调焦透镜 2 与十字丝分划板 6 之间，将屋脊棱镜 4 固定在望远镜筒上，随视准轴倾斜同步运动，两块直角棱镜 3、4 是用交叉的金属丝悬挂在屋脊棱镜的下方，在重力作用下，与视准轴作反向偏转运动。如视准轴顺时针倾斜 α 角，两块直角棱镜则逆时针偏转 α 角。为了使悬挂的棱镜组尽快稳定下来，在其下方设置了阻尼器 8。根据光线全反射的特性可知(图 2.28)，在入射光线不变的条件下，反射面由 P_1 转动 α 角至 P_2 的位置，则反射光线将由位置 1 同向转动 2α 至 2 的位置。将这一光学原理用于补偿器，即可使水平光线偏转一个 β 角。如图 2.27 所示，当视准轴水平时，水平光线通过物镜 1 后经过第一直角棱镜 3 反射到屋脊棱镜 4，在屋脊棱镜内作 3 次反射，到达另一直角棱镜 5，再被反射一次，最后水平光线通过十字丝交点，水平光线与视准轴重合，不发生偏转。如图 2.29 所示，当视准轴倾斜 α 角，屋脊棱镜也随之倾斜 α 角，直角棱镜在重力摆作用下，相对视准轴反向偏转 α 角。此时通过物镜光心的水平光线经直角棱镜、屋脊棱镜后偏转 2α；经过第二直角棱镜后又偏转 2α，结果水平光线通过补偿器后偏转 4α。由此可见，补偿器的光学特性为：当屋脊棱镜倾斜 α 角，能使入射水平光线偏转 $\beta=4\alpha$。将 β 代入式(2-36)，则

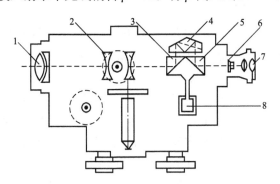

图 2.27 DZS₃ 型自动安平水准仪的结构
1—物镜；2—调焦透镜；3—直角棱镜；
4—固定屋脊棱镜；5—直角棱镜；6—十字丝分划板；
7—目镜；8—阻尼器

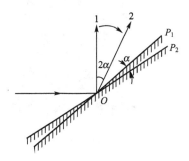

图 2.28 平面镜全反射原理

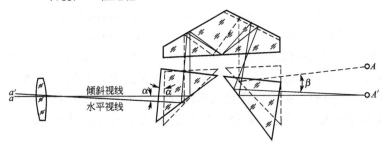

图 2.29 补偿器工作原理

$$s=\frac{f_{物}}{4} \tag{2-37}$$

将补偿器安装在距十字丝交点 $f_{物}/4$ 处就可以达到补偿的目的。

3. 自动安平水准仪的使用

仪器经过认真粗平、照准后，即可进行读数。由于补偿器相当于一个重力摆，无论采用何种阻尼装置，重力摆静止需要几秒钟，因此照准后过几秒钟读数为好。

补偿器由于外力作用（如剧烈震动、碰撞等）和机械故障，会出现"卡死"失灵，甚至损坏，所以应务必当心，使用前应检查其工作是否正常。装有检查按钮（同锁紧钮共用）的仪器，读数前，轻触检查钮，如果物像位移后迅速复位，则表示补偿器工作正常；否则应维修。无检查按钮的仪器，可将望远镜转至任一脚螺旋的上方，微转该脚螺旋，即可检查物像的复位情况。

2.7.2 精密水准仪

DS_{05}、DS_1型水准仪属于精密水准仪，它们主要用于国家一、二等水准测量，以及地震测量、大型建筑工程高程控制与沉降观测、精密机械设备安装等精密工程测量。图2.30为我国生产的DS_1型精密水准仪。

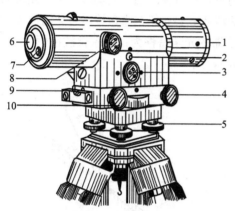

图2.30 DS_1型精密水准仪

1—物镜；2—测微器进光窗；3—测微螺旋；
4—微动螺旋；5—脚螺旋；6—目镜；
7—读数显微镜；8—物镜调焦螺旋；
9—粗平水准管；10—微倾螺旋

1. 精密水准仪的构造特点与测微原理

精密水准仪的构造与DS_3型水准仪基本相同。主要区别在于：一是为了提高安平精度，水准管采用符合水准器，且$\tau=(8''\sim 10'')/2mm$，安平精度不大于$\pm 0.''2$。望远镜和水准器均套装在隔热壳罩内，结构坚固，$LL//CC$稳定，受外界影响因素小。二是为了提高读数精度，望远镜放大倍率一般不小于40，并配有测量微小读数0.1～0.05mm的光学测微器和楔形丝，以及配套的精密水准尺。

图2.31为DS_1型水准仪光学测微装置示意图。望远镜前装有一块平行玻璃板，转动测微螺旋，齿轮带动齿条推动传导杆使平行玻璃板以视准轴水平垂直线为旋转轴前后倾斜，固定在齿条上方的测微尺也随之移动。标尺影像的光线通过倾斜平行玻璃板后，在垂直面上移动一个量，该移动量的大小可由测微尺量测，并显示在测微目镜视场中。测微尺全长有100个分划，标尺影像移动5mm或10mm，测微尺移动全长100个分划，恰好测微螺旋转动一周。因此，测微尺的分划值为0.05mm或0.1mm，测微周值为5mm或10mm。

2. 精密水准尺与读数方法

精密水准尺又称为铟瓦水准尺，与精密水准仪配套使用。

这种尺是在优质木质标尺中间的尺槽内，安装一厚度为1mm、宽度为30mm、长为3m

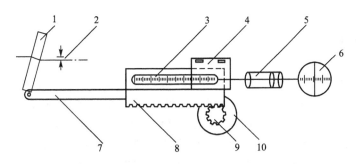

图 2.31 光学测微器的构造
1—平行玻璃板；2—平行移动量；3—测微分划尺；4—测微读数指标；
5—读数显微镜；6—测微读数视场；7—传导杆；8—齿条；9—齿轮；10—测微螺旋

的铟钢合金尺带，尺带底端固定，上端用弹簧绷紧。尺带上刻有间隔为 5mm 或 10mm 的左右两排相互错置的分划，左边为基本分划，右边为辅助分划，分米或厘米注记刻在木尺上。两种分划相差常数 K，供读数检核用。有的尺无辅助分划，基本分划按左右分奇偶排列，便于读数。图 2.32 为两种精密水准尺，图 2.32(a)分划值为 10mm，图 2.32(b)分划值为 5mm，可与相应测微周值的仪器配套使用。

精密水准仪的操作方法与 DS_3 型仪器相同，仅读数方法有差异。读数时，先转动微倾螺旋使符合水准器气泡居中（气泡影像在望远镜视场的左侧，符合程度有格线度量）；再转动测微螺旋，调整视线上、下移动，用十字丝楔形丝精确夹住就近的标尺分划（图 2.33），而后读数。现以分划值为 5mm 分划、注记为 1cm 的水准尺为例说明读数方法。先直接读出楔形丝夹住的分划注记读数（如 1.94m），再在望远镜旁测微读数显微镜中读出不足 1cm 的微小读数（如 1.54mm），如图 2.33(a)所示。水准尺的全读数为 1.94m+0.00154m＝1.94154m，实际读数应为 1.94154m/2＝0.97077m。对于 1cm 分划的精密水准尺，读数即为实际读数，无须除以 2，如图 2.33(b)所示读数为 1.49632m。

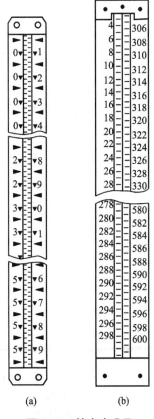

图 2.32 精密水准尺

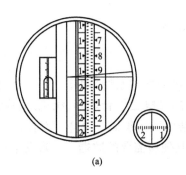

(a)

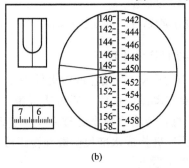

(b)

图 2.33 精密水准尺读数

2.7.3 数字水准仪

数字水准仪又称为电子水准仪。数字水准仪的光学系统采用了自动安平水准仪的基本形式,是一种集电子、光学、图像处理、计算机技术于一体的自动化智能水准仪。如图 2.34 所示,它由基座、水准器、望远镜、操作面板和数据处理系统组成。数字水准仪具有内藏应用软件和良好的操作界面,可以完成读数、数据储存和处理、数据采集自动化等工作,具有速度快、精度高、作业劳动强度小、实现内外业一体化等优点。由电子手簿或仪器自动记录的数据可以传输到计算机内进行后续处理,还可以通过远程通信系统将测量数据直接传输给其他用户。如果使用普通水准尺,也可当普通水准仪使用。

1. 条码水准尺

条码水准尺是与数字水准仪配套使用的专用水准尺,如图 2.35(a)所示,它由玻璃纤维塑料制成,或用铟钢制成尺面镶嵌在尺基上形成,全长为 2～4.05m。尺面上刻有相互嵌套、宽度不同、黑白相间的码条(称为条码),该条码相当于普通水准尺上的分划和注记。精密水准尺上附有安平水准器和扶手,在尺的顶端留有撑杆固定螺孔,以便用撑杆固定条码尺使之长时间保持准确而竖直的状态,减轻作业人员的劳动强度。条码尺在望远镜视场中的情形如图 2.35(b)所示。

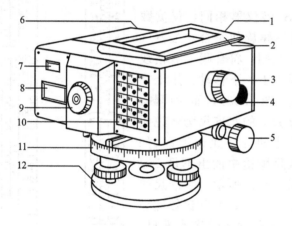

图 2.34 数字水准仪

1—物镜;2—提环;3—物镜调焦螺旋;
4—测量按钮;5—微动螺旋;6—RS 接口;
7—圆水准器观察窗;8—显示器;9—目镜;
10—操作面板;11—带度盘的轴座;12—连接板

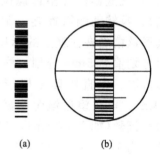

图 2.35 条码水准尺与望远镜视场示意图

2. 电子水准仪测量原理

如图 2.36(a)所示,在仪器的中央处理器(数据处理系统)中建立了一个对单平面上所形成的图像信息自动编码程序,通过望远镜中的光电二极管阵列(相机)摄取水准尺(条码尺)上的图像信息,传输给数据处理系统,自动地进行编码、释译、对比、数字化等一系列数据处理,而后转换成水准尺读数和视距或其他所需要的数据,并自动记录储存在记录器中或显示在显示器上。

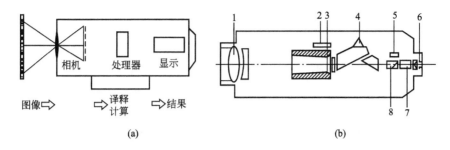

图 2.36 电子水准仪测量与读数原理

1—物镜；2—调焦发送器；3—调焦透镜；4—补偿器；5—CCD 探测器；
6—目镜；7—分划板；8—分光镜

目前的电子水准仪采用的读数方法有几何法、相关法和相位法，其基本原理如下。

1) 几何法读数

标尺采用双相位码，标尺上每 2cm 为一个测量间距，其中的码条构成码词，每个测量间距的边界由过渡码条构成，其下边界到标尺底部的高度，可由该测量间距中的码条判读出来。水准测量时，一般只利用标尺上中丝的上、下边各 15cm 尺截距，即 15 个测量间距来计算视距和视线高。如 Zeiss Dini 系列电子水准仪。

2) 相关法读数

标尺上与常规标尺相对应的伪随机码事先储存在仪器中作为参考信号（条码本源信息），测量时望远镜摄取标尺某段伪随机码（条码影像），转换成测量信号后与仪器内的参考信号进行比较，形成相关过程。按相关方法由电子耦合与本源信息相比较，若两信号相同，即得到最佳相关位置时，经数据处理后读数即可确定。比较十字丝中丝位置周围的测量信号，得到视线高；比较上、下丝的测量信号及条码影像的比例，得到视距。如 Leica NA 系列电子水准仪。

3) 相位法读数

尺面上刻有 3 种独立、相互嵌套在一起的码条，3 种独立条码形成一组参考码 R 和两组信息码 A、B。R 码为 3 道 2mm 宽的黑色码条，以中间码条的中线为准，全尺等距分布（一般间隔为 3cm）。A、B 码分别位于 R 码上、下方 10mm 处，宽度在 0~10mm 之间按正弦规律变化，A 码的周期为 600mm，B 码的周期为 570mm，这样在标尺长度方向形成明暗强度按正弦规律周期变化的亮度波。将 R、A、B 码与仪器内部条码本源信息进行相关比较确定读数。如 Topcon DL 系列电子水准仪。

进行测量时，光电二极管阵列摄取的数码水准尺条码信息（图像），通过分光器将其分为两组，一组转射到 CCD 探测器上，并传输给微处理器，进行数据处理，得到视距和视线高；另一组成像于十字丝分划板上，便于目镜观测 [图 2.36(b)]。

利用电子水准仪不仅可以进行普通水准仪所能进行的测量，还可以进行高程连续计算、多次平均值测量、水平角测量、距离测量、坐标增量测量、断面计算、水准路线和水准网测量闭合差调整（平差）与测量数据自动记录、传输等。尤其是自动连续测量的功能对大型建筑物的变形（瞬时变化值）观测，相当便利而准确，具有其独特之处，是普通水准仪无法比拟的。下面为瑞士 Leica NA3000 型电子水准仪的主要技术参数（电子读数）。

每千米往返测量中误差	±0.4mm
测距精度	±5mm
测角精度	±0.1°
最小视距	2.0m
最大测程	120m
高差最小显示值	0.01mm
视场角	2°
安平补偿精度	±0.″4
外业作业温度	−20℃～+50℃

3. 数字水准仪的技术操作

数字水准仪的操作步骤同自动安平水准仪一样，分为粗平、照准、读数三步。现以NA3000型为例介绍其操作方法。

粗平 同普通水准仪一样，转动脚螺旋使圆水准器的气泡居中即可。气泡居中情况可在圆水准器观察窗中看到。而后打开仪器电源开关（开机），仪器进行自检。当仪器自检合格后显示器显示程序清单，此时即可进行测量工作。

照准 先转动目镜调焦螺旋，看清十字丝；照准标尺，转动物镜调焦螺旋，消除视差，看清目标。按相应键选择测量模式和测量程序，如仅测量不记录、测量并记录测量数据等。如按〔PROG〕键，调出程序清单；按〔DSP↑〕键或〔DSP↓〕键选择相应的测量程序，并按〔RUN〕键予以确认。当仅测量水准尺的读数和距离时的程序为"P MEAS ONLY"，开始进行水准测量时的程序为"P START LEVELING"，水准线路连续高程测量和输入起始点高程的程序为"P CONT LEVELING"，视准轴误差检查的程序为"P CHECK & ADJUST"，删除记录器中数据记录的程序为"P ERASE DATA"。而后用十字丝竖丝照准条码尺中央，并制动望远镜。

读数 轻按一下测量按钮（红色），显示器将显示水准尺读数；按测距键即可得到仪器至水准尺的距离，如果按相应键即可得到所需要的相应数据。如果在"测量并记录"模式，仪器将自动记录测量数据。

当进行高程测量时，后视观测完毕后，仪器自动显示提示符"FORE≡"提醒观测员观测前视；前视观测完毕后，仪器又自动显示提示符"BACK≡"提醒进行下一测站后视的观测；如此连续进行直至观测至终点。仪器显示的待定点的高程是以前一站转点的高程推算的。一站观测完毕，按〔IN/SO〕键结束测量工作，关机、搬站。

4. 数字水准仪使用注意事项

数字水准仪是自动化程度较高的电子测量仪器，属于高精度精密仪器，使用时除普通水准仪应注意的事项外，还应注意以下几点。

（1）避免强阳光下进行测量，以防损伤眼睛和光线折射导致条码尺图像不清晰产生错误；必要时，可采用仪器和条码尺撑伞遮阳。

（2）仪器照准时，尽量照准条码尺中部，避免照准条码尺的底部和顶部，以防仪器识别读数产生误差。

（3）一般来讲，物体在条码尺上的阴影不影响读数，但是当阴影形成与水准尺条码图形相似的图像化投影时,仪器将接收到错误编码信息,此时不能进行测量。

(4) 条码尺使用时要防摔、防撞,保管时要保持清洁、干燥,以防变形,影响测量成果精度。有的条码尺可导电,应严防与带电电线(缆)接触,以免危及人身安全。

(5) 数字水准仪和条码尺在使用前,必须认真阅读《操作手册》。

思 考 题

1. 名词解释:视线高程、望远镜视准轴、水准管轴、水准管分划值、水准路线、水准点、视差、高差闭合差。
2. 水准仪有哪几条几何轴线?各轴线间应满足什么条件?其主要条件是什么?
3. 在同一测站上,前、后视读数之间,为什么不允许仪器发生任何位移?
4. 水准器的 τ 值反映其灵敏度,τ 越小灵敏度越高,水准仪是否应选择 τ 值小的水准器?为什么?
5. 何为视差?如何检查?简述消除视差的方法。
6. 什么是转点?其作用是什么?
7. 仪器距水准尺 150m,水准管分划值 $\tau = 20''/2\text{mm}$,若精平后水准管有 0.2 格的误差,那么水准尺的读数误差为多少?
8. 水准测量时,为什么通常采用"中间法"?
9. 简述水准测量的检核方法。测站检核为什么不能代替成果精度检核?
10. 简述三、四等水准测量的测站观测程序和检核方法。双面尺在各测站进行红黑高差检核时,为什么±100mm 交替出现?不交替出现行不行?为什么?
11. 简述圆水准器的检校原理和方法。
12. 精密水准仪的读数方法和普通水准仪有什么不同?最小读数的单位是什么?
13. 简述自动安平水准仪的安平原理和数字水准仪的基本测量方法。

习 题

1. 按下列数据:1.105、1.015、1.005、1.265,绘制十字丝在标尺上的位置图。
2. 按图 2.37 所示数据,填写水准测量手簿进行计算与检核,并求出 B 点的高程。

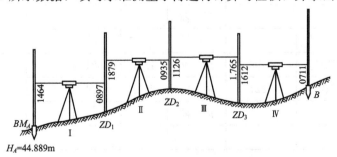

图 2.37 水准测量外业观测示意图

3. 图 2.38 所示为一闭合水准路线的图根水准测量观测成果，试计算各水准点的高程。

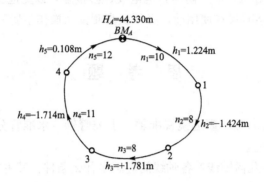

图 2.38　闭合水准测量计算简图

4. 图 2.39 所示为一附合四等水准路线的观测成果，试计算待定点 A、B、C 的高程。

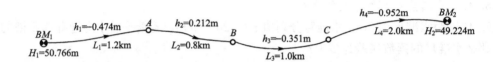

图 2.39　附合水准测量计算简图

5. 表 2-5 为一三等水准测量记录，试计算各测站的高差，并进行测站检核。

表 2-5　三等水准测量记录表

测站编号	后尺 下丝	前尺 下丝	方向及尺号	中丝读数(m)		$K+$黑$-$红 (mm)	高差中数 (m)	备注
	后尺 上丝	前尺 上丝		黑面	红面			
	后视距(m)	前视距(m)						
	视距差 Δd(m)	$\Sigma \Delta d$(m)						
1	1571	0739	后—05	1384	6171			
	1197	0363	前—06	0551	5239			
			后—前					
								$K_5=4787$
								$K_6=4687$
2	2121	2196	后—06	1934	6621			
	1747	1821	前—05	2008	6796			
			后—前					

6. 设地面上 A、B 两点，用中间法测得其高差 $h_{AB}=0.288$m，将仪器安置于近 A 点，读得 A 点水准尺上读数为 1526，B 点水准尺上读数为 1249。试问：

(1) 该水准仪水准管轴是否平行于视准轴？为什么？

(2) 若水准管轴不平行于视准轴，那么视线偏于水平线的上方还是下方？是否需要校正？

(3) 若需要校正，简述其校正方法和步骤。

第3章 角度测量

教学要点

知识要点	掌握程度	相关知识
角度	(1) 准确理解水平角、竖直角的概念 (2) 掌握水平角、竖直角的取值范围	(1) 3种角度模式 (2) 计算器中有关角度的计算
经纬仪	(1) 重点掌握DJ6光学经纬仪 (2) 熟练完成水平角、竖直角的观测与计算	(1) 经纬仪读数原理 (2) 角度观测的误差来源及注意事项

技能要点

技能要点	掌握程度	应用方向
经纬仪	(1) 熟练光学对中器并完成对中整平 (2) 熟练一个测站上的工作流程	(1) 安置经纬仪 (2) 导线测量、碎部测量等
仪器校正	经纬仪检验	处理测量仪器常见故障

基本概念

水平角、竖直角、上半测回、下半测回、测回、归零、指标差、视准轴、横轴、竖轴。

引例

角度有 3 种模式：弧度、度和冈度。

度模式：圆周角等于 360 度，并以 60 作为分秒进位基数。如三角形内角和等于 180 度，属于这种模式。

然而大多数国家不使用 360 度，而是使用 400 冈度，定义直角为 100 冈度，分秒进位基数为 100。

圆周角等于 2π 弧度，全世界都认同。

在 360 度和 400 冈度两种模式中，你认为哪一种模式更科学、更方便呢？

在"学生专用计算器"中，角度有 3 种模式，度、弧度和冈度，分别用 DEG、RAD、GRAD 表示。当在使用计算器进行测量计算时，切记所选用的模式应为 DEG 模式。

当你计算总是不正确时，千万不要错怪了计算器哦！

3.1 角度测量原理

角度是确定地面点位的三要素之一。角度测量是测量工作的基本内容之一，包括水平角测量和竖直角测量。角度测量仪器为经纬仪。

3.1.1 水平角测量原理

地面上一点到两个目标点连接的两条空间方向线垂直投影在水平面上所形成的夹角，或过空间两条相交方向线的竖直面所夹的两面角，称为水平角，通常用 β 表示。如图 3.1 所示，A、O、B 为地面上三点，过 OA、OB 直线的竖直面 V_1、V_2，在水平面 H 上的交线 $O'A'$、$O'B'$，所夹的角 $\angle A'O'B'$ 就是 OA 和 OB 之间的水平角。

为了测量水平角，设想在过 O 点的铅垂线上水平地安置一个刻度盘（称为水平度盘），使刻度盘刻划中心（称为度盘中心）o 与 O 在同一铅垂线上。竖直面 V_1、V_2 与水平度盘有交线 oA''、oB''，通过 oA''、oB'' 在水平度盘读数为 a、b（称为方向观测值，简称方向值），一般水平度盘是顺时针刻

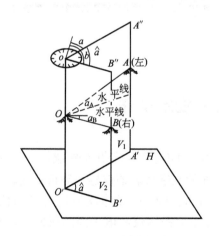

图 3.1 角度测量原理

划和注记，则所测得的水平角为

$$\beta = b - a \qquad (3-1)$$

由上式可知，水平角值为两方向值之差。水平角取值范围为 $0° \sim 360°$，且无负值。

3.1.2 竖直角测量原理

在同一竖直面内，地面某点至目标的方向线与水平线的夹角，称为竖直角或倾斜角。用 α 表示。若目标方向线在水平线之上，该竖直角称为仰角，取值为"＋"；若目标方向线在水平线之下，该竖直角称为俯角，取值为"－"。如图3.1所示，α_A 为正值，α_B 为负值。竖直角的取值范围角值为 $0° \sim \pm 90°$。

在竖直面内，地面某点竖直方向(OO')与某一目标方向线的夹角，称为天顶距，用 Z 表示。竖直角与天顶距的关系为

$$\alpha = 90° - Z \qquad (3-2)$$

欲测定竖直角，若在过 OA 的铅垂面上安置一个垂直刻度盘(称为竖直度盘，简称竖盘)，并使其刻划中心过 O 点，通过 OA 方向线和水平方向线与竖盘的交线，可在竖直度盘上读数 L、M，则

$$\alpha = L - M \qquad (3-3)$$

由此可见，α 仍为两方向值之差。M 为水平方向线的读数，当竖盘制作完成后即为定值，又称为始读数或零读数。经纬仪的 M 设置为 $90°$ 的整倍数，即 $90°$、$180°$、$270°$、$360°$。因此测量竖直角时，只要读到目标方向线的竖盘读数，就可计算出竖直角。

根据上述角度测量原理，测角仪器应满足下列条件。

(1) 水平度盘的刻划中心必须通过仪器旋转中心，即通过所测角的顶点。

(2) 竖直度盘的刻划中心必须通过目标方向线与水平线的交点。

(3) 必须有一个可照准不同高度、不同方向的照准设备，即可以在水平和竖直方向旋转建立竖直面。

经纬仪就是满足上述条件的测角仪器。

3.2 光学经纬仪及其技术操作

我国的经纬仪系列按测角精度分为 DJ_{07}、DJ_1、DJ_2、DJ_6、DJ_{10} 等几个等级，"D"和"J"为大地测量和经纬仪的汉语拼音第一个字母。后面的数字代表该仪器的测角精度。如 DJ_6 表示一测回方向观测中误差不超过 $\pm 6''$。DJ_{07}、DJ_1、DJ_2 型经纬仪为精密经纬仪，DJ_6、DJ_{10} 型等属于普通经纬仪。按其度盘计数方式有光学经纬仪和电子经纬仪两类。本节着重介绍工程建设中常用的 DJ_2 型和 DJ_6 型经纬仪的构造和操作方法。

3.2.1 光学经纬仪的构造

尽管仪器的精度等级或生产厂家不同，光学经纬仪的基本构造是一致的，主要由基座、照准部、度盘 3 部分和光学读数系统等组成。图 3.2(a)所示为北京光学仪器厂生产的 DJ_6 型，图 3.2(b)所示为 TDJ_6 型。图 3.3 所示为西北光学仪器厂生产的 DJ_6 型仪器视图。图 3.4 所示为国产 DJ_2 型仪器。

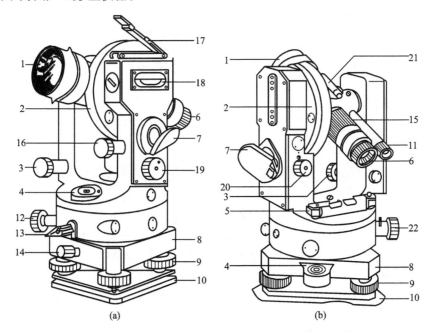

图 3.2 北京光学仪器厂 DJ_6 和 TDJ_6 型光学经纬仪

1—望远镜物镜；2—竖直度盘；3—竖直微动螺旋；4—圆水准器；5—照准部水准管；
6—望远镜目镜；7—进光反光镜；8—轴座；9—脚螺旋；10—连接板；11—读数显微镜；
12—水平微动螺旋；13—水平制动螺旋；14—轴座锁定螺丝；15—物镜调焦螺旋；
16—指标水准管微动螺旋；17—指标水准管反光镜；18—指标水准管进光窗；
19—测微轮；20—自动归零锁紧手轮；21—光学照准器；22—拨盘手轮
注：1~15 为共有的部件。

1. 照准部

照准部是指经纬仪上部的可转动部分。主要包括望远镜、水准器、竖盘装置、横轴系、测微装置、竖轴、水平和竖直制动微动装置及读数设备、支架等，如图 3.5 所示。照准部下部有个旋转轴 1，可插在轴套 2 内，照准部绕该轴转动，旋转轴几何中心线称为竖轴，用 V-V 表示。轴套插入轴座孔 5 中，由轴座锁定螺丝 6 固定，使照准部与基座成为一个整体。

经纬仪望远镜和水准器构造及作用同水准仪。望远镜与旋转轴（称为横轴，其轴线用 H-H 表示）固连，安装在支架上，可绕横轴 360°旋转，通过制动和微动螺旋可调节望远镜在竖直面内转动，以便照准高低不同的目标。为了建立竖直面，望远镜的视准轴 C-C 应垂直于横轴 H-H，且 H-H 应垂直于仪器 V-V。

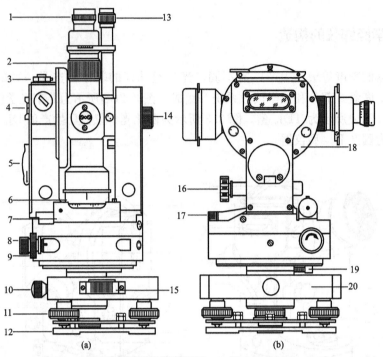

图 3.3　西北光学仪器厂 DJ_6 型光学经纬仪

1—望远镜目镜；2—物镜调焦螺旋；3—指标水准管反光镜；4—指标水准管进光窗；5—进光反光镜；
6—望远镜物镜；7—照准部水准管；8—水平制动螺旋；9—水平微动螺旋；10—轴座锁定螺丝；
11—脚螺旋；12—连接板；13—读数显微镜；14—竖直制动螺旋；15—圆水准器；
16—指标水准管微动螺旋；17—光学对中器；18—竖直度盘；19—拨盘手轮；20—轴座

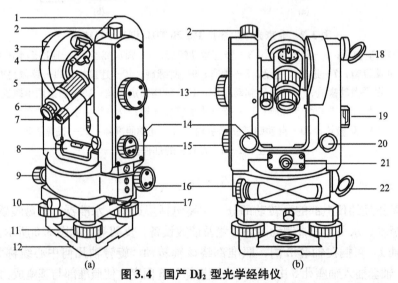

图 3.4　国产 DJ_2 型光学经纬仪

1—望远镜物镜；2—竖直制动螺旋；3—竖直度盘；4—光学照准器；5—物镜调焦螺旋；
6—望远镜目镜；7—读数显微镜；8—照准部水准管；9—水平制动螺旋；10—轴座锁定螺丝；
11—脚螺旋；12—连接板；13—测微手轮；14—竖直微动螺旋；15—换像手轮；16—水平微动螺旋；
17—拨盘手轮；18—竖直度盘进光反光镜；19—指标水准管符合棱镜组；
20—指标水准管微动螺旋；21—光学对中器；22—水平度盘进光反光镜

照准部水准器用来精确整平仪器，使水平度盘处于水平位置（同时也使 $V-V$ 铅垂）。有的仪器除安装有照准部水准管外，还装有圆水准器，用来粗略整平仪器。

望远镜右侧设有读数显微镜，通过它可以读取出水平和竖直度盘读数。

竖盘装置包括竖直度盘、竖盘读数指标水准管与微动螺旋等，用于竖直角测量。测微装置用于测量不足度盘分划值的微小角值。

光学对中器用于调整水平度盘中心与测站点位于同一铅垂线上，即对中。

2. 度盘

光学经纬仪有水平和竖直度盘，它们都是由光学玻璃圆环刻制而成。度盘全圆 $0°\sim360°$ 等弧长刻划，两相邻分划间的弧长所对圆心角称为度盘分划值。目前度盘分划值有 $1°$、$30'$、$20'$ 三种，一般顺时针每度注记。水平度盘固定在套轴 3 上，套装在轴套 2 外，如图 3.5 所示。在水平

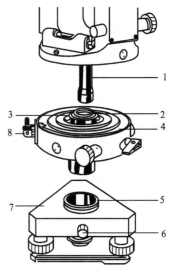

图 3.5 经纬仪的组成
1—照准部旋转轴；2—竖轴套；
3—套轴；4—水平度盘；
5—轴套孔；6—轴座锁定螺丝；
7—轴座；8—复测器与复测扳手

角测角过程中，水平度盘固定不动，不随照准部转动。为了改变水平度盘位置，仪器设有水平度盘转动装置。这种装置有两种结构：其一是采用水平度盘位置变换手轮（安装在仪器侧面或照准部底部），简称拨盘手轮。使用时，转动手轮，此时水平度盘随着转动。若将手轮安装在侧面，转动手轮前，应压下保险杆，将手轮内压，转动手轮即可改变水平度盘位置；松开手轮，手轮自动弹出，保险杆回位。若将手轮设在水平度盘下方，使用时应先打开手轮护罩再转动手轮，待转到所需位置时，松开手轮，最后盖上护罩。其二是复测装置（北光 DJ_6-A 型）。水平度盘与照准部依靠复测器的弹簧夹片离合控制（图 3.5），复测器座固定在照准部外壳上，随照准部一起转动。当复测扳手（为一偏心凸轮）扳下时，弹簧片夹紧度盘套轴使度盘与照准部结合在一起，照准部转动将带动水平度盘一起转动，度盘读数不变。若将复测扳手扳上时，度盘与照准部相互脱离，照准部转动不会带动水平度盘，读数随之改变。所以在测角过程中，复测扳手应始终保持向上。

竖直度盘的构造与水平度盘一样，它固定在望远镜旋转轴（横轴）的一端，随望远镜的转动而转动。

3. 基座

基座同水准仪类似，由轴座、脚螺旋、连接板等组成，用于支承整个仪器。借助中心连接螺旋使经纬仪紧固在三脚架上。松开轴座锁定螺丝，整个仪器可从基座中提出，便于置换照准觇牌。但作业时务必将锁定螺丝拧紧，不得随意松动，以防仪器与基座分离而坠落。中心连接螺旋下有一个挂钩，用于悬挂垂球。当垂球尖对准地面测点，且水平度盘水平时，水平度盘中心位于测点的铅垂线上。

DJ_2 型经纬仪用于较高精度的角度测量，与 DJ_6 型比较具有照准部水准器灵敏度高、

度盘分划值小、双光路对径180°符合读数可消除度盘偏心差的特点。

4. 光学读数系统

图3.6(a)所示为DJ_6型经纬仪的读数设备的光路图。调节进光反光镜朝着光源，使光线经反光镜进入仪器内部，同时照明水平和竖直度盘。此时带有度盘分划线的光线经过棱镜折射和透镜组（显微物镜组）的调节，消除行差（度盘分划线的间隔经成像透镜组放大倍数与透镜组的放大率不一致产生的透镜组放大倍率误差，称为行差）与视差，将度盘分划线影像成像于测微装置的像平面上；而后和测微尺（盘）分划线的影像一起，经横轴棱镜折射和显微物镜组放大并成像，进入读数显微镜视场。这种读数系统称为单光路读数系统，在读数视场内可同时观察到水平和竖直度盘的像。

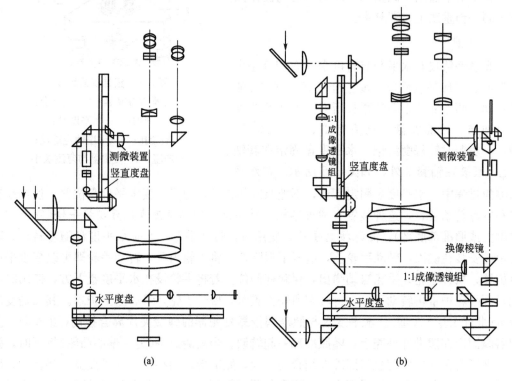

图3.6 光学经纬仪的读数设备的光路图

图3.6(b)所示为DJ_2型经纬仪的读数设备的光路图，与DJ_6型经纬仪不同的是采用双光路，水平度盘与竖直度盘分别进光。光线照明度盘后，带有分划线影像的光线经1∶1成像透镜组（度盘平面的上方或左方）调节像的行差与视差，落在同一度盘对径180°的分划线附近，如图3.7所示，形成两组相差180°的影像。再通过分像器将两组影像切去重叠部分变成平直相切的分划线，而后经显微物镜组成像于测微装置的像平面上，经横轴棱镜折射进入读数视场，即可观察到正字注记（主像）、倒字注记（副像）分划线和测微尺影像。

图3.7 主、副像对径符合示意图

水平度盘和竖直度盘的光路在换像棱镜处会合，改变换像棱镜的方向可使它们分别进入测微装置的像平面。在读数视场内只能观察到一种度盘的像,这种双光路读数系统称为对径180°符合读数。

3.2.2 光学测微装置与读数方法

光学经纬仪的度盘分划线,由于度盘尺寸限制,最小分划值难以直接刻划到秒,为了实现精密测角,要借助光学测微技术制作成测微器来测量不足度盘分划值的微小角值。DJ_6型光学经纬仪常用分微尺测微器和单平板玻璃测微器(国内已停产)两种装置,DJ_2型光学经纬仪常用双光楔测微器。

1. 分微尺测微器及读数方法

分微尺为一平板玻璃,上面刻有60格分划线,且每10格注有注记,安装在光路上的读数窗(测微装置像平面)之前。经过折射和透镜组放大后的度盘分划线成像在上面,度盘分划线经放大后的间隔弧长恰好等于分微尺的全长。由于度盘分划间隔是1°,所以分微尺一格代表1′;每10格注记表示整10′数。不足度盘分划值的微小角值就是分微尺0分划和度盘分划线间所夹的角值。图3.8所示为这类经纬仪的读数视场,其中"H"、"V"分别表示水平和竖直度盘的像。读数时,先读出落在分微尺间的度盘线注记(整度数,如134°),再以度盘分划线为指标线,读取微小角值的整10′数(即分微尺注记数,如50′),然后再读出分数,并估读至0.′1(如5.′2);最后相加即得全读数(如134°55.′2)。图3.8中竖盘读数为85°23.′7。

2. 双光楔测微器装置及对径180°符合读数方法

双光楔测微器将两组双光楔或平板玻璃安装在主、副像光路的转像棱镜与测微尺之间,转动测微轮可使双光楔离合或平板玻璃倾斜,让通过的主、副像光线作等量反向移动偏移一个量,如图3.9所示,该量由测微尺度量出来。如图3.9(a)主像读数为167°20′+b,副像读为347°20′+c,正确读数应为主、副像读数的平均值,即$[(167°20′+b)+(347°20′+$

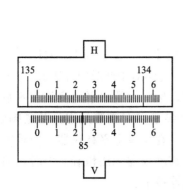

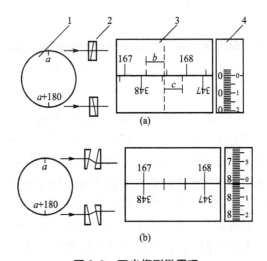

图3.8 分微尺测微器读数视场

图3.9 双光楔测微原理
1—度盘;2—光楔;3—度盘读数窗;4—测微窗

$c-180°$)]$/2=167°20'+(b+c)/2$。当转动测微轮使 $167°20'$ 和 $347°20'$ 的分划线对齐时，主、副像必然相向移动 $(b+c)/2$，此值可直接从测微尺上读出。这样直接读对径读数的平均值，自动消除了照准部偏心差。

对径 $180°$ 符合读数的度盘分划值为 $20'$，测微尺全长共 600 格，主、副像相向移动一个分划（即 $10'$），则测微尺移动全长，所以测微尺的分划值为 $1''$。测微尺左侧相同连续注记数为整 $10'$，右侧注记为整 $10''$ 数。

瞄准目标后，先用换像手轮选择需要的度盘，打开相应的度盘进光反光镜，而后转动测微轮使主、副像的分划线精确对齐，然后再进行读数。读数时，先读取对径 $180°$ 且主像在左、副像在右的主像注记值[整度数，如图 3.9(b) 为 $167°$]；接着数出主、副像分划线间所夹度盘线格数 n，n 乘以 $10'$ 即得整 $10'$ 数（如 $30'$）；再以测微窗的指标线为准，读取微小角值，估读至 $0.''1$（如 $8'02.''4$）。三者相加即为全读数（如 $167°38'02.''4$）。

目前生产的 DJ_2 型经纬仪为了简化读数，防止出错，均采用半数字化读数。图 3.10 所示为常见的读数视场，视场显示主像整度数注记和整 $10'$ 注记（小框中数字或用符号标记的数字）、主副像度盘分划线影像（图中已经对齐）和测微窗，可直接读出全读数。图 3.10(a) 读数为 $158°43'14.''3$，图 3.10(b) 读数为 $169°14'57.''3$，图 3.10(c) 读数为 $178°22'55.''2$。

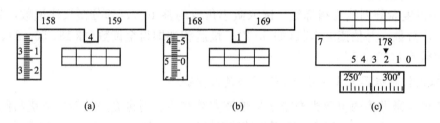

图 3.10 经纬仪半数字化读数

3.2.3 经纬仪的技术操作

进行角度测量时，应将经纬仪安置在测站点（角顶点）上，然后进行观测。经纬仪的技术操作有对中、整平、瞄准、读数等步骤。

1. 对中

对中的目的是使水平度盘的中心与测站点（标志中心）位于同一铅垂线上。对中可用垂球对中或光学对中器对中，垂球对中精度一般在 3mm 之内，光学对中器对中可达到 1mm。

用垂球对中时，先打开三脚架，使其高度适中（平胸），架头大致水平地安放在测站点上。在中心连接螺旋的下方悬挂垂球，移动脚架，使垂球尖基本对准测站点，踏紧脚架。然后装上经纬仪，旋上连接螺旋（不要旋紧），双手扶基座，在架头上平移仪器，使垂球尖精确对准测站点，最后将中心连接螺旋拧紧。若在架头上移动仪器无法精确对中时，则要调整三脚架的脚位，此时应注意先旋紧中心螺旋，以防仪器摔下。

光学对中器由折射棱镜、物镜、调焦镜、对中标志分划板、目镜等组成，如图 3.6(a) 所示。使用时先将仪器连接在脚架上，转动目镜调焦螺旋，看清分划板分划圈，再拉出对中器(或转动物镜调焦螺旋)看清地面标志。之后转动脚螺旋,使标志中心影像位于分划圈(或十字分划线)中心,此时仪器圆水准气泡偏离;再根据气泡偏移方向,旋松架腿,伸缩固定螺丝,伸缩脚架使圆气泡居中(脚架尖位置不得移动)。最后还要检查一下标志中心是否仍位于分划圈中心,若有很小偏差可稍松中心连接螺旋,在架头上移动仪器,使其精确对中。此法对中的误差小且不受风力等影响。

2. 整平

整平的目的是使仪器竖轴铅垂和水平度盘处于水平位置。操作时,松开水平制动螺旋,转动照准部使照准部水准管与任意两个脚螺旋连线平行。双手相向转动这两个脚螺旋使气泡居中[图3.11(a)],注意气泡移动方向与左手大拇指移动方向一致;再将照准部旋转90°,调整第3个脚螺旋使气泡居中,如图3.11(b)所示。按上述方法反复操作,直到仪器转至任意位置气泡均居中为止。

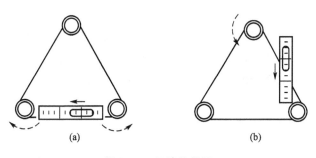

图3.11 经纬仪整平

应该指出:整平与对中是相互影响的,操作时应交替、反复进行,直至既对中又整平为止。

3. 瞄准

角度测量时瞄准的目标一般为测点上的测钎、花杆、觇牌等。瞄准时,先松开水平和竖直制动螺旋,目镜调焦,使十字丝清晰;又通过照门、准星或光学瞄准器粗略对准目标,拧紧两制动螺旋;再物镜调焦,在望远镜内能最清晰地看清目标,消除视差。最后转动水平和竖直微动螺旋,使十字丝分划板的竖丝精确地瞄准(纵丝平分或夹准)目标,如图3.12所示,并尽量对准目标底部。

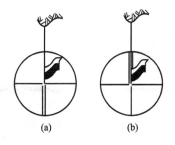

图3.12 经纬仪瞄准

4. 读数

读数前,先将进光反光镜张开适当角度,转动使其镜面朝向光源,并使读数窗明亮而亮度均匀;旋转显微镜调焦螺旋,使分划和注记清晰,然后读数。

测量水平角时,为了减少度盘分划不均匀误差和方便测设,需要将水平度盘的读数调整到0°00′00″或某指定读数(如168°38′48″),这一操作称为水平度盘配置。由于仪器的构造不同,配置度盘的操作方法也不同。装有复测器的仪器(称为复测经纬仪),采用"先配盘后瞄准"的方法。即先转动测微轮,使测微尺读数为0′00″(或为小于度盘分划值的微小角值,如8′48″),然后将复测扳手扳上,转动照准部,用水平微动螺旋将度盘0°(或指定读数的度数和整30′数,如168°30′)分划线准确夹在双指标线中央,再将复测扳手扳下。接着转动照准部准确瞄准目标后,再将复测扳手扳上。此时,照准目标方向的水平度盘读数为0°00′00″(或168°38′48″)。装有拨盘手轮的仪器(称为方向经纬仪),采用"先瞄准后配盘"的方法。即先转动照准部准确瞄准目标,制动仪器,再打开拨盘手轮护盖(或安全杆),转动拨盘手轮使水平度盘读数为0°00′00″(或欲配置数),然后盖上护盖(或放松安全杆)。对于DJ_2型仪器,瞄准目标后,先调节测微轮使测微窗读数为0′00.″0(或小于度盘分划值的微小角值,如6′24.″4),再转动拨盘手轮使度盘读数为0°00′(或指定数的整度数和整10′数,如251°、40′),并使主、副像分划线对齐。这样照准目标方向的水平度盘读数为0°00′00.0″(或251°46′24.″4)。

3.3 水平角测量

水平角测量的方法,一般根据目标的多少和精度要求而定,常用的水平角测量方法有测回法和方向观测法。测回法常用于测量两个方向之间的单角,是测角的基本方法。方向观测法用于在一个测站上观测两个以上方向的多角。

3.3.1 测回法

如图3.13所示,在角顶点O上安置经纬仪,对中、整平。在A、B两目标点设置标志(如竖立测钎或花杆)。将经纬仪竖盘放置在观测者左侧(称为盘左位置或正镜)。转动照准部,先精确瞄准左目标A,制动仪器;调节目镜和望远镜调焦螺旋,使十字丝和目标成像清晰,消除视差;读取水平度盘读数a_L(如0°18′24″),记入(估读至0.′1的可换算为秒数,本例已换算)手簿(表3-1)相应栏。接着松开制动螺,顺时针旋转照准部,精确照准右目标B,读取水平度盘读数b_L(如116°36′48″),记入手簿(表3-1)相应栏。

图3.13 测回法观测水平角

以上观测称为上半测回,其盘左位置半测回角值β_L为

$$\beta_L = b_L - a_L \quad (\beta_L = 116°18′24″) \tag{3-4}$$

松开制动螺,纵转望远镜,使竖盘位于观测者右侧(称为盘右位置或倒镜),先瞄准B点,读取水平度盘读数b_R(如296°36′54″);再逆时针旋转照准部照准A点,读取水平度盘读数a_R(如180°18′36″),记入手簿。

表 3-1 测回法观测水平角记录手簿

仪器型号：DJ$_6$　　　　观测日期：2009.6.15　　　　观测者：任　珍
仪器编号：20080024　　　天　气：晴　　　　　　　　记录者：付　泽

测站点	测回序数	盘位	目标	水平度盘读数 (°′″)	水平角 半测回值 (°′″)	水平角 一测回值 (°′″)	水平角 平均值 (°′″)	备注
O	1	左	A	0 18 24	116 18 24	116 18 21	116 18 20	
			B	116 36 48				
		右	A	180 18 36	116 18 18			
			B	296 36 54				
O	2	左	A	180 24 36	116 18 12	116 18 18		
			B	296 42 48				
		右	A	0 36 54	116 18 24			
			B	116 55 18				

以上观测称为下半测回，其盘右位置半测回角值 β_R 为

$$\beta_R = b_R - a_R \quad (\beta_R = 116°18'18'')$$

上、下半测回合称为一测回。

理论上 β_L 和 β_R 应相等，由于各种误差的存在，使其相差一个 $\Delta\beta$，称为较差，当 $\Delta\beta$ 小于容许值 $\Delta\beta_容$ 时，观测结果合格，取盘左、盘右观测的两个半测回值的平均值作为一测回值 β，即

$$\beta = \frac{1}{2}(\beta_L + \beta_R) \quad (\beta = 116°18'20'') \tag{3-5}$$

$\Delta\beta_容$ 称为容许较差，对于 DJ$_6$ 型仪器为 $\pm 40''$。当 $\Delta\beta$ 超过 $\Delta\beta_容$ 时应重新观测。

由于水平度盘是顺时针注记，水平角计算时，总是以右目标的读数减去左目标的读数，如遇到不够减的情况，则将右目标的读数加上 360°再减去左目标的读数。

当需要提高测角精度时，往往对一个角度观测若干个测回。为了降低度盘分划不均匀误差的影响，在各测回之间，应使用度盘变换手轮或复测器，按测回数 n，将水平度盘位置依次变换 $180°/n$。如某角要求观测四个测回，第一测回起始方向（左目标）的水平度盘位置应配置在略大于 0°处；第二、三、四测回起始方向的水平度盘位置应分别配置在 45°、90°、135°处。

测回法采用盘左、盘右两个位置观测水平角取平均值，可以消除仪器误差（如视准轴误差、横轴误差等）对测角的影响，提高了测角精度，同时也可作为观测中有无错误的检核。

3.3.2　方向观测法

方向观测法又称为全圆测回法。

1. 建立测站

如图 3.14 所示，观测时，选取远近合适、目标清晰的方向作为起始方向(称为零方向，如 A)，每半个测回都从选定的起始方向开始观测。将经纬仪安置于测站点 O，对中、整平，在 A、B、C、D 等观测目标处竖立标志。

2. 正镜观测

以盘左位置瞄准起始方向 A，并将水平度盘读数配置在略大于 $0°00'00''$ 处，读取水平度盘读数 a_L (称为方向观测值，简称方向值)；松开照准部水平制动螺旋，顺时针旋转照准部依次瞄准 B、C、D

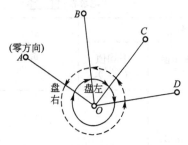

图 3.14 方向观测法观测水平角

等目标，读取水平度盘读数 b_L、c_L、d_L 等；为了检查观测过程中度盘位置有无变动，继续顺时针旋转照准部，二次瞄准零方向 A(称为归零)，读取水平度盘读数 a'_L(称为归零方向值)。观测的方向值依次记入手簿(表 3-2)第 4 栏。两次瞄准 A 的读数差(称为归零差)应不超过容许值，完成上半测回观测。

表 3-2 方向观测法观测水平角观测记录手簿

仪器型号：DJ$_6$				观测日期：2010.7.15				观测者：任 珍	
仪器编号：20090038				天　气：　晴				记录者：付 泽	

测站号	测回序数	目标	水平度盘读数 盘左 (° ′ ″)	水平度盘读数 盘右 (° ′ ″)	2C (″)	平均读数 (° ′ ″)	归零后方向值 (° ′ ″)	各测回归零后方向值 (° ′ ″)	备注
1	2	3	4	5	6	7	8	9	10
O	1	A	0 02 12	180 02 00	+12	(0 02 09) 0 02 06	0 00 00	0 00 00	
		B	37 44 18	217 44 06	+12	37 44 12	37 42 03	37 42 06	
		C	110 29 06	290 28 54	+12	110 29 00	110 26 51	110 26 54	
		D	150 14 54	330 14 48	+6	150 14 51	150 12 42	150 12 34	
		A	0 02 18	180 02 06	+12	0 02 12			
	2	A	90 03 30	270 03 24	+6	(90 03 24) 90 03 27	00 00 00		
		B	127 45 36	307 45 30	+6	127 45 33	37 42 09		
		C	200 30 24	20 30 18	+6	200 30 21	110 26 57		
		D	240 15 54	60 15 48	+6	240 15 51	150 12 27		
		A	90 03 24	270 03 18	+6	90 03 21			

3. 倒镜观测

纵转望远镜换为盘右位置，先瞄准零方向 A，读取水平度盘读数 a'_R；逆时针旋转照准

部依次瞄准 D、C、B，读取水平度盘读数 d_R、c_R、b_R；同样最后再瞄准零方向 A，读取水平度盘读数 a_R。观测的方向值依次记入手簿(表 3-2)第 5 栏，若归零差满足要求，完成下半测回观测。

上、下半测回合称为一测回。为提高精度需要观测 n 个测回时，各测回间仍然要变换瞄准零方向的水平度盘读数 $180°/n$。

4. 方向观测法的计算

现依表 3-2 用 DJ_6 型经纬仪观测的数据来说明方向观测法的计算步骤及其限差。

1) 半测回归零差

半测回归零差等于两次瞄准零方向的读数差，如 $a_L - a'_L$。一般 DJ_6 型仪器为 $±18''$，DJ_2 型仪器为 $±12''$。若超限则应重新观测。本例第一测回上、下半测回归零差分别为 $+6''$ 和 $+6''$，均满足限差要求。

2) 两倍视准轴误差 $2c$ 值

c 是视准轴不垂直横轴的差值，也称为照准差。通常同一台仪器观测的各等高目标的 $2c$ 值应为常数，观测不同高度目标时各测回 $2c$ 值变化范围（同测回各方向的 $2c$ 最大值与最小值之差）亦不能过大，因此 $2c$ 的大小可作为衡量观测质量的标准之一。

$$2c = 盘左读数 - (盘右读数 ± 180°) \tag{3-6}$$

当盘右读数大于 $180°$ 时取"$-$"号，反之取"$+$"号。如第 1 测回 B 方向 $2c = 37°44'18'' - (217°44'06'' - 180°) = +12''$、第 2 测回 C 方向 $2c = 200°30'24'' - (20°30'18'' + 180°) = +6''$ 等，计算结果填入第 6 栏。由此可以计算各测回内各方向 $2c$ 值的变化范围，如第 1 测回 $2c$ 值的变化范围为 $(12'' - 6'') = 6''$，第 2 测回 $2c$ 值变化范围为 $(6'' - 6'') = 0''$。对于 DJ_2 型经纬仪，$2c$ 变化值不应超过 $±18''$，对于 DJ_6 型经纬仪没有限差规定。

3) 各方向的平均读数

$$各方向平均读数 = \frac{1}{2}[盘左读数 + (盘右读数 ± 180°)] \tag{3-7}$$

各方向的平均读数填入第 7 栏。由于零方向上有两个平均读数，故应再取平均值，填入第 7 栏上方小括号内，如第 1 测回括号内数值 $(0°02'09'') = (0°02'06'' + 0°02'12'')/2$。

4) 归零后的方向值

将各方向的平均读数减去括号内的起始方向平均方向值，填入第 8 栏。同一方向各测回归零后方向值间的互差，对于 DJ_6 型经纬仪不应大于 $24''$，DJ_2 型经纬仪不应大于 $12''$。表 3-2 两测回互差均满足限差要求。

5) 各测回归零后方向值的平均值

表 3-2 记录了两个测回的测角数据，故取两个测回归零后方向值的平均值作为各方向最后成果，填入第 9 栏。

6) 各目标间的水平角

水平角 = 后一方向归零后方向值的平均值 - 前一方向归零后方向值的平均值

为了查用角值方便，在表 3-2 的第 10 栏中绘出方向观测简图及点号，并注出两方向间的角度值。

3.4 竖直角测量

3.4.1 竖盘构造

经纬仪竖盘包括竖直度盘 1、竖盘指标水准管 3 和竖盘指标水准管微动螺旋 9，如图 3.15 所示。竖直度盘固定在横轴一端，可随望远镜在竖直面内转动。竖盘读数（光学）指标和指标水准管通过水准管支架 7 套装在横轴 5 上，不随望远镜转动；只有通过调节指标水准管微动螺旋，才能使竖盘指标与竖盘水准管一起作微小移动。它们密封在左支架内。在正常情况下，当指标水准管气泡居中时，指标就处于正确位置。所以每次竖盘读数前，均应先调节竖盘水准管气泡居中。

当望远镜视线水平且指标水准管气泡居中时，竖盘读数应为零读数 M。当望远镜瞄准不同高度的目标时，竖盘随着转动，而读数指标不动，因而可读得不同位置的竖盘读数，可按式（3-3）计算竖直角。

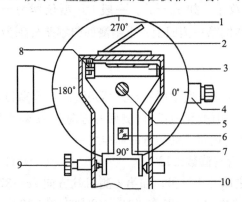

图 3.15 竖直度盘的构造

1—竖直度盘；2—指标水准管反光镜；3—指标水准管；
4—望远镜；5—横轴；6—测微平板玻璃；
7—指标水准管支架；8—指标水准管校正螺丝；
9—指标水准管微动螺旋；10—左支架

3.4.2 竖直角计算公式

竖盘注记种类繁多，从注记方向而言有顺时针和逆时针两种，就 M 来讲有 $0°(360°)$、$90°$、$180°$、$270°$，不同注记方式其竖直角计算公式也不同。如图 3.16(a)所示为顺时针注记，盘左零读数 $M=90°$。当望远镜物镜抬高，竖盘读数减小，若瞄准目标的竖盘读数为 $L(<90°)$，则竖直角为

$$\alpha_L = 90° - L \quad （仰角）$$

当望远镜处于盘右位置时，如图 3.16(b)所示，$M=270°$，望远镜物镜抬高，竖盘读数增大，若瞄准目标的竖盘读数为 $R(>270°)$，则竖直角为

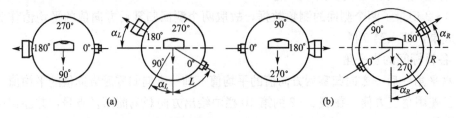

图 3.16 顺时针注记竖盘读数与竖直角计算

$$\alpha_R = R - 270° \quad (仰角)$$

综合上述，顺时针注记 $M=90°$ 的竖直角计算公式为

$$\left.\begin{array}{l}\alpha_L = 90° - L \\ \alpha_R = R - 270°\end{array}\right\} \tag{3-8}$$

由此可见，竖直角计算公式并不是唯一的，它与 M 和注记方向有关。实际操作中，可仔细阅读仪器使用手册确定公式；亦可由竖盘读数判断注记方向和 M 来确定公式，望远镜大致放平，竖盘读数接近的某 $90°$ 的整倍数的数即为 M；望远镜抬高，竖盘读数增大，则竖直角等于瞄准目标读数减去 M；反之，竖直角等于 M 减去瞄准目标读数。

3.4.3 竖直角测量和计算

竖直角测量一般采用中丝法观测，其方法如下。

(1) 仪器安置在测站点上，对中、整平。

(2) 盘左位置瞄准目标点，使十字丝横丝精确切于目标顶端，如图 3.12 所示；调节竖盘指标水准管微动螺旋，使竖盘指标水准管气泡居中，读取竖盘读数为 L，记入手簿（表 3-3）相应栏，完成上半测回观测。

(3) 盘右位置瞄准目标点，调节竖盘指标水准管，使气泡居中，读取竖盘读数 R 记入手簿（表 3-3）相应栏，完成下半测回观测。

表 3-3 竖直角观测记录手簿

仪器型号：DJ$_6$　　观测日期：2009.8.20　　观测者：任 珍
仪器编号：20080024　　天　气：晴　　记录者：付 泽

测站号	目标	盘位	竖直度盘读数 (° ′ ″)	竖直角 半测回值 (° ′ ″)	指标差 (″)	一测回值 (° ′ ″)	备注
P	A	L	85 42 48	4 17 12	+12	4 17 24	
		R	274 17 36	4 17 36			
	B	L	95 48 24	−5 48 24	+12	−5 48 12	
		R	264 12 00	−5 48 00			

(4) 上、下两个半测回组成一个测回。根据竖盘注记形式，确定竖直角计算公式。而后计算半测回值。若较差满足要求（如《工程测量规范》规定五等光电测距三角高程测量，DJ$_2$ 型仪器观测竖直角的较差不应大于 $\pm 10''$），取其平均值作为一测回值。即

$$\alpha = \frac{1}{2}(\alpha_L + \alpha_R) \tag{3-9}$$

将式(3-8)代入式(3-9)，可得到利用观测值计算竖直角的公式，亦可作计算检核。即

$$\alpha = \frac{1}{2}[(R-L)-180°] \quad \text{或} \quad \alpha = \frac{1}{2}[(L+180°)-R] \tag{3-10}$$

竖直角测量的记录见表 3-3，计算均在表中进行。为了说明计算公式，在备注栏绘制竖盘注记略图备查。

3.4.4 竖盘指标差与竖盘自动归零装置

竖盘与读数指标间的固定关系，取决于指标水准管轴垂直于成像透镜组的光轴(即光学指标)。当这一条件满足时，望远镜水平且指标水准管气泡居中时，竖盘读数为零读数 M(即 90°的整倍数)；否则，竖盘读数与 M 有一个小的差值，该差值称为竖盘指标差，用 x 表示。x 是竖盘指标偏离正确位置引起的，它具有正负号，一般规定当读数指标偏移方向与竖盘注记方向一致时，x 取正号；反之，取负号。如图 3.17 所示的竖盘注记与指标偏移方向一致，竖盘指标差 x 取正号。

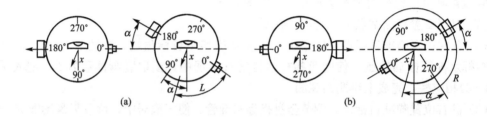

图 3.17 竖盘指标差

由于 x 的存在，使得观测竖直角比真实竖直角偏大或偏小。图 3.17(a)竖直角偏小 x，图 3.17(b)竖直角偏大 x，由图可知

$$\left.\begin{array}{l}\alpha_L = 90°-L+x \\ \alpha_R = R-270°-x\end{array}\right\} \tag{3-11}$$

将上式 α_L、α_R 取平均值即得式(3-10)。逆时针注记也有类似公式。说明采用盘左、盘右读数计算的竖直角，其角值不受竖盘指标差的影响。将上式 α_L、α_R 相减，即得用竖盘读数计算 x 的公式

$$x = \frac{1}{2}[(L+R)-360°] \tag{3-12}$$

其他注记形式的公式由读者推导。竖盘指标差 x 值对同一台仪器在某一段时间内连续观测的变化应该很小，可以视为定值。由于仪器误差、观测误差及外界条件的影响，会使计算出的竖盘指标差发生变化。通常规范规定指标差变化的容许范围，如《工程测量规范》规定五等光电测距三角高程测量，DJ$_6$、DJ$_2$ 型仪器指标差变化范围分别应小于或等于 25″和 10″。若超限应对仪器进行校正。

目前的光学经纬仪多采用自动归零装置(补偿器)取代指标水准管的功能。自动归零装置为悬挂式(摆式)透镜，安装在竖盘光路的成像透镜组之后。当仪器稍有倾斜读数指标处于不正确位置时，归零装置靠重力作用使悬挂透镜的主平面倾斜，通过悬挂透镜的边缘部

分折射,使竖盘成像透镜组的光轴到达读数指标的正确位置,实现读数指标自动归零或称为自动补偿。其补偿原理与自动安平水准仪类似。使用自动归零经纬仪时,竖直角测量无须调节指标水准管的操作,提高了工作效率。但由于补偿范围有限(一般为±2′),所以作业时应注意仪器整平;同时,使用前应检查补偿器的有效性,避免失灵造成读数错误。带有补偿器锁紧钮的仪器,使用前应打开锁紧钮让其处于悬挂的工作状态,用后再将其锁紧,以防搬站、运输等损坏补偿器。

3.5 经纬仪的检验与校正

如3.2节所述,经纬仪有视准轴(C-C)、横轴(H-H)、竖轴(V-V)、照准部水准管轴(L-L)、圆水准器轴(L'-L')、光学对中器视准轴(C'-C')等轴线,如图3.18所示。根据角度测量原理,经纬仪要测得正确的角度,必须具备水平度盘水平、竖盘铅直、望远镜转动时视准轴的轨迹为铅垂面。观测竖直角时,读数指标应处于正确位置。为此,经纬仪主要轴线间应满足以下条件。

(1) 水准管轴垂直于竖轴($LL \perp VV$)。
(2) 十字丝纵丝垂直于横轴。
(3) 望远镜视准轴垂直于横轴($CC \perp HH$)。
(4) 横轴垂直于竖轴($HH \perp VV$)。
(5) 竖盘读数指标处于正确位置($x=0$)。
(6) 光学对中器视准轴与仪器竖轴重合($C'C'$与VV共轴)。

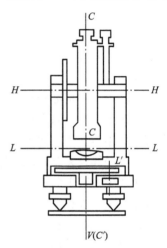

图3.18 经纬仪的轴线

由于仪器长期使用、运输、震动等,其轴线关系发生变化,从而产生测角误差。因此,测量规范要求,作业前应检查经纬仪主要轴线之间是否满足上述条件,必要时调节相关部件加以校正,使之满足要求。以下介绍DJ$_6$型经纬仪的检验与校正。

3.5.1 照准部水准管轴的检验校正

1. 检验目的

满足$LL \perp VV$。当水准管气泡居中时,竖轴铅垂,水平度盘水平。

2. 检验方法

基本整平仪器。转动照准部使水准管平行于任意两个脚螺旋①、②[图3.19(a),校正螺丝端朝向脚螺旋②],相向旋转这两个脚螺旋,使水准管气泡居中;然后将照准部旋转60°,使水准管平行于①、③脚螺旋,旋转脚螺旋③,使水准管气泡居中[图3.19(b),校正螺丝端朝向脚螺旋③]。此时②、③脚螺旋等高。再转动照准部60°,使水准管平行于脚螺旋②、③[图3.19(c),校正螺丝端朝向脚螺旋③],如气泡仍居中,表明条件满足。否则应校正。

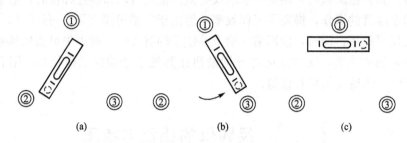

图 3.19 照准部水准管的检验

3. 校正方法

用校正针拨动水准管一端的校正螺丝，使水准管校正螺丝端升高或降低，将气泡调至居中。而后转动照准部180°使水准管调头，仍然平行于脚螺旋②、③，但校正螺丝端朝向脚螺旋②。若气泡仍居中或偏离零点小于1/2格，则校正合格。否则再校正，直至满足要求为止。

检验中，当水准管平行于脚螺旋①、②气泡居中时，若条件满足，则①、②等高；若条件不满足，则两脚螺旋不等高，假设②比①(公共螺旋)高δ。当水准管平行于脚螺旋①、③气泡居中时，则③比①高δ。根据等量影响的原则，脚螺旋②、③等高。

如果经纬仪装有圆水准器，可用已校正好的水准管将仪器严格整平，观察圆水准器气泡是否居中，若不居中，可直接调节圆水准器校正螺丝使气泡居中。此方法也可用于检校水准仪 $L'L'/\!/VV$。同理，1.4节所述水准仪 $L'L'/\!/VV$ 的检校方法亦可用来检校经纬仪 $LL \perp VV$，不同的是水准管平行于脚螺旋①、②气泡居中后，转动照准部180°，如气泡仍居中，表明条件满足。否则应校正。校正时应平一半校一半。

3.5.2 十字丝的检验校正

1. 检验目的

满足十字丝竖丝垂直于横轴的条件。仪器整平后，十字丝纵丝在竖直面内，保证精确瞄准目标。

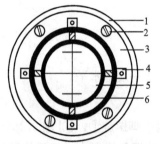

图 3.20 十字丝的校正
1—望远镜筒；2—十字丝座压环螺丝；
3—压环；4—十字丝校正螺丝；
5—十字丝分划板；6—十字丝环

2. 检验方法

十字丝的检验方法同水准仪，所不同的是用纵丝。

3. 校正方法

如图3.20所示，旋下十字丝护罩，用螺丝刀拧松4个十字丝座压环螺丝2，转动目镜筒(十字丝环一起转动)，使P点向纵丝移动偏离值的一半。然后拧紧压环螺钉，旋上护罩。

3.5.3 视准轴的检验校正

1. 检验目的

满足 $CC \perp HH$,使望远镜旋转时视准轴的轨迹为一平面而不是圆锥面。

2. 检验方法

CC 不垂直于 HH 是由于十字丝交点的位置改变,导致视准轴与横轴的相交不为 $90°$,而偏差一个角度 c,称为视准轴误差。c 使得在观测同一铅垂面内不同高度的目标时,水平度盘读数不一致,产生对测量成果影响较大的测角误差。该项检验通常采用四分之一法和对称法。

四分之一法如图 3.21 所示,在平坦地段选择相距 $60\sim100$m 的 A、B 两点,在 A 点设标志,在 B 点与仪器大致等高处横放一毫米分划直尺,且与 AB 垂直。在 A、B 连线的中点 O 安置经纬仪。先以盘左位置瞄准 A 点标志,固定照准部,然后纵转望远镜,在 B 点直尺上读数为 B_1,如图 3.21(a)所示,而不是 B,BB_1 对应的角值为 $2c$;再以盘右位置瞄准 A 点标志,固定照准部,纵转望远镜在 B 点直尺上读得 B_2,如图 3.21(b)所示。若 B_1、B_2 两点重合(即在 B 点),说明条件满足;若 B_1、B_2 不重合,B_1B_2 对应的角值为 $4c$。c 角由下式计算。

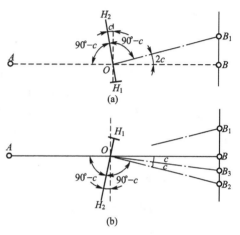

图 3.21 四分之一法检校视准轴

$$c'' = \frac{\overline{B_1B_2}}{4D}\rho'' \qquad (3-13)$$

式中:D 为 O、B 之间的水平距离;c 以 ″ 计。对于 DJ_6、DJ_2 型经纬仪,当 c 分别大于 $20''$ 和 $15''$ 时应该进行校正。

对称法 当水平度盘偏心差影响小于估读误差时,可在较小的场地内用对称法检验。检验时,将仪器严格整平,选择一与仪器等高的点状目标 P,以盘左、盘右位置观测 P,读取水平度盘读数 P_L、P_R。若 $P_L = P_R \pm 180°$,条件满足;按式(3-6)计算 c 值。若 c 超过规定值,则应校正。

3. 校正方法

四分之一法如图 3.21(b)所示,在直尺上由 B_2 点向 B_1 点方向量取 $\overline{B_1B_2}/4$,定出 B_3 点,应有 OB_3 视线垂直于横轴。旋下十字丝环护盖,用校正针先略松动十字丝环上、下两校正螺丝,拨动左、右两校正螺丝4,如图 3.20 所示,一松一紧地移动十字丝环,使十字丝交点与 B_3 点重合即可。此项检校要反复进行。

对称法 计算盘右位置时正确水平度盘读数 $P'_R = \frac{1}{2}(P_L + P_R \pm 180°)$,转动照准部微动螺旋,使水平度盘读数为 P'_R。此时十字丝交点必定偏离目标 P,拨动左、右两校正螺丝,使十字丝交点重新对准目标 P 点。每校一次后,变动度盘位置重复检验,直至视准轴误差 c 满足规定要求为止。

校正结束后应将上、下校正螺丝拧紧。

3.5.4 横轴的检验校正

1. 检验目的

满足 $HH \perp VV$,当望远镜绕横轴旋转时,视准轴的轨迹为一铅垂面而不是斜面。

2. 检验方法

如图 3.22 所示,在距某高目标 P 点 20~30m 处安置经纬仪,使其照准 P 点时的竖直角 $\alpha > 30°$,并精密整平,在 P 点下方与经纬仪大致等高处横放一毫米分划直尺。以盘左位置瞄准 P,固定照准部,将望远镜放平用纵丝在直尺上读数为 P_1;又以盘右瞄准 P,用同样的方法又在直尺上读数为 P_2。若 P_1、P_2 重合,表示条件满足;否则横轴垂直于竖轴的条件不满足,相差一个 i 角,称为横轴误差。i 按下式计算。

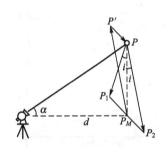

图 3.22 横轴的检验校正

$$i'' = \frac{\overline{P_1 P_2}}{2d\tan\alpha}\rho'' \tag{3-14}$$

对于 DJ_6、DJ_2 型经纬仪,若 i 分别大于 $20''$ 和 $15''$ 则需校正。

3. 校正方法

由于 i 的存在,竖轴铅垂而横轴不水平。盘左、盘右瞄准 P 点放平望远镜时,视准面 PP_1、PP_2 均为倾斜面。为了使视准面是过 P 点的铅垂面,校正时,转动水平微动螺旋,用十字丝交点瞄准 P_1P_2 的中点 P_M,固定照准部。然后抬高望远镜使十字丝交点移到 P 点附近。此时,十字丝交点偏离 P 位于 P',调整左支架内的横轴偏心轴瓦 3(图 3.23),使横轴一端升高或降低,直到十字丝交点再次对准 P 点。必须指出,由于经纬仪横轴密封在支架内,校正时还须拆除部分零部件;有的经纬仪此条件由机加工保证,无校正机构。因此,该项校正应由专业仪修人员或生产厂家进行。

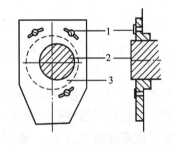

图 3.23 横轴的校正机构
1—偏心轴瓦固定螺丝;2—横轴;
3—偏心轴瓦

3.5.5 竖盘指标差的检验校正

1. 检验目的

满足 $x = 0$,当指标水准管气泡居中时,使竖盘读数指标处于正确位置。

2. 检验方法

如 3.4.4 节所述，采用盘左、盘右观测某目标，读取竖盘读数 L、R，按式(3-12)计算指标差 x。《光学经纬仪检定规程》规定，DJ_6、DJ_2 型经纬仪指标差不得超过 $\pm10''$ 和 $\pm8''$；当 DJ_6、DJ_2 型仪器指标差变化范围分别超过 $25''$ 和 $10''$ 时，应对仪器进行校正。工程测量中，DJ_6 型经纬仪 x 不超过 $\pm60''$ 无须校正。

3. 校正方法

由图 3.17 可知，盘右位置消除 x 后竖盘的正确读数为

$$R' = R - x$$

仪器检验完毕后处于盘右位置照准原目标。校正时，转动竖盘指标水准管微动螺旋，使竖盘读数为正确值 R'，此时气泡不再居中。旋下指标水准管校正端堵盖，再用校正针拨动指标水准管校正螺丝，使气泡居中即可。此项检校需反复进行，直至竖盘指标差 x 为零或在限差要求以内。

竖盘自动归零经纬仪，竖盘指标差的检验方法与上述相同，但校正宜送仪器检修部门进行。

3.5.6　光学对中器的检验校正

1. 检验目的

满足光学对中器视准轴与仪器竖轴线重合的条件。安置好仪器后，水平度盘刻划中心、仪器竖轴和测站点位于同一铅垂线上。

2. 检验方法

光学对中器由物镜、分划板和目镜等组成，为放大倍率较小的外对光望远镜，安装在照准部或基座上。

安装在照准部上的对中器检验时，安置好仪器，整平后在仪器正下方地面上安置一块白色纸板。将对中器分划圈中心 A（或十字丝中心）投绘到纸板上，如图 3.24(a) 所示；然后将照准部旋转 $180°$，如果 A 点仍在分划圈内表示条件满足；否则原绘制的 A 点偏离，如图 3.24(b) 所示，此时应进行校正。

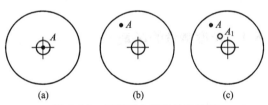

图 3.24　光学对中器的检验校正

检验安装在基座上的对中器时，将仪器整平后，把基座轮廓边用铅笔画在架头顶面，并把对中器分划圈中心（或十字丝中心）投绘在地面的纸板上，设为 A；拧松中心连接螺旋，将仪器（连同基座）在基座轮廓线内旋转 $120°$，整平仪器后又投绘分划圈中心（或十字丝中心），设为 B；同法再旋转 $120°$ 投绘分划圈中心 C。若 A、B、C 三点重合，则表明条件满足；否则应校正。

3. 校正方法

此项校正，有的仪器校正转像棱镜，有的是校正分划板，有的两者均可校正。

照准部上的对中器校正时,在纸板上画出分划圈中心与 A 点之间连线中点 A_1。调节光学对中器校正螺丝,使 A 点移至 A_1 点即可。基座上的对中器校正时,调节光学对中器校正螺丝,使分划圈中心与 A、B、C 三点构成的误差三角形形心一致即可。

图 3.25(a)为校正转像棱镜的示意图,松开支架间校正孔圆形护盖,调节螺丝 1 可使分划圈左右移动,调节螺丝 2 可使分划圈前后移动。图 3.25(b)为校正分划板的示意图,同望远镜十字丝分划板校正方法一样,调节校正螺丝 3 可使分划圈移动。

该项检校也应反复进行,直至满足要求为止。

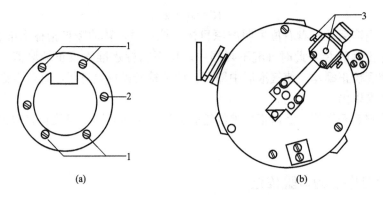

图 3.25　光学对中器的校正机构

3.6　角度测量的误差及注意事项

仪器误差和作业各环节产生的观测误差及外界影响都会对角度测量的精度带来影响,为了获得符合精度要求的角度测量成果,必须分析这些误差对测角精度的影响,采取相应的措施,将其消除或控制在容许的范围以内。

3.6.1　角度测量的误差

1. 仪器误差

仪器误差主要包括仪器校正后的残余误差(简称残差)及仪器制造、加工不完善引起的误差。

经纬仪各轴线间的几何关系,经检验校正后仍然达不到理想的程度,难免存在残余误差;仪器生产加工受加工设备精度等的限制,使得仪器本身存在制造误差。但只要严格地检校仪器,同时采用正确的观测方法,仪器误差对测角的影响,大部分可以消除。如 $CC \perp HH$、$HH \perp VV$、$x=0$ 的残差影响,可以采用盘左、盘右观测值取平均的方法消除。十字丝纵丝的残差影响,可采取用交点瞄准目标的观测方法加以消除。

照准部偏心差、度盘分划误差为仪器制造误差。照准部偏心差是由于仪器旋转中心与度盘刻划中心不重合,致使观测时读数指标在度盘上读数产生误差,如果盘左观测读大一个微小角值,则盘右必读小一个与盘左相等的角值。所以照准部偏心差对测角的影响也可采用盘左、盘右观测值取平均的方法消除。度盘分划误差是指度盘刻划不均匀所造成的误差,现代光学经纬仪一般都很小,在水平角观测时,采用各测回之间变化度盘位置,全圆使用度盘来削弱其影响。

又如竖轴倾斜误差或照准部水准管轴不垂直于竖轴的误差是不能消除的,要削弱其影响,除观测前严格检校仪器外,观测时应特别注意水准管气泡居中,在山区测量尤其如此。

2. 观测误差

1) 对中误差

在测角时,仪器中心与测站点不在同一铅垂线上,造成的测角误差称为对中误差。如图 3.26 所示,O 为测站点,A、B 为目标点,O_1 为仪器中心(实际对中点)。e 为对中误差或偏心距。β 为欲测的角,β_1 为含有误差的实测角;δ_1、δ_2 为在 O 和 O_1 观测 A、B 目标时方向线的夹角,为对中误差产生的测角影响;θ 为偏心角,D_1、D_2 为测站至目标点 A、B 的距离。

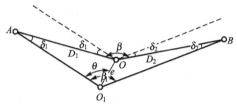

图 3.26 对中误差的影响

由图可知

$$\beta = \beta_1 + (\delta_1 + \delta_2) \tag{3-15}$$

因为 δ_1、δ_2 很小,所对的边按弧长计算,则有

$$\delta_1 = \frac{e\sin\theta}{D_1}\rho'' \quad \delta_2 = \frac{e\sin(\beta'-\theta)}{D_2}\rho''$$

于是

$$\Delta\beta = \delta_1 + \delta_2 = \left[\frac{\sin\theta}{D_1} + \frac{\sin(\beta'-\theta)}{D_2}\right]e\rho'' \tag{3-16}$$

式(3-16)表明,当 β_1 和 θ 一定时,$\Delta\beta$ 与 e 成正比,e 越大 $\Delta\beta$ 越大;当 e 和 θ 一定时,$\Delta\beta$ 与 D_1、D_2 成反比,D_1、D_2 越小 $\Delta\beta$ 越大。例如,$e=3\text{mm}$,$\beta_1=180°$,$\theta=90°$,当 $D_1=D_2=200\text{m}$、100m、50m 时,$\Delta\beta$ 分别为 $6.''2$、$12.''4$、$24.''8$。因而,观测水平角时,对短边、钝角要特别注意对中;在控制测量测角时,尽量采用三联架法。

对中误差对竖直角测量影响很小,可以忽略不计。

2) 目标偏心差

测角时,通常在目标点竖立花杆、测钎等作为照准标志。由于照准标志倾斜,瞄准偏离了目标点位所引起的测角误差,称为目标偏心差。如图 3.27 所示,A 为测站,B 为照准目标,A、B 的距离为 D。若标杆倾斜 α 角,瞄准标杆长度为 l 的 B' 处。由于 B' 偏离 B 所引起的目标偏心差(方向观测值误差)为

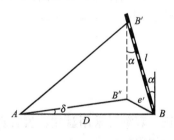

图 3.27 目标偏心差的影响

$$\left.\begin{array}{l} e' = l\sin\alpha \\ \delta = \dfrac{e'}{D}\rho'' = \dfrac{l\sin\alpha}{D}\rho'' \end{array}\right\} \tag{3-17}$$

从上式可见，δ 与 l 成正比，与 D 成反比。例如 $l=2$m，$D=100$m，当 $\alpha=30'$、$1°$、$2°$、$3°$时，δ 分别为 $36''$、$72''$、$144''$、$216''$，可见其影响非常之大。为了减少其对水平角观测的影响，照准目标应竖直，并尽可能瞄准底部，必要时可悬挂垂球作目标。目标偏心差对竖直角的影响与目标倾斜的角度、方向以及距离、竖直角的大小等因素都有关，往往观测竖直角是瞄准目标顶部，当目标倾斜的角度较大时，该项影响不容忽视。

3）整平误差

照准部水准管气泡未严格居中，使得水平度盘不水平，竖盘和视准面倾斜，导致的测角误差称为整平误差。该项影响与瞄准的目标高度有关，若目标与仪器等高，其影响较小；目标与仪器不等高，其影响随高差增大而迅速增大。因此，在山区测量时，必须精平仪器。

4）照准误差

通过望远镜瞄准目标时的实际视线与正确照准线间的夹角，称为照准误差。影响照准精度的因素很多，如望远镜的放大倍率 V、十字丝的粗细、目标的大小与形状和颜色、目标影像的亮度与清晰程度、人眼的分辨能力、大气透明度等。尽管观测者尽力去照准目标，但仍不可避免地存在不同程度的照准误差，而且此项误差不能消除。如仅考虑望远镜放大倍率 V，照准误差对测角的影响为 $m_V=\pm 60''/V$，DJ_6 型经纬仪一般 $V=28''$，$m_V=2.''1$。因此，测量时只能选择形状、大小、颜色、亮度等合适的目标，改进照准方式，仔细认真地去瞄准，将其影响降低到最小程度。

5）读数误差

指对小于测微器分划值 t 的微小读数的估读误差。它对测角的影响主要取决于仪器读数设备、照明状况以及观测者的技术熟练程度等。测微估读误差一般不超过 $t/10$，综合其他因素，读数误差为 $\pm 0.05t$。要减小读数误差，不仅需要选择合适的仪器，更要观测者熟练高超的技术。

3. 外界条件的影响

影响角度测量精度的外界条件因素很多，而且非常复杂、影响直接。如温度变化改变视准轴位置、风力影响仪器和目标的稳定、大气折光导致视线畸变、大气透明度低影响照准精度、烈日直射使仪器变形、地面土质松软或受震动等影响仪器气泡居中与稳定、热辐射加剧大气折光影响等，均会给测量结果带来误差。要完全消除这些影响是不可能的，但若选择有利的观测时间，设法避开不利的因素，采取有效措施，可以使外界因素的影响削弱到较小的程度。例如选择微风多云，空气清晰度好，大气湍流不严重的条件下观测；在晴天观测时撑伞遮阳，防止仪器曝晒。

3.6.2 水平角观测注意事项

（1）观测前应对仪器进行检验，如不符合要求应进行校正；观测时采用盘左、盘右观测取平均值，用十字丝交点瞄准目标等方法，减小或削弱仪器误差的影响。

（2）仪器安置的高度应合适，脚架应踩实，中心连接螺旋应拧紧，观测时手避免扶脚架，转动照准部和使用各种螺旋时，用力要轻。严格对中和整平，测角精度要求越高，或边长越短，则对中要求越严格；若观测目标的高度相差较大，特别要注意仪器整平。一测回内不得变动对中、整平。

(3) 目标应竖直，根据距离选择粗细合适的花杆，并仔细地立在目标点标志中心；瞄准时注意消除视差，尽可能照准目标底部或地面标志中心。高精度测角，最好悬挂垂球作标志或用三联架法。

(4) 观测时严格遵守操作规程。观测水平角时切莫误动度盘，并用单丝平分或双丝夹准目标；观测竖直角时，要用横丝截取目标，读数前指标水准管气泡务必居中或自动归零补偿有效。

(5) 读数要准确无误，观测结果应及时记录和计算。发现错误或超过限差，立即重测。

(6) 高精度多测回测角时，各测回间应变换度盘起始位置，全圆使用度盘。

(7) 选择有利观测时机，避开不利外界因素。

3.7 电子经纬仪介绍

图 3.28 所示为北京拓普康有限公司生产的 DJD_2 型电子经纬仪。电子经纬仪具有与光学经纬仪相似的外形结构，仪器操作上也相同，仅读数系统不同。光学经纬仪采用的是玻璃度盘刻划并注记，配以光学测微器读取角值；电子经纬仪采用了光电度盘，利用光电扫描度盘获取照准方向的电信号，通过电路对信号的识别、转换、计数，拟合成相应的角值显示在显示屏上。电子经纬仪具有以下的特点。

(1) 实现了测量的读数、记录、计算、显示自动一体化，避免了人为的影响。

(2) 仪器的中央处理器配有专用软件，可自动对仪器进行检校和各种计算改正。

(3) 储存的数据可通过 I/O 接口输入计算机作相应的数据处理。

(4) 与相关设备联机可组成全站仪、准直仪等，进行各种测量工作。

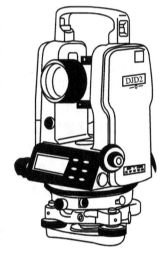

图 3.28 DJD_2 型电子经纬仪

电子经纬仪的关键部件是光电度盘，仪器获取电信号与光电度盘的形式有关。目前，有光栅式、格区式和编码式 3 种测角形式的光电度盘。本节着重介绍光电度盘测角原理。

3.7.1 光电度盘测角原理

1. 光栅度盘测角原理

如图 3.29 所示，在光学玻璃圆盘上全圆均匀而密集地刻划出径向刻线，如图 3.29(c)所示，就构成了明暗相间的条纹——光栅，称为光栅度盘。通常光栅的刻线宽度 a 与缝隙宽度 b 相等，两者之和 d 称为栅距，如图 3.29(a)所示。栅距所对的圆心角即为光栅度盘的分划值。在光栅度盘上下方对应安装照明器(发光管)和光电接收管，光栅的刻线不透光，缝隙透光，即可把光信号转换为电信号。当照明器和接收管随照准部相对于光栅度盘转动时，由计数器计取转动所累计的栅距数，就可得到转动的角度值。测角时当仪器照准零(起始)方向后，使计数器处于"0"状态，当仪器转动照准另一目标时，计数器计取二方向间所夹的栅距数，由于两相邻光栅间的夹角已知，计数器所计取的栅距数经过处理就可得到相应的角值。光栅度盘的计数是累计计数的，故通常称这类读数系统为增量式测角系统。

由上述可知，光栅度盘的栅距就相当于光学度盘的分划，栅距越小，则分划值越小，测角精度越高。

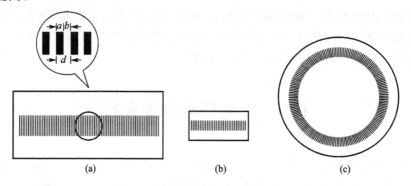

图 3.29 光栅

由于栅距不可能很小，一般在直径为 80mm 的度盘上刻划 50 线/mm 的刻线，栅距分划值为 $1'43.8''$，仍然不能满足精度要求。为了提高测角精度，必须采用电子方法对栅距进行细分，分成几十甚至几千等份，这种电子法细分就是莫尔(Moire)技术。方法是将一段密度相同的光栅(称为指示光栅，如图 3.29(b)所示)与光栅度盘相叠，并使它们的刻线相互倾斜一个微小的角度 θ，则会在与光栅几乎垂直的方向上形成莫尔条纹，如图 3.30 所示。根据光学原理，莫尔条纹有如下特点。

(1) 两光栅之间的倾角 θ 越小，条纹间距 D 越宽，则相邻明条纹或暗条纹之间的距离越大。

(2) 在垂直于光栅构成的平面方向上，条纹亮度按正弦规律周期性变化。

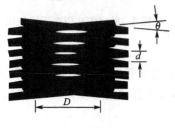

图 3.30 莫尔条纹

(3) 当光栅在垂直于刻线的方向上移动时，条纹顺着刻线方向移动。光栅在水平方向上相对移动一条刻线，莫尔条纹则上下移动一周期，如图 3.30 所示，即移动一个纹距 D。

(4) 纹距 D 与栅距 d 之间满足如下关系

$$D=\frac{d}{\theta}\rho' \quad (\rho'=3438') \tag{3-18}$$

例如，当 $\theta=20'$ 时，纹距 $D=172d$，即纹距比栅距放大了 172 倍。这样，就可以对纹距进一步细分，达到测微和提高测角精度的目的。

光栅度盘电子经纬仪，其指示光栅、发光管(光源)、光电转换器和接收二极管位置固定，而光栅度盘与经纬仪照准部一起转动。发光管发出的光信号通过莫尔条纹落到光电接收管上，度盘每转动一栅距(d)，莫尔条纹就移动一个周期(D)。所以，当望远镜从一个方向转动到另一个方向时，通过光电管的光信号周期数，就是两方向间的光栅数。为了提高测角精度和角度分辨率，仪器工作时，在每个周期内再均匀地填充 n 个脉冲信号,计数器对脉冲计数,则相当于光栅刻划线的条数又增加了 n 倍,即角度分辨率就提高了 n 倍。

仪器在操作中会顺时针和逆时针转动。所以计数器在累计栅距时必须相应增减。如在照准目标时,若转动超过该目标及反转回到目标时,计数器就会自动地增减相应的多转栅距数。为了判别测角时照准部旋转的方向,采用光栅度盘的电子经纬仪其电子线路中还必须有判向电路和可逆计数器。判向电路用于判别照准时旋转的方向,若顺时针旋转时,则计数器累加;若逆时针旋转时,则计数器累减;由顺时针转动的栅距增量即可得到所测角值。

2. 区格式度盘测角原理

区格式度盘如图 3.31 所示。度盘全圆刻有 1024 个径向分划(格栅),每个分划包括一条刻线和一个空隙(刻线不透光,空隙透光),其分划值为 φ_0,测角时度盘以一定的速度旋转,因此称为动态测角系统。度盘的外缘装有固定指示光栏 L_S,内缘装有可随照准部旋转的可动指示光栏 L_R(相当于光学度盘的指标线)。测角时,

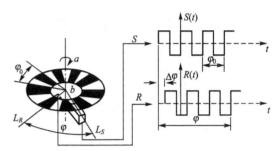

图 3.31 区格式度盘测角原理

L_R 随照准部转动,L_S 与 L_R 之间构成角度 φ。度盘在电动机的带动下以一定的速度旋转,其分划被光栏扫描而计取两个光栏之间的分划数,从而得到角值。

两种光栏距度盘中心远近不同,照准部旋转瞄准不同目标时,彼此互不影响。为消除度盘偏心差,同名光栏按对径位置设置,共 4 个(两对,图中仅示一对)。竖直度盘的固定光栏指向天顶方向。

光栏上装有发光二极管和接收光电二极管,分别处于度盘上、下侧。发光二极管发射红外光线,通过光栏孔隙照到度盘上。当微型电动机带动度盘旋转时,因度盘上明暗条纹而形成透光亮度的不断变化,这些光信号被设置在度盘另一侧的光电二极管接收,转换成正弦波的电信号输出,用以测角。

因为角度测量,首先要测出各方向的方向值,才能得到角度。方向值表现为 L_S 与 L_R 间的夹角 φ。设一对明暗条纹(即一个分划)相应的角值(栅距)为 φ_0,其值为

$$\varphi_0 = \frac{360°}{1024} = 21'.094 = 21'05.''625$$

由图 3.31 可知,$\varphi = n\varphi_0 + \Delta\varphi$,即 φ 角等于 n 个整周期 φ_0 与不足整周期的 $\Delta\varphi$ 之和。n 与 $\Delta\varphi$ 分别由粗测和精测求得。

1) 粗测

在度盘同一径向的外内缘上设有两对(每 90°一个)特殊标记(标志分划)a 和 b,度盘旋转过程中,光栏对度盘扫描,当某一标志被 L_S 或 L_R 中的一个首先识别后,脉冲计数器立即计数,当该标志达到另一光栏后,计数停止。由于脉冲波的频率是已知的,所以由脉冲数可以统计相应的时间 T,电动机的转速也是已知的,相应于转角 φ_0 所需的时间 T_0 也就可以被计算出。将 T_i/T_0 取整(即取其比值的整数部分)就得到 n_i。由于有 4 个标志,可得到 n_1、n_2、n_3、n_4,经微处理机比较确定 n 值,从而得到 $n\varphi_0$。由于 L_S、L_R 识别标志的先后不同,所测角可以是 φ 也可以是 $360°-\varphi$,这可由角度处理器做出正确判断。

2) 精测

如图 3.31 所示，当光栅对度盘扫描时，L_S、L_R 各自输出正弦波电信号 S 和 R，整形后成方波，运用测相技术便可测出相位差 $\Delta\varphi$。$\Delta\varphi$ 的数值是采用在此相位差里填充脉冲数计算的，由脉冲数和已知的脉冲频率(约 1.72MHz)算得相应时间 ΔT。因度盘上有 1024 个分划，度盘转动一周输出 1024 个周期的方波，那么对应于每一个分划均可得到一个 φ_i。设 φ_0 对应的周期为 T_0，$\Delta\varphi_i$ 所对应的时间为 ΔT_i，则有

$$\Delta\varphi_i = \frac{\varphi_0}{T_0}\Delta T_i$$

角度测量时，机内微处理器自动将整周度盘的 1024 个分划所测得的 $\Delta\varphi_i$ 取平均值作为最后结果。粗测和精测信号同时输入处理器并完成角度(方向)值的拟合，然后由液晶显示器显示或记录于数据终端。

动态测角直接测得的是时间 T 和 ΔT，因此微型电动机的转速要均匀、稳定，这是十分重要的。WILD 厂生产的电子经纬仪多采用动态测角系统。

3. 编码盘测角原理

图 3.32(a)为一编码度盘。整个度盘被均匀地划分为 16 个扇形区间，每个区间的角值相应为 $360°/16 = 22°30'$；以同心圆由里向外划分为 4 个环带(每个环带称为 1 条码道)。黑色为透光区，白色为不透光区，透光表示二进制代码"1"，不透光表示"0"。这样通过各区间的 4 个码道的透光和不透光，每区即可由里向外读出一组 4 位二进制数来。每组数代表度盘的一个位置，从而达到对度盘区间编码的目的，见表 3-4。

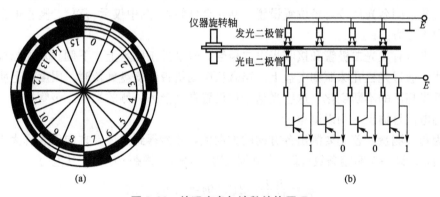

(a)   (b)

图 3.32 编码度盘与读数结构原理

表 3-4 编码度盘二进制编码表

区间	二进制编码	角值 (° ′)	区间	二进制编码	角值 (° ′)	区间	二进制编码	角值 (° ′)
0	0000	0 00	6	0110	135 00	11	1011	247 30
1	0001	22 30	7	0111	157 30	12	1100	270 00
2	0010	45 00	8	1000	180 00	13	1101	292 30
3	0011	67 30	9	1001	202 30	14	1110	315 00
4	0100	90 00	10	1010	225 00	15	1111	337 30
5	0101	112 30						

如图 3.32(b)所示，为了识别照准方向落在度盘的区间的编码，在度盘上方沿径向每个码道安装一个发光二极管组成光源列，在度盘下方对应位置安装一组光电二极管，组成通过码道编码的光信号转化为电信号输出后的接收检测系列，从而识别了度盘区间的编码。通过对两个方向的编码识别，即可求得测角值。这种测角方式称为绝对测角系统。

编码度盘分划区间的角值大小(分辨率)取决于码道数 n，按 $360°/2^n$ 计算，如需分辨率为 $10'$，则需要 2048 个区间，11 个码道，即 $360°/2^{11}=360°/2048=10'$。显然，这对有限尺寸的度盘是难以解决的，也就是说单利用编码度盘进行测角不容易达到高精度。因而在实际应用中，采用码道数和细分法加测微技术来提高分辨率。

3.7.2 电子经纬仪的使用

电子经纬仪同光学经纬仪一样，可用于水平角、竖直角、视距测量。它配备有 RS 通信接口，与光电测距仪、电子记录手簿和成套附件相结合，可进行平距、高差、斜距和点位坐标等的测量和测量数据自动记录。它广泛应用于地形、控制测量和多种工程测量。其操作方法与光学经纬仪相同，分为对中、整平、照准和读数 4 步，读数时为显示器直接读数。下面介绍电子经纬仪的几个基本操作。

1. 初始设置

电子经纬仪作业之前应根据需要进行初始设置。初始设置项目包括角度单位($360°$、400gon，出厂一般设为 $360°$)、视线水平时竖盘零读数(水平为 $0°$ 或天顶距为 $0°$，出厂设天顶距为 $0°$)、自动断电关机时间、角度最小显示单位($0.2''$、$1''$ 或 $5''$ 等)、竖盘指标零点补偿(自动补偿或不补偿)、水平角读数经过 $0°$、$90°$、$180°$、$270°$ 时蜂鸣声(鸣或不鸣)、与不同类型的测距仪连接方式等。设置时，按相应功能键，仪器进入初始设置模式状态，而后逐一设置；设置完成后按确认键(一般为回车)予以确认，仪器返回测量模式，测量时仪器将按设置显示数据。

2. 开关电源

按电源开关键，电源打开，显示屏显示全部符号。几秒钟后显示角度值，即可进行测量工作。按住电源开关不动，数秒钟后电源关闭。

3. 水平度盘配置

瞄准目标后，制动仪器，按水平度盘归零键(一般为 0 SET)两次，即可使水平角度盘读数为 $0°00'00''$。若需要将瞄准某一方向时的水平度盘读数设置为指定的角度值，瞄准目标后，制动仪器，按水平角设置键(一般为 HANG)，此时光标在水平角位置闪烁，用数字键输入指定角值(注意度应输足 3 位，分、秒输足 2 位，不够补 0)后，再按确认键予以确认。

4. 水平角锁定与解除

观测水平角过程中，若需保持所测(或对某方向值预置)水平角时，按水平角锁定键(一般为 HOLD)两次即可，此时水平角值符号闪烁，再转动仪器水平角不发生变化。当照准至所需方向后，再按锁定键一次，可解除锁定功能，此时仪器照准方向的水平角就是原锁定的水平角。该功能可用于复测法观测水平角。

电子经纬仪若设置激光装置，就成为电子激光经纬仪（如南方测绘仪器公司生产的ET-02型）。它是在望远镜的上方设置一个激光发射装置1（图3.33），将发射的激光折射进入望远镜视准轴方向，保证激光束与望远镜视准轴同轴、同焦距。当启动激光装置（按激光开关键）后，电子经纬仪提供一条红色激光束，可用于高层建筑的轴线投测、隧道施工定向、特大桥梁定位与垂直度控制、大型构件安装、建筑物的变形检测等领域。使用时，红色激光束（视准轴方向）在目标（觇牌）处形成清晰的光斑，比较光斑与设计目标的位置差值，判断其施工的质量或安全程度，起着准直仪的作用。当距离较远时，可采用激光觇牌，使光斑更清晰，以提高测量精度。

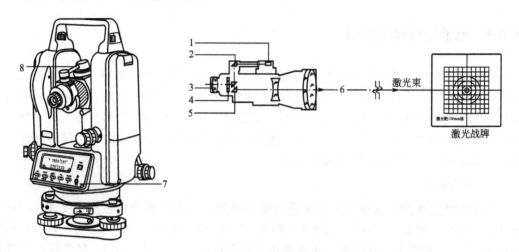

图3.33 电子激光经纬仪

1—激光发射器；2—转向棱镜；3—目镜；4—十字丝分划板；5—分光棱镜；
6—激光束；7—激光开关按键；8—激光装置

电子经纬仪在实施测角时，应该注意，开机后仪器进行自检，在确认自检合格、电池电压满足仪器供电需求时，方可进行测量；测量工作开始前，有的仪器需平转一周设置水平度盘读数指标，纵转望远镜一周设置竖直度盘读数指标；仪器具有自动倾斜校正装置，当倾斜超过传感器工作范围时，应重新整平再行工作；当遇到不稳定的环境或大风天气时，应关闭自动倾斜校正功能；竖直角指标差在检校时不能发生错误操作，否则不能检校或损坏仪器内置程序。此外，光学经纬仪使用和保管的注意事项也均适用于电子经纬仪。

思 考 题

1. 名词解释：水平角，竖直角，天顶距，视准面，竖盘指标差，竖盘零读数，对中，目标偏心差，水平度盘配置，测回法。

2. 在同一竖直面内瞄准不同高度的点在水平度盘和竖直度盘上的读数是否相同？为什么？

3. 经纬仪的制动和微动螺旋各有什么作用？怎样使用微动螺旋？

4. 观测水平角时。对中和整平的目的是什么？简述经纬仪整平和光学对中器对中的方法。

5. 对于 DJ_6 型光学经纬仪，如何利用分微尺进行读数？

6. DJ_2 型经纬仪如何进行读数？观测水平角时，如何进行水平度盘归零设置和指定角值配置？

7. 转动测微轮时，望远镜中目标影像是否随度盘影像的移动而移动？为什么？

8. 竖盘指标水准管起什么作用？自动归零仪器为什么没有指标水准管？

9. 观测水平角和竖直角有哪些相同点和不同点？

10. 怎样确定竖直角的计算公式？

11. 角度测量时通常用盘左和盘右两个位置进行观测，再取平均值作为结果，为什么？

12. 经纬仪有哪些几何轴线？它们之间的正确关系是什么？

13. 对经纬仪进行 $CC \perp HH$ 和 $HH \perp VV$ 的检验时为什么有目标高度的要求？经纬仪各项检验是否有顺序要求？为什么？

14. 简述电子经纬仪的特点和水平角设置、水平度盘读数的锁定与解除方法。

习　题

1. 整理下表测回法观测水平角记录。

测站点	测回序数	盘位	目标	水平度盘读数 (° ′ ″)	水平角 半测回值 (° ′ ″)	水平角 一测回值 (° ′ ″)	水平角 平均值 (° ′ ″)	备注
O	1	左	A	155 50 06				
			B	33 33 30				
		右	A	335 50 00				
			B	213 33 42				
O	2	左	A	245 50 24				
			B	123 33 48				
		右	A	65 50 36				
			B	303 33 48				

2. 整理下表方向观测法观测水平角记录。

测站号	测回序数	目标	水平度盘读数		2C (")	平均读数 (° ′ ″)	归零后方向值 (° ′ ″)	各测回归零后方向值 (° ′ ″)	备注
			盘左 (° ′ ″)	盘右 (° ′ ″)					
O	1	A	0 02 12	180 02 00					
		B	55 44 18	235 44 06					
		C	148 29 06	328 28 54					
		D	210 14 54	30 14 36					
		A	0 02 18	180 02 06					
	2	A	90 06 06	270 05 48					
		B	145 48 06	325 47 54					
		C	238 32 54	58 32 42					
		D	300 18 42	120 18 24					
		A	90 06 12	270 05 54					

3. 野外检验经纬仪时，选择了一平坦场地，于 O 点安置仪器，在距 O 点 100m 处与视线近似等高的 A 点作目标点，用盘左、盘右瞄准 A 点，水平度盘读数分别为 $a_L = 180°30′18″$，$a_R = 0°32′12″$。那么，该仪器视准轴是否垂直于横轴？若不垂直，其照准差为多少？如何进行二者不垂直的校正？

4. 某水平角 $\angle AOB$ 为 $90°$，设两边长 $D_{OA} = D_{OB} = 100m$，由于对中误差，使得仪器旋转中心位于 OB 延长线上距 O 点 10mm 处，问此时观测的水平角比 $90°$ 大还是小？其差值为多少？

5. 整理下表竖直角观测记录：

测站号	目标	盘位	竖直度盘读数 (° ′ ″)	竖直角			备注
				半测回值 (° ′ ″)	指标差 (″)	一测回值 (° ′ ″)	
O	1	L	72 18 18				
		R	287 42 00				
	2	L	96 32 48				
		R	263 27 30				

6. 某 DJ_6 型经纬仪观测一目标，盘左时竖盘读数为 $78°35′24″$，经检验该仪器的竖盘指标差 $x = +20″$，竖盘注记形式如第 5 题表图。试求该目标正确的竖直角 α？

第4章 距离测量与直线定向

教学要点

知识要点	掌握程度	相关知识
量距方法	(1) 掌握钢尺量距的一般方法和精密方法 (2) 掌握视距测量的原理及方法 (3) 了解光电测量距的基本原理	(1) 距离的基本概念 (2) 测距工具
量距计算	(1) 掌握钢尺的三项改正计算 (2) 掌握视距测量的平距与高程改算 (3) 了解光电测量仪的距离计算	各种量距方法的成本和精度

技能要点

技能要点	掌握程度	应用方向
钢尺量距	掌握平坦地面的量距	导线测量量距
视距测量	用经纬仪完成	碎部测量和确定地形点高程

基本概念

水平距离、直线定线、尺段、相对误差、视距丝、尺间隔、加常数、乘常数、精度指标、固定误差、比例误差。

引例

国际单位制的长度单位"米"起源于法国。1790 年 5 月由法国科学家组成的特别委员会,建议以通过巴黎的地球子午线全长的四千万分之一作为长度单位——米,1791 年获法国国会批准。

1 米也就是光在真空中经过 1/299792458 秒所走的距离。1 秒钟也就是铯原子在能级跃迁时需要振荡 9192631770 次所经历的时间。当今,人类将时间测量精度提升到 10^{-19} 秒的水平。宇宙的年龄大约有 150 亿年,合 5×10^{17} 秒。在大多数人眼里,一秒钟只不过是时钟"滴答"一下。但是,对于许多物理学家来说,看似简单的"滴答"一下,相对于 10^{-19} 秒却是一个漫长的过程。

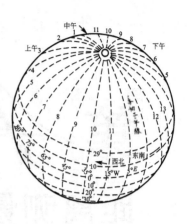

地面点位的确定是测量的基本问题。为了确定地面点的平面位置,必须先求得两地面点间的距离和连线的方向。因而距离测量也是测量工作的基本内容之一。距离是指地面两点间的水平的直线长度。按照所用仪器、工具和测量方法的不同,距离可分为钢尺量距、光学视距法和电磁波测距等。

4.1 钢尺量距

钢尺量距是指利用经检定合格的钢尺直接量测地面两点之间的距离,又称为距离丈量。它使用的工具简单,又能满足工程建设必须的精度,是工程测量中最常用的距离测量方法。钢尺量距按精度要求不同,又分为一般量距和精密量距。其基本步骤有定线、尺段丈量和成果计算。

4.1.1 量距工具

钢尺是用钢制的带尺,常用钢尺的宽度约为 10~15mm,厚度约为 0.4mm,长度有 20m、30m、50m 等几种。钢尺一般卷放在圆盘形的尺盒内或卷放在金属尺架上,如图 4.1 所示。有 3 种分划的钢尺:第一种基本分划为 cm;第二种基本分划虽为 cm,但在尺端 10cm 内为 mm 分划;第三种基本分划为 mm。钢尺上 dm 及 m 处都刻有数字注记,便于量距时读数。

 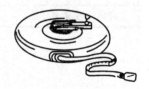

(a) 无盒钢尺　　　　　　　　　(b) 有盒钢尺

图 4.1　钢尺

由于钢尺的零点位置不同,有端点尺和刻线尺的区别。刻线尺是以尺前端的一刻线(通常有指向箭头)作为尺的零点[图 4.2(a)],端点尺是以尺的最外端作为尺的零点[图 4.2(b)]。当从建筑物墙边开始丈量时,使用端点尺比较方便。钢尺一般用于较高精度的距离测量,如控制测量和施工放样的距离丈量等。

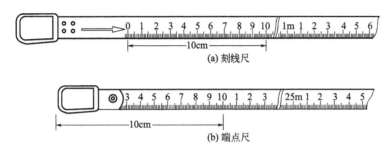

图 4.2 钢尺零端

丈量距离的其他辅助工具有标杆、测钎和垂球。标杆[图 4.3(a)]长为 2～3m,杆上涂以 20cm 间隔的红、白漆,以便远处清晰可见,用于直线定线。测钎[图 4.3(b)]用来标志所量尺段的起、迄点和计算已量过的整尺段数。垂球[图 4.3(c)]用于在不平坦地面丈量时将钢尺的端点垂直投影到地面。此外,在钢尺精密量距中还有弹簧秤和温度计、尺夹,用于对钢尺施加规定的拉力和测定量距时的温度,以便对钢尺丈量的距离施加温度改正;尺夹用于安装在钢尺末端,以方便持尺员稳定钢尺。

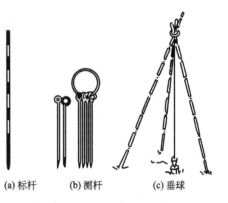

图 4.3 量距辅助工具

4.1.2 直线定线

如果地面两点之间距离较长或地面起伏较大,就需要在直线方向上分成若干段进行量测。这种将多个分段点标定在待量直线上的工作称为直线定线,简称定线。定线方法有目视定线和经纬仪定线,一般量距时用目视定线,精密量距时用经纬仪定线。

1. 目视定线

目视定线又称为标杆定线。如图 4.4 所示,A、B 为地面上待测距离的两个端点,欲在 A、B 直线上定出 1、2 等点,先在 A、B 两点标志背后各竖立一标杆,甲站在 A 点标杆后约一米处,自 A 点标杆的一侧目测瞄准 B 点标杆,指挥乙左右移动标杆,直至 2 点标杆位于 AB 直线上为止。同法可定出直线上其他点。

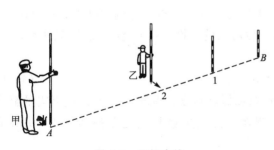

图 4.4 目视定线

两点间定线一般应由远到近,即先定1点再定2点。

2. 经纬仪定线

如图4.5所示,经纬仪定线工作包括清障、定线、概量、钉桩、标线等。定线时,先清除沿线障碍物,甲将经纬仪安置在直线端点A,对中、整平后,用望远镜纵丝瞄准直线另一端B点上的标志,制动照准部。然后,上下转动望远镜,指挥乙左右移动标杆,直至标杆像为纵丝所平分,完成概定向;又指挥自A点开始朝标杆方向概量,定出相距略小于整尺长度的尺段点1,并钉上木桩(桩顶高出地面10~20cm),且使木桩在十字丝纵丝上,该桩称为尺段桩。最后沿纵丝在桩顶前后各标一点,通过两点绘出方向线,再加一横线,使之构成"十"字,作为尺段丈量的标志。同法钉出2、3等尺段桩。高精度量距时,为了减小视准轴误差的影响,可采用盘左盘右分中法定线。

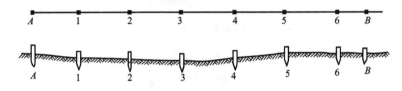

图4.5 经纬仪定线

4.1.3 一般方法量距

1. 平坦地段的距离丈量

如图4.6所示,若丈量两点间的水平距离D_{AB},后司尺员持尺零端位于起点A,前司尺员持尺末端、测钎和标杆沿直线方向前进,至一整尺段时,竖立标杆;由后尺手指挥定线,将标杆插在AB直线上;将尺平放在AB直线上,两人拉直、拉平尺子,前司尺员发出"预备"信号,后司尺员将尺零刻划对准A点标志后,发出丈量信号"好",此时前司尺员把测钎对准尺子终点刻划垂直插入地面,这样就完成了第一尺段的丈量。同法继续丈量直至终点。每量完一尺段,后司尺员拔起后面的测钎再走。

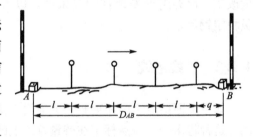

图4.6 平坦地段钢尺一般量距

最后不足一整尺段的长度称为余尺段,丈量时,后司尺员将零端对准最后一只测钎,前司尺员以B点标志读出余长q,读至mm。后司尺员"收"到n(整尺段数)只测钎,A、B两点间的水平距离D_{AB}按下式计算。

$$D_{AB}=nl+q \qquad (4-1)$$

式中:l为尺长。以上称为往测。为了进行检核和提高精度,调转尺头自B点再丈量至A点,称为返测。往返各丈量一次称为一个测回。往返丈量长度之差称为较差,用ΔD表示。

$$\Delta D=D_{往}-D_{返} \qquad (4-2)$$

较差 ΔD 的绝对值与往返丈量平均长度 D_0 之比,称为相对误差,用 K 表示,作为衡量距离丈量的精度指标。K 通常以分子为 1 的分数形式表示,即

$$K=\frac{|\Delta D|}{D_0}=\frac{1}{D_0/|\Delta D|} \tag{4-3}$$

若 K 满足精度要求,取往返丈量的平均值 D_0 作为结果,即

$$D_0=\frac{1}{2}(D_{往}+D_{返}) \tag{4-4}$$

【例 4.1】 C、D 两点间距离丈量的结果为 $D_{CD}=128.435\mathrm{m}$,$D_{DC}=128.463\mathrm{m}$,则 CD 直线丈量的相对误差为

$$K=\frac{|128.435-128.463|}{\frac{1}{2}\times(128.435+128.463)}=\frac{0.028}{128.449}=\frac{1}{4587.464}\approx\frac{1}{4500}$$

相对误差分母通常取整百、整千、整万,不足的一律舍去,不得进位。相对误差分母越大,量距精度越高。在平坦地区量距,K 一般应小于或等于 1/3000,量距困难地区也应小于或等于 1/1000。若超限,则应分析原因,重新丈量。

2. 倾斜地区的距离丈量

在倾斜地面上丈量距离时,视地形情况可用水平量距法或倾斜量距法。

当地势起伏不大时,可将钢尺拉平丈量,称为水平量距法。如图 4.7(a)所示,丈量由 A 点向 B 点进行。后司尺员将钢尺零端点对准 A 点标志中心,前司尺员将钢尺抬高,并且目估使钢尺水平,然后用垂球尖将尺段的末端投影到地面上,插上测钎。丈量第二段时,后司尺员用零端对准第一根测钎根部,前司尺员同法插上第二个测钎,依次类推直到 B 点。

当倾斜地面的坡度均匀时,可以沿着斜坡丈量出 AB 的斜距 L,测出地面倾斜角 α 或 A、B 两点的高差 h,然后计算 AB 的水平距离 D。如图 4.7(b)所示,称为倾斜量距法。显然

$$D=L\cos\alpha=\sqrt{L^2-h^2} \tag{4-5}$$

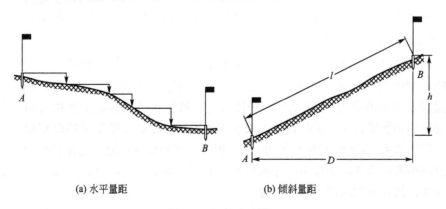

(a) 水平量距 (b) 倾斜量距

图 4.7 倾斜地面量距

将上式按幂级数展开

$$\Delta L = D - L = \sqrt{L^2 - h^2} - L = L\left[\left(1 - \frac{h^2}{L^2}\right)^{\frac{1}{2}} - 1\right]$$

$$\Delta L = L\left[\left(1 - \frac{h^2}{2L^2} + \frac{h^4}{8L^4} - \cdots\right) - 1\right]$$

略去高次项有

$$\Delta L = -\frac{h^2}{2L}$$

于是
$$D = L + \Delta L = L - \frac{h^2}{2L} \tag{4-6}$$

钢尺一般方法量距记录、计算及精度评定见表 4-1。

表 4-1 钢尺一般量距记录手簿

钢尺编号：№100427　　　量测日期：2002.4.22　　　量测者：付泽　金习
尺长方程：$l_t = 30 + 0.008 + 1.2 \times 10^{-5}(t-20) \times 30$　　　记录者：任　珍

测段编号	量测方向	距离量测结果			平均值(m)	相对误差 K	备注
		整尺段数 n	余尺段长 q(m)	总长 (m)			
AB	往	4	15.309	135.309	135.328	1/3500	
	返	4	15.347	135.347			
BC	往	5	27.478	177.478	177.465	1/6800	
	返	5	27.452	177.452			

4.1.4 精密方法量距

钢尺量距的一般方法，量距精度只能达到1/1000～1/5000。但精度要求达到1/10000以上时，应采用精密量距的方法。精密方法量距与一般方法量距基本步骤相同，不过精密量距在丈量时采用较为精密的方法，并对一些影响因素进行了相应的计算改正。

1. 钢尺检定与尺长方程式

钢尺因制造误差、使用中的变形、丈量时温度变化和拉力等的影响，其实际长度与尺上标注的长度（即名义长度，用 l_0 表示）会不一致。因此，量距前应对钢尺进行检定，求出在标准温度 t_0 和标准拉力 P_0 下的实际长度，建立被检钢尺在施加标准拉力和温度下尺长随温度变化的函数式，这一函数式称为尺长方程式，以便对丈量结果加以相应改正。钢尺检定时，在恒温室(标准温度为20℃)内，将被检尺施加标准拉力固定在检验台上，用标准尺去量测被检尺，或者对被检施加标准拉力去量测一标准距离，求其实际长度，这种方法称为比长法。尺长方程式的一般形式为

$$l_t = l_0 + \Delta l_d + \alpha(t - t_0) l_0 \tag{4-7}$$

式中：l_t 位钢尺在温度 t 时的实际长度，l_0 为钢尺的名义长度；Δl_d 为检定时在标准拉力

和温度下的尺长改正数；α 为钢尺的线形膨胀系数，普通钢尺为 1.2×10^{-5} m/m·℃，为温度每变化 1℃ 钢尺单位长度的伸缩量；t 为量距时的温度，t_0 为检定时的温度。

【例 4.2】 某标准尺的尺长方程式为 $l_t=30\text{m}+0.0034\text{m}+1.2\times10^{-5}(t-20℃)\times30\text{m}$，用标准尺和被检尺量得两标志间的距离分别为 29.9552m 和 29.9543m，丈量时的温度分别为 26.5℃ 和 28.0℃。求被检尺的尺长方程式。

【解】 先根据标准尺的尺长方程式计算两标志间的标准长度 D_0

$$D_0=29.9552\text{m}+\frac{0.0034\text{m}}{30\text{m}}\times29.9552\text{m}+1.2\times10^{-5}\times(26.5℃-20℃)\times29.9552=29.9609\text{m}$$

由此可求得被检尺检定时在标准拉力和温度下的尺长改正数 Δl_d 为

$$29.9543\text{m}+\Delta l_d+1.2\times10^{-5}\times(28.0-20)\times29.9543=29.9609\text{m}^2$$

$$\Delta l_d=+0.0037$$

被检钢尺的尺长方程式为

$$l_d=30\text{m}+0.0037+1.2\times10^{-5}(t-20℃)\times30\text{m}$$

2. 测量桩顶高程

经过经纬仪定线钉下尺段桩后，用水准仪采用视线高法测定各尺段桩顶间高差，以便计算尺段倾斜改正。高差宜在量距前后往、返观测一次，以资检核。两次高差之差不超过 10mm，取其平均值作为观测的成果，记入记录手簿（表 4-2）。

3. 距离丈量

用检定过的钢尺丈量相邻木桩之间的距离，称为尺段丈量。丈量由 5 人进行，2 人司尺，2 人读数，1 人记录兼测温度。丈量时后司尺员持尺零端，将弹簧秤挂在尺环上，与一读数员位于后点；前司尺员与另一读数员位于前点，记录员位于中间。两司尺员钢尺首尾两端紧贴桩顶，把尺摆顺直，同贴方向线的一侧。准备好后，读数员发出一长声"预备"口令，前司尺员抓稳尺，将一整 cm 分划对准前点横向标志线；后司尺员用力拉尺，使弹簧秤至检定时相同的拉力（30m 尺为 100N，50m 尺为 150N），当读数员做好准备后，回答一长声表示同意读数的口令，两尺手保持尺子稳定，两读数员以桩顶横线标记为准，同时读取尺子前后读数，估读至 0.5mm，报告记录员记入手簿。依此每尺段移动钢尺 2~3cm 丈量 3 次，3 次量得结果的最大值与最小值之差不超过 3mm，取 3 次结果的平均值作为该尺段的丈量结果；否则应重新丈量。每丈量完一个尺段，记录员读记一次温度，读至 0.5℃，以便计算温度改正数。由直线起点依次逐段丈量至终点为往测，往测完毕后应立即调转尺头，人不换位进行返测。往返各一次取平均值为一个测回。

4. 成果整理

钢尺精密量距完成后，应对每一尺段长进行尺长改正、温度改正及倾斜改正，求出改正后尺段的水平距离。计算时取位至 0.1mm。往、返测结果按式（4-3）进行精度检核，若 K 满足精度要求，按式（4-4）计算最后成果。若 K 超限，应查明原因返工重测。成果计算在表 4-2 中进行，各项改正数的计算方法如下。

1）尺长改正

钢尺在标准拉力 P_0 和标准温度 t_0 时的实际长 l_{t0} 与其名义长 l_0 之差 Δl_d，称为整尺段的尺长改正数，即 $\Delta l_d=l_{t0}-l_0$，为尺长方程式的第二项。任意尺段长 l_i 的尺长改正数 Δl_i 为

$$\Delta l_{di} = \frac{\Delta l_d}{l_0} \times l_i \tag{4-8}$$

如表 4-2 中 $A1$ 段，$\Delta l_d = 0.008\text{m}$，$l_0 = 30\text{m}$，$l_{A1} = 29.8753\text{m}$，则 $\Delta l_{A1} = +8.0\text{mm}$。

2) 温度改正

钢尺在丈量时的温度 t 与检定时标准温度 t_0 不同引起的尺长变化值，称为温度改正数，用 Δl_t 表示。为尺长方程式的第三项。任意尺段长 l_i 的温度改正数 Δl_{ti} 为

$$\Delta l_{ti} = \alpha(t - t_0) l_i \tag{4-9}$$

如表 4-2 中 $A1$ 段，$t = 26.2\text{℃}$，$t_0 = 20\text{℃}$，$\alpha = 1.2 \times 10^{-5}$ m/m·℃，$l_{A1} = 29.8753\text{m}$，则 $\Delta l_{tA1} = +2.2\text{mm}$。

表 4-2　钢尺精密量距记录计算手簿

钢尺型号：GC-002　　检定日期：2003.5.17　　记录者：金习　　计算：严瑾
钢尺编号：No 100427　　检定拉力：$P_0 = 100\text{N}$　　前尺：文重　　后尺：钱进
尺长方程：$l_t = 30 + 0.008 + 1.2 \times 10^{-5}(t-20) \times 30$　　日　期：2003.8.15

尺段编号	测量次数	前尺读数(m)	后尺读数(m)	尺段长度(m)	尺段平均长度(m)	温度(℃) / 温度改正数(mm)	高差(m) / 高差改正数(mm)	尺长改正数(mm)	改正后尺段长度(m)
A-1	1	29.9460	0.0700	29.8760	29.8753	26.2	+0.520	+8.0	29.8810
	2	400	645	755		+2.2	-4.5		
	3	500	755	745					
1-2	1	29.9250	0.0150	29.9100	29.9095	27.3	+0.878	+8.0	29.8912
	2	300	210	090		+2.6	-12.9		
	3	400	305	095					
…	…	…	…	…	…	…	…	…	…
5-B	1	18.9750	0.0750	18.9000	18.8993	27.5	-0.436	+5.0	18.9010
	2	540	545	8995		+1.7	-5.0		
	3	800	815	8985					
Σ									203.5172

3) 倾斜改正

尺段丈量时，所测量的是相邻两桩顶间的斜距，由斜距化算为平距所施加的改正数，称为倾斜改正数或高差改正数，用 Δl_h 表示。任意尺段长 l_i 的倾斜改正数 Δl_{hi} 按式(4-6)有

$$\Delta l_{hi} = -\frac{h_i^2}{2l_i} \tag{4-10}$$

倾斜改正数恒为负值。如表 4-2 中 $A1$ 段，$h_i = 0.520\text{m}$，$l_{A1} = 29.8753\text{m}$，则 $\Delta l_{hA1} = -4.5\text{mm}$。

4) 尺段水平距离

综上所述，每一尺段改正后的水平距离为

$$D_i = l_i + \Delta l_{di} + \Delta l_{ti} + \Delta l_{hi} \tag{4-11}$$

如表 4-2 中 $A1$ 段，$l_{A1}=29.8753\text{m}$，$\Delta l_{A1}=+8.0\text{mm}$，$\Delta l_{tA1}=+2.2\text{mm}$，$\Delta l_{hA1}=-4.5\text{mm}$，则 $D_{A1}=29.8810\text{m}$。

5) 计算全长

将改正后的各个尺段长和余长加起来，便得到距离的全长。如果往、返测相对误差在限差以内，则取平均距离作为观测结果。如果相对误差超限，则应重测。

4.1.5 钢尺量距的误差及注意事项

影响钢尺量距精度的因素很多，主要的误差来源有下列几种。

1. 定线误差

量距时钢尺没有准确地放在所量距离的直线方向上，所量距离是一组折线而不是直线，造成丈量结果偏大，这种误差称为定线误差。设定线误差为 ε，则一尺段的量距误差 $\Delta\varepsilon$ 为

$$\Delta\varepsilon = 2\sqrt{\left(\frac{l}{2}\right)^2 - \varepsilon^2} - l = -\frac{2\varepsilon^2}{l} \tag{4-12}$$

当 l 为 30m 时，若 $\dfrac{\Delta\varepsilon}{l} \leqslant \dfrac{1}{10000}$，则 $\varepsilon \leqslant 0.21\text{m}$，所以用目视定线即可达到此精度。

2. 尺长误差

如果钢尺的名义长度和实际长度不符，其差值称为尺长误差。尺长误差具有系统积累性，它与所量距离成正比。因此钢尺必须经过检定，测出其尺长改正值。

3. 温度测定误差

钢尺的长度随温度而变化，当丈量时的温度与钢尺检定时的标准温度不一致时，将产生温度误差。按照钢尺温度改正公式 $\Delta l_t = \alpha(t-t_0)l$，当温度变化 8℃，将会产生 1/10000 尺长的误差。由于用温度计测量温度，测定的是空气的温度，而不是尺子本身的温度，在夏季阳光曝晒下，此两者温差可大于 5℃。因此，量距宜在阴天进行，最好用半导体温度计测量钢尺的自身温度。

4. 拉力误差

丈量施加的拉力与检定时不一致引起的量距误差称为拉力误差。钢尺材料具有弹性，当加大拉力时，依据胡克定律其钢尺伸长误差为

$$\Delta l_{Pi} = \frac{\Delta p}{EF} l_i \tag{4-13}$$

式中：ΔP 为超过标准拉力的拉力误差；E 为钢尺材料弹性模量，普通钢尺 $E=2\times 10^5\text{MPa}$；F 为钢尺截面面积，约为 0.04cm^2。当 $\Delta P=30\text{N}$、$l_0=30\text{m}$ 时，$\Delta l_P=1\text{mm}$。在丈量时使用弹簧秤控制拉力误差不会超过 10N，可忽略其影响。

5. 钢尺倾斜和垂曲误差

钢尺量距时若钢尺倾斜，会使所量距离偏大。一般量距时，对于 30m 钢尺，用目估持平钢尺，经统计会产生 50′倾斜（相当于 0.44m 高差误差），对量距约产生 3mm 误差。

钢尺悬空丈量时，中间下垂，称为垂曲。因此丈量时必须注意钢尺水平，整尺段悬空时，中间应有人托住钢尺，否则会产生不容忽视的垂曲误差。

6. 丈量误差

量距时，由于钢尺对点误差、测钎安置误差及读数误差等都会引起丈量误差，这种误差对丈量结果的影响可正可负，大小不定。所以在丈量中要仔细认真，并采用多次丈量取平均值的方法，以提高量距精度。

4.2 视距测量

视距测量是一种间接的光学测距方法，它利用望远镜内测距装置（视距丝），根据几何光学和三角学原理同时测定距离和高差。这种方法操作简便、迅速，受地形条件限制小，但精度较低，普通视距测量的相对精度约为 1/200～1/300，只能满足地形测量的要求。因此被广泛用于地形碎部测量中，也可用于检核其他方法量距可能发生的粗差。精密视距测量的相对精度可达 1/2000，可用于山地的图根控制点加密。

4.2.1 视距测量原理

常规测量的望远镜内都有视距丝装置。从视距丝的上、下丝 M_2 和 N_2（图4.8）发出的光线在竖直面内所夹的角度 φ 是固定角，称为视场角。该角的两条边在尺上截得一段距离 $M_iN_i=l_i$（称为尺间隔，如图4.8所示）。由图可以看出，已知固定角 φ 和尺间隔 l_i 即可推算出两点间的距离（视距）$D_i = \dfrac{l_i}{2} \cot \dfrac{\varphi_i}{2} \varphi_i$。因 φ 保持不变，尺间隔 l_i 将与距离 D_i 成正比例变化。这种测距方法称为定角测距。经纬仪、水准仪和平板仪等都是以此来设计测距的。

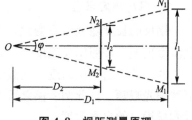

图 4.8 视距测量原理

如图 4.9 所示，欲测定 A、B 两点间水平距离 D 和高差 h，可在 A 点安置经纬仪，仪器高为 i，在待测点 B 竖立标尺。当视线倾斜 α 角照准在 B 点标尺时，视线 JQ 的长度为 D'，则

$$D = D' \cos\alpha \tag{4-14}$$

由图 4.9 可知

$$D' = d + f + \delta \tag{4-15}$$

式中：d 为望远镜前焦点至 Q 的距离；f 为望远镜物镜组的组合焦距；δ 为物镜到仪器中

心的距离。f、δ 对某种仪器而言均为已知值,只要求得 d,即可确定 D。

假如有一辅尺过 Q 点且垂直视线 JQ,和标尺成 α 角,则 $\triangle M'FN' \backsim \triangle m'Fn'$,$\overline{m'n'}$ 为视距丝的上、下丝通过调焦透镜后在物镜平面的影像间隔,其长度等于上、下丝的间距 p。再令 $\overline{M'N'}=l'$,于是

$$d=\frac{\overline{M'N'}}{\overline{m'n'}}f=\frac{f}{p}l' \quad (4-16)$$

将式(4-16)代入式(4-15)得

$$D'=\frac{f}{p}l'+f+\delta=\frac{f}{p}l'+(f+\delta)=kl'+c \quad (4-17)$$

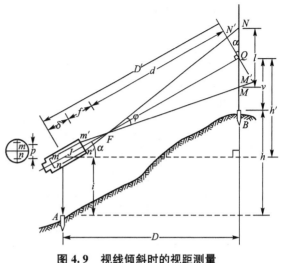

图 4.9 视线倾斜时的视距测量

式中 $k=\frac{f}{p}$ 称为乘常数,为了便于应用,仪器制造选择适当的 f、p 值,将该比值 k 设计为 100;c 称为加常数,当前的内对光望远镜 c 接近于 0。由于视场角很小(约为 $35'$),将 $\angle NN'Q$、$\angle MM'Q$ 视为直角,则有

$$l'=\overline{QM'}+\overline{QN'}=\overline{QM}\cos\alpha+\overline{QN}\cos\alpha=(\overline{QM}+\overline{QN})\cos\alpha=l\cos\alpha \quad (4-18)$$

将式(4-17)、式(4-18)依次代入式(4-14),整理即得视线倾斜时计算水平距离的公式

$$D=kl\cos^2\alpha \quad (4-19)$$

再由图 4.9 来考察高差计算公式,由图可知

$$h=h'+i-v=D\tan\alpha+i-v=D'\sin\alpha+i-v \quad (4-20)$$

将式(4-19)或依次将式(4-18)、式(4-17)、式(4-16)、式(4-15)代入式(4-20),整理后即得视线倾斜时的高差公式

$$h=\frac{1}{2}kl\sin 2\alpha+i-v \quad (4-21)$$

式中 $h'=\frac{1}{2}kl\sin 2\alpha$ 称为初算高差,v 称为中丝读数。式(4-19)、式(4-21)中,令 $\alpha=0$,就得到视线水平时的距离与高差计算公式

$$\left.\begin{array}{l}D=kl\\h=i-v\end{array}\right\} \quad (4-22)$$

4.2.2 视距测量的观测与计算

由式(4-19)、式(4-21)、式(4-22)知,欲计算地面上两点间的距离和高差,在测站上应观测 i、l、v、α 4 个量。所以,视距测量通常按下列基本步骤进行观测和计算。

1. 量仪器高 i

如图 4.9 所示,在测站点 A 上安置经纬仪,对中、整平。用卷尺量出仪器高 i,并记

入视距测量手簿(表 4-3)。

表 4-3 视距测量记录计算手簿

仪器型号：西北厂 DJ$_6$　　　$i=1.45m$　　　测站点：A　　　观测日期：2003.4.25　　　观测者：任 珍
仪器编号：№860243　　　$x=$ 0″　　　测站高：36.428m　　　天　气：晴　　　记录者：龚 震

目标点号	下丝读数(m)	上丝读数(m)	尺间隔 i (m)	中丝读数 v (m)	竖盘读数 °	竖直角 α ′	初算高差 h' (m)	改正数 $i-v$ (m)	改正后高差 h (m)	水平距离 D (m)	高程 (m)	备注
1	1.426	0.995	0.431	1.211	92	42	−2 42	−2.028	0.239	−1.79	43.00	34.64	
2	1.812	1.298	0.514	1.555	88	12	1 48	1.614	−0.105	1.51	51.35	37.94	
3	1.763	1.137	0.626	1.45	93	42	−3 42	−4.031	0.000	−4.03	62.34	32.40	
4	1.528	1.000	0.528	1.714	89	44	0 16	0.246	−0.264	−0.02	52.80	36.41	
5	1.702	1.200	0.502	1.45	94	36	−4 36	−4.013	0.000	−4.01	49.88	32.42	
6	2.805	2.100	0.705	2.45	76	24	3 36	4.418	−1.000	3.418	70.22	39.85	

2. 读三丝读数

以盘左(或盘右)位置，瞄准测点 B 上竖立的标尺，读出下、上、中丝的读数 N、M、v，记入手簿。计算出尺间隔 $l=N-M$。

3. 求竖直角 α

转动竖盘指标水准管微动螺旋，调节竖盘指标水准管，使其气泡居中，读取竖盘读数 L(或 R)，记入手簿，并计算竖直角 α。

4. 视距测量的计算

为了在野外能快速计算出距离和高差，应用具有编程功能的计算器，根据式(4-19)和式(4-21)编制简单程序，每测量一个点，只需输入变量 L 或 R、v、和 l(每一测站 i 为定值，可事先存入储存器)，则可迅速得到平距 D 和高差 h。视距测量计算应在表格中完成。

值得提出的是，为了计算方便，通常转动竖直微动螺旋，使中丝对准标尺上等于仪器高 i 的读数，此时 $i-v$(称为高差改正数)为 0(如表 4-3 中的 3 点)。有时为了便于计算 l，可转动竖直微动螺旋将上丝对准一整数分划(如 1m、1.5m)，从上丝向下丝数读出尺间隔 l(如表 4-3 中的 4 点)。在地形测量中，通常将上述两点配合，即可保证必须的精度，又可加快观测速度。其方法为：瞄准时，用中丝对准 i 附近(或 i+整数，如表 4-3 中的 5、6 点)，转动竖直微动螺旋，使下丝对准整分划，数读 l(或 i+整数)，再转动竖直微动螺旋使中丝对准 i，竖盘指标水准管气泡居中后读取竖盘读数。

4.2.3 视距常数的测定

在进行视距测量前必须把视距公式中的乘常数 K 加以精确地测定，其方法如下。

在平坦地区选择一段直线 AB，在 A 点打一木桩，从此木桩起沿直线依次在 25m、50m、100m、150m、200m 的距离处分别打下木桩 B_1、B_2、B_3、B_4、B_5。各桩距 A 点的长度为 S_i。将仪器安置于 A 点，在各 B_i 点上依次竖立标尺，按盘左和盘右两个位置使望远镜大致水平瞄准各点所立标尺，用上、下丝读数，每次测定视距间隔各两次。再由 B_5 点测向 B_1 点同法返测一次。这样往、返各测得每立尺点的视距间隔两次，所以每桩所得的视距间隔 l_1、l_2、l_3、l_4、l_5 各 4 次。各取其平均值后分别代入公式 $K=S_i/l_i$，计算出不同距离所测定的 K 值，取其平均值即为所求的 K 值。

4.2.4 视距测量误差分析及注意事项

1. 视距丝读数误差

视距丝读数误差是影响视距测量精度的重要因素，它与尺子最小分划的宽度、距离的远近、望远镜的放大倍率及成像清晰情况有关。因此读数误差的大小，视具体使用的仪器及作业条件而定。由于距离越远误差越大，所以视距测量中要根据精度的要求限制最远视距。

2. 视距尺分划的误差

如果视距尺的分划误差是系统性地增大或减小，对视距测量将产生系统性的误差。该误差在仪器常数检测时将反映在乘常数 K 上。即是否仍能使 $K=100$，只要对 K 加以测定即可得到改正。

如果视距尺的分划误差是偶然性误差，即有的分划间隔大，有的分划间隔小，那么它对视距测量也将产生偶然性的误差影响。如果用水准尺进行普通视距测量，因通常规定水准尺的分划线偶然中误差为 ±0.5mm，所以按此值计算的距离误差为

$$m_d=K(\sqrt{2}\times0.5)=0.071\text{m} \tag{4-23}$$

3. 乘常数 K 不准确的误差

一般视距乘常数 $K=100$，但由于视距丝间隔有误差，标尺有系统性误差，仪器检定有误差，会使 K 值不为 100。K 值误差会使视距测量产生系统误差。K 值应在 100 ± 0.1 之内，否则应加以改正。

4. 竖角观测的误差

由距离公式 $D=Kl\cos^2\alpha$ 可知，α 有误差必然影响距离，即

$$m_d=Kl\sin2\alpha\frac{m_\alpha}{\rho} \tag{4-24}$$

设 $Kl=100$m，$\alpha=45°$，$m_\alpha=\pm10''$，$m_d\approx\pm5$mm。竖直角观测误差对视距测量影响较小。

5. 视距尺竖立不直的误差

如果标尺不能严格竖直，将对视距值产生误差。标尺倾斜误差的影响与竖直角有关，影响不可忽视。观测时可借助标尺上水准器保证标尺竖直。

6. 外界条件的影响

外界环境的影响主要是大气垂直折光的影响和空气对流的影响。大气垂直折光的影响

较小,可通过控制视线高度来削弱,测量时应尽量使上丝读数大于1m。同时选择适宜的天气进行观测,可削弱空气对流造成成像不稳甚至跳动的影响。

4.3 光电测距

4.3.1 光电测距概述

光电测距是一门利用光和电子技术测量距离的大地测量技术,它出现于20世纪40年代末期。1960年7月美国宣布世界上第一台激光器研制成功,第二年就有了激光器测距仪的实验报告,创造了激光技术应用的最先范例。1967年瑞典AGA公司推出的世界第一台商品化激光测距仪AGA—8以及我国武汉地震大队继之研制成功的JCY系列激光测距仪,是具有一定代表性的第二代光电测距仪。

20世纪90年代又出现了测距仪和电子经纬仪及计算机硬件组合成一体的电子全站仪。它便于测量人员进行所谓的全站化测量,在现场完成归算等一系列成果处理,并发展成为全野外数字化测图。目前,光电测距仪正向着自动化、智能化和利用蓝牙技术实现测量数据的无线传输方向飞速发展。

用光电方式测距的仪器称为测距仪,用无线电微波作载波的测距仪称为微波测距仪,用光波作载波称为光电测距仪。无线电波和光波都从属于电磁波,所以统称为电磁波测距仪。光电测距仪按其光源分为普通光测距仪、激光测距仪和红外测距仪。按测定载波传播时间的方式分为脉冲式测距仪和相位式测距仪;按测程又可分为短程、中程和远程测距仪3种(表4-4);按其精度分为Ⅰ、Ⅱ、Ⅲ 3个级别(表4-4)。

表4-4 光电测距仪测程分类与技术等级

	仪器种类	短程光电测距仪	中程光电测距仪	远程光电测距仪
测程分类	测程(km)	<3	3~15	>15
	精度	±(5mm+5ppmD)	±(5mm+2ppmD)	±(5mm+1ppmD)
	光源	红外光源(GaAs发光二极管)	红外光源(GaAs发光二极管)激光光源(激光管)	He-Ne激光器
	测距原理	相位式	相位式	相位式
	使用范围	地形测量,工程测量	大地测量,精密工程测量	大地测量,航空、航天、制导等空间距离测量
技术等级	技术等级	Ⅰ	Ⅱ	Ⅲ
	精度	<5mm	5~10mm	11~20mm

红外测距仪采用的是GaAs(砷化镓)发光二极管作光源。由于GaAs发光管具有结构简单、体积小、耗电省、效率高、寿命长、抗震性好、能连续发光并能直接调制等优点,

在中、短程测距仪中得到了广泛采用,也是工程建设采用的主要机型。

4.3.2 光电测距基本原理

如图 4.10 所示,在 A 点架设测距仪,B 点架设光波反射镜。A 点测距仪利用光源发射器向 B 点发射光波,B 点上反射镜又把光波反射回到测距仪的接收器上。设光速 c 已知,如果光束在待测距离 D 上往返传播的时间 t_{2D} 已知,所测距离 D 可由下式求出

$$D=\frac{1}{2}ct_{2D} \tag{4-25}$$

式中:$c=c_0/n$,c_0 为真空中的光传播速度,其值为 $299792458 m/s \pm 1.2 m/s$;$n$ 为大气折射率,它与测距仪所用光源的波长 λ、测线上的气温 t、气压 P 和湿度 e 有关。

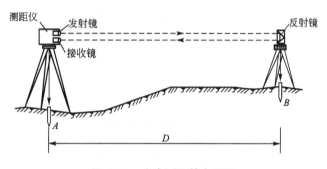

图 4.10 光电测距基本原理

从式(4-25)可以看出,D 的精度决定于 t_{2D} 的精度。如果要求测得距离 D 的精度 $m_D=1cm$,在 c 为常量的情况下,令 $c=3\times10^8 m/s$,则 $m_{t_{2D}}=\frac{2}{3}\times10^{-10}s$。天文法的测时精度多年观测可达 10^{-9},有关精密的实验室依赖于精密仪器及其物理方法可达 10^{-19}。而在实用上要实现 $2/3\times10^{-10}s$ 的测时精度是难以做到的。因此,大多采用间接方法来测定 t_{2D}。

间接测定 t_{2D} 的方法有脉冲法测距和相位法测距两种。直接测定光脉冲发射和接收的时间差来确定距离的方法称为脉冲法测距。脉冲法测距具有脉冲发射的瞬时功率很大、测程远、被测地点无需安置合作目标的优点。但受到脉冲宽度和电子计数器时间分辨率的限制,绝对精度较低,一般为 $\pm(1\sim5m)$。利用测相电路直接测定调制光波在待测距离上往返传播所产生的相位差,计算出距离,称为相位法测距。相位法测距的最大优点是测距精度高,一般精度均可达到 $\pm(5\sim20mm)$。工程测量中常用的是短程的 I 级相位式红外测距仪。

4.3.3 相位法测距原理

在 GaAs 发光二极管上注入一定的恒定电流,它发出的红外光强度恒定不变;若改变注入电流的大小,GaAs 发光管发射光强也随之变化。若对发光管注入交变电流,使发光管发射的光强随着注入电流的大小发生变化,这种传输特征按照某种特定信号出现有规律

变化的光称为调制光。

测距仪在 A 站发射的调制光在待测距离上传播，被 B 点反光镜反射后又回到 A 点，被测距仪接收器接收，所经过的时间为 t。为了进一步提高测距精度，采用间接测时方法，即测相，把距离和时间的关系转化为距离和相位的关系，这就是相位法测距的实质。

如图 4.11 所示，将反光镜 B 反射后回到 A 点的光波沿测线方向展开，则调制光往返经过了 $2D$ 的路程。设调制光的角频率为 ω，波长为 λ_s，光强变化一周期 T 的相位差为 2π，调制光在两倍距离上传播时间为 t，每秒钟光强变化的周期数为频率 f，依据光学原理 f 可表示为

$$f = \frac{c}{\lambda_s} \tag{4-26}$$

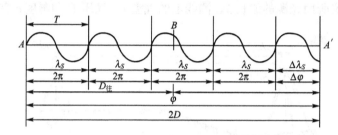

图 4.11　相位法测距原理

由图 4.11 可以看出，将接收时的相位与发射时的相位比较延迟了 φ 角，则

$$\varphi = \omega t = 2\pi f t \tag{4-27}$$

于是

$$t = \frac{\varphi}{2\pi f} \tag{4-28}$$

将其代入式(4-24)有

$$D = \frac{c}{2f} \frac{\varphi}{2\pi} \tag{4-29}$$

由图 4.11 可以看出，相位差 φ 又可表示为

$$\varphi = 2\pi N + \Delta\varphi \tag{4-30}$$

将式(4-30)代入式(4-29)并顾及 $f = \frac{c}{\lambda_s}$ 得

$$D = \frac{c}{2f}\left(N + \frac{\Delta\varphi}{2\pi}\right) = \frac{\lambda_s}{2}(N + \Delta N) \tag{4-31}$$

式(4-31)就是相位法测距的基本公式。式中，N 为整周期数，$\Delta N = \frac{\Delta\varphi}{2\pi}$ 为不足一个周期的比例值。

在式(4-31)中，c、f 为已知，若能测定 N 和 ΔN（或 $\Delta\varphi$），即可求得 D。将式(4-31)与式(4-1)相比较，若将 $u = \lambda_s/2$ 看作尺段长 l，则 $\lambda_x \Delta N/2$ 相当于余尺段 q，即可以把所测距离看作整尺段长度与余尺段长度之和。令 $u = \lambda_s/2$，称为光电测尺，其长度与调制光的调制频率 f 有关，f 越高，u 越短，测距精度越高。例如，$f = 150\text{kHz}$，$u = 1000\text{m}$，测距精度为 1m；$f = 15\text{MHz}$，$u = 10\text{m}$，测距精度为 1cm。同时 u 还受载波波长、大气温度、大气压力、大气湿度等的影响，因此，测距时的气温、气压、湿度与仪器设计时选用的标

准值不一致，应对所测距离进行气象改正。

仪器上的测相装置（相位计），只能分辨出 $0\sim2\pi$ 的相位变化，故只能测出不足 2π 的相位差 $\Delta\varphi$，相当于余尺段的距离值，而 N 不能确定。例如，测尺为 10m，则可测出小于 10m 的距离值。同理，若采用 1000m 的测尺，则可测出小于 1km 的距离值。由于仪器测相系统的测相精度一般为 1‰，测尺越长，测距误差则越大。因此为了增大测程和保证高精度，测距仪不设专门装置直接测定 N，而是以变换调制光频率"安装"几个测尺配合测距；用短测尺（如 10m、20m 等）测定小距离（尾数），称为精尺；用长测尺（如 1km、2km 等）测定大距离（整数），称为粗尺。精尺与粗尺以电子电路为条件进行自动交替测量，精尺保证测距的精度，粗尺保证测程。精尺和粗尺的测量结果计算、大小距离的拟合均由仪器逻辑电路自动完成后，直接从显示屏显示所需要的成果。例如实测距离为 1885.258m，精测距离为 5.258m，粗测距离为 1880m。

4.3.4 短程光电测距仪及其使用

测程在 3km 以下的光电测距仪称为短程光电测距仪，目前国内外仪器厂有多种生产号，表 4-5 所列为部分产品。

表 4-5 常用短程光电测距仪

仪器型号	ND300S	D3030	DCH2	REDmini2	ND-21B	DI1001	DI4L
生产厂商	我国南方测绘	我国常州大地	我国南京测绘	日本 SOKKIA	日本 Nikon	瑞士 Leica	瑞士 Wild
测程(km)	3.0	3.2	2.0	1.5	1.5	1.3	3.0
测距精度	$\pm(5mm+5ppmD)\sim\pm(5mm+3ppmD)$							

1. 短程光电测距仪的类型

短程光电测距仪的体型较小、重量轻，可安装在经纬仪望远镜（镜载型）或支架上（架载型），直接安装在基座上仅用于测距的为专用型。与经纬仪组合可以同时测定角度与距离；也是为了借助经纬仪的高倍率望远镜来寻找和瞄准远处的目标，并根据经纬仪的竖盘读数来计算视线的竖直角，以便将倾斜距离化为水平距离，或进行三角高程测量。与光学经纬仪组合称为半站型测距仪；与电子经纬仪组合（或二者结合为一体）称为全站型测距仪，亦称为全站型电子速测仪，简称全站仪（见第 6 章）。

2. 光电测距主要设备

1）测距仪主机

图 4.12 为我国南方测绘仪器公司生产的 ND 系列短程光电测距仪。它由测距头、装载支架和制微动机构组成，测距头有物镜、目镜、操作键盘、显示窗、RS 接口等，为架载式测距仪。使用时安装在经纬仪的支架上，用座架固定螺丝与经纬仪形成整体，随经纬仪水平旋转，测距仪和经纬仪望远镜绕各自的横轴纵向转动。物镜内为载波发射和接收装置，发射光轴与返回信号接收光轴一般为同轴设计，而非同轴设计，发射、接收光轴应平行。载波光轴与望远镜视准轴在同一竖直面内，并保持一定的高差。目镜用于瞄准目标，瞄准视线通过物镜与载波光轴同轴。操作键盘用于输入数据和控制仪器工作，显示屏为数

据输出窗口,RS 接口用电缆与电子经纬仪进行数据通信或连接记录设备。整个仪器由蓄电池供电。对于镜载测距仪固定在望远镜上由横轴支承,两者一起绕经纬仪横轴纵向转动,且光轴平行。

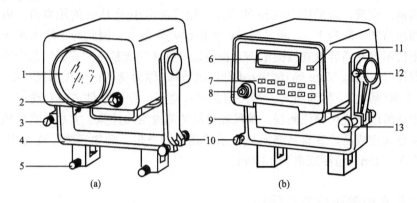

图 4.12 ND 系列光电测距仪的外貌

1—物镜;2—RS 接口;3—水平微动弹簧帽;4—支架;5—座架固定螺丝;
6—显示屏;7—键盘;8—目镜;9—电池;10—视准轴水平调节手轮;
11—电源开关;12—竖直制动螺旋;13—竖直微动螺旋

2) 反射器

光电测距仪用的是直角反射棱镜,它为严格正立方体光学玻璃一角的三角锥体[图 4.13(a)],三条直角边相等,并且切割面垂直于立方体对角线,切割面为光的入射和反射面。锥体经加工后装在镜盒内。直角反射棱镜有三个特点:①入射和反射光线方向相反且平行;②可根据测程长短增减棱镜个数,图 4.13(b)为单棱镜组,用于短距离测量,图 4.13(c)为三棱镜组,用于较长距离测量;③具有本身的规格参数,应与测距仪配合使用,不得任意更换。棱镜组与觇牌同时装在基座(有光学对中器)的对中杆上,棱镜组中心至觇牌标志中心的距离应等于测距仪与经纬仪横轴间的高差。

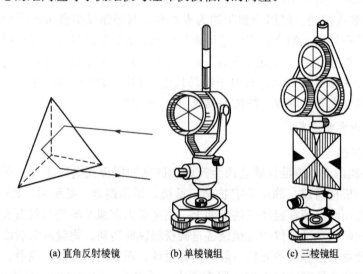

(a) 直角反射棱镜　　(b) 单棱镜组　　(c) 三棱镜组

图 4.13 棱镜与棱镜组

3) 电源

电源为小型专用充电电池组，一般为直接卡连在仪器上的内接电池，如果作业时间长，可配备多块或容量较大的外接电池组。电池组由几节镍铬或锂电池并联组成，可由专门充电器补充电能，反复使用。但是，充电时应按照说明书介绍的方法操作，防止过充或损坏电池。

4) 气象设备

主要是空盒气压计和通风干湿温度计，用于测距时现场的气压和温度的测定，以便进行气象改正。精密测距必须配备气象设备，并且精密度要满足要求。

除上述设备外，还需配备输出和连接电缆、充电器等，便于与经纬仪和记录装置联机和给电池组充电。

3. 短程光电测距仪的技术指标

1) 测距精度

测距精度是指测距仪的标称精度，是一项重要的技术指标，通常用下列公式表示

$$m = \pm(a + bD) \tag{4-32}$$

式中：a 为与距离无关的固定误差；b 为与距离有关的比例误差；D 为所测的距离值，以 km 计。a、b 越小测距精度越高。通过检定，每台仪器有自身的测距精度表达式。例如 D3000 测距仪为 $m = \pm(5mm + 5ppmD)$，$a = 5mm$，$b = 5ppm$，ppm 是百万率，5ppm 表示测距比例误差为 5mm/1km。

2) 测程

在标准气象条件下，保证仪器测距精度所能测出的最大距离称为测程。测程与气象状况和棱镜数有关，一般仪器标出单棱镜或三棱镜的测程，是测距仪的主要技术指标之一。

3) 测尺频率

短程光电测距仪设有 2~3 个测尺频率，其中一个是精测频率，其他为粗测频率。说明书中需标明该频率值，以方便用户使用。

4) 测距时间

测距时间是指测一次距离值所需用时，一般以 s 计。有正常测距和跟踪测距时间，该值越小测距速度越快。

除上述以外，还有功耗、工作适应温度、测距分辨率、光束发散角、光波长、测尺长、体积与重量等技术指标。

4. 光电测距仪的使用

1) 仪器安置

将经纬仪安置于测站上，对中、整平。将电池组插入主机的电池槽(应有喀嚓声响)或连接上外接电池组，把主机通过连接座与经纬仪连接，并锁紧固定。在目标点安置反光棱镜三脚架并对中、整平，镜面朝向测站。按一下测距仪上的电源开关键(POWER)开机，仪器自检，显示屏在数秒内依次显示全屏符号、加常数、乘常数、电量、回光信号等，自检合格发出蜂鸣或显示相应符号信息，表示仪器正常，可以进行测量。

2) 参数设置

如棱镜常数、加常数、乘常数等若经检测发生变化，需用键盘输入到机内，便于仪器

自动改正其影响。如气压、气温测定后输入机内,可自动进行气象改正。

3) 瞄准

用经纬仪望远镜十字丝瞄准反光镜觇板中心,此时测距仪的十字丝基本瞄准棱镜中心,调节测距仪水平与竖直微动螺旋,使十字丝交点对准棱镜中心。若仪器有回光信号警示装置,蜂鸣器发出响亮蜂鸣,若为光强信号设置,则回光信号强度符号显示出来。蜂鸣越响或强度符号显示格数越多,说明瞄准越准确。若无信号显示,则应重新瞄准。这种以光强信号来表示瞄准准确度,称为电瞄准。

4) 距离测量

按测距键(MEAS 或 DIST),在数秒内,显示屏显示所测定的距离(斜距)。同时,经纬仪竖盘指标水准管气泡居中,读取竖盘读数 L 或 R;记录员从气压计和温度计上读取即时气压 p、气温 t,并将斜距、竖盘读数、气压和温度记入手簿(表 4-6);再次按测距键,进行第二次测距和第二次读数。一般进行 4 次,称为一个测回。各次距离读数最大、最小相差不超过 5mm 时取其平均值,作为一测回的观测值。如果需进行第二测回,则重复 1)~4) 步操作。在各次测距过程中,若显示窗中光强信号消失或显示"SIGNAL OUT",并发出急促鸣声,表示红外光被遮,应查明原因予以消除,重新观测。

表 4-6 光电测距记录计算手簿

工程名称:A 测区导线测量		仪器型号:ND3000		仪器编号:9700243		天 气:晴、微风			
观 测:金 习		记 录:任 珍		计 算:付 泽		日 期:2003.10.18			

测站 仪器高(m)	镜站 镜高(m)	斜距(m) 观测值	斜距(m) 平均值	竖盘读数 (° ′ ″)	竖直角 (° ′ ″)	温度(℃) 气压(mmHg)	气象改正数(mm)	改正后斜距(m)	水平距离(m)	备注
$\dfrac{A}{1.426}$	$\dfrac{B}{1.625}$	475.073 071 074 074	475.073	88 17 24	+1 42 36	$\dfrac{26}{740}$	+8	475.081	474.869	
$\dfrac{B}{1.425}$	$\dfrac{C}{1.328}$	1231.783 784 782 783	1231.783	92 19 48	−2 19 48	$\dfrac{26}{740}$	+22	1231.805	1230.787	
$\dfrac{C}{1.420}$	$\dfrac{D}{1.664}$	567.265 266 268 267	567.266	85 18 36	+4 41 24	$\dfrac{26}{740}$	+10	567.276	565.376	

必须指出,距离测量与测距仪本身的功能有关,而且各种仪器操作键名称、符号也有同异,测距时应依其功能选择测距模式(如单次测量、平均测量、跟踪测量等);如果具有倾斜改正功能,可先测竖直角并将其输入,由仪器自动完成倾斜改正,同时测定斜距、平距、初算高差(用 S/H/V 转换键);若输入测站高和棱镜高、竖直角,仪器完成高程计算;

甚至输入测线方位角测算坐标增量等，要详细阅读《用户手册》，切勿盲目操作，以免出错或损坏仪器。

5）关机收测

本测站观测结束确认无误后，按电源开关关闭电源，撤掉连接电缆，收机装箱迁站。

5. 光电测距成果处理

测距仪在自然环境条件下测定地面上两点之间的距离为斜距，为了保证测量成果的准确性和成果精度，必须对所测斜距进行相应的计算改正，以获得符合精度要求的结果。高精度测距尤其如此。由前所述，计算改正包括仪器常数改正、气象改正、倾斜改正。

1）仪器常数改正

仪器常数有加常数和乘常数两项。对于加常数主要有仪器本身的加常数和棱镜常数，由于发光管的发射面、接收面与仪器中心不一致，以及内光路产生相位延迟及电子元件的相位延迟，使得测距仪测出的距离值与实际距离值不一致，由此产生的差值称为测距仪加常数。反光镜的等效反射面与反光镜中心不一致的差值，称为棱镜常数。此常数一般在仪器出厂时预置在仪器中，但是由于仪器在搬运过程中的震动、电子元件老化，常数还会变化。因此，应定期对仪器进行检定，求出新的仪器常数，对所测距离加以改正。

仪器的测尺长度与仪器振荡频率有关，仪器使用日久，元器件老化，致使测距时的振荡频率与设计时的频率有偏移，因此产生与测试距离成正比的系统误差，其比例因子称为乘常数。此项误差也应通过检测求定，在所测距离中加以改正。

现代测距仪都具有设置仪器常数的功能，测距前预先设置常数，在仪器测距过程中自动改正。若测距前未设置常数，可按下式计算

$$\Delta D = K + RD \tag{4-33}$$

式中：K 为仪器加常数；R 为仪器乘常数。

2）气象改正

仪器的测尺长度是在一定的气象条件下推算出来的。但是仪器在野外测量时气象参数与仪器标准气象元素不一致，因此使测距值产生系统误差。所以在测距时，应同时测定环境温度（读至1℃）、气压（读至1mmHg＝133.3Pa），利用厂商提供的气象改正公式计算改正数。如某测距仪的气象实用公式为

$$\Delta D = \left(278.94 - \frac{0.387p}{1+0.00366t}\right)D \tag{4-34}$$

式中：p 为现场气压值，mmHg；t 为现场温度，℃；D 为实测的斜距，km；ΔD 为距离气象改正数，mm。如表 4-6 按上式计算的气象改正数为 $\Delta D_{AB} = +12\text{mm}$，$\Delta D_{CD} = +32\text{mm}$。

目前测距仪都具有设置气象参数的功能，在测距前设置气象参数，在测距过程中仪器自动进行气象改正。

3）倾斜改正

经过前几项改正后的距离是测距仪几何中心到反光镜几何中心的斜距，要改算为水平距离还应进行倾斜改正。测距时测出竖直角 α 或天顶距 Z，或者观测两点间的高差 h，按式(4-5)或式(4-6)计算水平距离，按式(4-10)计算倾斜改正数。

4.3.5 光电测距的误差分析及其注意事项

光电测距误差来源于仪器本身、观测条件和外界环境影响3个方面。仪器误差主要是光速测定误差、频率误差、测相误差、周期误差、仪器常数误差、照准误差;观测误差主要是仪器和棱镜对中误差;外界环境因素影响主要是大气温度、气压和湿度的变化引起的大气折射率误差。其中光速测定误差、大气折射率误差、频率误差与测量的距离成比例,为比例误差;而对中误差、仪器常数误差、照准误差、测相误差与测量的距离无关,属于固定误差;周期误差既有固定误差的成分也有比例误差的成分。

根据式(4-31)可知,相位式测距仪的测距基本方程式在顾及加常数、周期误差改正时为

$$D=\frac{c_0}{2nf}(N+\Delta N)+K+A \tag{4-35}$$

式中:c_0 为光在真空中的速度;n 为大气折射率;K 为测距仪器的加常数;A 为测距仪的周期误差改正。

根据误差传播定律,并顾及测距仪和反射器的对中误差 m_g、m_R,可求得相位式测距仪的测距误差表达式为

$$m_D^2=\left[\left(\frac{1}{c_0}m_{c_0}\right)^2+\left(\frac{1}{n}m_n\right)^2+\left(\frac{1}{f}m_f\right)^2\right]D^2+\left(\frac{\lambda}{2}m_\varphi\right)^2+m_K^2+m_A^2+m_g^2+m_R^2 \tag{4-36}$$

从式(4-36)中可以看出光电测距误差分为两大类。

1. 比例误差

比例误差是随着待测距离的长短而变化,即与距离长短成正比。以 m_b^2 表示比例误差,则

$$m_b^2=\left(\frac{1}{c_0}m_{c_0}\right)^2+\left(\frac{1}{n}m_n\right)^2+\left(\frac{1}{f}m_f\right)^2 \tag{4-37}$$

2. 非比例误差(或称为固定误差)

非比例误差不随距离长短而变化。用 m_a^2 表示非比例误差,则

$$m_a^2=\left(\frac{\lambda}{2}m_\varphi\right)^2+m_K^2+m_A^2+m_g^2+m_R^2 \tag{4-38}$$

式(4-36)可以简写为

$$m_D^2=m_a^2+m_b^2D^2 \tag{4-39}$$

但目前测距仪测距误差表达式并不采用该式,而是采用经验公式(4-32)。

下面对式(4-36)中各项误差的来源及减弱方法进行分析。

1) 真空光速测定误差 m_{c_0}

根据国际大地测量及地球物理联合会公布的真空光速值为 $c_0=299792458(\pm1.2)$m/s。其中测定误差 $m_{c_0}=\pm1.2$m/s,由此算得相对误差为

$$\frac{m_{c_0}}{c_0}=\frac{1.2}{299792458}=4.03\times10^{-9}=0.004\text{ppm}$$

也就是说,真空光速测定误差对测距的影响是1km产生0.004mm的比例误差,可以忽略不计。

2) 大气折射率误差 m_n

测距时的大气折射率 n，是根据光源的载波波长 λ 和实地测得的气象元素大气温度 t、大气压力 p 等才能算得的。这些测得元素的不精确性，将引起大气折射率误差。由于测距光波往返于测线时，光线上每点处的大气折射率是不相同的。因此，大气折射率应该是整个测线上的积分折射率。但在实际作业中，不可能测定各点处的气象元素来求得积分折射率。只能在测线两端测定气象元素，并取其平均值来代替其积分折射率。由此引起的折射率误差称为气象代表性误差。实验表明：正确使用气象仪器、选择最佳时间进行观测、提高测线高度、利用阴天有微风天气观测等措施，都可以减小气象代表性误差。

3) 测相误差 m_φ

测距仪的测相误差是测距中较为复杂的误差，包括幅相误差、测相原理性误差、测线环境干扰误差等。随着测距仪自动化程度的提高，幅相误差较小，为了尽可能削弱幅相误差的影响，测距仪应避免在规定测程以外的场合以及环境变化剧烈的情况测距。测相原理性误差由测距仪内部测相信号传输误差及测相装置误差所引起，其来源主要取决于装置本身质量。测线环境干扰误差包括大气湍流、大气衰减、光噪声等。一般来说，选择以阴天或晴天有风天气观测，并避免测距仪受到强烈热辐射等可以减少环境干扰误差。

4) 仪器加常数误差 m_K

光电测距仪的加常数误差 m_K，包括仪器加常数的测定误差，测距仪及反射器的对中误差 m_g、m_R。一般情况下，对中误差 m_g、m_R 各 1mm，那么 $m_K=\pm 3$mm。

通过以上误差分析可知，光电测距误差来源于仪器和自然环境因素的主导地位，因此，要获得高精度的观测结果，务必注意以下 3 点：一是选择质量高的仪器，这是基本条件；二是定期检定仪器，获得相应的技术参数，以便人为改正；三是选择有利的外界环境观测，降低外界因素影响。测距仪使用要注意以下几项。

（1）视场内只能有反光棱镜，应避免测线两侧及镜站后方有其他光源和反光物体，并应尽量避免逆光观测；设置测站时要避免强电磁场的干扰，如在变压器、高压线附近不宜设站。

（2）经常保持仪器清洁和干燥，运输和携带中要注意防振。

（3）仪器不要暴晒和雨淋，在强烈阳光下要撑伞遮太阳保护仪器。在通电作业时，严防阳光及其他强光直射接收物镜，更不能将接收物镜对准太阳，以免损坏接收镜内的光敏二极管。

（4）注意电源接线，不可接错，经检查无误后方可开机测量。测距完毕注意关机，不要带电迁站。

（5）气象条件对光电测距有较大的影响。不宜在阳光强烈、视线靠近地面或者高温（35℃以上）的环境条件下观测。

思 考 题

1. 名词解释：直线定线、精尺与粗尺、棱镜常数、测程。
2. 何谓钢尺的名义长和实际长？钢尺检定的目的是什么？
3. 量距时为什么要进行直线定线？如何进行直线定线？

4. 视距测量有何特点？它适用于什么情况下测距？

5. 影响量距精度的因素有哪些？如何提高量距的精度？

6. 视距测量影响精度的因素有哪些？测量时应注意哪些事项？

7. 光电测距影响精度的因素有哪些？测量时应注意哪些事项？

8. 光电测距有何优点？相位式光电测距的基本原理是什么？

9. 当钢尺的实际长小于钢尺的名义长时，使用这把尺量距会把距离量长了，尺长改正应为负号；反之，尺长改正为正号。为什么？

10. 为何往返丈量的精度很高，但不能消除尺长误差？

习　　题

1. 用钢尺往返丈量了一段距离，其平均值为 184.260m，要求量距的相对误差达到 1/5000，问往返丈量距离的较差不能超过多少？

2. 已知测距精度表达式 $m_D=\pm(5mm+5ppm\cdot D)$，问：$D=1.5km$ 时，m_D 是多少？

3. 斜视距测量平距计算公式可以是 $D_{AB}=100(l_下-l_上)\times\sin^2 L$ 吗？

4. 表 4-7 是直线 AB 的野外丈量记录，试计算改正后 AB 往测总长、返测总长、平均长度，较差和往、返丈量的相对误差。

表 4-7　习题 4

测线	尺段	尺段长度(m)	温度(℃)	高差(m)	备注
AB（往测）	A1	29.391	10	+0.860	№2002028：$l_t=30+0.05+1.2\times10^{-5}\times(t-20)\times30$
	12	23.390	11	+1.280	
	23	27.682	11	-0.140	
	34	28.538	12	-1.030	
	4B	17.899	13	-0.940	
BA（返测）	B1	25.300	13	+0.860	
	12	23.922	13	+1.140	
	23	25.070	11	+0.270	
	34	28.581	10	-1.100	
	4A	24.050	10	-1.180	

5. 表 4-8 为视距测量的观测数据，试按表 4-3 完成其全部计算。

表 4-8　习题 5

测站点：A		测站高：36.428m		$i=1.50m$	$x=0''$
点号	下丝读数(m)	上丝读数(m)	中丝读数 v(m)	竖盘读数	备注
1	1.698	1.303	1.50	84°36′	盘左视线水平时，竖盘读数为90°，望远镜上仰时读数减小
2	1.788	1.213	1.50	85°18′	
3	2.807	2.193	2.50	93°15′	

6. 用某测距仪在温度为 12℃、大气压为 780mmHg 的现场,于 A 点安置仪器,量得仪器高为 1.452m,在 B 点安置棱镜,量得镜高为 1.674m。在经纬仪仰起望远镜瞄准棱镜时,竖盘读数为 $97°48'28''.4$,测距仪显示距离为 1268.458m。试计算 A、B 间的水平距离和高差(该仪器常数为 0,气象改正数按 $\Delta D = [278.94 - 0.389p/(1 + 0.00366t)]D$ 计算)。

第 5 章

测量误差的基本知识

教学要点

知识要点	掌握程度	相关知识
测量误差	(1) 准确理解测量误差及中误差的概念 (2) 掌握衡量精度的评定标准	(1) 偶然误差的 4 个特性 (2) 中误差的基本公式
精度评定	(1) 重点掌握误差传播定律 (2) 熟练观测值中误差的计算 (3) 了解权及加权平均值	(1) 相关公式推导和应用条件 (2) 应用算术平均值及其中误差 (3) 权与中误差的关系

技能要点

技能要点	掌握程度	应用方向
测量误差	(1) 能分析测量误差的类型和来源 (2) 掌握衡量精度的评定标准	(1) 如何减少测量误差 (2) 判断测量成果是否合格
精度评定	能熟练计算函数的中误差	对水准测量、角度测量和距离测量的精度标准进行分析

基本概念

粗差、系统误差、偶然误差、中误差、相对中误差、容许误差、算术平均值、权。

引例

艾蒙斯是一个最优秀的世界级射击运动员，在2004年和2008年的两届奥运会上，连续在最后一枪开始前保持4环以上的优势，然而，都是在最后一枪打错了靶，真是奇迹性的失误。尽管他有无人可敌的技术实力，但因为打错了靶，使得他两次与奥运冠军失之交臂。

谁也不能保证不会犯与艾蒙斯同样的错误。测量工作中，找错观测目标是常有的事，因此，步步检核工作是不能少的。步步检核已经成为测量工作的一项基本原则。

5.1 测量误差与精度

5.1.1 测量误差的概念

要准确认识事物，必须对事物进行定量分析；要进行定量分析必须要先对认识对象进行观测并取得数据。在取得观测数据的过程中，由于受到多种因素的影响，在对同一对象进行多次观测时，每次的观测结果总是不完全一致或与预期目标(真值)不一致。之所以产生这种现象，是因为在观测结果中始终存在测量误差的缘故。这种观测量之间的差值或观测值与真值之间的差值，称为测量误差(也称观测误差)。

用 l 代表观测值，X 代表真值，则有

$$\Delta = l - X \tag{5-1}$$

式中：Δ 就是测量误差，通常称为真误差，简称误差。

一般说来，观测值中都含有误差。例如，同一人用同一台经纬仪对某一固定角度重复观测多次，各测回的观测值往往互不相等；同一组人，用同样的测距工具，对同一段距离重复测量多次，各次的测距值也往往互不相等。又如，平面三角形内角和为180°，即为观测对象的真值，但三个内角的观测值之和往往不等于180°；闭合水准测量线路各测段高差之和的真值应为0，但经过大量水准测量的实践证明，各测段高差的观测值之和一般也不等于0。这些现象在测量实践中普遍存在，究其原因，是由于观测值中不可避免地含有观测误差的缘故。

5.1.2 测量误差的来源

为什么测量误差不可避免？是因为测量活动离不开人、测量仪器和测量时所处的外界环境。不同的人，操作习惯不同，会对测量结果产生影响。另外，每个人的感觉器官不可能十分完善和准确，都会产生一些分辨误差，如人眼对长度的最小分辨率是0.1mm，对角度的最小分辨率是60″。测量仪器的构造也不可能十分完善，观测时测量仪器各轴系之

间还存在不严格平行或垂直的问题,从而导致测量仪器误差。测量时所处的外界环境(如风、温度、土质等)在不断变化之中,风影响测量仪器和观测目标的稳定,温度变化影响大气介质的变化,从而影响测量视线在大气中的传播线路等。这些影响因素,就是测量误差的3大来源。通常把观测者、仪器设备、环境等3方面综合起来,称为观测条件。观测条件相同的各次观测,称为等精度观测,获得的观测值称为等精度观测值;观测条件不相同的各次观测,称为非等精度观测,相应的观测值称为非等精度观测值。

5.1.3 研究测量误差的目的和意义

一般说来,人们在测量中希望每次观测所出现的测量误差越小越好,甚至趋近于零。但要做到这一点,就要用极其精密的测量仪器,采用十分严密的观测方法,付出高昂的代价。然而,在生产实践中,根据不同的测量目的和要求,是允许在测量结果中含有一定程度的测量误差的。因此,实际测量工作并不是简单地使测量误差越小越好,而是根据实际需要,将测量误差限制在适当的范围之内。

研究测量误差是为了认识测量误差的基本特性及其对观测结果的影响规律,建立处理测量误差的数学模型,确定未知量的最可靠值及其精度,判定观测结果是否可靠或合格。认识测量误差的基本特性和影响规律,能帮助测量员在观测过程中制定观测方案、采取措施尽力减少测量误差对测量结果的影响。

5.1.4 测量误差的分类及处理方法

根据测量误差的性质,测量误差可分为粗差、系统误差和偶然误差3大类,即

$$\Delta = \Delta_1 + \Delta_2 + \Delta_3 \tag{5-2}$$

式中:Δ_1 为粗差;Δ_2 为系统误差;Δ_3 为偶然误差。

1. 粗差

粗差是一种大级量的观测误差,如超限的观测值中往往含有粗差。粗差也包括测量过程中各种失误引起的误差。粗差产生的原因较多,有由于测量员疏忽大意、失职而引起,如读数错误、记录错误、照准目标错误等;有由于测量仪器自身或受外界干扰发生故障而引起;还有是容许误差取值过小造成的。粗差对测量结果的影响巨大,必须引起足够的重视,在观测过程中要尽力避免。

发现粗差的有效办法是:严格遵守国家测量规范或规程,进行必要的重复观测,通过多余观测条件,采用必要而严密的检核、验算等措施。不同的人、不同的仪器、不同的测量方法和不同的观测时间是发现粗差的最好方式。一旦发现粗差,该观测值必须舍弃并重测。测量员要养成良好的测量习惯,如记录员站在水准仪的左侧,不仅要记录数据,还要回报数据、时刻提醒观测员整平水准器。

尽管测量员已十分认真、谨慎,粗差有时仍然会发生。因此,如何在观测数据中发现并剔除粗差,或在数据处理过程中削弱粗差对测量结果的影响,是测绘领域十分关注的问题。

2. 系统误差

在相同的观测条件下，对某量进行一系列观测，其误差符号或大小均相同或按一定规律变化，这种误差称为系统误差。如钢尺尺长误差、仪器残余误差对测量结果的影响。系统误差具有积累性，对测量结果的影响很大，因此，必须引起足够的重视，处理系统误差的办法有以下几项。

(1) 用计算的方法加以改正。如钢尺的温度改正、倾斜改正等。

(2) 用合适的观测方法加以削弱。如在水准测量中，测站上采用"后—前—前—后"的观测程序可以削弱仪器下沉对测量结果的影响；在水平角测量时，采用盘左、盘右观测值取平均值的方法可以削弱视准轴误差的影响。

(3) 将系统误差限制在一定的允许范围之内。有些系统误差既不便于计算改正，又不能采用一定的观测方法加以消除，如视准轴误差对水平角的影响、水准尺倾斜对读数的影响。对于这类误差，则必须严格遵守操作规程，对仪器进行精确检校，使其影响减少到允许范围之内。

3. 偶然误差

在相同的观测条件下，对某量进行一系列观测，其误差符号或大小都不一致，表面上看不出任何规律性，这种误差称为偶然误差。偶然误差也有很大的累积性，而且在观测过程中无法避免或削弱。

粗差可以被发现并被剔除，系统误差可以被预知或采取一定措施进行削弱，而偶然误差是不可避免的，因此，讨论测量误差的主要内容和任务就是研究在带有偶然误差的一系列观测值中，如何确定未知量的最可靠值及其精度。

从单个偶然误差来看，其出现的符号和大小没有一定的规律，但对大量偶然误差进行统计分析，就发现了规律，并且误差个数越多，规律越明显。

例如，某一测区在相同观测条件下，对测区内所有三角形的内角进行了观测，由于观测结果中存在偶然误差，因而，三角形各内角的观测值之和 l 不一定等于其真值180°。

由式(5-1)计算每个三角形内角观测值之和的真误差，将真误差取区间 $d\Delta=3''$，并按绝对值大小进行排列，分别统计在各区间的正负误差的个数，其数据列于表 5-1 中。以表 5-1 中误差范围为横轴，以误差个数为纵轴绘制成直方图如图 5.1 所示。

表 5-1 偶然误差统计表

误差所在区间	负误差个数	正误差个数	误差总数
$0''\sim3''$	23	25	48
$3''\sim6''$	13	14	27
$6''\sim9''$	8	9	17
$9''\sim12''$	3	2	5
$12''\sim15''$	1	1	2
$15''\sim18''$	1	0	1
$18''$以上	0	0	0
总计	49	51	100

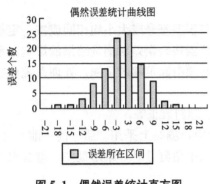

图 5.1 偶然误差统计直方图

由表 5-1 和图 5.1 可以看出：小误差出现的个数比大误差出现的个数多；绝对值相等的正、负误差个数几乎相同；最大误差不超过 18″。

通过大量实验统计，结果表明，当观测次数较多时，偶然误差具有如下统计特性。

（1）在一定的观测条件下，偶然误差的绝对值不会超过一定的限值，即有界性。

（2）绝对值小的误差比绝对值大的误差出现的可能性大，即偶然性或随机性。

（3）绝对值相等的正、负误差出现的可能性相等，即对称性。

（4）同一量的等精度观测，其偶然误差的算术平均值随着观测次数的无限增加而趋近于零，即

$$\lim_{n\to\infty}\frac{[\Delta]}{n}=0 \qquad (5-3)$$

式中：$[\Delta]=\Delta_1+\Delta_2+\cdots+\Delta_n$；$n$ 为观测次数。

在测量学中以"$[\cdot]$"表示取括号中变量的代数和，即 $[\Delta]=\Sigma\Delta$。

偶然误差的第（4）个特性由第（3）个特性导出，说明偶然性误差具有抵偿性。

为了简单而形象地表示偶然误差的上述特性，以偶然误差的大小为横坐标，以其相应出现的个数为纵坐标，画出偶然误差大小与其出现个数的关系曲线，如图 5.2 所示。这种曲线又称为误差分布曲线。误差分布曲线的峰越高坡越陡，表明绝对值小的误差出现较多，即误差分布比较密集，反映观测成果质量好；曲线的峰越低坡越缓，表明绝对值大的误差出现较多，即误差分布比较离散，反映观测成果质量较差。

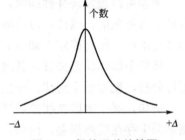

图 5.2 偶然误差特性图

偶然误差特性图中的曲线符合统计学中的正态分布曲线，标准误差的大小反映了观测精度的低高，即标准误差越大，精度越低；反之，标准误差越小，精度越高。

5.1.5 精度的概念及评定精度的标准

精度是指对某个量进行多次同精度观测中，其偶然误差分布的离散程度。观测条件相同的各次观测称为等精度观测，但每次的观测结果之间又总是不完全一致。

在测量工作中，观测对象的真值只有一个，而观测值有无数个，其真误差也有相同的个数，有正有负，有大有小。以真误差的平均值作为衡量精度的标准非常不实用，因为真误差的平均值都趋近于零。以真误差绝对值的大小来衡量精度也不能反映这一组观测值的整体优劣。因而，测量中引用了数理统计中均方差的概念，并以此作为衡量精度的标准。具体到测量工作中，以中误差、相对中误差和容许误差作为衡量精度的标准。中误差越大，精度越低；反之，中误差越小，精度越高。

1. 中误差

设在相同的观测条件下，对某量进行了 n 次观测，其观测值为 $l_1, l_2, \cdots, l_n$，相应的真误差为 $\Delta_1, \Delta_2, \cdots, \Delta_n$，则中误差为

$$m = \pm\sqrt{\frac{[\Delta\Delta]}{n}} \tag{5-4}$$

式中：$[\Delta\Delta] = \Delta_1^2 + \Delta_2^2 + \cdots + \Delta_n^2$。

【例 5.1】 设有甲、乙两个小组，对某三角形的内角和观测了 10 次，分别求得其真误差为

甲组　$+4''$, $+3''$, $+5''$, $-2''$, $-4''$, $-1''$, $+2''$, $+3''$, $-6''$, $-2''$
乙组　$+3''$, $+5''$, $-5''$, $-2''$, $-7''$, $-1''$, $+8''$, $+3''$, $-6''$, $-1''$

试求这两组观测值的中误差。

【解】

$$m_{甲} = \pm\sqrt{\frac{4^2+3^2+5^2+2^2+4^2+1^2+2^2+3^2+6^2+2^2}{10}} = \pm 3.5''$$

$$m_{乙} = \pm\sqrt{\frac{3^2+5^2+5^2+2^2+7^2+1^2+8^2+3^2+6^2+1^2}{10}} = \pm 4.7''$$

比较 $m_{甲}$ 和 $m_{乙}$ 可知，甲组的观测精度比乙组高。

2. 相对中误差

在某些情况下，单用中误差还不能准确地反映出观测精度的优劣。如丈量了长度为 100m 和 200m 的两段距离，其中误差均为 ± 0.01m，显然不能认为这两段距离的精度相同。这时为了更客观地反映实际情况，还必须引入相对中误差的概念，以相对中误差 K 来作为衡量精度的标准。

相对中误差是中误差的绝对值与相应观测值之比，并用分子为 1 的分数来表示，即

$$K = \frac{|m|}{D} = \frac{1}{D/|m|} \tag{5-5}$$

在例 5.1 中，$K_1 = 0.01/100 = 1/10000$，$K_2 = 0.01/200 = 1/20000$。显然，后者的精度比前者精度高；当 K 中分母越大，表示相对中误差精度越高，反之越低。

值得注意的是，观测时间、角度和高差时，不能用相对中误差来衡量观测值的精度，这是因为观测误差与观测值的大小无关。

3. 容许误差

由偶然误差的第一个特性可知，在一定的观测条件下，偶然误差的绝对值不会超过一定的限度。根据误差理论和大量的实践证明，在一系列等精度的观测中，绝对值大于 2 倍中误差的偶然误差出现的可能性约为 5%；绝对值大于 3 倍中误差的偶然误差出现的可能性约为 0.3%。因此，在观测次数不多的情况下，可以认为大于 3 倍中误差的偶然误差是不可能出现的。故通常以 3 倍中误差作为偶然误差的极限误差，即

$$\Delta_{极} = 3m \tag{5-6}$$

在实际工作中，测量规范要求观测值中，不容许存在较大的误差，常以 2 倍中误差作为偶然误差的容许误差，即

$$\Delta_{容}=2m \tag{5-7}$$

在观测数据检查和处理工作中,常用容许误差作为精度的衡量标准。当观测值误差大于容许误差时,即可认为观测值中包含有粗差,应给予舍去不用或重测。

5.2 误差传播定律

5.2.1 误差传播的概念与误差传播定律

当对某一未知量进行了多次观测后,就可以根据观测值计算出观测值的中误差,作为衡量观测结果的精度标准。但是在实际工作中,有些未知量往往不是直接观测得到的,而是通过观测其他未知量间接求得的。例如,水准测量中,在测站上测得后视、前视读数分别为 a、b,则高差 $h=a-b$。这里高差 h 是直接观测值 a、b 的函数。显然,当 a、b 存在误差时,h 也受其影响而产生误差。这种关系称为误差传播,阐述这种直接观测值与函数误差关系的定律称为误差传播定律。

5.2.2 一般函数的中误差

设有一般函数
$$Z=F(X_1, X_2, \cdots, X_n) \tag{5-8}$$

式中:X_1,X_2,$\cdots$,X_n 为可直接观测的未知量;Z 为函数,是间接观测量。

设 $X_i(i=1,2,\cdots,n)$ 的独立观测值为 x_i,其相应的真误差为 Δx_i。由于 Δx_i 的存在,使函数 Z 也产生相应的真误差 Δz。将式(5-8)取全微分得

$$\mathrm{d}Z=\frac{\partial F}{\partial x_1}\mathrm{d}x_1+\frac{\partial F}{\partial x_2}\mathrm{d}x_2+\cdots+\frac{\partial F}{\partial x_n}\mathrm{d}x_n \tag{5-9}$$

因误差 Δx_i 及 ΔZ 都很小,故在上式中可以用 Δx_i 及 ΔZ 代替 $\mathrm{d}x_i$ 及 $\mathrm{d}Z$,于是有

$$\Delta Z=\frac{\partial F}{\partial x_1}\Delta x_1+\frac{\partial F}{\partial x_2}\Delta x_2+\cdots+\frac{\partial F}{\partial x_n}\Delta x_n \tag{5-10}$$

式中 $\frac{\partial F}{\partial x_i}$ 为函数 F 对各自变量的偏导数,令

$$\frac{\partial F}{\partial x_i}=f_i$$

则式(5-10)可写成

$$\Delta Z=f_1\Delta x_1+f_2\Delta x_2+\cdots+f_n\Delta x_n \tag{5-11}$$

为了求得函数和观测值之间的中误差关系式,设想对各式进行了 k 次观测,则可写出如下关系式

$$\left.\begin{array}{c}\Delta Z^{(1)}=f_1\Delta x_1^{(1)}+f_2\Delta x_2^{(1)}+\cdots+f_n\Delta x_n^{(1)}\\ \Delta Z^{(2)}=f_1\Delta x_1^{(2)}+f_2\Delta x_2^{(2)}+\cdots+f_n\Delta x_n^{(2)}\\ \cdots\\ \Delta Z^{(k)}=f_1\Delta x_1^{(k)}+f_2\Delta x_2^{(k)}+\cdots+f_n\Delta x_n^{(k)}\end{array}\right\}$$

将以上各等式取平方和得

$$[\Delta Z^2]=f_1^2[\Delta x_1^2]+f_2^2[\Delta x_2^2]+\cdots+f_n^2[\Delta x_n^2]+\sum_{i,j=1,i\neq j}^n f_i f_j[\Delta x_i\Delta x_j]$$

上式两端各除以 k 得

$$\frac{[\Delta Z^2]}{k}=f_1^2\frac{[\Delta x_1^2]}{k}+f_2^2\frac{[\Delta x_2^2]}{k}+\cdots+f_n^2\frac{[\Delta x_n^2]}{k}+\sum_{i,j=1,i\neq j}^n f_i f_j\frac{[\Delta x_i\Delta x_j]}{k}$$

由于对各 x_i 的观测值为相互独立的观测量,则 $\Delta x_i\Delta x_j(i\neq j)$ 也具有偶然误差的特性。根据偶然误差的第(4)个特性,上式的末项趋近于零,即

$$\lim_{k\to\infty}\frac{[\Delta x_i\Delta x_j]}{k}=0$$

根据中误差的定义,则有

$$m_z^2=f_1^2 m_1^2+f_2^2 m_2^2+\cdots+f_n^2 m_n^2 \tag{5-12}$$

即

$$m_z=\pm\sqrt{\left(\frac{\partial F}{\partial x_1}\right)^2 m_1^2+\left(\frac{\partial F}{\partial x_2}\right)^2 m_2^2+\cdots+\left(\frac{\partial F}{\partial x_n}\right)^2 m_n^2} \tag{5-13}$$

式(5-13)为计算函数中误差的一般形式。在应用时,要注意各观测值之间必须是相互独立的变量。当未知量 x_i 为直接观测值时,可认为各 x_i 之间满足相互独立的条件。

误差传播定律在测绘领域应用十分广泛,利用它不仅可以求得观测值函数的中误差,而且还可以研究确定容许误差以及事先分析观测可能达到的精度等,对预先确定的测量方案做出优劣评估。

5.2.3 线性函数的中误差

设有一般线性函数

$$Z=k_1 X_1\pm k_2 X_2\pm\cdots\pm k_n X_n \tag{5-14}$$

式中:X_1,X_2,$\cdots$,X_n 为可直接观测的未知量;Z 为函数,是间接观测量;k_1,k_2,$\cdots$,k_n 为系数。

套用公式(5-13)得一般线性函数的中误差公式为

$$m_z=\pm\sqrt{k_1^2 m_1^2+k_2^2 m_2^2+\cdots+k_n^2 m_n^2} \tag{5-15}$$

【例 5.2】 在某三角形 ABC 中,直接观测 A 和 B 角,其中误差分别是 $m_A=\pm 3''$ 和 $m_B=\pm 4''$,试求中误差 m_C。

【解】 A、B、C 满足如下关系

$$C=180°-A-B$$

微分上式

$$d_C=-d_A-d_B$$

由式(5-9)可知,$f_1=-1$,$f_2=-1$,代入式(5-12)得

$$m_C^2 = m_A^2 + m_B^2 = (\pm 3'')^2 + (\pm 4'')^2 = 25$$

即
$$m_C = \pm 5''$$

本例题由于是线性函数,也可直接套用式(5-14)求得结果。注意,线性函数中不管是"和"函数还是"差"函数,函数中误差都是求平方和之后再开方。

【例 5.3】 已知 $x=200\pm 3$,$z=300\pm 5$,求 y 和 m_y。设 x,y,z 满足下列关系:
$$z = 3x - 5y$$

【解】

依题意 $y = \dfrac{3}{5}x - \dfrac{1}{5}z = 60$

$$m_x = \pm 3,\quad m_z = \pm 5$$

$$m_y = \pm\sqrt{\dfrac{9}{25}\times m_x^2 + \dfrac{1}{25}\times m_z^2} = \pm\sqrt{\dfrac{9}{25}\times 3^2 + \dfrac{1}{25}\times 5^2} \approx \pm 2.1$$

注意,本例题哪个量是函数?哪个量是直接观测量?

5.2.4 误差传播定律的应用

【例 5.4】 为了求某圆柱体体积,测得圆周长、高及其中误差分别为:周长 $C=2.105\pm 0.002\text{m}$,高 $H=1.823\pm 0.003\text{m}$,试求圆柱体体积 V 及其中误差 m_V。

【解】

圆柱体体积公式
$$V = \dfrac{1}{4\pi}C^2 H$$

将上式取对数微分得
$$\dfrac{\mathrm{d}V}{V} = \dfrac{2\mathrm{d}C}{C} + \dfrac{\mathrm{d}H}{H}$$

则
$$\left(\dfrac{m_V}{V}\right)^2 = \left(\dfrac{2m_C}{C}\right)^2 + \left(\dfrac{m_H}{H}\right)^2$$

将观测数据代入上式得
$$V = 0.643\text{m}^3$$
$$m_V = \pm 0.0016\text{m}^3$$

即
$$V = 0.643 \pm 0.0016\text{m}^3$$

【例 5.5】 今丈量了某倾斜地面距离 $D'=100.00\pm 0.02\text{m}$,地面倾斜角度为 $\alpha = 12°30'\pm 0.5'$,试求地面水平距离 D 及 m_D。

【解】

水平距离 $\qquad D = D'\cos\alpha = 97.63\text{m}$

微分上式 $\qquad \mathrm{d}D = \mathrm{d}D'\cos\alpha - D'\sin\alpha\dfrac{\mathrm{d}\alpha}{\rho}$

则
$$m_D^2 = (\cos\alpha\, m_{D'})^2 + \left(D'\sin\alpha\dfrac{m_\alpha}{\rho}\right)^2 = 3.9117\times 10^{-4}$$

即
$$m_D = \pm 0.02\text{m}$$
$$D = 97.63 \pm 0.02\text{m}$$

【例 5.6】 设用长度为 l 的卷尺量距，共丈量了 n 个尺段，已知每尺段量距中误差都为 m_l，求全长 S 的中误差 m_S。

【解】
$$S = l_1 + l_2 + \cdots + l_n$$
$$m_S^2 = m_1^2 + m_2^2 + \cdots + m_n^2 = m_l^2 + m_l^2 + \cdots + m_l^2 = nm_l^2$$

即
$$m_S = \sqrt{n}\, m_l$$

当量距使用的钢尺长度相等，每尺段的量距中误差都为 m_l，即等精度观测，这时每千米长度的量距中误差 m_{km} 也相等。当对长度为 S 千米的距离进行丈量时，则有

$$m_S = \sqrt{S}\, m_{km} \tag{5-16}$$

【例 5.7】 水准测量中，视距为 75m 时在水准尺上读数中误差 $m_{读} = \pm 2$mm（包括照准误差、气泡居中误差及水准尺刻划误差）。若以 3 倍中误差为容许误差，试求普通水准测量观测 n 站所得高差闭合差的容许误差。

【解】 普通水准测量每站测得高差 $h_i = a_i - b_i (i = 1, 2, 3, \cdots, n)$，每测站观测高差中误差为

$$m = \pm\sqrt{m_{读}^2 + m_{读}^2} = \pm\sqrt{2}\, m_{读} = \pm 2.8\text{mm}$$

观测 n 站所得高差 $h = h_1 + h_2 + \cdots + h_n$，高差闭合差 $f = h - h_0$，h_0 为已知值（无误差）。则闭合差为

$$m_{fh} = \pm m\sqrt{n} = \pm 2.8\sqrt{n}\,\text{mm}$$

以 3 倍中误差为容许误差，则高差闭合差的容许误差为

$$\Delta_{容} = \pm 3 \times 2.8\sqrt{n} \approx \pm 8\sqrt{n}\,\text{mm}$$

5.3 等精度直接观测量的最可靠值及其中误差

5.3.1 算术平均值的原理

对某量进行了 n 次等精度观测，观测值为 $l_1, l_2, \cdots, l_n$，其算术平均值 L 为

$$L = \frac{l_1 + l_2 + \cdots + l_n}{n} = \frac{[l]}{n} \tag{5-17}$$

根据式(5-1)，有 $[l] = [X + \Delta] = nX + [\Delta]$

则
$$\lim_{n\to\infty} L = \lim_{n\to\infty}\frac{[l]}{n} = \lim_{n\to\infty}\frac{[\Delta]}{n} + X = X$$

从上式可知，当观测次数 n 趋向于无穷大时，算术平均值就趋向于未知量的真值。在实际测量工作中，n 是有限的，算术平均值通常作为未知量的最可靠值。

5.3.2 似真差及其特性

在 5.3.1 节中,算术平均值是未知量的最可靠值,算术平均值 L 与其真值的差称为似真差 δ,即

$$\delta = L - X = \frac{[l]}{n} - X = \frac{[l-X]}{n} = \frac{[\Delta]}{n}$$

似真差 δ 就是真误差的算术平均值,依据偶然误差的第(4)个特性,δ 趋近于零。
另外可依据偶然误差 Δ 的特性,推导出如下关系。

$$\delta^2 = \left(\frac{[\Delta]}{n}\right)^2 = \frac{[\Delta_1^2 + \Delta_2^2 + \cdots + \Delta_n^2]}{n^2} + \frac{2(\Delta_1\Delta_2 + \Delta_1\Delta_3 + \cdots)}{n^2}$$

式中 $\Delta_1\Delta_2 + \Delta_1\Delta_3 + \cdots$ 为偶然误差乘积的和,它也具有偶然误差的性质,当观测次数无限增大时,上式等号右边第二项趋近于零,则

$$\delta^2 = \frac{[\Delta_1^2 + \Delta_2^2 + \cdots + \Delta_n^2]}{n^2} \tag{5-18}$$

5.3.3 算术平均值中误差

将式(5-17)取微分得

$$\mathrm{d}L = \frac{1}{n}\mathrm{d}l_1 + \frac{1}{n}\mathrm{d}l_2 + \cdots + \frac{1}{n}\mathrm{d}l_n$$

根据误差传播定律可求得算术平均值中误差 M 如下。

$$M^2 = \frac{1}{n^2}m_1^2 + \frac{1}{n^2}m_2^2 + \cdots + \frac{1}{n^2}m_n^2 = \frac{m^2}{n}$$

即

$$M = \frac{m}{\sqrt{n}} \tag{5-19}$$

式(5-19)表明,算术平均值的中误差仅为一次观测值中误差的 $1/\sqrt{n}$,因此,当观测次数增加时,可提高观测结果的精度。

从图 5.3 可以看出,当观测次数达到 9 次左右时,再增加观测次数,算术平均值的精度提高也很微小,因此,不能单纯依靠增加观测次数来提高测量精度,还必须从测量方法和测量仪器方面来提高测量精度。

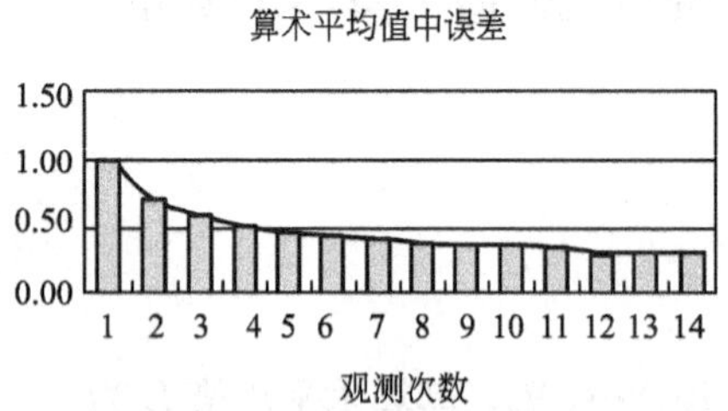

图 5.3 算术平均值中误差与观测次数的关系

5.3.4 用改正数计算观测值的中误差

按中误差的定义式计算中误差时,需要知道观测值的真误差 Δ,但一般情况下真值 x 是不知道的,因此也就无法求得观测值的真误差。那么,如何来评定其观测精度呢?在实

际工作中，通常是用观测值的改正数计算中误差。计算公式推导如下。

由真误差及改正数的定义可知

$$\left.\begin{array}{l}\Delta_1=l_1-x\\ \Delta_2=l_2-x\\ \cdots\\ \Delta_n=l_n-x\end{array}\right\}$$

$$\left.\begin{array}{l}v_1=L-l_1\\ v_2=L-l_2\\ \cdots\\ v_n=L-l_n\end{array}\right\}$$

由以上两组式子推导得

$$\left.\begin{array}{l}\Delta_1=(L-x)-v_1\\ \Delta_2=(L-x)-v_2\\ \cdots\\ \Delta_n=(L-x)-v_n\end{array}\right\}$$

取平方和得 $\qquad [\Delta\Delta]=[vv]+n(L-x)^2-2(L-x)[v]$

由于 $[v]=[L-l]=nL-[l]=0$，$\delta=L-x$ 则

$$[\Delta\Delta]=[vv]+n\delta^2$$

将式(5-18)代入上式得

$$\frac{[\Delta\Delta]}{n}=\frac{[vv]}{n}+\frac{[\Delta\Delta]}{n^2},\quad \frac{[\Delta\Delta]}{n}=\frac{[vv]}{n-1}$$

由此推得

$$m=\pm\sqrt{\frac{[vv]}{n-1}} \tag{5-20}$$

算术平均值中误差为

$$M=\pm\sqrt{\frac{[vv]}{n(n-1)}} \tag{5-21}$$

【例5.8】 对某直线丈量了6次，丈量结果见表5-2。求算术平均值、算术平均值中误差及相对中误差。

【解】
根据式(5-17)至式(5-21)计算算术平均值、改正数、观测值中误差、算术平均值中误差，其结果均列于表5-2中。

在表5-2中，按步骤计算可求得等精度直接观测值的最可靠值及其中误差。也可以直接利用计算器的统计功能完成计算。今以 KS-105B 计算器为例，操作过程如下。

按 2nd on/c 键将计算器置于统计状态下"STAT"：

124.553 M+ 124.565 M+ 124.569 M+ 124.570 M+ 124.559 M+ 124.561 M+

按 x̄ 键显示平均值 124.563，按 n 键显示输入数据个数 6，按 s 键显示标准差即中误差 $m=6.5$。

表 5-2　等精度直接观测值的最可靠值计算

测次	距离(m)	改正数(mm)	vv	计算
1	124.553	+10	100	
2	124.565	−2	4	$m=\pm\sqrt{\dfrac{[vv]}{n-1}}=\pm 6.5$
3	124.569	−6	36	$M=\dfrac{m}{\sqrt{n}}=\pm 2.6$
4	124.570	−7	49	
5	124.559	+4	16	$K=\dfrac{M}{L}=\dfrac{1}{47900}$
6	124.561	+2	4	$L=124.563\pm 2.6$
平均	124.563	$[v]=+1$	$[vv]=209$	

5.4 非等精度直接观测值的最可靠值及其中误差

5.4.1 权的概念

对某一未知量进行了非等精度观测，其各次观测值的中误差也不相同，各次观测的结果便具有不同的可靠性。因此，在求未知量的最可靠值时，就不能像等精度观测那样简单地取算术平均值，因为较可靠的观测值应对最后测量结果产生较大的影响。

最可靠值显然不是算术平均值，那应该怎么求得呢？显然，较可靠的观测值或精度高的观测值，应对结果产生较大的影响，它所占的"权重"应大一些。在测量工作中引入"权"的概念。观测值的精度愈高，即中误差愈小，其权就大；反之，观测值的精度愈低，即中误差愈大，其权就小。因此，权与中误差具有密切关系。

5.4.2 权与中误差的关系

依据权的概念，权 p 与中误差 m 的函数关系为

$$p_i=\frac{\mu^2}{m_i^2} \quad (i=1, 2, \cdots, n) \tag{5-22}$$

式中：μ 为不为 0 的任意常数。当 $p=1$ 时，其权为单位权，其中误差称为单位权中误差，一般用 m_0（或 μ）表示。

5.4.3 定权的方法

假定对某一未知量进行了两组非等精度观测，但每组内各观测值精度相等，设第一组观测了 4 次，其观测值为 l_1, l_2, l_3, l_4；第二组观测了 2 次，观测值为 l'_1, l'_2。则每组的算术平均值为

$$L_1 = \frac{l_1 + l_2 + l_3 + l_4}{4}$$

$$L_2 = \frac{l_1' + l_2'}{2}$$

对观测值 L_1、L_2 来说,彼此是非等精度的观测值,而对于第一组、第二组这个整体而言,它们内部的每一次观测却是等精度观测,中误差都为 m,因而,其最后结果应为

$$L = \frac{l_1 + l_2 + l_3 + l_4 + l_1' + l_2'}{6}$$

上式的计算实际上是

$$L = \frac{4L_1 + 2L_2}{4 + 2} \tag{5-23}$$

从非等精度观测的观点来看,观测值 L_1 是 4 次观测值的平均值,观测值 L_2 是两次观测值的平均值,L_1 和 L_2 的精度不一样,可取 4、2 为其相应的权,以表示 L_1 和 L_2 的精度差别。分析式(5-23),分子、分母乘以同一常数,最后结果不变。因此,权只有相对意义,所起的作用不是它们的绝对值,而是它们之间的比值。

令 $\mu = m$,则观测值 L_1、L_2 的中误差分别为 M_1、M_2。按式(5-22)得它们的权为

$$p_1 = \frac{\mu^2}{M_1^2} = \frac{m^2}{\frac{m^2}{4}} = 4$$

$$p_2 = \frac{\mu^2}{M_2^2} = \frac{m^2}{\frac{m^2}{2}} = 2$$

按式(5-22)的定权方法,求得观测值 L_1、L_2 的权 p_1、p_2 与预期结果一致。

【例 5.9】 按等精度丈量了 3 条边,得 $S_1 = 3\text{km}$,$S_2 = 4\text{km}$,$S_3 = 5\text{km}$。试求这 3 条边的权。

【解】 因为等精度观测,即每千米的丈量精度相同,按式(5-16),3 条边的中误差分别为

$$m_1 = \sqrt{S_1}\, m_{\text{km}} \quad m_2 = \sqrt{S_2}\, m_{\text{km}} \quad m_3 = \sqrt{S_3}\, m_{\text{km}}$$

则它们的权为

$$p_i = \frac{\mu^2}{m_i^2} = \frac{\mu^2}{(\sqrt{S_i}\, m_{\text{km}})^2} = \frac{\left(\frac{\mu}{m_{\text{km}}}\right)^2}{S_i} = \frac{C}{S_i}$$

式中:$C = \left(\dfrac{\mu}{m_{\text{km}}}\right)^2$ 为任意常数。由上式可知,在等精度丈量时,边长的权与边长成反比。

若 $C = 1$,则

$$p_1 = \frac{1}{3}, \quad p_2 = \frac{1}{4}, \quad p_3 = \frac{1}{5}$$

若 $C = 4$,则

$$p_1 = \frac{4}{3}, \quad p_2 = 1, \quad p_3 = \frac{4}{5}$$

选择适当的 C 值可以使权成为便于计算的数值。

与距离测量相似，在水准测量工作中，当每千米水准测量精度相同时，水准路线观测高差的权与路线长度成反比；当每测站观测高差的精度相同时，水准路线观测高差的权与测站数成反比。至于何时用距离定权，何时用测站数定权，在测量规范中是有规定的。一般说来，在起伏不大的地区，每千米测站数相近，即每千米水准测量精度相同，可按距离来定权；而在起伏较大的地区，每千米测站数相差较大，则按测站数来定权。

水准测量定权方法

按长度定权
$$p_i = \frac{C}{S_i} \tag{5-24}$$

式中：S_i 为水准路线分段长度。

按测站数定权
$$p_i = \frac{C}{n_i} \tag{5-25}$$

式中：n_i 为水准路线分段测站数；C 为任意不为零的常数。

5.4.4 加权平均值及其中误差

由上述推导可知，当对同一量进行了 n 次非等精度观测时，观测值为 l_i，其相应的权为 p_i，则加权算术平均值 L_0 为

$$L_0 = \frac{[pl]}{[p]} = \frac{p_1 l_1 + p_2 l_2 + \cdots + p_n l_n}{p_1 + p_2 + \cdots + p_n} \tag{5-26}$$

根据误差传播定律，可得加权算术平均值的中误差 M_0 为

$$M_0^2 = \frac{p_1^2 m_1^2 + p_2^2 m_2^2 + \cdots + p_n^2 m_n^2}{[p]^2} \tag{5-27}$$

由于 $p_1 m_1^2 = p_2 m_2^2 = \cdots = p_n m_n^2 = m_0^2$，故有

$$M_0^2 = \frac{p_1 m_0^2 + p_2 m_0^2 + \cdots + p_n m_0^2}{[p]^2} = \frac{m_0^2}{[p]} \tag{5-28}$$

由此可知，加权算术平均值的权 $p_0 = [p]$，即加权算术平均值的权为所有观测值的权总和。

在式(5-28)中，需要先求出单位权中误差 m_0，才可确定加权算术平均值的中误差 M_0。下面介绍求单位权中误差的公式。

设已知非等精度观测值 l_i 的权为 p_i，将观测值 l_i 乘以 $\sqrt{p_i}$，得一组虚拟观测值

$$l'_i = \sqrt{p_i} l_i$$

由误差传播定律有
$$m'_i = \sqrt{p_i} m_i$$

其权为
$$p'_i = \frac{\mu^2}{m'^2_i} = \frac{m_0^2}{p_i m_i^2} = \frac{m_0^2}{m_0^2} = 1$$

这就是说，虚拟观测值 l'_i 的权都是1，因此，可以把虚拟观测看作是等精度观测。即

$$\Delta'_i = \sqrt{p_i} \Delta_i$$

按式(5-4)，有

$$m_0 = \pm \sqrt{\frac{[\Delta' \Delta']}{n}} = \pm \sqrt{\frac{[p\Delta\Delta]}{n}} \tag{5-29}$$

这就是用观测值真误差计算单位权中误差的公式。同样，在多数测量计算中，要用改正数来计算单位权中误差，即

$$m_0 = \pm\sqrt{\frac{[pvv]}{n-1}} \qquad (5-30)$$

【例 5.10】 在水准测量中，从 3 个已知高程点 A、B、C 出发测得 E 点的 3 个高程 H_i 及各水准路线的长度 L_i。求 E 点高程的最可靠值 H_E 及其中误差 M_H。

【解】 取水准路线长度 L_i 的倒数乘以常数（$C=1$）为观测值的权，计算在表 5-3 中进行。

表 5-3 非等精度直接观测值求解

测段	高程观测值 H_i(m)	路线长度 L_i(km)	权 $P_i=1/L_i$	$P_i H_i$	改正数 V (mm)	pv	pvv
$A-E$	42.347	5.0	0.20	8.469	15	3.0	45.0
$B-E$	42.320	4.0	0.25	10.580	−2	−3.0	36.0
$C-E$	42.332	2.5	0.40	16.933	0	0.0	0.0
合计		[L]=11.5	[P]=0.85	42.332		[PV]=0	[PVV]=81.0

根据式（5-26），E 点高程的最可靠值 H_E 为

$$H_E = \frac{0.2 \times 42.347 + 0.25 \times 42.320 + 0.40 \times 42.332}{0.20 + 0.25 + 0.40} = 42.332 \text{m}$$

根据式（5-30），单位权中误差为

$$m_0 = \pm\sqrt{\frac{[pvv]}{n-1}} = \pm\sqrt{\frac{81.0}{3-1}} = \pm 6.4 \text{mm}$$

$$M_H = \pm m_0\sqrt{[p]} = \pm 6.4\sqrt{0.85} = \pm 6.9 \text{mm}$$

取 $C=5$，验证计算结果是否与本例结果一致。

（$[p]=4.25$，$[pvv]=405.0$，$m_0=\pm 14.2$，$M_H=\pm 6.9$）

思 考 题

1. 为什么测量结果中总是存在测量误差？测量误差的来源有哪些？
2. 如何区分系统误差和偶然误差？它们对测量结果有何影响？
3. 偶然误差有哪些特性？能否消除偶然误差？
4. 何谓等精度观测值？何谓非等精度观测值？权的定义和作用是什么？

习 题

1. 设用钢尺丈量一段距离，6 次丈量结果分别为：216.345m，216.324m，216.335m，

216.378m, 216.364m, 216.319m, 试计算其算术平均值、观测值中误差、算术平均值中误差及其相对中误差。

2. 用J6经纬仪观测某水平角4个测回, 其观测值分别为37°38′24″, 37°38′27″, 37°38′21″, 37°38′42″, 试计算一测回观测中误差、算术平均值及其中误差。

3. 用J6经纬仪观测某水平角, 每测回的观测中误差为±6″, 若要求测角精度达到±3″, 需要观测多少测回?

4. 如图5.4所示, 在三角形 ABC 中, 测得 $a=110.50±0.05$m, $A=47°23′42″±20″$, $B=53°58′34″±12″$, 试计算边长 c 和 b 及其中误差、相对中误差。

5. 如图5.5所示, 为了求得未知点 Q 点的高程, 从 A、B、C 3个水准点向 Q 点进行了同等级的水准测量, 其结果在表5-4中, 试计算 Q 点的高程及其中误差。

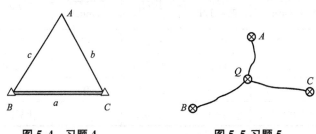

图5.4 习题4   图5.5 习题5

6. 今对某未知量进行了两次观测, 其观测结果为 $A=235±7$, $B=255±13$, 试计算加权算术平均值及其中误差。

表5-4 习题5非等精度直接观测值求解

水准路线起点	水准点高程(m)	观测高差(m)	水准路线长度(km)	权	待求点高程	pH	改正数 v(m)	pv	pvv
A	24.135	−0.148	5.3						
B	23.297	+0.706	4.2						
C	21.364	+2.640	2.7						

第 6 章 控 制 测 量

教学要点

知识要点	掌握程度	相关知识
导线测量	(1) 掌握导线测量的基本原理 (2) 熟练导线测量的内业计算	(1) 方位角与夹角的区别 (2) 坐标方位角及坐标正、反算
交会测量	(1) 重点掌握前方交会、后方交会基本原理 (2) 熟练前方交会、后方交会的坐标计算	(1) 推导相关公式、了解应用条件 (2) 对角度进行准确编号
三角高程测量	掌握三角高程测量的原理	了解球气差对测量结果的影响
GPS 测量	(1) 掌握 GPS 测量原理 (2) 了解 GPS 接收机及其工作原理	(1) 了解卫星的基本知识 (2) 了解 GPS 的型号和厂家

技能要点

技能要点	掌握程度	应用方向
导线测量	(1) 掌握导线测量的布设方法和外业工作 (2) 能用计算器或 excel 完成导线内业计算	(1) 如何减少外业测量误差 (2) 各种类型的坐标计算
交会测量	熟练计算函数的中误差	补设控制点
三角高程测量	熟练三角高程测量观测、记录与计算	山区或低等级高程测量
GPS 测量	了解 GPS 一个测站的基本步骤	GPS 测量数据处理

基本概念

控制测量、导线测量、坐标方位角、方位角闭合差、坐标增量、坐标增量闭合差、全长相对闭合差、前方交公、后方交会、危险圆、三角高程、球气差、GPS。

引例

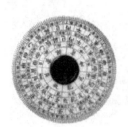

古人将指南针和方位盘联成一体制成罗盘用于指向,只要一看磁针在方位盘上的位置,就能定出方位来,但罗盘仅限于地球上使用。如果进入外太空,人们怎样定向而不迷失方向呢?

随着GPS技术的发展,能同时测量x、y、H、t的四维手表已经问世,美军士兵在第二次伊拉克战争中普遍使用,极大地提高了美军的信息化水平。现在用于巡航导弹和太空航行的定向设备主要是激光陀螺仪。未来星际旅行将使用进动体进行定向。

6.1 概 述

为了保证所测点的位置精度,减少误差积累,测量工作必须遵循"从整体到局部"、"先整体后碎部"的组织原则,即先在测区内测定一定数量的控制点,建立统一的平面和高程系统。由这些控制点互相联系形成的网络,称为控制网。根据控制网的不同精度,可以分为基本控制网和图根控制网;后者在前者的基础上补充加密而来,精度比前者低。基本控制网按其作用又分为平面控制网和高程控制网,二者所用测量仪器和测量方法完全不同,布点方案也有不同要求。专门测定平面控制网的工作称为平面控制测量,专门测定高程控制网的工作称为高程控制测量。因此,控制测量分为平面控制测量和高程控制测量两种。

控制测量的主要工作内容是:①依据控制点的作用在测区内布设控制网;②进行外业测量;③内业计算出待定点的平面坐标和高程,并对测量成果进行精度评定。

6.1.1 平面控制测量

平面控制测量是指确定控制点的平面位置。建立平面控制网的常规方法有三角测量和导线测量。如图6.1所示,A、B、C、D、E、F组成互相邻接的三角形,观测所有三角形的内角,并至少测量其中一条边长作为起算边,通过计算就可以获得它们之间的相对位置。这种三角形的顶点称为三角点,构成的网形称为三角网,进行这种测量称为三角测量。又如图6.2所示控制点1,2,3,…用折线连接起来,测量各边的长度和各转折角,通过计算同样可以获得它们之间的相对位置。这种控制点称为导线点,进行这种控制测量称为导线测量。

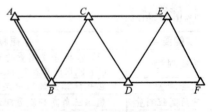

图6.1 三角网

平面控制网除了经典的三角测量和导线测量外,还有卫星大地测量。目前常用的是GPS卫星定位。如图6.3所示,在A、B、C、D控制点上,同时接收GPS卫星S_1、S_2、S_3、S_4…发射的无线电信号,从而确定地面点位,称为GPS测量。

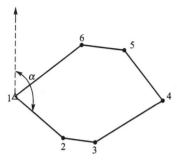
图 6.2 导线网

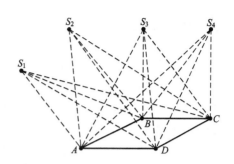
图 6.3 GPS 网

国家平面控制网是在全国范围内建立的控制网。逐级控制，分为一、二、三、四等三角测量。它是全国各种比例尺测图和工程建设的基本控制，也为空间科学技术和军事需求提供精确的点位坐标、距离、方位资料，并为研究地球大小和形状、地震预报等提供重要资料。

为满足大比例尺地形测量的需要，建立了城市控制网，作为城市规划、施工放样的测量依据。城市平面控制网可分为二、三、四等三角网或一、二、三级导线。然后再布设图根小三角网或图根导线。按1999年《城市测量规范》，其技术要求见表6-1和表6-2。

表 6-1 城市三角网及图根三角网的主要技术要求

等级	测角中误差(″)	三角形最大闭合差(″)	平均边长(km)	起始边相对中误差	最弱边相对中误差	测回数		
						DJ_1	DJ_2	DJ_6
二等	±1.0	±3.5	9	1:30万	1:12万	12		
三等	±1.8	±7.0	5	首级1:20万	1:8万	6	9	
四等	±2.5	±9.0	2	首级1:12万	1:4.5万	4	6	
一级	±5	±15	1	1:4万	1:2万		2	6
二级	±10	±30	0.5	1:2万	1:1万		1	2
图根	±20	±60	不大于测图最大视距1.7倍	1:1万				1

表 6-2 城市光电导线及图根导线的主要技术要求

等级		测角中误差(″)	方向角闭合差(″)	附合导线长度(km)	平均边长(km)	测距中误差(mm)	全长相对中误差
一级		±5	±10$\sqrt{n}$	3.6	300	±15	1:1.4万
二级		±8	±16$\sqrt{n}$	2.4	200	±15	1:1万
三级		±12	±24$\sqrt{n}$	1.5	120	±15	1:0.6万
图根 1:500	EDM	±20	±40$\sqrt{n}$	0.9	80		1:0.4万
	钢尺	±20	±60$\sqrt{n}$	0.5	75		1:0.2万

注：n 为测站数。

6.1.2 高程控制测量

建立高程控制网的主要方法是水准测量。在山区可采用三角高程测量的方法来建立高程控制网,这种方法不受地形起伏的影响,工作速度快,但其精度比水准测量低。由于全站仪的出现,在地形复杂地区现在常采用全站仪高程控制测量或称 EDM 高程控制测量来代替二等以下水准测量。

国家水准测量分为一、二、三、四等,逐级布设。一、二等水准测量是用高精度水准仪和精密水准测量方法进行施测,其成果作为全国范围的高程控制之用。三、四等水准测量除用于国家高程控制网的加密外,在小地区用作建立首级高程控制网。

为了满足城市建设的需要所建立的高程控制称为城市水准测量,采用二、三、四等水准测量及直接为测地形图用的图根水准测量,其技术要求见表 6-3。

表 6-3 城市与图根水准测量的主要技术要求   单位:mm

等级	每千米高差中数中误差		测段、区段路线往返测高差不符值	测段、路线左右测高差不符值	符合路线或环线闭合差		检测已测段高差之差
	偶然中误差(M_Δ)	全中误差(M_w)			平原、丘陵	山区	
二等	≤±1	≤±2	≤±4$\sqrt{L_s}$		≤±4$\sqrt{L}$	≤±6$\sqrt{L_i}$	
三等	≤±3	≤±6	≤±12$\sqrt{L_s}$	≤±8$\sqrt{L_s}$	≤±12$\sqrt{L}$	≤±15$\sqrt{L}$	≤±20$\sqrt{L_i}$
四等	≤±5	≤±10	≤±20$\sqrt{L_s}$	≤±14$\sqrt{L_s}$	≤±20$\sqrt{L}$	≤±25$\sqrt{L}$	≤±30$\sqrt{L_i}$
图根					≤±40$\sqrt{L}$		

注:① L_s 为测段、区段或路线长度,L 为符合路线或环线长度,L_i 检测测段长度,均以千米计。
② 山区是指路线中最大高差超过 400m 的地区。

在平原地区,可采用 GPS 水准进行四等水准测量,在地形比较复杂的地区,采用 GPS 水准时,需进行高程异常改正。海上高程测量由于控制点和测量点分布受岛屿位置的影响,地面无法实现长距离水准测量,因此,在海上可优先用 GPS 水准测量。

6.2 坐标方位角

欲确定待定地面点的平面位置,需测定待定点与已知点间的水平距离和该直线的方位,再推算待定点的平面坐标。确定直线方位就是测定直线与标准方向间的水平夹角,这一测量工作称为直线定向。

6.2.1 标准方向

1. 真子午线方向

通过地球表面某点的真子午线的切线方向,称为该点的真子午线方向。其北端指示方向,所以又称为真北方向。可以应用天文测量方法或者陀螺经纬仪来测定地表任一点的真子午线方向。

2. 磁子午线方向

磁针在地球磁场的作用下,磁针自由静止时所指的方向称为磁子午线方向。磁子午线方向都指向磁地轴,通过地面某点磁子午线的切线方向称为该点的磁子午线方向。其北端指示方向,所以又称磁北方向,可用罗盘仪测定。

3. 坐标纵轴方向

高斯平面直角坐标系以每带的中央子午线作坐标纵轴,在每带内把坐标纵轴作为标准方向,称为坐标纵轴方向或中央子午线方向。坐标纵轴北向为正,所以又称为轴北方向。如采用假定坐标系,则用假定的坐标纵轴(x 轴)作为标准方向。坐标纵轴方向是测量工作中常用的标准方向。

以上真北、磁北、轴北方向称为三北方向。

6.2.2 直线方向的表示方法

1. 方位角

在测量工作中,常用方位角来表示直线的方向。方位角是由标准方向的北端起,顺时针方向度量到某直线的夹角,取值范围为 $0°\sim360°$,如图 6.4 所示。若标准方向为真子午线方向,则其方位角称为真方位角,用 A 表示真方位角;若标准方向为磁子午线方向,则其方位角称为磁方位角,用 A_m 表示磁方位角。若标准方向为坐标纵轴,则称其为坐标方位角,用 α 表示。

2. 三种方位角间的关系

由于地球的南北两极与地球的南北两磁极不重合,所以地面上同一点的真子午线方向与磁子午线方向是不一致的,两者间的水平夹角称为磁偏角,用 δ 表示。过同一点的真子午线方向与坐标纵轴方向的水平夹角称为子午线收敛角,用 γ 表示。以真子午线方向北端为基准,磁子午线和坐标纵轴方向偏于真子午线以东称为东偏,δ、γ 为正;偏于西侧称为西偏,δ、γ 为负。不同点的 δ、γ 值一般是不相同的。如图 6.4 所示,直线 AB 的 3 种方位角之间的关系如下

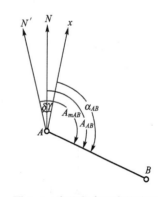

图 6.4 方位角表示直线方向

$$\left.\begin{array}{l}A=A_m+\delta\\A=\alpha+\gamma\\\alpha=A_m+\delta-\gamma\end{array}\right\} \quad (6-1)$$

真方位角 A 可以用天文测量的方法测定,磁方位角 A_m 可以用罗盘测定,而坐标方位角 α 不能用仪器直接测定。所以,坐标方位角 α 是用推算的办法获得的。在地球上,由于真北方向和磁北方向随经纬度发生变化,因此,在普通测量中不使用真方位角和磁方位角,而是用坐标方位角。坐标方位角亦可简称为方位角。

3. 正、反坐标方位角

测量工作中的直线都是具有一定方向的。如图6.5所示，在线段 AB 中，点 A 是起点，B 点是终点，AB 所在直线的坐标方位角 α_{AB}，称为直线 AB 的正坐标方位角；直线 BA 的坐标方位角 α_{BA}，称为直线 AB 的反坐标方位角，也是直线 BA 的正坐标方位角。α_{AB} 与 α_{BA} 相差180°，互为正、反坐标方位角。即

$$\alpha_{AB} = \alpha_{BA} \pm 180° \tag{6-2}$$

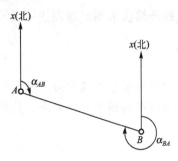

图6.5 正、反方位角的关系

6.2.3 坐标方位角和点位坐标

为了使整个测区坐标系统统一，测量工作中并不直接测定每条边的坐标方位角，而是通过与已知点（已知坐标和方位角）的连测，观测相关的水平角和距离，推算出各边的坐标方位角，计算直线边的坐标增量，而后再推算待定点的坐标。

1. 坐标方位角的推算

如图6.6所示，A、B 为已知点，AB 边的坐标方位角为 α_{AB}，通过连测得 AB 边与 $B1$ 边的连接角为 $\beta_{1左}$（该角位于以编号顺序为前进方向的左侧，称为左角）和 $B1$ 与 12 边的水平角 $\beta_{2左}$，……。由图可以看出

$$\alpha_{B1} = \alpha_{AB} - (180° - \beta_{1左}) = \alpha_{AB} + \beta_{1左} - 180°$$

$$\alpha_{12} = \alpha_{B1} + (\beta_{2左} - 180°) = \alpha_{B1} + \beta_{2左} - 180°$$

$$\cdots$$

同法可连续推算其他边的方位角。如果推算值大于360°，应减去360°。如果小于0°，则应加上360°。

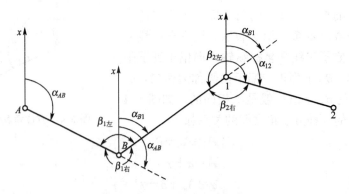

图6.6 坐标方位角的推算

通过上面推算规律可以得出观测左角时的方位角推算一般公式

$$\alpha_{前} = \alpha_{后} + \beta_{左} - 180° \tag{6-3}$$

若观测的为 $\beta_{1右}$、$\beta_{2右}$，…（该角位于以编号顺序为前进方向的右侧，称为右角），同样可以得出观测右角时的方位角推算一般公式

$$\alpha_{前}=\alpha_{后}-\beta_{右}+180° \tag{6-4}$$

综合式(6-3)、式(6-4)，推算方位角的一般公式可表示为

$$\alpha_{前}=\alpha_{后}\pm\beta_{左右}\mp180° \tag{6-5}$$

式(6-5)中，β 为左角时取正号，β 为右角时取负号。

2. 坐标正、反算

如图 6.7 所示，已知 i 点的平面坐标 (x_i, y_i)，i、j 点间的距离 D_{ij}，直线 ij 的坐标方位角 α_{ij}，则 j 点的平面坐标为

$$\left.\begin{aligned}x_j&=x_i+\Delta x_{ij}=x_i+D_{ij}\cos\alpha_{ij}\\y_j&=y_i+\Delta y_{ij}=y_i+D_{ij}\sin\alpha_{ij}\end{aligned}\right\} \tag{6-6}$$

式(6-6)即为待定点的坐标推算公式。由此可得

$$\left.\begin{aligned}\Delta x_{ij}&=x_j-x_i=D_{ij}\cos\alpha_{ij}\\\Delta y_{ij}&=y_j-y_i=D_{ij}\sin\alpha_{ij}\end{aligned}\right\} \tag{6-7}$$

式(6-7)即为 ij 直线边纵、横坐标增量 Δx_{ij}、Δy_{ij} 的计算公式。由于 α_{ij} 的正弦值和余弦值有正、负，因此 Δx_{ij}、Δy_{ij} 亦有正、负值。

以上由 D、α 计算 Δx、Δy，最后推算得待定点坐标 x、y 的过程称为坐标正算。

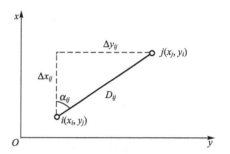

图 6.7　坐标增量计算

若已知点 i、j 的坐标 (x_i, y_i)、(x_j, y_j)，则 ij 的距离 D_{ij} 和坐标方位角 α_{ij} 为

$$\left.\begin{aligned}D_{ij}&=\sqrt{\Delta x_{ij}^2+\Delta y_{ij}^2}=\frac{\Delta x_{ij}}{\cos\alpha_{ij}}=\frac{\Delta y_{ij}}{\sin\alpha_{ij}}\\\alpha_{ij}&=\arctan\frac{y_j-y_i}{x_j-x_i}=\arctan\frac{\Delta y_{ij}}{\Delta x_{ij}}\end{aligned}\right\} \tag{6-8}$$

以上由 Δx、Δy 计算 D、α 的过程称为坐标反算。必须说明，上式计算的 α 为象限角值，值域为 $-90°\sim90°$。而 α 的值域为 $0°\sim360°$，二者不相符。因此，应将象限角转换为坐标方位角。

计算器一般都有直角坐标与极坐标相互换算的功能，可以利用计算器的这一功能直接完成坐标正、反算，而不需要判断象限角，并将象限角转换为坐标方位角。表 6-4 是关于计算器的角度基本计算。

表 6-4　计算器的角度计算

	学生专用计算器	KS-105B 计算器
角度输入	30°45′06″	35°05′30″
	30 ▓▓▓▓ 45 ▓▓▓▓ 6 ▓▓▓▓	35.0530　DEG　→35.09167
显示 °′″	30.7516667 shift ▓▓▓▓	35.0916667　2nd　DMS

(续)

	学生专用计算器	KS-105B 计算器
坐标正算 $D=4.36$ $\alpha=306°36'25''$	Rec(4.36,306°36'25'')=$x→E$, $y→F$ $x=2.599964$ $y=-3.499969$	4.36 a 306.3625 DEG b 2nd $→xy$ $4.360→x$, b $-3.499969→y$
坐标反算 $x=2.6$ $y=-3.5$	Pol(2.6,-3.5)=距离→E, 方位角→F $r=4.360$ $\theta=-53.3929$ 方位角 $\alpha=\theta+360°=306.6070°$ shift 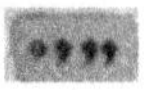 ▨▨▨▨ 显示 306°36'25''	2.6 a -3.5 b 2nd $→r\theta$ $4.360→$距离, $-53.3929→$角度 $+360=306.6070$(度) 2nd DMS 显示 306.3625(度分秒)

6.3 导线测量

6.3.1 导线测量的基本概念

依相邻次序将地面上所选定的点连接成折线形式，测量各线段的边长和转折角，再根据起始数据用坐标传递的方法确定各点平面位置的测量工作称为导线测量。导线测量布设灵活，要求通视方向少，边长可直接测定，适宜布设在视野不够开阔的地区，如城市、厂区、矿山建筑区、森林，也适用于狭长地带的控制测量，如铁路、隧道、渠道等。随着全站仪的普及，一测站可同时完成测距、测角，导线测量方法广泛地用于控制网的建立，特别是图根导线的建立，并成为主要测量方法。

导线测量的布设形式主要有以下 4 种。

1. 闭合导线

导线的起点和终点为同一个已知点，形成闭合多边形，如图 6.8(a)所示，B 点为已知点，P_1，…，P_n 为待测点，α_{AB} 为已知方向。

2. 附和导线

敷设在两个已知点之间的导线称为附和导线。如图 6.8(b)所示，B 点为已知点，α_{AB} 为已知方向，经过 P_i 点最后附和到已知点 C 和已知方向 α_{CD}。

3. 支导线

支导线也称为自由导线，它从一个已知点出发不回到原点，也不附和到另外已知点，如图 6.8(c)所示。由于支导线无法检核，故布设时应十分仔细，规范规定支导线不得超过 3 条边。

4. 导线网

由若干个闭合导线和附合导线组成的闭合网形称为导线网。导线网检核条件多，精度较高，多用于城市控制网。在地形复杂地区的高精度控制网，也适宜布设成导线网的形式。

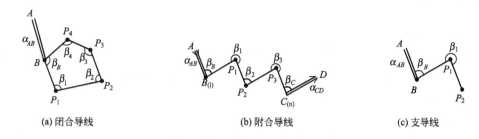

图 6.8 导线测量的布设形式

6.3.2 导线测量外业工作

导线测量外业工作包括踏勘选点、角度测量、边长测量。

1. 踏勘选点

在踏勘选点前应尽量搜集测区的有关资料,如地形图、已有控制点的坐标和高程、及控制点点之记。在图上规划导线布设方案,然后到现场选点,埋设标志。选点时应注意以下事项。

(1) 导线点应选在土质坚硬,能长期保存和便于安置测量仪器的地方。
(2) 相邻导线点间通视良好,便于测角、量边。
(3) 导线点视野开阔,便于测绘周围地物和地貌。
(4) 导线点数量足够、密度均匀、方便测量,即导线边长应大致相等,避免过长、过短,相邻边长之比不应超过 3 倍。

导线点选定后,应在地面上建立标志,并沿导线走向顺序编号,绘制导线略图。对等级导线点应按规范埋设混凝土桩,如图 6.9(a)所示,并在导线点附近的明显地物(房角、电杆)上用油漆注明导线点编号和距离,并绘制草图,注明尺寸,称为点之记,如图 6.9(b)所示。

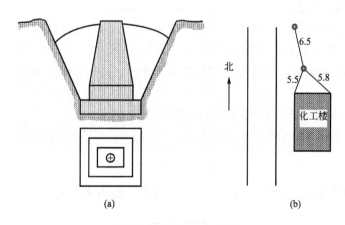

图 6.9 导线点及点之记

2. 外业测量

1) 边长测量

导线边长常用电磁波测距仪测定。由于观测的是斜距,因此要同时观测竖直角,进行平距改正。图根导线也可采用钢尺量距。往返丈量的相对精度不得低于1/3000,特殊困难地区允许1/1000,并进行倾斜改正。

2) 角度测量

导线角度测量有转折角测量和连接角测量。在各待定点上所测的角称为转折角,如图6.8中$\beta_1 \sim \beta_n$。这些角有左角和右角之分。在导线前进方向左侧的水平角称为左角,右侧的称为右角。角度测量的精度要求见表6-2。导线应与高级控制点连测,才能得到起始方位角,这一工作称为连接角测量,也称为导线定向。目的是使导线点坐标纳入国家坐标系统或该地区统一坐标系统中。附合导线与两个已知点连接,应测两个连接角β_B、β_C。闭合导线和支导线只需测一个连接角β_B,如图6.8(a)所示。对于独立地区周围无高级控制点时,可假定某点坐标,用罗盘仪测定起始边的磁方位角作为起算数据。导线两端各只有一个高级控制点而无法测定导线方向时,这种不测量连接角的导线称为无定向导线。

6.3.3 导线测量内业计算

导线内业计算之前,应全面检查导线测量外业工作、记录及成果是否符合精度要求。然后绘制导线略图,标注实测边长、转折角、连接角和起始坐标,以便于导线坐标计算,如图6.8(b)所示。

1. 附合导线计算

由于附合导线是在两个已知点上布设的导线,因此测量成果应满足以下两个几何条件。

(1) 方位角闭合条件:即从已知方位角α_{AB},通过各β_i角推算出终点CD边方位角α'_{CD},应与已知方位角α_{CD}一致。

(2) 坐标增量闭合条件:即从B点已知坐标X_B、Y_B,经各边长和方位角推算求得的C点坐标X'_C、Y'_C应与已知C点坐标X_C、Y_C一致。

上述两个条件是附合导线外业观测成果检核条件,又是导线坐标计算基础。其计算步骤如下。

1) 坐标方位角的计算与角度闭合差的调整

推算CD边坐标方位角为。

$$\alpha'_{CD} = \alpha_{AB} + \sum \beta_i - n \times 180° \tag{6-9}$$

由于测角存在误差,所以α'_{CD}和α_{CD}之间有误差,称为角度闭合差。

$$f_\beta = \alpha'_{CD} - \alpha_{CD} \tag{6-10}$$

本例中$\alpha'_{CD} = 351°37'09''$,$\alpha_{CD} = 351°36'48''$,则$f_\beta = +21''$详细数据见表6-5。

表 6-5 附合导线测量计算

测点	观测角度(左)(° ′ ″)	坐标方位角(° ′ ″)	边长(m)	坐标增量 ΔX (m)	坐标增量 ΔY (m)	坐标 X (m)	坐标 Y (m)
A							
		60 46 12					
B	−3 250 10 12					1107.730	5182.460
		130 56 21	189.770	−11 −124.348	−3 143.353		
1	−3 130 00 36					983.371	5325.810
		80 56 54	174.210	−10 27.408	−3 172.041		
2	−3 210 54 45					1010.769	5497.848
		111 51 36	160.140	−9 −59.627	−2 148.625		
3	−3 181 13 24					951.133	5646.471
		113 04 57	151.330	−8 −59.330	−2 139.215		
4	−3 160 47 36					891.795	5785.684
		93 52 30	134.960	−8 −9.121	−2 134.651		
5	−3 174 58 36					882.666	5920.333
		88 51 03	357.560	−19 7.171	−5 357.488		
C	−3 82 45 48					889.818	6277.816
		351 36 48					
D							
Σ	1190 50 57		1167.970	−217.847	1095.373		
辅助计算	$f_\beta = 21''$ $f_{\beta容} = \pm 60''\sqrt{n} = \pm 60''\sqrt{7} = \pm 158''$			$f_x = 0.065$　$f_y = 0.018$ $f = 0.068$　$k = \dfrac{1}{17000}$			

图根导线角度闭合差容许误差为

$$f_{\beta容} = \pm 60''\sqrt{n} = \pm 158''$$

若 $f_\beta \geq f_{\beta容}$，说明角度测量误差超限，要重新测角；若 $f_\beta < f_{\beta容}$，说明角度测量成果合格，可对各角度进行闭合差调整。由于各角度是同精度观测，所以将角度闭合差反符号平均分配给各观测角，然后再计算各边方位角。最后计算 α'_{CD} 和 α_{CD}，并以是否相等作为检核。

$$v_i = -\frac{f_\beta}{n} \tag{6-11}$$

2) 坐标增量闭合差的计算和调整

利用上述计算的各边坐标方位角和边长，可以计算各边的坐标增量。

$$\left.\begin{array}{l}\Delta x = D\cos\alpha \\ \Delta y = D\sin\alpha\end{array}\right\} \tag{6-12}$$

利用计算器计算坐标增量也可按表 6-4 进行。

各边坐标增量之和理论上应与控制点 B、C 的坐标差一致，若不一致，产生的误差称为坐标增量闭合差 f_x、f_y，计算式为

$$\left. \begin{array}{l} f_x = \sum \Delta x - (x_C - x_B) \\ f_y = \sum \Delta y - (y_C - y_B) \end{array} \right\} \tag{6-13}$$

由于 f_x、f_y 的存在，使计算出的 C' 点与 C 点不重合。CC' 用 f 表示，称为导线全长闭合差，用下式表示。

$$f = \sqrt{f_x^2 + f_y^2} \tag{6-14}$$

f 值和导线全长 $\sum D$ 之比 K 称为导线全长相对闭合差，即

$$K = \frac{f}{\sum D} = \frac{1}{\sum D / f} \tag{6-15}$$

K 值的大小反映了测角和测边的综合精度。不同导线的相对闭合差容许值是不相同的，见表 6-2。图根导线 K 值小于 1/2000，困难地区可放宽到 1/1000。若 $K > K_容$ 应分析原因，并重测。调整坐标增量闭合差的方法是将 f_x、f_y 反号按与边长成正比的原则进行分配，对于第 i 条边的坐标增量改正值为

$$\left. \begin{array}{l} v_{xi} = -\dfrac{f_x}{\sum D} \times D_i \\ v_{yi} = -\dfrac{f_y}{\sum D} \times D_i \end{array} \right\} \tag{6-16}$$

计算完毕后，改正后的坐标增量之和应与 B、C 两点坐标差相等，即 $\sum \Delta x = \Delta x_{BC}$，$\sum \Delta y = \Delta y_{BC}$ 以此作为检核。

根据起始点 B 的坐标及改正后各边的坐标增量按下式计算各点坐标。

$$\left. \begin{array}{l} x_{i+1} = x_i + \Delta x_{i,i+1} \\ y_{i+1} = y_i + \Delta y_{i,i+1} \end{array} \right\} \tag{6-17}$$

最后推算出的 C' 点坐标应与原来 C 点坐标一致。

2. 闭合导线计算

闭合导线计算方法与附合导线相同，也要满足角度闭合条件和坐标闭合条件。

1）角度闭合差的计算与调整

闭合导线测的是内角，所以角度闭合条件要满足多边形内角和条件，即

$$\sum \beta_理 = (n-2) \times 180°$$

式中：n 为多边形的边数。

则，角度闭合差

$$f_\beta = \sum \beta_测 - \sum \beta_理 = \sum \beta_测 - (n-2) \times 180° \tag{6-18}$$

2）坐标增量闭合差的计算与调整

闭合导线的起、终点是同一个点，所以坐标增量总和理论值为零，即 $\sum \Delta x = 0$，$\sum \Delta y = 0$。则坐标增量闭合差为

$$f_x = \sum \Delta x_i \quad f_y = \sum \Delta y_i$$

$$f = \sqrt{f_x^2 + f_y^2}$$

$$K = \frac{f}{\sum D} = \frac{1}{\sum D/f}$$

角度闭合差 f_β，坐标增量闭合差 f_x、f_y 及导线全长闭合差 f 的检验和调整与附合导线计算方法相同。由起点坐标通过各点坐标增量改正计算，求得各点坐标，最后推回到 B 点坐标并相同，作为计算检核。表 6-6 为闭合导线计算表。

表 6-6 闭合导线测量计算

测点	观测角度（左）(° ′ ″)	坐标方位角 (° ′ ″)	边长 (m)	坐标增量 ΔX (m)	坐标增量 ΔY (m)	坐标 X (m)	坐标 Y (m)
B						1000.000	1000.000
		96 51 36	201.783	−4 −24.102	+10 200.338		
$P1$	−14 108 27 00					975.894	1200.348
		25 18 22	263.288	−6 238.022	+12 112.543		
$P2$	−15 84 10 30					1213.910	1312.903
		289 28 37	241.030	−5 80.366	+12 −227.237		
$P3$	−14 135 48 00					1294.271	1085.678
		245 16 23	200.441	−4 −83.843	+10 −182.063		
$P4$	−15 90 07 30					1210.424	903.625
		155 23 38	231.435	−5 −210.419	+11 96.364		
B	−14 121 28 12					1000.000	1000.000
		96 51 36					
$P1$							
$\sum$	540 01 12		1137.977	0.024	−0.055		
辅助计算	$f_\beta = 72$ $f_{\beta容} = \pm 60''\sqrt{n} = \pm 60''\sqrt{5} = \pm 134''$			$f_x = 0.024 \quad f_y = -0.055$ $f = 0.060 \quad k = \dfrac{1}{19000}$			

3. 角度闭合差超限检查方法

在导线测量中，角度闭合差超限要进行外业重测。首先要检查外业记录手簿，看是否有记错、算错的数据，再找外业测量本身的原因。但初学者往往不确定是哪一个角超限或者是否有多个角超限，只得全部重测，这样易造成财力物力及人力的浪费。当只有一个角有较大误差时，可从观测数据中很容易发现是哪一个角超限。检查办法是将前次的推算路线反向之后重新推算各点坐标(注意：只推算，不进行角度闭合差和坐标增量的调整)，比较两次坐标计算结果,当发现某一点坐标非常接近时,说明该点的角度测量误差很大。如表 6-5 中,假若 3 点角度测量误差较大,其余很小,则按 $A-B-1-2-3-4-5-C-D$ 路线推算结果是 1、2、3 点坐标准确,4、5 点坐标偏离正确值;按 $D-C-5-4-3-2-1-B-A$ 路线推算结果是 5、4、3 点坐标准确,2、1 点坐标偏离正确值。因此,两次推算结果中,仅 3 点坐标相近,其余相差较大。若有多个测角误差较大,则仅通过数据很难找出原因来。

6.3.4 无定向导线

附合导线两端各需要有两个高级控制点,但由于高级控制点受到破坏而无法布设附合导线,导线无法获得起始方位角,这时按无定向导线计算各待定点坐标。由于无定向导线需要的已知控制点少,因此,其布设非常灵活,适合于任何地区,如图 6.10 所示。但其缺点是精度低、可靠性差,一般不推荐此法。本章列举了一个无定向导线的案例,如图 6.10 和表 6-7 所示。

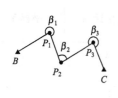
(a) 假定任意方向的无定向导线

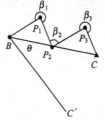
(b) 从假定方向到实际位置的转角

图 6.10 无定向导线

表 6-7 无定向导线测量计算 1

测点	观测角度 (左角) (° ′ ″)	坐标方位角 (° ′ ″)	边长 (m)	坐标增量 ΔX (m)	坐标增量 ΔY (m)	坐标 X (m)	坐标 Y (m)
B						<u>1107.730</u>	<u>5182.460</u>
		45 00 00	189.770	134.188	134.188		
1	130 00 36					1241.918	5316.648
		355 00 36	174.210	173.550	−15.153		
2	210 54 45					1415.467	5301.495
		25 55 21	160.140	144.028	70.006		
3	181 13 24					1559.495	5371.501
		27 08 45	151.330	134.661	69.045		
4	160 47 36					1694.156	5440.546
		7 56 21	134.960	133.666	18.641		
5	174 58 36					1827.822	5459.187
		2 45 57	357.560	357.097	18.189		
C'						2184.919	5477.375
C						<u>889.818</u>	<u>6277.816</u>

无定向导线的计算步骤如下。

(1) 假定起始边为 BP_1 的坐标方位角为 α_0,不调整闭合差直接按路径推算 C' 点坐标。
$$\alpha_0 = 45°00'00''$$

(2) 计算 BC、BC' 的坐标方位角及两边夹角 θ。
$$\alpha_{BC'} = 101°15'06'' \quad \alpha_{BC} = 15°18'41'' \quad \theta = 85°56'25''$$

(3) 计算起始边 BP_1 的坐标方位角 α_{BP}。

$$\alpha_{BP} = \alpha_0 - \theta = 130°56'25''$$

(4) 计算 BC、BC' 的边长及图形放大倍数如下。

$$D' = 1116.82156 \quad D = 1116.83122 \quad m = \frac{D}{D'} = 1.000008649$$

(5) 计算相对误差。

$$K = \frac{|D - D'|}{D} = \frac{1}{115625} < \frac{1}{2000} \qquad 成果合格$$

(6) 将原边长乘以系数 m 之后再代与导线计算,用新的方位角 α_{BP} 按附合导线的步骤重新计算求各待定点的坐标。依次计算出 P_1、P_2、P_3 点坐标。计算过程见表 6-8。

假定任意角度 $\alpha_0 = 123°45'06''$,其计算结果将会相同。

表 6-8 无定向导线测量计算 2

测点	观测角度（左角）(° ′ ″)	坐标方位角 (° ′ ″)	边长 (m)	坐标增量 ΔX (m)	坐标增量 ΔY (m)	坐标 X (m)	坐标 Y (m)
B						1107.730	5182.460
		130 56 25	189.768	−124.350	143.350		
1	130 00 36					983.380	5325.810
		80 57 01	174.208	27.402	172.040		
2	210 54 45					1010.782	5497.850
		111 51 46	160.139	−59.633	148.621		
3	181 13 24					951.149	5646.471
		113 05 10	151.329	−59.338	139.210		
4	160 47 36					891.811	5785.681
		93 52 46	134.959	−9.131	134.650		
5	174 58 36					882.680	5920.330
		88 51 22	357.557	7.138	357.486		
C						889.818	6277.816

坐标点的计算(表 6-8 中)还可以直接将初次计算结果进行坐标平衡、旋转、放大或缩小,从而完成无定向导线的坐标计算。

$$\begin{pmatrix} x_i \\ y_i \end{pmatrix} = \begin{pmatrix} m & 0 \\ 0 & m \end{pmatrix} \begin{pmatrix} \cos\theta & -\sin\theta \\ \sin\theta & \cos\theta \end{pmatrix} \begin{pmatrix} x_i' - x_B \\ y_i' - y_B \end{pmatrix} + \begin{pmatrix} x_B \\ y_B \end{pmatrix}$$

6.4 交会测量

当控制点不能满足工程需要时,可用交会法加密控制点,这种定点工作称为交会测量。交会测量分为测角交会定点、距离交会定点和边角交会定点 3 种形式。在测角交会中又分为 3 种形式,即前方交会、侧方交会和后方交会。

1) 前方交会

在两个已知控制点上,分别对待定点观测水平角以计算待定点的坐标,如图 6.11 所示。为了进行检核和提高点位精度,在实际工作中,通常要在 3 个控制点上进行交会,用两个三角形分别计算待定点的坐标,即可取其平均值作为所求结果,也可根据两者的差值判定观测结果是否可靠。

还有一种与前方交会相似的侧方交会形式，它是在 1 个已知控制点和 1 个待定点上观测水平角以计算待定点的坐标。其计算过程与前方交会相同。

2) 后方交会

在待定点上对 3 个已知控制点观测 3 个方向间的水平角以计算待定点的坐标。如图 6.12(a)所示。为了进行检核，一般还在待定点观测第 4 个控制点方向的水平角，如图 6.12(b) 所示。

为了提高交会点的精度，待定点上的交会角应大于 30°和小于 120°；水平角应按方向观测法观测两个测回。

6.4.1 前方交会

如图 6.11(a)所示，A、B 为已知控制点，P 为待定点；A、B、P 三点按逆时针次序排列。

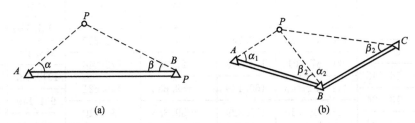

图 6.11 前方交会

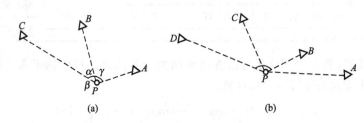

图 6.12 后方交会

(1) 根据已知坐标计算已知边 AB 的方位角和边长。

$$\alpha_{AB} = \arctan \frac{y_B - y_A}{x_B - x_A}$$

$$D_{AB} = \sqrt{(x_B - x_A)^2 + (y_B - y_A)^2}$$

(2) 推算 AP 和 BP 边的坐标方位角和边长。

$$\left.\begin{array}{l} \alpha_{AP} = \alpha_{AB} - \alpha \\ \alpha_{BP} = \alpha_{BA} + \beta \end{array}\right\} \tag{6-19}$$

$$\left.\begin{array}{l} D_{AP} = \dfrac{D_{AB} \sin\beta}{\sin[180° - (\alpha+\beta)]} \\ D_{BP} = \dfrac{D_{AB} \sin\alpha}{\sin[180° - (\alpha+\beta)]} \end{array}\right\} \tag{6-20}$$

(3) 计算 P 点坐标。

分别由 A 点和 B 点按下式推算 P 点坐标，并校核。

$$\left.\begin{aligned} x_p &= x_A + D_{AP}\cos\alpha_{AP} \\ y_p &= y_A + D_{AP}\sin\alpha_{AP} \\ x_p &= x_B + D_{BP}\cos\alpha_{BP} \\ y_p &= y_B + D_{BP}\sin\alpha_{BP} \end{aligned}\right\} \tag{6-21}$$

应用电子计算器直接计算 P 点坐标可用下列公式，公式推导从略。

$$\left.\begin{aligned} x_P &= \frac{x_A\cot\beta + x_B\cot\alpha + (y_B - y_A)}{\cot\alpha + \cot\beta} \\ y_P &= \frac{y_A\cot\beta + y_B\cot\alpha - (x_B - x_A)}{\cot\alpha + \cot\beta} \end{aligned}\right\} \tag{6-22}$$

应用式(6-19)时，要注意 A、B、P 的点号须按逆时针次序排列，如图 6.10 所示。A、B、P 的点号按顺时针次序排列时，式(6-19)中 A、B 数据要交换使用。算例见表 6-9。

表 6-9 前方交会计算

A	狮子山	α_1	53°07′44″	x_A	4992.54	y_A	9674.50
B	珞珈山	β_1	56°06′07″	x_B	5681.04	y_B	9850.00
P	洪　山			x_{P1}	5479.12	y_{P1}	9282.88
B	珞珈山	α_2	35°27′40″	x_B	5681.04	y_B	9850.00
C	喻家山	β_2	66°41′00″	x_C	5856.24	y_C	9233.51
P	洪　山			x_{P2}	5479.12	y_{P2}	9282.84
检核				平均 x_{P1}	5479.12	平均 y_{P1}	9282.86

6.4.2 后方交会

测角后方交会计算坐标的方法很多，下面介绍一种适合于编程计算的方法。

设 A、B、C 为 3 个已知点构成的三角形的 3 个内角，α、β、γ 为未知点 P 上的 3 个角，其对边分别为 BC、CA、AB。在图 6.13(a) 和图 6.13(b) 中，$\alpha + \beta + \gamma = 360°$；在图 6.13(c) 中，$\alpha$、$\beta$ 取负值，$\alpha + \beta + \gamma = 0$。

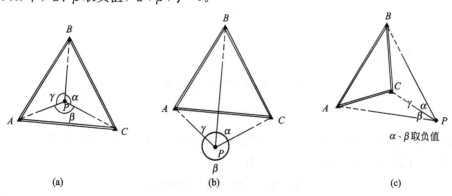

图 6.13 后方交会角度编号

$$P_A = \frac{1}{\cot A - \cot \alpha} \quad P_B = \frac{1}{\cot B - \cot \beta} \quad P_C = \frac{1}{\cot C - \cot \gamma}$$

$$\left. \begin{aligned} x_P &= \frac{P_A x_A + P_B x_B + P_C x_C}{P_A + P_B + P_C} \\ y_P &= \frac{P_A y_A + P_B y_B + P_C y_C}{P_A + P_B + P_C} \end{aligned} \right\} \tag{6-23}$$

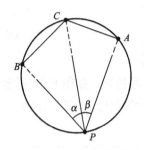

图 6.14 后方交会危险圆

P 点坐标解算出来后，可通过坐标反算求得 P 点至 3 个已知点 A、B、C 的坐标方位角 α_{PA}、α_{PB}、α_{PC}，然后用下列等式作检核计算。

$$\alpha = \alpha_{PC} - \alpha_{PB}, \quad \beta = \alpha_{PA} - \alpha_{PC}, \quad \gamma = \alpha_{PB} - \alpha_{PA}$$

在用后方交会进行定点时，还应注意危险圆问题。如图 6.14 所示，当 P、A、B、C 四点共圆时，根据圆的性质，P 点无论在何处，α 和 β 的值都是由这个圆而确定的固定值，即 P 点是一个不定解，这就是后方交会中的危险圆。在后方交会时，一定要使 P 点远离危险圆。

6.4.3 测边交会定点

当不便于用测角交会的方法加密控制点时，可用钢尺直接在地面上进行距离交会，确定待定点的位置。如图 6.15 所示，在两个已知点 A、B 上分别量至待定 P 的边长 a、b，求解 P 点坐标，这种定点工作称为测边交会。为了提高测量精度和增加检核条件，可再从另一已知点 C，量距 c，可第二次求得 P 点坐标。

计算过程如下。

（1）利用 A、B 已知坐标求方位角 α_{AB} 和 D_{AB}。

（2）利用余弦定理求 A 角。

$$\cos A = \frac{D_{AB}^2 + a^2 - b^2}{2aD_{AB}}$$

$$u = a\cos A$$

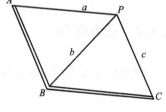

图 6.15 距离交会

$$v = a\sin A = \sqrt{a^2 - u^2}$$

（3）P 点坐标计算。

$$\left. \begin{aligned} x_P &= x_A + u\cos\alpha_{AB} + v\sin\alpha_{AB} \\ y_P &= y_A + u\sin\alpha_{AB} - v\cos\alpha_{AB} \end{aligned} \right. \tag{6-24}$$

上式 P 点在 AB 线段左侧（A、B、P 逆时针构成三角形）。若待定点 P 在 AB 线段右侧（A、B、P 顺时针构成三角形），公式为：

$$\left. \begin{aligned} x_P &= x_A + u\cos\alpha_{AB} - v\sin\alpha_{AB} \\ y_P &= y_A + u\sin\alpha_{AB} + v\cos\alpha_{AB} \end{aligned} \right. \tag{6-25}$$

6.5 三角高程测量

当地面两点间地形起伏较大而不便于施测水准时,可应用三角高程测量的方法测定两点间的高差而求得高程。该法较水准测量精度低,常用于山区各种比例尺测图的高程控制。

6.5.1 三角高程测量原理

三角高程测量原理是根据测站与待测点两点间的水平距离和测站向目标点所观测的竖直角来计算两点间的高差。

如图 6.16 所示,已知 A 点高程为 H_A,欲求 B 点高程 H_B。将仪器安置在 A 点,照准目标顶端 M,测得竖直角 α,量取仪器高 i 和目标高 v。如果测得 AM 之间的距离为 D',则高差 h_{AB} 为

$$h_{AB}=D'\sin\alpha+i-v \tag{6-26}$$

如果两点间的平距为 D,则 A、B 高差为

$$h_{AB}=D\tan\alpha+i-v \tag{6-27}$$

B 点高程为

$$H_B=H_A+h_{AB}$$

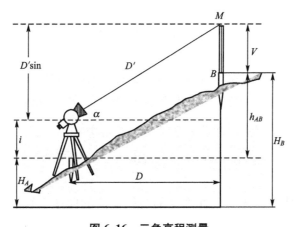

图 6.16 三角高程测量

6.5.2 地球曲率和大气折光

式(6-26)、式(6-27)是在把水准面当作水平面、观测视线是直线的条件下导出的,当地面两点间的距离小于 300m 时是适用的。两点间距离大于 300m 时就要顾及地球曲率,并加以曲率改正,简称为球差改正。同时,观测视线受大气垂直折光的影响而成为一条向上凸起的弧线,必须加以大气垂直折光差改正,简称为气差改正。以上两项改正合称为球气差改正。

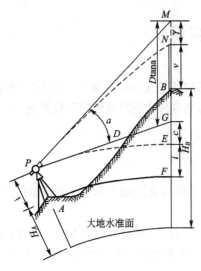

图 6.17 球气差对三角高程的影响

如图 6.17 所示，A、B 为地面上两点，D 为 A、B 两点间的水平距离，R' 为过仪器高 P 点的水准面曲率半径，PE 和 AF 分别为 P 点和 A 点的水准面。实际观测竖直角 α 时，水平线交于 G 点，GE 就是由于地球曲率而产生的高程误差，即球差，用符号 C 表示。由于大气折光影响，来自目标 N 的光沿弧线 PN 进入望远镜，而望远镜却位于弧线 PN 的切线 PM 上，MN 即为大气垂直折光带来的高程误差，即气差，用符号 γ 表示。

由于 A、B 两点间的水平距离 D 与曲率半径 R' 之比很小，例如当 $D=3\mathrm{km}$ 时，其所对圆心角约为 $2.8'$，故可认为 PG 近似垂直 FM，则

$$MG = D\tan\alpha$$

于是，A、B 两点高差为：

$$h = D\tan\alpha + i - v + c - \gamma \tag{6-28}$$

令 $f = c - \gamma$，则公式为：

$$h = D\tan\alpha + i - v + f \tag{6-29}$$

从图 6.17 可知

$$(R'+c)^2 = R'^2 + D^2$$

即

$$c = \frac{D^2}{2R'+c}$$

c 与 R' 相比很小，可略去，并且考虑到 R' 与 R 相差甚小，故以 R 代替 R'，上式为

$$c = \frac{D^2}{2R}$$

根据研究，因为大气垂直折光而产生的视线变曲的曲率半径约为地球曲率半径的 7 倍，则

$$\gamma = \frac{D^2}{14R}$$

球气差改正为

$$f = c - \gamma = \frac{D^2}{2R} - \frac{D^2}{14R} \approx 0.43\frac{D^2}{R} = 6.7D^2 (\mathrm{cm}) \tag{6-30}$$

式中水平距离 D 以千米为单位。

表 6-10 给出了 1km 内不同距离的球气差改正数。三角高程测量一般都采用对向观测，即由 A 点观测 B 点，再由 B 点观测 A 点，取对向观测所得高差绝对值的平均值可抵

消两差的影响。

表6-10 球气差改正数

D(km)	0.1	0.2	0.3	0.4	0.5	0.6	0.7	0.8	0.9	1.0
$f=6.7D^2$(cm)	0	0	1	1	2	2	3	4	6	7

6.5.3 三角高程测量的观测和计算

1. 三角高程测量的测站观测工作

(1) 安置经纬仪于测站上，量取仪器高i和目标高v。

(2) 当中丝瞄准目标时，将竖盘水准管气泡居中，读取竖盘读数。必须以盘左、盘右进行观测。

(3) 竖直观测测回数与限差应符合表6-11的规定。

(4) 用电磁波测距仪测量两点间的倾斜距离D'，或用三角测量方法计算得两点间的水平距离D。

表6-11 竖直角观测测回数及限差

等级 项 目	仪器	四等和一、二级小三角		一、二、三级导线	
		DJ2	DJ6	DJ2	DJ6
测回数		2	4	1	2
各测回竖直角互差限差		15″	25″	15″	25″

2. 三角高程测量计算

三角高程测量往返测所得的高差之差(经球气改正后)不应大于$0.1Dm$(D为边长，以千米为单位)。三角高程测量路线应组成闭合或附合路线。如图6.18所示，三角高程测量可沿$A-B-C-D-A$闭合路线进行，每边均取对向观测。观测结果见表6-12，其路线高差闭合差f_h的容许值按式(6-31)计算。

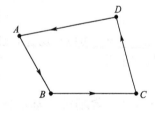

图6.18 三角高程路线

表6-12 三角高程测量

起算点	A		B		C		D	
待求点	B		C		D		A	
	往	返	往	返	往	返	往	返
水平距离D(m)	581.38	581.38	488.01	488.01	567.92	567.92	486.93	486.93
竖直角(° ′ ″)	11°38′30″	−11°24′00″	6°52′15″	−6°34′30″	…	…	…	…
仪器高i(m)	1.44	1.49	1.49	1.50	…	…	…	…

(续)

起算点	A		B		C		D	
待求点	B		C		D		A	
	往	返	往	返	往	返	往	返
目标高 v(m)	−2.50	−3	−3.00	−2.50	…	…	…	…
两差改正 f(m)	0.02	0.02	0.02	0.02	…	…	…	…
高差 h(m)	118.74	−118.72	57.31	−57.23	…	…	…	…
平均高差(m)	118.73		57.27		−38.29		−137.75	

$$f_{h容}=\pm 0.05\sqrt{\sum D^2}\quad m(D\text{ 以千米为单位}) \tag{6-31}$$

若 $f_h < f_{h容}$，则将闭合差按与边长成正比例反符号分配给各高差，然后推算各点高程。

$$f_h = -0.04 \quad f_{h容} = \pm 0.05\sqrt{1.14} = \pm 0.053$$

$f_h < f_{h容}$，符合规范要求，观测成果合格。

由于现代光电子测量仪器迅速发展，使测量方式发生了很大的变化，传统的三角高程测量已被电子测距三角高程测量（简称 EDM 高程测量）所取代，不仅速度快、精度高，而且工作强度很小。关于这方面的内容在 6.6 节详细介绍。

6.6 全站仪与全站导线测量

全站仪（全站型电子速测仪）是集测角、测距等多功能于一体的电子测量仪器，能在一个测站上同时完成角度和距离测量，适时根据测量员的要求显示测点的平面坐标、高程等数据。

全站仪一次观测可获得水平角、竖直角和倾斜距离 3 种基本数据，具有较强的计算功能和较大容量的储存功能，可安装各种专业测量软件。在测量时，仪器可以自动完成平距、高差、坐标增量计算和其他专业需要的数据计算，并显示在显示屏上。也可配合电子记录手簿，可以实现自动记录、存储、输出测量成果，使测量工作大为简化，实现全野外数字化测量。

6.6.1 全站仪的基本构造

全站仪基本构造框图如图 6.19 所示。全站仪主要由电子经纬仪、光电测距仪和内置微处理器组成。从结构上看，全站仪可分为"组合式"和"整体式"两类。"组合式"全站仪是将电子经纬仪、光电测距仪和微处理器通过一定的连接器构成一体，可分可合，故亦称为"半站仪"，这是早期的过渡产品，目前市面上很难见到。"整体式"全站仪则是在一个仪器外壳内包含了电子经纬仪、光电测距仪和微处理器，而且电子经纬仪与光电测距仪共用一个望远镜，仪器各部分构成一个整体，不能分离。随着信息产业技术的发展，全站仪已向智能化、自动化、功能集成化方向发展。

全站仪在外观上除具有与电子经纬仪、光电测距仪的相似特征外，还必须有各种通信

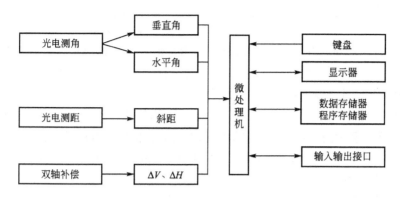

图 6.19　全站仪基本构造框图

接口，如 USB 接口或六针圆形孔 RS-232 接口或掌上电脑(PDA)接口等。全站仪在获得观测数据之后，可通过这些通信接口与电脑相连，在相应的专业软件支持下，如路博公司开发的《PDA 公路测量助理》软件，才能真正实现数字化测量。

全站仪主要构造如图 6.20 所示，其种类和型号众多，原理、构造和功能基本相似。下面介绍两种国内主流全站仪：GTS720 系列全站仪和苏光 OTS 系列全站仪。

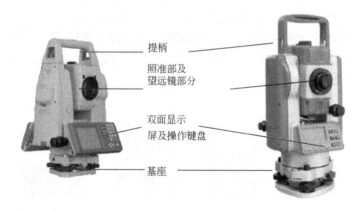

图 6.20　全站仪主要构造图

GTS720 系列全站仪是拓普康公司推出的世界首创彩屏 Win CE 智能全站仪，测量作业更高效、更舒适。统一的 Win CE 系统平台，使应用程序开发更简单。

(1) 彩色显示屏：配备 64K 彩色触摸屏，测量作业采用人机对话方式。

(2) 中文显示：仪器全部简体中文显示。

(3) 应用软件：预装功能强大的 TopSURV 测量应用软件包。

　　　　标准测量程序　　道路定线设计
　　　　标准放样程序　　道路放样程序
　　　　偏心测量程序　　横断面设计
　　　　CoGo 计算程序　　边坡放样程序

(4) 应用软件开发：标准 WinCE 系统平台，二次开发更容易。可针对不同行业的需求，开发专业的应用软件。

(5) 数据存储：配备 CF 数据存储卡系统，可扩充海量数据存储。

(6) USB 接口：配备方便、高速、通用的 USB 数据传输接口。

苏光 OTS 系列全站仪引进日本原装测距头，采用相位法激光测距，是专门为工程项目用户而设计的，特别适合各种施工领域，如建筑物三维坐标测定、建筑基桩位置测定、悬高测量、铅垂度测定、管线定位、断面测量等。也适用于三角控制测量、地籍测量及地形测量和房产测量。其主要特点为如下几个方面。

(1) 可视激光，方便照准目标，测程更远，使观测员尽可能获得最佳生产效能。
(2) 近距离免棱镜测距，使观测员能测到无法放置协作目标的地方。
(3) 中距离使用反光片，使观测员降低使用成本，并可利用反光片长时间进行控制测量。
(4) 中文/英文界面操作，使得观测员能按菜单进行操作。
(5) 可选用激光对中器，对中效率更高。
(6) 测距稳定、可靠、速度快。
(7) 具有抗电磁干扰能力。
(8) 采用电子式补偿器。
(9) 安装有常用测量应用程序。
(10) 数据内存大。

与全站仪配套使用的主要测量器材是反射棱镜。棱镜的作用是将全站仪发射的电磁波反射回全站仪，由全站仪的接收装置接收，全站仪的计时器可记录出电磁波从发射到接收的时间差，从而可求得全站仪与棱镜之间的距离。棱镜分为单棱镜、三棱镜、九棱镜等几种形式，常用的主要是单棱镜和三棱镜两种，如图 6.21 所示。单棱镜主要用于测短距离，三棱镜主要用于测长距离。

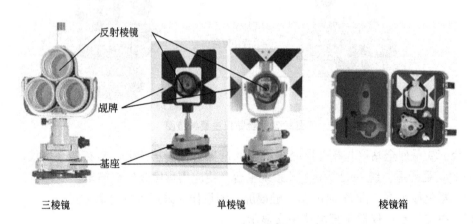

图 6.21　全站仪棱镜组

其他功能型全站仪还有很多，如 SET22DⅡ防爆全站仪，防水型全站仪，能与 GPS 通信的超霸全站仪等，本书不一一介绍，可查阅相关文献和仪器说明书。

6.6.2　全站仪的类型及技术指标

全站仪的主要技术指标有测角精度、测距精度及其测程等。表 6-13 中列出了部分全站仪的主要技术指标。

表 6-13 全站仪的类型及主要技术指标

厂家型号	精度		测程(m)(棱镜数)	数据记录方式及接口	显示器
	测角精度(″)	测距精度 mm+ppm (ppm=10^{-6})			
徕卡 TCA1101	1.5	2+2	300（单镜）	PCMCIA 卡；内存 2MB, 18000 组数据记录；RS-232 接口	双面 8 行 32 字符 LCD 液晶显示器
蔡司 ELTAR55	5	5+3	1300（单镜）	内存 1900 点数据记录；RS-233 接口	单面 4 行 21 字符 LCD 液晶显示器
索佳 SET2010	2	2+2	3500（3 镜）	SDC 卡；内存 4800 点数据记录；RS-234 接口	双面 8 行 20 字符 LCD 液晶显示器
尼康 DTM831	2	2+2	4200（3 镜）	PCMCIA 卡；内存 8000 点数据记录；RS-235 接口	双面 6 行 24 字符 LCD 液晶显示器
拓普康 GTS602A	2	2+2	4000（3 镜）	内存 5000 点数据记录；RS-236 接口	双面 10 行 40 字符 LCD 液晶显示器
苏光 OTS	2	2+2	100 免棱镜		
宾得 R300	2	2+2	180 免棱镜		
DISTO+ET02	2	3+3	100 免棱镜		

6.6.3 全站仪的基本功能

全站仪的基本功能是测量水平角、垂直角和倾斜距离。

将全站仪安置于测站，开机时，仪器先进行自检，观测员完成仪器的初始化设置后，全站仪一般先进入测量基本模式或上次关机时的保留模式。在基本测量模式下，可适时显示出水平角和垂直角。照准棱镜，按距离测量键，数秒钟后，完成距离测量，并根据需要显示出水平距离、高差或斜距。除了基本功能外，全站还具有自动进行温度、气压、地球曲率等改正的功能。部分全站仪还具有下列特种功能。

1. 红色激光指示功能

（1）提示测量。当持棱镜者看到红色激光发射时，就表示全站仪正在进行测量，当红色激光关闭时，就表示测量已经结束，如此可以省去打手势或者使用对讲机通知持棱镜者移站，提高作业效率。

(2) 激光指示持棱镜者移动方向，提高施工放样效率。

(3) 对天顶或者高角度的目标进行观测时，不需要配备弯管目镜，激光指向哪里就意味着十字丝照准到哪里，方便瞄准，在隧道测量时配合免棱镜测量功能将非常方便。

(4) 新型激光指向系统，任何状态下都可以快速打开或关闭。

2. 免棱镜测量功能

(1) 危险目标物测量：对于难于达到或者危险目标点，可以使用免棱镜测距功能获取数据。

(2) 结构物目标测量：在不便放置棱镜或者贴片的地方，使用免棱镜测量功能获取数据，如钢架结构的定位等。

(3) 碎部点测量：在碎部点测量中，如房角等的测量，使用免棱镜功能，效率高且非常方便。

(4) 隧道测量中由于要快速测量，放置棱镜很不方便，使用免棱镜测量就变得非常容易及方便。

(5) 变形监测：可以配合专用的变形监测软件，对建筑物和隧道进行变形监测。

6.6.4 全站仪测量

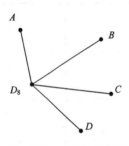

图 6.22 全站仪观测

用全站仪进行控制测量(图 6.22)，其基本原理与经纬仪进行控制测量相似，所不同的是全站仪能在一个测站上同时完成测角和测距工作。由于全站仪一般都有自动记录测量数据的功能，因此，外业测量数据不必用表格记录，为便于查阅和认识全站仪的测量过程，也可用表格记录。一个测站上全站仪测量过程如下。

(1) 安置全站仪于 D_8 点，成正镜位置，将水平度盘置零。

(2) 在各观测目标点安置棱镜，并对准测站方向。

(3) 选择一个较远目标为起始方向，按顺时针方向依次瞄准各棱镜 A、B、C、D 并测量水平角、水平距离，最后回到 A 点，完成上半测回测量。

(4) 倒转望远镜成倒镜位置，按逆时针方向依次瞄准各棱镜 A、D、C、B 并测量水平角、水平距离，最后回到 A 点，完成下半测回测量。

(5) 观测成果计算。

① 首先检查同一方向上的角值和测距值，其差值分别控制在 $2\sqrt{2}m_\beta$ 和 $2\sqrt{2}m_D$ 之内。(m_β、m_D 分别为全站仪测角和测距标称精度)

② 按全圆观测法计算水平角各测回平均值。

③ 计算上、下半测回距离平均值及各测回平均距离值。观测成果计算列于表 6-14。

全站仪除了具有同时测距、测角的基本功能外，还具有三维坐标测量、后方交会测量、对边测量、悬高测量、施工放样测量等高级功能。

第6章 控制测量

表 6-14 全站仪测量记录表

测站:D_8		日期:2010年9月16日			天气:晴转多云			仪器:DTM831	
		观测员:×××			记录员:×××				

目标	测回	水平度盘读数		测距读数		方向平均值	归零方向值	各测回平均方向值 平均距离	平均距离
		盘左	盘右	盘左	盘右				
A	1	0 00 02	180 00 06	821.258	821.263	(0 00 05) 0 00 04	0 00 00	0 00 00	821.260
B		52 33 08	232 33 43	457.368	457.372	52 33 40	52 33 35	52 33 36	457.370
C		91 44 42	271 44 45	456.390	456.388	91 44 44	91 44 39	91 44 40	456.389
D		139 06 13	319 06 17	623.456	623.460	139 06 15	139 06 11	139 06 10	623.458
A		0 00 05	180 00 07	821.261	821.258	0 00 06			
A	2	90 00 01	270 00 05	821.259	821.265	(90 00 05) 90 00 03	0 00 00	821.261	821.262
B		142 33 40	322 33 44	457.370	457.375	142 33 42	52 33 37	457.371	457.372
C		181 44 43	1 44 47	456.389	456.386	181 44 45	91 44 40	456.388	456.388
D		229 06 11	49 06 17	623.455	623.456	229 06 14	139 06 14	623.457	623.456
A		90 00 06	271 00 08	821.259	821.255	90 00 07			

1. 三维坐标测量

将测站 A 坐标、仪器高和棱镜高输入全站仪中,后视 B 点并输入其坐标或后视方位角,完成全站仪测站定向后,瞄准 P 点处的棱镜,经过观测觇牌精确定位,按测量键,仪器可显示 P 点的三维坐标。

2. 后方交会测量

将全站仪安置于待定点上,观测两个或两个以上已知的角度和距离,并分别输入各已知点的三维坐标和仪器高、棱镜高后,全站仪即可计算出测站点的三维坐标。由于全站仪后方交会既测角度,又测距离,多余观测数多,测量精度也就较高,也不存在位置上的特别限制,因此,全站仪后方交会测量也可称作自由设站测量。

3. 对边测量

在任意测站位置,分别瞄准两个目标并观测其角度和距离,选择对边测量模式,即可计算出两个目标点间的平距、斜距和高差,还可根据需要计算出两个点间的坡度和方位角。

4. 悬高测量

要测量不能设置棱镜的目标,可在目标的正下方或正上方安置棱镜,并输入棱镜高。瞄准棱镜并测量,再仰视或俯视瞄准被测目标,即可显示被测目标的高度,如图 6.23(a) 所示。

5. 坐标放样测量

安置全站仪于测站，将测站点、后视点和放样点的坐标输入全站仪中，置全站仪于放样模式下，经过计算可将放样数据（距离和角度）显示在液晶屏上，照准棱镜后开始测量，此时，可将实测距离与设计距离的差、实测角度与设计角度的差、棱镜当前位置与放样位置的坐标差显示出来，观测员依据这些差值指挥司尺员移动方向和距离，直到所有差值为零，此时棱镜位置就是放样点位。

6. 偏心测量

若测点不能安置棱镜或全站仪直接观测不到测点，可将棱镜安置在测点附近通视良好、便于安置棱镜的地方，并构成等腰三角形。瞄准偏心点处的棱镜并观测，再旋转全站仪瞄准原先测点，全站仪即可显示出所测点位置，如图6.23(b)所示。

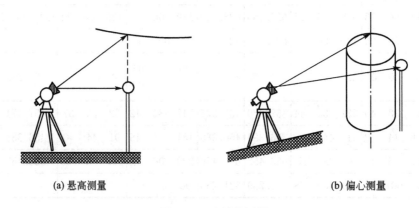

(a) 悬高测量　　　　　　　　　　　　(b) 偏心测量

图 6.23　全站仪测量

6.6.5　全站仪三维导线测量

全站仪导线控制测量与钢尺导线的布设形式一样。全站仪测距精度高，测距也不象钢尺量距那样困难，且同时测量竖直角，因此，全站仪导线不仅能测定控制点的平面坐标，而且也能测定控制点的高程，其高程精度可达到三、四等水准测量的精度要求。因此，全站仪导线也可布设成三维导线，既方便又快捷。

如图6.24所示为附合导线，用全站仪进行观测。观测时先置仪器于B点，观测2点坐标，再将仪器置于2点，观测3点坐标，依次观测最后得到C点的坐标观测值。

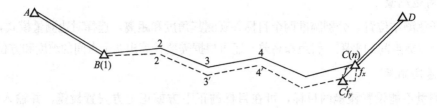

图 6.24　全站仪导线测量

设 C 点的坐标观测值为 x'_C、y'_C、H'_C，其已知坐标值为 x_C、y_C、H_C，则坐标闭合差 f_x、f_y、f_h 为

$$\left.\begin{array}{l} f_x = x'_C - x_C \\ f_y = y'_C - y_C \\ f_h = H'_C - H_C \end{array}\right\} \tag{6-32}$$

同样可算出导线全长闭合差

$$f = \sqrt{f_x^2 + f_y^2} \tag{6-33}$$

导线全长相对闭合差

$$K = \frac{f}{\sum D} = \frac{1}{\sum D/f} \tag{6-34}$$

式中：D_i 为导线边长；$\sum D$ 为导线全长。

当导线全长相对闭合差不大于规范中的容许值时，即按下式计算各点坐标的改正值

$$\left.\begin{array}{l} v_{xi} = -\dfrac{f_x}{\sum D} \times \sum D_i \\ v_{yi} = -\dfrac{f_y}{\sum D} \times \sum D_i \\ v_{hi} = -\dfrac{f_h}{\sum D} \times \sum D_i \end{array}\right\} \tag{6-35}$$

式中：$\sum D$ 为导线全长；$\sum D_i$ 为第 i 点之前导线边长之和。改正后各点坐标为

$$\left.\begin{array}{l} x_i = x'_i + v_{xi} \\ y_i = y'_i + v_{yi} \\ H_i = H'_i + v_{hi} \end{array}\right\} \tag{6-36}$$

式中：x'_i、y'_i、H'_i 为第 i 点的坐标观测值。

目前，理论与实践已经证明，用全站仪观测高程，如果采取对向观测，竖直角观测精度 $m_2 \leqslant \pm 2''$，测距精度不低于 $5 + 5 \times 10^{-6} D(\text{mm})$，边长控制在 2km 之内，可达到四等水准的限差要求。

6.7 GPS 测 量

6.7.1 概述

全球定位系统（Global Positioning System，GPS）是随着现代科学技术的迅速发展而建立起来的新一代精密卫星定位系统。由美国国防部于 1973 年开始研制，历经方案论证、系统论证、生产实验 3 个阶段，于 1993 年建设完成。该系统是以卫星为基础的无线电导航定位系统，具有全能性、全球性、全天候、连续性和实时性的导航、定位和定时的功

能，能为各类用户提供精密的三维坐标、速度和时间。

随着 GPS 定位技术的发展，其应用的领域在不断地拓宽。不仅用于军事上各兵种和武器的导航定位，而且广泛应用于民用上，如飞机、船舶和各种载运工具的导航、高精度的大地测量、精密工程测量、地壳形变监测、地球物力测量、航空救援、水文测量、近海资源勘探、航空发射及卫星回收等。

6.7.2 GPS 的组成

全球定位系统(GPS)包括 3 大组成部分，即空间星座部分、地面监控部分和用户设备部分。

1. 空间星座部分

全球定位系统的空间卫星星座由 24 颗卫星组成，其中包括 21 颗工作卫星和 3 颗随时可以启用的备用卫星。如图 6.25 所示，卫星分布在 6 个轨道面内，每个轨道面上均匀分布有 4 颗卫星。卫星轨道平面相对地球赤道面的倾角约为 55°，各轨道平面升交点的赤经相差 60°。在相邻轨道上，卫星的升交距角相差 30°。轨道平均高度约为 20200km，卫星运行周期为 11 小时 58 分。因此，同一观测站上，每天出现的卫星分布图形相同，只是每天提前约 4 分钟。每颗卫星每天约有 5 个小时在地平线以上，同时位于地平线以上的卫星数目，随时间和地点的不同而异，最少为 4 颗，最多可达 11 颗。

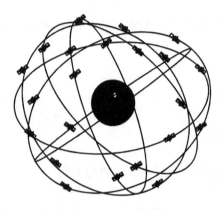

图 6.25　GPS 卫星星座

在 GPS 系统中，GPS 卫星的基本功能如下。

(1) 接收和储存由地面监控站发来的导航信息，接收并执行监控站的控制指令。

(2) 向广大用户连续发送定位信息。

(3) 卫星上设有微处理机，进行部分必要的数据处理工作。

(4) 通过星载的高精度铯钟和铷钟提供精密的时间标准。

(5) 在地面监控站的指令下，通过推进器调整卫星的姿态和启用备用卫星。

2. 地面监控部分

地面监控系统为确保 GPS 系统的良好运行发挥了极其重要的作用。目前主要由分布在全球的 5 个地面站组成，其中包括主控站、卫星监测站和信息注入站。

(1) 主控站

主控站有一个，设在美国本土科罗拉多州斯本斯空间联合执行中心。主控站除协调和管理地面监控系统的工作外，其主要任务是根据本站和其他监测站的所有跟踪观测数据，计算各卫星的轨道参数、钟差参数以及大气层的修正系数，编制成导航电文并传送至各注入站；主控站还负责调整偏离轨道的卫星，使之沿预定轨道运行。必要时启用备用卫星以代替失效的工作卫星。

(2) 监测站

监测站是在主控站控制下的数据自动采集中心。全球现有的 5 个地面站均具有监测站的功能。其主要任务是为主控站提供卫星的观测数据。每个监测站均用 GPS 接收机对可见卫星进行连续观测，以采集数据和监测卫星的工作状况，所有观测数据连同气象数据传送到主控站，用以确定卫星的轨道参数。

(3) 注入站

3 个注入站分别设在南大西洋的阿松森群岛、印度洋的狄哥伽西亚岛和南太平洋的卡瓦加兰岛。其主要任务是在主控站的控制下，将主控站推算和编制的卫星星历、钟差、导航电文和其他控制指令等，注入到相应卫星的存储系统，并监测注入信息的正确性。

整个 GPS 的地面监控部分，除主控站外均无人值守。各站间用现代化的通信网络联系起来，在原子钟和计算机的精确控制下，各项工作实现了高度的自动化和标准化。

3. 用户设备部分

用户设备的主要任务是接受 GPS 卫星发射的无线电信号，以获得必要的定位信息及观测量，并经数据处理而完成定位工作。

GPS 用户设备部分主要包括 GPS 接收机及其天线，微处理器及其终端设备以及电源等。其中接收机和天线是用户设备的核心部分，一般习惯上统称为 GPS 接收机。

随着 GPS 定位技术的迅速发展和应用领域的不断开拓，世界各国对 GPS 接收机的研制与生产都极为重视。世界上 GPS 接收机的生产厂家约有数百家，型号超过数千种，而且越来越趋于小型化，便于外业观测。目前，各种类型的 GPS 测地型接收机用于精密相对定位时，其双频接收机精度可达 $5\text{mm}+10^{-6} \cdot D$，单频接收机在一定距离内精度可达 $10\text{mm}+2\times10^{-6} \cdot D$。用于差分定位其精度可达分米级至厘米级。

6.7.3 GPS 坐标系统

GPS 是全球性的定位导航系统，其坐标系统也必须是全球性的，通常称为协议地球坐标系 CTS(Conventional Terrestrial System，CTS)。目前，GPS 测量中所用的协议坐标系统称为 WGS-84。其几何定义是：原点位于地球质心，Z 轴指向 BIH1984.0 定义的协议地球极(CTP)方向，X 轴指向 BIH1984.0 的零子午面和 CTP 赤道的交点，Y 轴与 Z、X 轴构成右手坐标系。

WGS-84 椭球及其常数采用国际大地测量(IAG)和地球物理联合会(IUGG)第 17 届大会对大地测量常数的推荐值，4 个基本常数如下。

(1) 长半轴：$a=6378137\pm2\text{m}$。

(2) 地心引力常数(含大气层)：$GM=(3986005\pm0.6)\times10^8(\text{m}^3 \cdot \text{s}^{-2})$。

(3) 正常化二阶带谐系数：$\bar{C}_{2,0}=-484.16685\times10^{-6}\pm1.30\times10^{-9}$。

(4) 地球自转角速度：$\omega=7292115\times10^{-11}\pm0.1500\times10^{-11}(\text{rad} \cdot \text{s}^{-1})$。

利用以上 4 个基本常数，可计算出其他椭球常数，如第一偏心率 e，第二偏心率 e' 和偏率 α 分别为

$$e^2 = 0.00669437999013$$
$$e'^2 = 0.00673949674227$$
$$\alpha = 1/298.257223563$$

在实际工程中,测量成果往往是属于某一国家坐标系或地方坐标系,因此必须进行坐标转换。

6.7.4 GPS定位原理

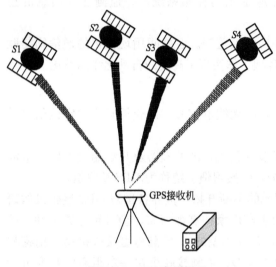

图 6.26 GPS定位原理

GPS的定位原理,简单来说,是利用空间分布的卫星以及卫星与地面点间进行距离交会来确定地面点位置。因此若假定卫星的位置为已知,通过一定的方法可准确测定出地面点 A 至卫星间的距离,那么 A 点一定位于以卫星为中心、以所测得距离为半径的圆球上。若能同时测得点 A 至另两颗卫星的距离,则该点一定处在三圆球相交的两个点上。根据地理知识,很容易确定其中一个点是所需要的点。从测量的角度看,则相似于测距后方交会。卫星的空间位置已知,则卫星相当于已知控制点,测定地面点 A 到3颗卫星的距离,就可实现 A 点的定位,如图6.26所示。这就是GPS卫星定位的基本原理。

6.7.5 GPS控制网设计

GPS测量与常规测量工作相似,按照GPS测量实施的工作程序可分为以下几个步骤:方案设计、选点埋石、外业准备、外业观测、成果检核与数据处理。考虑到以载波相位观测量为根据的相对定位法,是当前GPS测量中普遍采用的精密定位方法,所以下面将主要介绍实施这种高精度GPS测量工作的基本程序与作业模式。

GPS控制网的技术设计是进行GPS测量工作的第一步,其主要内容包括精度指标的合理确定,网的图形设计和网的基准设计等。

1. GPS测量精度指标

GPS网精度指标的确定取决于网的用途。设计时应根据实际需要和可以实现的设备条件,恰当地确定GPS网的精度等级。我国根据不同的任务,制定了不同行业的规范与规程,如国家测绘局颁布实施的《全球定位系统(GPS)测量规范》及国家建设部发布的《全球定位系统城市测量规程》。

GPS网的精度指标通常以网中相邻点之间的距离误差 m_r 来表示。

$$m_r = a + b \times 10^{-6} D \qquad (6-37)$$

式中：m_r 为网中相邻点间的距离误差，mm；a 为 GPS 固定误差，mm；b 为比例误差，ppm；D 为相邻点间的距离，km。

根据我国 2001 年所颁布的全球定位系统测量规范，GPS 基线向量网被分成了 AA、A、B、C、D、E 6 个级别。不同类级 GPS 网的精度指标见表 6-15。

表 6-15　GPS 网的类级精度指标

类级	测量类型	固定误差 a(mm)	比例误差 b(ppm)	相邻点平均距离 D(km)
AA	全球性地球动力学、地壳形变测量、精密定轨	≤3	≤0.01	1000
A	区域性地壳形变测量或国家高精度 GPS 网	≤5	≤0.1	300
B	国家基本控制测量、精密工程测量	≤8	≤1	70
C	控制网加密、城市测量、工程测量	≤10	≤5	10～15
D	工程控制网	≤10	≤10	5～10
E	测图网	≤10	≤20	0.2～5

2. GPS 网的图形设计

在 GPS 测量中，控制网的图形设计是一项十分重要的工作。由于控制网中点与点不需要相互通视，因此其图形设计具有较大的灵活性。GPS 网的图形布设通常有点连式、边连式、网连式和混连 4 种基本形式。图形布设形式的选择取决于工程所要求的精度、GPS 接收机台数及野外条件等因素。

1）点连式

点连式是指只通过一个公共点将相邻的同步图形连接在一起。点连式布网由于不能组成一定的几何图形，形成一定的检核条件，图形强度低，而且一个连接点或一个同步环发生问题，影响到后面所有的同步图形。因此这种布网形式一般不能单独使用，如图 6.27(a) 所示。

2）边连式

边连式是通过一条边将相邻的同步图形连接在一起，如图 6.27(b) 所示。与点连式相比，边连式观测作业方式可以形成较多的重复基线与独立环，具有较好的图形强度与较高的作业效率。

3）网连式

网连式是指相邻的同步图形间有 3 个以上的公共点，相邻图形有一定的重叠。采用这种形式所测设的 GPS 网具有很强的图形强度，但作业效率很低，一般仅适用于精度要求较高的控制网。

4）混连式

在实际作业中，由于以上几种布网方案存在这样或那样的缺点，一般不单独采用一种形式，而是根据具体情况，灵活地采用以上几种布网方式，称为混连式，如图 6.27(c) 所示。混连式是实际作业中最常用的作业方式。

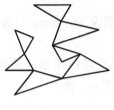 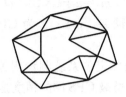 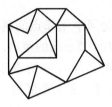

(a) 点连式　　　　　　　(b) 边连式　　　　　　　(c) 混连式

图 6.27　GPS 网的布设形式

3. GPS 网的基准设计

通过 GPS 测量可以获得 WGS-84 坐标系下的地面点间的基准向量，需要转换成国家坐标系或独立坐标系的坐标。因此对于一个 GPS 网，在技术设计阶段就应首先明确 GPS 成果所采用的坐标系统和起算数据，即 GPS 网的基准设计。

GPS 网的基准包括网的位置基准、方向基准和尺度基准。位置基准一般根据给定起算点的坐标确定，方向基准一般根据给定的起算方位确定，也可以将 GPS 基线向量的方位作为方向基准，尺度基准一般可根据起算点间的反算距离确定，也可利用电磁波测距边作为尺度基准，或者直接根据 GPS 边长作为尺度基准。可见只要 GPS 的位置、方向、尺度基准确定了，该网也就确定下来了。

6.7.6　GPS 外业测量工作

在进行 GPS 测量之前，必须做好一切外业准备工作，以保证整个外业工作的顺利实施。外业准备工作一般包括测区的踏勘、资料收集、技术设计书的编写、设备的准备与人员安排、观测计划的拟订、GPS 仪器的选择与检验。GPS 观测工作主要包括天线安置、观测作业、观测记录、观测成果的外业检核等 4 个过程。因此，GPS 外业测量的主要工作如下。

1. 选点、埋石

由于 GPS 测量不需要点间通视，而且网的结构比较灵活，因此选点工作较常规测量要简便。但点位选择的好坏关系到 GPS 测量能否顺利进行，关系到 GPS 成果的可靠性，因此，选点工作十分重要。选点前，收集有关布网任务、测区资料、已有各类控制点、卫星地面站的资料，了解测区内交通、通信、供电、气象等情况。对于一个 GPS 点，其点位的基本要求有以下几项。

(1) 周围便于安置接收设备和操作，视野开阔，视场内障碍物的高度角不宜超过 15°。

(2) 远离大功率无线电发射源（如电视台、电台、微波站等），其距离应大于 200m；远离高压电线和微波无线电传送通道，其距离应大于 50m。

(3) 附近不应有强烈反射卫星信号的物件（如大型建筑物）。

(4) 交通方便，有利于其他测量手段扩展和联测。

(5) 地面基础稳定，易于点的保存。

(6) 埋石与其他控制点埋设方法相似。

2. 安置天线

天线一般应尽可能利用三脚架直接安置在标志中心的垂直方向上,对中误差不大于 3mm。架设天线不宜过低,一般应距地面 1.5m 以上。天线架设好后,在圆盘天线间隔 120°方向上分别量取 3 次天线高,互差须小于 3mm,取其平均值记入测量手簿。为消除相位中心偏差对测量结果的影响,安置天线时用罗盘定向使天线严格指向北方。

3. 外业观测

将 GPS 接收机安置在距天线不远的安全处,连接天线及电源电缆,并确保无误。按规定时间打开 GPS 接收机,输入测站名,卫星截止高度角,卫星信号采样间隔等。一个时段的测量工作结束后要查看仪器高和测站名是否输入,确保无误后再关机、关电源、迁站。为削弱电离层的影响,安排一部分时段在夜间观测。

4. 观测记录

外业观测过程中,所有的观测数据和资料都应妥善记录。观测记录主要由接收设备自动完成,均记录在存储介质(如磁带、磁卡或记忆卡等)上。记录的数据包括载波相位观测值及相应的观测历元、同一历元的测码伪距观测值、GPS 卫星星历及卫星钟差参数、大气折射修正参数、实时绝对定位结果、测站控制信息及接收机工作状态信息。

5. 观测成果检核

观测成果的外业检核是确保外业观测质量和实现定位精度的重要环节。因此,外业观测数据在测区时就要及时进行严格检查,对外业预处理成果,按规范要求进行严格检查、分析,根据情况进行必要的重测和补测,确保外业成果无误后方可离开测区。对每天的观测数据及时进行处理,及时统计同步环与异步环的闭合差,对超限的基线及时分析并重测。

6.7.7 GPS 测量数据处理

GPS 测量数据处理是指从外业采集的原始观测数据到最终获得测量定位成果的全过程。大致可以分为数据的粗加工、数据的预处理、基线向量解算、GPS 基线向量网平差或与地面网联合平差等几个阶段。数据处理基本流程如图 6.28 所示。

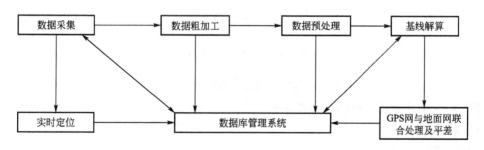

图 6.28 数据处理基本流程

图中第一步数据采集和实时定位在外业测量过程中完成;数据的粗加工至基线向量解算一般用随机软件(后处理软件)将接收机记录的数据传输至计算机,进行预处理和基线解算;GPS 网平差可以采用随机软件进行,也可以采用专用平差软件包来完成。

POWERADJ 是由武汉大学测绘学院研制的全汉化 GPS 网和地面网平差软件包。该软件要求在 Windows 环境下运行，它所采用的原始数据是 GPS 基线向量和它们的方差——协方差阵，或者是具有方向观测值、边长观测值等地面网数据，可进行测角网、边角网、测边网、导线网以及 GPS 基线向量网单独平差，混合平差以及常规网与 GPS 网的二维、三维联合平差，平差得到的是国家或地方坐标系成果。二维平差的最后结果见表 6-16。

表 6-16 二维平差的最后结果

点号	x	y	距离	方位角 (° ′ ″)	目标点	x 残差 (cm)	y 残差 (cm)
100	148083.0000	114136.0000	1289.7703	202 32 21	101	0.26	0.13
101	146891.7463	113641.6094	1764.2147	123 58 47	A	0.15	0.06
			5243.7120	103 01 50	D	0.13	-0.08
A	145905.7287	115104.5594	1360.1438	126 18 54	B	0.06	0.16
B	145100.2172	116200.5257	1517.3356	98 57 56	C	-0.16	0.17
			3123.7204	304 59 47	101	0.31	0.07
C	144863.7567	117699.3232	1348.9689	51 10 39	D	-0.17	0.06
D	145709.4378	118750.2944	1357.5632	17 34 53	100	0.09	0.18
			2621.5400	256 33 44	B	0.19	-0.21

为提高 GPS 测量的精度与可靠度，基线解算结束后，应及时计算同步环闭合差、非同步环闭合差以及重复边的检查计算，各环闭合差应符合规范要求。

同步环：同步环坐标分量及全长相对闭合差不得超过 2ppm 与 3ppm。

非同步环：非同步环闭合差

$$W_x = \sum_{i=1}^{n} \Delta x_i \leqslant 2\sqrt{n}\sigma$$

$$W_y = \sum_{i=1}^{n} \Delta y_i \leqslant 2\sqrt{n}\sigma$$

$$W_z = \sum_{i=1}^{n} \Delta z_i \leqslant 2\sqrt{n}\sigma$$

$$W = \sqrt{W_x^2 + W_y^2 + W_z^2} \leqslant 2\sqrt{3n}\sigma$$

POWERADJ 软件二维约束平差示例：

已知数据信息

固定点数：2

点号：100　x=148083.0000　y=114136.0000

点号：101　x=146891.7463　y=113641.6094

固定方位角数：0

固定距离数：0

6.7.8 GPS 在公路勘测中的控制测量

目前，GPS 技术已广泛应用于公路控制测量中，它具有常规测量技术不可比拟的技术优势：速度快、精度高、不必要求点相互通视。通常用 GPS 技术分两级建立公路控制网。首先，用 GPS 技术建立全线统一的高等级公路控制网；然后，用 GPS 或常规测量技术进行 GPS 点间的加密附合导线测量。分级布网既能保证在局部范围（几千米线路）内导线点有较高的相对精度和可靠性，同时保证相对精度能在全线顺次延续。

全线公路 GPS 控制网由多个异步闭合环所组成，每环的 GPS 基线向量不宜超过 6 条，边长为 2~4km，闭合边与国家三角点联测，长度不受限制。

在每隔 4km 左右布设一对相互通视、边长约 300m 并埋设标石的 GPS 点，这样的布设主要是为了有利于后续用全站仪来加密布设附合导线或施工放样。但是，由于控制点间的边长过于悬殊，导致内业数据处理过程中存在一些较为明显的不合理成分。如为了有效检验外业基线成果的质量，必须在网中形成一定数量的异步闭合环。当异步环中边长较为悬殊时（有几百米的，也有十几千米的），虽然能满足上述基线检核的各项条件，但长边的系统误差比短边的系统误差大，长边绝对精度比短边低很多，若不加区别地将全部基线纳入网中进行平差计算，势必将长边的系统误差传递到短边中，大大削弱短边的精度，影响整个控制网的点位精度。解决这个问题的方法是将长边不纳入网中进行平差，仅作检核之用，如图 6.29 中的 AD、DH、FH、DM 边。

图 6.29 公路勘测 GPS 首级控制网布设示意图

思 考 题

1. 测量控制网有哪几种形式？各在什么情况下采用？
2. 根据图 6.30 中 AB 边坐标方位角及观测角，计算其余各边的方位角。
3. 导线布设形式有哪几种？选择导线点时应注意哪些事项？导线的外业工作有哪些？
4. 交会测量有哪几种形式？各适合于什么场合？如何检核外业观测结果和内业计算？
5. 全站仪的精度指标由哪几部分构成？全站仪有哪些高级功能？
6. GPS 全球定位系统由哪几部分组成？各部分的作用是什么？

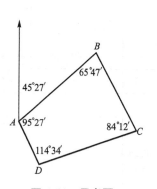

图 6.30 思考题 2

7. GPS 控制网如何布设？应注意哪些问题？
8. GPS 外业测量工作有哪些？
9. 在公路勘测中如何用 GPS 技术进行控制测量？

习　题

1. 在图 6.31 中，五边形的各内角分别为：$\beta_1=95°$，$\beta_2=130°$，$\beta_3=65°$，$\beta_4=128°$，$\beta_5=122°$，12 边的坐标方位角为 30°，试计算其他边的坐标方位角。

2. 如图 6.32 所示，已知 $\alpha_{AB}=257°30'42''$，观测得水平角为：$\alpha=95°24'36''$，$\beta=156°48'06''$，$\gamma=236°48'12''$。试求其他各边的坐标方位角。

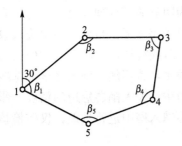

图 6.31　习题 1

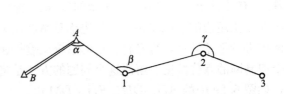

图 6.32　习题 2

3. 试完成表 6-17 中的附合导线测量计算。
4. 试完成表 6-18 中的闭合导线测量计算。

表 6-17　附合导线测量计算

测点	观测角度（左角） (° ′ ″)	坐标方位角 (° ′ ″)	边长 (m)	坐标增量 ΔX (m)	坐标增量 ΔY (m)	坐标 X (m)	坐标 Y (m)
A							
		127　20　30					
B	231　02　30					3509.580	2675.890
			40.510				
1	64　52　00						
			79.040				
2	182　29　00						
			59.120				
C	138　42　30					3529.000	2801.540
		24　26　25					
D							
Σ							
辅助 计算							

表 6-18　闭合导线测量计算

测点	观测角度(左) (° ′ ″)	坐标方位角 (° ′ ″)	边长 (m)	坐标增量 ΔX (m)	坐标增量 ΔY (m)	坐标 X (m)	坐标 Y (m)
1						2000.000	3000.000
2	107　10　10	151　30　00	270.100				
3	88　20　15		375.550				
4	115　05　56		429.480				
5	96　32　12		300.030				
1	132　51　26		335.400			2000.000	3000.000
2		151　30　00					
Σ							
辅助 计算							

5. 在图 6.11(a)中，已知 A、B 两点坐标及观测角见表 6-19，试计算 P 点坐标。

表 6-19　前方交会计算

A	α_1	52°37′24″	x_A	929.56	y_A	647.55
B	β_1	55°46′48″	x_B	618.34	y_B	860.08
P			x_P		y_P	

6. 在图 6.13(a)中，已知 A、B、C 三点坐标及观测角见表 6-20，试计算 P 点坐标。

表 6-20　后方交会计算

A	α_1	101°38′46″	x_A	794.148	y_A	205.706
B	β_1	132°47′51″	x_B	1055.233	y_B	473.325
C	γ	125°33′23″	x_C	699.504	y_C	600.608
P			x_P		y_P	

第 7 章 地形测量

教学要点

知识要点	掌握程度	相关知识
地形图基本知识	(1) 了解地形图比例尺、分幅与编号 (2) 掌握地形图的图廓元素及内容	地物和地貌符号的绘制
大比例尺地形图测绘	(1) 掌握碎部测量方法 (2) 掌握测站的测绘工作 (3) 掌握地形图的绘制与测图结束工作	(1) 碎部测量极坐标法 (2) 碎部测量交会法 (3) 碎部测量直角坐标法
数字测图基本知识	(1) 了解数字测图作业过程 (2) 掌握野外数据采集 (3) 掌握碎部点坐标测算方法 (4) 了解数字测图内业	数字化成图流程

技能要点

技能要点	掌握程度	应用方向
大比例尺地形图测绘	掌握大比例尺地形图测绘方法	地形图测绘
数字地形图测绘	熟练掌握数字地形图测绘	地形图测绘

基本概念

比例尺、图廓、图名、图号、接图表、地物、地貌、等高线、数字化测图。

引例

中国第一个月球探测器嫦娥一号卫星于 2007 年 10 月 24 日发射升空，嫦娥一号上搭载的相机是一台三线阵 CCD 推扫相机，能够在 85s 内获得月球表面同一物体前视、正视和后视 3 个不同视角的图像数据，以此为依据可以获得全月球的三维地形数据。中国首次月球探测工程全月球三维数字地形图，就是由 CCD 立体相机获取的影像数据，经三线阵数字摄影测量处理制作而成。地形图采用均地极轴坐标系，高程基准采用月球半径为  1737.4km 的正球体表面，空间分辨率为 500m，平面中误差为 192m，高程中误差为 120m。右图为第一幅月面图像局部区域的地形图。

7.1 地形图基本知识

地面上天然形成或人工构筑的各种固定物体称为地物，如河流、湖泊、房屋、道路、桥梁和农田、森林等；地面高低起伏的自然形态称为地貌，如高山、丘陵、平原、洼地等。地物和地貌总称为地形。控制点建立后，根据控制点采集测区内地物和地貌特征点的相关定位数据，而后按测图比例尺和规定的符号绘制成地形图，这项测量工作称为地形测量。

遵循"先控制后碎部"的原则，地形图的测绘应先根据测图目的及测区的具体情况建立平面及高程控制，然后根据控制点进行地物和地貌的测绘。通过实地施测，将地面上各种地物的平面位置按一定比例尺，用规定的符号缩绘在图纸上，标注代表性点的高程，这种图称为平面图；既表示各种地物，又用等高线表示地貌的图称为地形图。图 7.1 为 1：2000 比例尺的地形图示意。

7.1.1 地形图的比例尺

图上任一直线段长度 l 与地面上相应线段的实地水平长度 D 之比，称为地形图的比例尺。地形图比例尺常用数字比例尺和图示比例尺两种。

数字比例尺是用分子为 1，分母为整数的分数表示，即

$$\frac{l}{D}=\frac{1}{M} 或 l：D=1：M \tag{7-1}$$

式中：M 为比例尺分母，如 1：500、1：1000 等，M 值越小比例尺越大。

图示比例尺常见的是直线比例尺，它表示每基本单位图上线段长度所代表的实地长度。图 7.2 所示为 1：500 的图示比例尺，基本单位长度为 2cm，代表实地长度为 10m。图示比例尺标注在图纸的下方，便于用分规在图上直接量取直线段的水平距离，且可抵消图纸伸缩的影响。

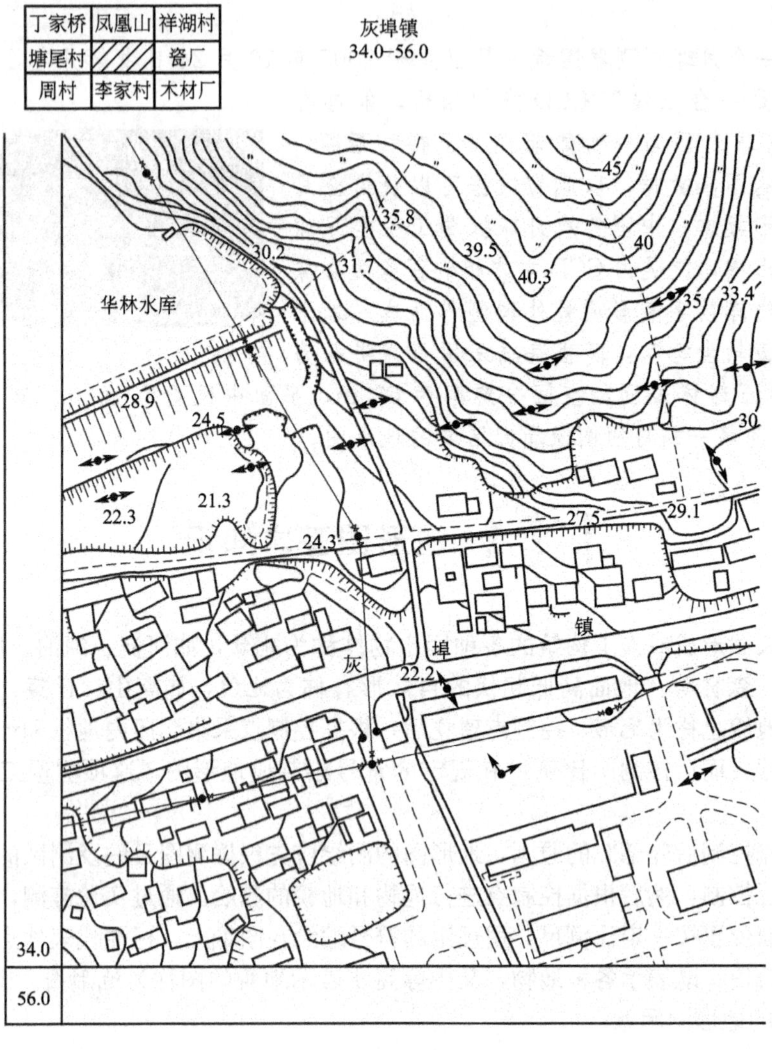

图 7.1　1∶2000 地形图示意

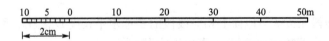

图 7.2　图示比例尺

地形图按比例尺可分为大、中、小 3 种。比例尺为 1∶500、1∶1000、1∶2000、1∶5000、1∶1 万的地形图称为大比例尺图，工程建设通常用此类地形图。1∶500、1∶1000 的地形图一般用平板仪、经纬仪或全站仪测绘，1∶2000、1∶5000 和 1∶1 万的地形图一般用更大比例尺的图缩制，1∶2000 的地形图常用于城市详细规划及工程项目初步设计，1∶5000 和 1∶1 万的地形图则用于城市总体规划、厂址选择、区域布置、方案比较等。大面积的大比例尺测图也可以用航空摄影测量方法成图。比例尺为 1∶2.5 万、1∶5 万、1∶10 万的地形图称为中比例尺图，它是国家的基本图，由测绘部门用航空摄影测量方法成图。1∶20万、1∶50万、1∶100万的地形图称为小比例尺图，一般根据大比例尺图和其他测量资料编绘而成。

由于人们正常眼睛在图上可分辨的最小长度为0.1mm，一般在实地测图描绘或图上量测时，只能达到图上0.1mm的精确度。因此把地形图上0.1mm代表的实地水平距离称为比例尺精度，即$\varepsilon=0.1M$mm（M为比例尺分母）。几种工程用图的比例尺精度见表7-1。

表7-1 比例尺精度

比例尺	1∶500	1∶1000	1∶2000	1∶5000	1∶1万
比例尺精度(m)	0.05	0.10	0.20	0.50	1.00

由表7-1可知，如测绘比例尺为1∶2000时，测图距离小于0.2m就无法在图上表示出来。由此可见，比例尺愈大，其比例尺精度也越高，图上表示的地物、地貌越详尽、准确。

比例尺精度的概念，对测图和设计用图都有重要的指导意义。首先，根据比例尺精度可以确定在测图时距离测量应准确到什么程度。如某项工程要求在图上能反映地面上10cm的精度，则所选用的测图比例尺就不能小于0.1mm/0.1m=1∶1000。图的比例尺越大，测绘工作量和成本会成倍地增加，所以，当设计规定需在图上能量出实地最短长度时，测图应根据比例尺精度可以确定。合理的测图比例尺应根据工程规划、设计等的实际需要合理选择，不要盲目追求更大的比例尺。

7.1.2 地形图的分幅与编号

为了便于测绘、使用和管理，需将各种比例尺地形图进行统一的分幅和编号。地形图的分幅方法有两类，一类是按经纬线分幅的梯形分幅法，用于国家基本图和大面积1∶2000、1∶5000地形图；另一类是按坐标格网分幅的矩形分幅法，用于工程建设的大比例尺地形图。这里主要介绍用于工程建设的矩形分幅。

工程规划设计、施工及资源和工程管理所用的1∶500、1∶1000和小区域1∶2000、1∶5000的大比例尺地形图，采用矩形分幅法，它是依比例尺由大到小逐级按统一的直角坐标格网划分成4幅。图幅大小见表7-2。

表7-2 矩形分幅的图幅大小

比例尺	50×40分幅		50×50分幅		一幅1∶5000图内幅数
	图幅大小(cm×cm)	实地面积(km²)	图幅大小(cm×cm)	实地面积(km²)	
1∶5000	50×40	5.0	50×50	6.25	1
1∶2000	50×40	0.8	50×50	1	4
1∶1000	50×40	0.2	50×50	0.25	16
1∶500	50×40	0.05	50×50	0.0625	64

采用矩形分幅时，图幅编号一般采用该幅图西南角坐标x、y的千米数编号。如

图7.1所示,其西南角的坐标 $x=34.0$ km, $y=56.0$ km,所以其编号为"34.0-56.0"。编号时,比例尺为1:500的地形图,坐标值取至0.01km,而1:1000、1:2000的地形图取至0.1km。

对于面积较大的测区,应用户要求测绘有几种不同比例尺的地形图。为了便于地形图测绘、拼接、编绘、存档、管理与应用,地形图的编号通常以最小比例尺图为基础进行。例如,某测区1:5000图幅编号为"32.0-56.0",这个图号将作为该图幅中其他较大比例尺所有图幅的基本图号。如图7.3所示,在1:5000图号后缀加罗马字Ⅰ、Ⅱ、Ⅲ、Ⅳ,就是1:2000比例尺图幅的编号,如甲图幅编号为"32-56-Ⅰ"。同样,在1:2000图幅编号后缀加Ⅰ、Ⅱ、Ⅲ、Ⅳ,就是1:1000图幅的编号,如乙图幅编号为"32-56-Ⅳ-Ⅱ"。在1:1000比例尺的图号后缀加Ⅰ、Ⅱ、Ⅲ、Ⅳ,就是1:500图幅的编号,如图7.3所示的丙图幅编号为"32-56-Ⅳ-Ⅲ-Ⅲ"。

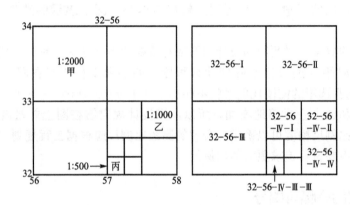

图7.3 地形图矩形分幅法和编号

7.1.3 地形图的图廓元素

为了使图纸管理、查找和使用方便,在地形图的图框(称为图廓)周边标注如图名、图号、接图表、坐标格网、三北方向线等,称为图廓元素,如图7.4所示。

1. 图名与图号

图名为本幅图的名称,用本图内最著名的地名、村庄或厂矿企业名称、最突出的地物、地貌等的名称来命名。图号即本幅图的编号,是根据统一的分幅进行编号的。图号、图名注记在北图廓的上方中央。

2. 接图表

接图表用来说明本图幅与相邻图幅的关系,以便索取相邻图幅。接图表绘在图廓左上方,如图7.4所示,中间阴影格代表本图幅;其他分别注明相应的图名(或图号)代表相邻图幅,有的地形图还把相邻图幅的图号分别注在东、南、西、北图廓线中间,进一步说明与四邻图幅的相互关系。

3. 比例尺

在每幅图的南图框外的中央均注有测图的数字比例尺,下方并绘出直线比例尺。

4. 图廓与坐标格网

图廓有内、外图廓之分。内图廓是地形图分幅时的坐标格网或经纬线,是图幅的边界。外图廓是距内图廓12mm的加粗平行线,仅起装饰作用。在内图廓内侧间隔图上10cm绘有5mm的短线,表示坐标格网线的位置;图幅内间隔10cm绘有坐标格网线的交叉点,短线与交叉点的连线构成坐标格网。如图7.4中的方格网为平面直角坐标格网。在内外图廓之间标有格网的坐标值(平面直角坐标或地理坐标)。

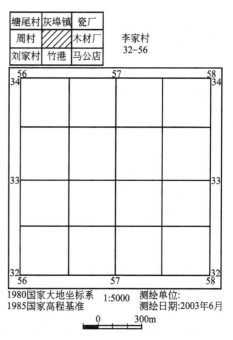

图7.4 地形图的图廓元素

5. 三北方向线关系图

在许多中、小比例尺图的南图廓线右下方,还绘有真子午线N、磁子午线N'和纵坐标轴X这三者之间的角度关系图,称为三北方向线。如图7.5所示,该图磁偏角为$-1°36'$,子午线收敛角为$-0°22'$。根据该关系图,可对图上任一方向的真方位角、磁方位角和坐标方位角进行相互换算。

6. 坡度比例尺

坡度比例尺绘在南图廓外直线比例尺的左边,是一种在地形图上量测地面坡度和倾角的图解工具。如图7.6所示,坡度尺的底线下注有两行数字,上行表示地面倾角为α,下行是对应的地面坡度为i,若等高距为h,相邻等高间平距为d(见7.1.4节),则

$$i = \tan\alpha = \frac{h}{dM} \tag{7-2}$$

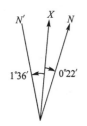

图7.5 三北方向关系

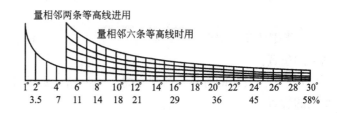

图7.6 坡度比例尺

使用坡度比例尺时,用分规卡出图上相邻等高线的平距后,以分规的一针尖对准坡度尺底线,另一针尖对准曲线,即可读出地面坡度i和地面倾角α。

7. 投影方式、坐标系统、高程系统

地形图测绘完成后,在外图廓左下方注明本图的投影方式(正射投影)、坐标系统(如国家大地坐标、城市平面直角坐标、独立平面直角坐标等)、高程系统(1985国家高程基准、相对高程系统等)。

8. 成图方法、图式版本

在地形图外图廓左下方注明成图方法(航测成图、平板仪测量成图、野外数字成图等)、测图所采用的地形图图式版本。

此外，还应在地形图外图廓右下方标注测绘单位、成图日期等，供日后用图参考。

7.1.4 地形图的内容

地形图内图廓以内的内容是图幅范围的主体地理信息，包括坐标格网或经纬线、表示地物、地貌的符号和注记。地面上的地物和地貌，应按国家颁发的《地形图图式》中规定的统一符号和规格要求描绘在图上，以便于识图。

1. 地物符号

地物是用地物符号和注记来表示的。地物种类繁多，对1∶500、1∶1000和1∶2000地形图的地物符号可归纳为以下几种，见表7-3。

1) 比例符号

地物的形状、大小和位置能按比例尺缩绘在图上，可表达地物的轮廓特征，这类符号称为比例符号或轮廓符号。这种符号一般用实线或点线描绘，如表7-3中1～8表示的房屋、台阶和花圃、草地的范围等。

2) 非比例符号

有的地物(如控制点、消火栓、阀门、钻孔等)轮廓较小，无法按比例尺缩绘在图上，而又必须在图上表示出来，则采用规定的符号在该地物的中心位置上表示。这类符号称为非比例符号，由于这类符号与相应地物形状比较类似，所以又称为形象符号。如表7-3中28～55均为非比例符号。无专门说明的符号，均以顶端向北、垂直于南图廓线绘制；具有走向性的符号，如井口、窑洞等按其真实方向表示。

非比例符号只能表示地物在图上的中心位置，不能表示其形状和大小。符号的中心与该地物实地中心的位置关系，随各种不同的地物而异，测图和用图时应注意以下几个方面。

(1) 规则的几何图形符号，如圆形、正方形、三角形等，图形几何中心点为地物中心在图上的位置。

(2) 底部为直角的符号，如独立树、加油站、路标等，符号的直角顶点即为地物中心在图上的位置。

(3) 底宽符号，如烟囱、水塔、岗亭等，符号底部中心即为地物中心在图上的位置。

(4) 下方无底线符号，如山洞、窑洞、平峒口等，符号下方两端点连线的中心即为地物中心在图上的位置。

(5) 数种图形组合符号，如消火栓、路灯、盐井等，符号下方图形的几何中心即为地物中心在图上的位置。

(6) 其他符号，如矿井、桥梁、涵洞等，符号中心即为实地地物中心在图上的位置。

3) 半比例符号

一些呈线状延伸的地物，如公路、铁路、通信线、管道等，长度可按比例尺缩绘，而宽度不能按比例尺缩绘，这类符号称为半比例符号或线形符号。如表 7-3 中 15～27 均为半比例符号。这类符号的中心线一般表示其地物的中心线，只能表示地物的长度不能表示其宽度。

4）地物注记

对地物加以说明的文字、数字或特有符号称为地物注记。地物注记用于进一步表明地物的特征和种类，如城镇、学校、河流、道路的名称，桥梁的长、宽及载重量，江河的流向、流速及深度，道路的去向、路面材料，森林、果树的类别等，都以文字或特定符号加以说明。

表 7-3 地物符号

编号	符号名称	图 例	编号	符号名称	图 例
1	普通房屋 ① 一般房屋 ② 棚房 ③ 廊房 ④ 架空房屋 混—房屋结构 3—层数		6	稻田	
2	窑洞 ① 住人的 ② 地下的		7	果园	
3	台阶		8	人工草地	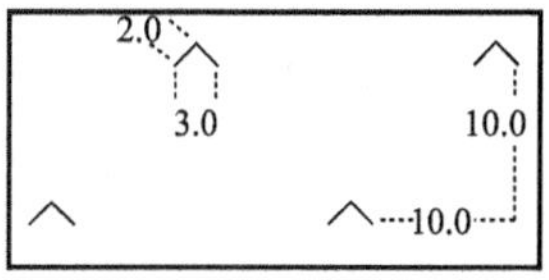
			9	栅栏、栏杆	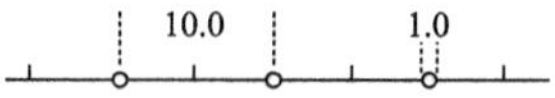
			10	围墙 ① 依比例 ② 不依比例	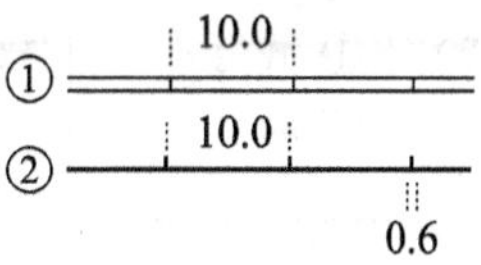
4	过街天桥		11	菜地	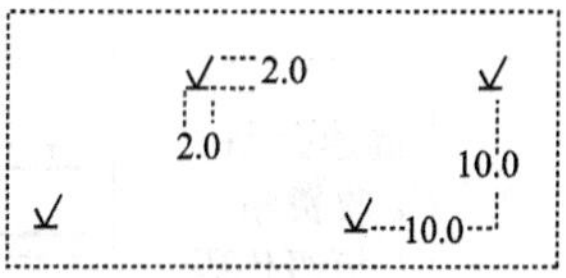
5	过街地道		12	橡胶园	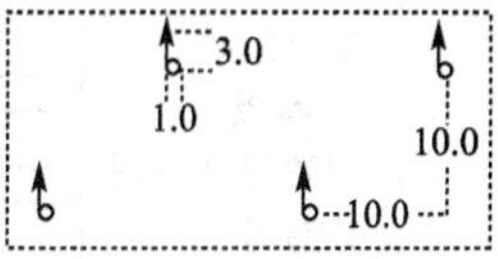

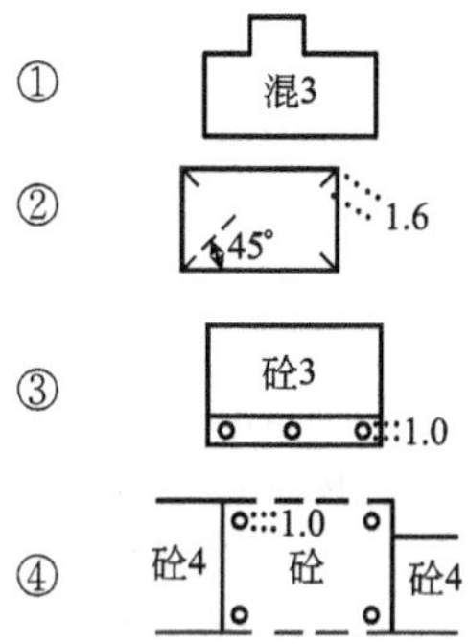

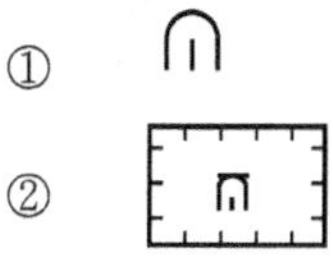

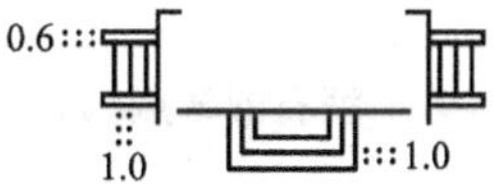

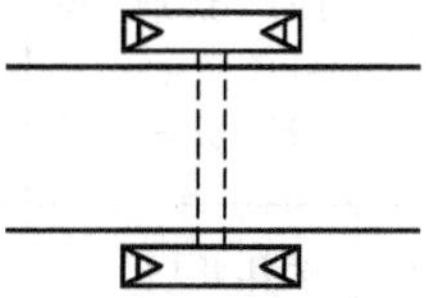

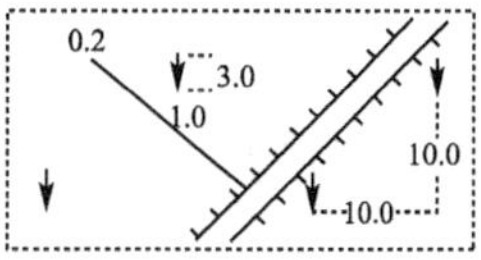

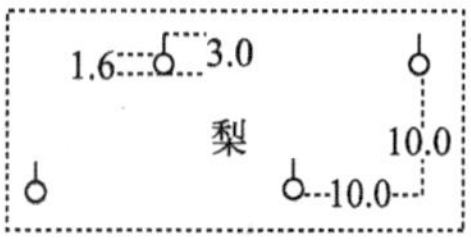

(续)

编号	符号名称	图例	编号	符号名称	图例
13	灌木林		24	大车路、机耕道	
14	竹林		25	乡村路	
15	高压线		26	小路	
16	低压线		27	水闸	
17	电线架		28	三角点 凤凰山—点名 394.468—高程	
18	电杆上变压器		29	小三角点 横山-点名 95.93-高程	
19	通信线		30	导线点 Ⅰ16—等级、点号 84.46—高程	
20	城墙 ① 城门 ② 豁口		31	埋石图根点 16—点号 84.46—高程	
21	篱笆		32	水准点 Ⅱ京石5—等级、点名、点号 32.804—高程	
22	高速公路 a 收费站 0 等级代码		33	GPS控制点 B14—级别、点号 495.267—高程	
23	等级公路 2-等级 （G301）—国道编号		34	矿井井口	

(续)

编号	符号名称	图 例	编号	符号名称	图 例
35	盐井		44	水轮泵、抽水机站	
36	一般沟渠		45	雷达站	
	单层堤沟渠		46	气象站	
	双层堤沟渠		47	环保监测站	
	沟堑沟渠		48	加油站	
37	起重机		49	路灯	
38	水塔		50	喷水池	
39	水塔烟囱		51	亭	
40	蒙古包		52	电视发射塔	
41	教堂				
42	露天设备		53	独立坟	
43	液体、气体储存设备				

(续)

编号	符号名称	图例	编号	符号名称	图例
54	阔叶独立树		60	崩崖 ① 沙、土质的 ② 石质的	
55	针叶独立树		61	滑坡	
56	等高线 ① 首曲线 ② 计曲线 ③ 间曲线		62	陡崖 ① 土质的 ② 石质的	
57	等高线注记		63	冲沟	
58	示坡线		64	干河床	
59	高程点注记 ① 一般高程点 ② 独立地物高程				

2. 地貌符号——等高线

1) 地貌的形态

地貌形态多种多样，一个测区按其起伏变化状况可划分 4 种地形类型：地面倾斜角在 2°以下，相对高度小于 20m，地势起伏小，称为平地。倾斜角在 2°~6°，相对高度不高于 150m，称为丘陵地。倾斜角在 6°~25°，相对高度高于 150m，称为山地。绝大部分地面倾斜角在 25°以上，地势陡峻，称为高山地。

地貌是地形图上要表示的重要信息之一。图 7.7(a)为某地的山地地貌，形态虽然较为复杂，但仍可归纳为几种基本形态：山顶(山头)、山脊、山谷、鞍部、盆地(洼地)、阶地、陡崖等。地面隆起高于四周地面的高地称为山丘，其最高点称为山头；四周高而中间低洼、形如盆状的低地称为洼地或盆地；由山顶向下延伸的山坡上隆起的凸棱称为山脊，山脊上的最高棱线称为山脊线（又称分水线）；两山坡之间的凹部称为山谷，山谷中最低点的连线称为山谷线（又称集水线），山脊线、山谷线和山脚线统称为地性线；地面倾角在45°~70°的山坡称为陡坡，70°以上近于垂直的山坡称为绝壁，上部凸出、下部凹入的绝壁称为悬崖，相邻两个山头之间的最低处形状如马鞍状的地形称为鞍部（又称垭口），它的位置是两个山脊线和两个山谷线交会之处。

在图上表示地貌的方法有多种，大、中比例尺地形图主要用等高线法，对于特殊地貌采用规定符号来表示。图 7.7(b)为图 7.7(a)用等高线表示的地貌形态。

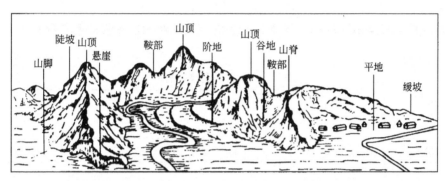

(a) 山地俯视图

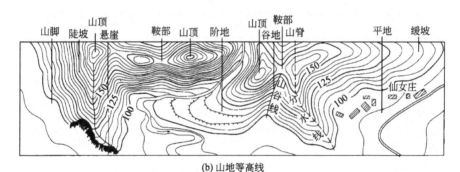

(b) 山地等高线

图 7.7 综合地貌及其等高线

2) 等高线表示地貌的原理

地面上高程相等的各相邻点连接而成的闭合曲线，称为等高线。如图 7.8 所示，设有一座位于平静湖水中的小山丘，山顶被湖水淹没时的水面高程为 115m。然后水位每间隔 5m 下降一次，露出山头，每次水面与山坡就有一条交线，形成一组闭合曲线，各曲线客观地反映了交线的形状、大小和相邻点相等的高程。将各曲线沿铅垂线方向投影到水平面 H 上，并按规定的比例尺缩绘到图纸上，即得到用等高线表示该山丘地貌的 110m、105m、100m 等高线。

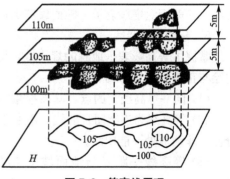

图 7.8 等高线原理

3) 等高距与等高平距

相邻等高线之间的高差称为等高距，常以 h 表示。图 7.8 中的等高距为 5m。在同一幅地形图上，等高距 h 是相同的。相邻等高线之间的水平距离称为等高线平距，常以 d 表示。显然，h 与 d 之比值即为沿平距方向的地面坡度 i，一般以百分率表示，见式(7-2)，向上为正、向下为负，例如 $i=+5\%$、$i=-2\%$。因为同一幅地形图内等高距 h 为定值，h 与 d 成反比，d 越小 i 就越大，说明地面陡峻，等高线密集；反之地面平缓，等高线稀疏。对某一比例尺地形图，选择的 h 越小 d 就越小，等高线密集，显示的地貌越逼真，测绘的工作量越大；反之 h 越大 d 就越大，等高线稀疏，显示的地貌越粗略，测绘的工作量愈小；但是，当 h 过小时，图上的等高线过于密集，将会影响图面的清晰醒目。因此，可以根据不同的用图要求、地面坡度大小和地形复杂程度参照表 7-4 合理选择 h。

表 7-4 地形图基本等高距　　　　　　　　　　　单位：m

比例尺	平地	丘陵地	山地	高山地
1∶500	0.5	0.5	0.5, 1.0	1.0
1∶1000	0.5	0.5, 1.0	1.0	1.0, 2.0
1∶2000	0.5, 1.0	1.0	2.0	2.0
1∶5000	1.0	1.0, 2.0	2.5	5.0
1∶1万	2.0	2.0	5.0	5.0

4) 等高线的分类

为了能恰当而完整地显示地貌的细部特征，又能保证地形图清晰，便于识读和用图，地形图上主要采用以下几种等高线。

(1) 首曲线：按规定的基本等高距 h 描绘的等高线称为首曲线，也称为基本等高线。它是宽度为 0.15mm 的细实线。

(2) 计曲线：从高程起算面(0m)起算，每隔 4 条首曲线加粗的一条等高线称为计曲线；为了便于阅图，计曲线上注记其高程，该高程能被 5 倍 h 整除。计曲线宽度为 0.3mm。

(3) 间曲线和助曲线：当首曲线不能很好地表示地貌特征时，按 $h/2$ 描绘的等高线称为间曲线，在图上用长虚线表示。有时为显示局部地貌变化，按 $h/4$ 描绘的等高线称为助曲线，一般用短虚线表示。间曲线和助曲线可不闭合(局部描绘)。

5) 等高线的特性

掌握了等高线表示地貌的规律性，可归纳出等高线的特性，有助于地貌测绘、等高线勾绘与正确使用地形图。

(1) 同一等高线上的点，其高程相等。非悬崖绝壁，等高线不能重叠或相交。

(2) 等高线为连续闭合曲线，不在本图幅闭合，即在其他图幅内闭合；在图幅内不能分岔，非河流处不能中断。

(3) 等高线平距 d 与地面坡度 i 成反比，即 d 越小，表示坡度越陡，d 越大坡度越缓。

(4) 等高线与山脊线、山谷线正交。

(5) 等高线不能直穿河流，应逐渐折向上游，正交于河岸线，中断后再从彼岸折向下游，如图 7.7 所示。

6) 基本地貌的等高线

(1) 山丘和洼地：图 7.7 中山丘的等高线与图 7.9 中洼地的等高线都是一组闭合曲线，可从高程注记或示坡线（图 7.9 中垂直于等高线的短线）来判断山丘还是洼地，示坡线的方向指向低处。

(2) 山脊和山谷：图 7.7 山脊和山谷的等高线均为一组凸形的曲线，山脊等高线凸向低处，山谷等高线凸向高处。山脊和山谷的两侧为山坡，山坡近似于一个倾斜平面，因此山坡的等高线为一组 d 近似相等的曲线。

(3) 鞍部：如图 7.7 所示，它四周是相对称的两组山脊线和两组山谷线。其特点是在一大圈闭合曲线内，套有两组小的闭合曲线。鞍部往往是山区道路越岭通过点。

(4) 绝壁和悬崖：绝壁和悬崖都是由于地壳产生断裂运动而形成的。绝壁坡度在 70°以上，有比较高的陡峭岩壁，等高线非常密集，因此在地形图上要用特殊符号来表示绝壁，如图 7.7 所示。悬崖是近乎直立而下部凹进，上部凸出，上部等高线投影到水平面时，与下部的等高线重叠相交，下部凹进的等高线用虚线表示，如图 7.10 所示。

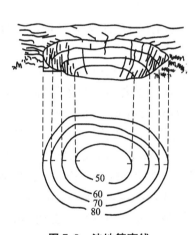

图 7.9　洼地等高线

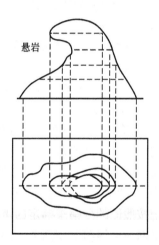

图 7.10　悬崖等高线

7.2　大比例尺地形图测绘

控制测量完成后，根据控制点来测定地物特征点（称为地物点）、地貌特征点（称为地形点）的平面位置与高程，而后按测图比例尺将其缩绘在图上，再依据各特征点间的相互关系及实地情况，用适当的线条和规定的图示符号描绘出地物和地貌，形成地形图。以上就是地形图测绘的实质，也是地形图测绘的技术过程。本节介绍大比例尺地形图测绘的实施。

7.2.1 测图前的准备工作

1. 资料和仪器准备

测图前应明确任务和要求,核实并抄录测区内控制点的成果资料,对测区进行踏勘,制定施测方案。根据测图方法和成图方式备好仪器和器具,并对其进行仔细检查,对主要仪器进行必要的检校。

2. 图纸选用

地形图测绘应选用质地较好的图纸,如聚酯薄膜、普通优质绘图纸等。聚酯薄膜为一面打毛的半透明图纸,其厚度约为 0.07~0.1mm,伸缩率很小且坚韧耐湿,沾污后可洗,图着墨后可直接复晒蓝图。但易燃且折痕不能消除,在测图、使用、保管过程中应注意。普通优质绘图纸易变形,为了减少图纸伸缩,可将图纸裱糊在测图板上。

3. 绘制坐标格网

为了准确地将控制点展绘在绘图纸上,必须事先精确地绘制直角坐标方格网,方格网的边长为10cm。格网线的宽度为0.15mm。亦可到专卖店购买印制坐标格网图纸。方格网绘制一般用对角线法。

如图 7.11 所示,沿图纸的四角,用长直尺绘出两条对角线交于 O 点,自 O 点沿对角线上量取 OA、OB、OC、OD 4 段相等的长度得出 A、B、C、D 4 点,并作连线,得矩形 $ABCD$,从 A、B 两点起沿 AD 和 BC 向右间隔10cm 截取一点;再由 AD 两点起沿 AB、DC 向上间隔10cm 截取一点。而后连接相应的各点,擦去多余线条后即得到由 10cm× 10cm 正方形组成的坐标格网。绘好坐标格网后,应进行检查。其方法是:将直尺沿方格对角线方向放置,方格的角点应在一条直线上,偏离不应大于 0.2mm;再检查各个方格的对角线长度应为141.4mm,容许误差为±0.2mm;图廓对角线长度与理论长度之差的容许误差为±0.3mm;若误差超过容许值则应修改或重绘。检查合格后,在坐标格网线的旁边要注记按照图的分幅来确定的坐标值。

坐标格网还可用精度较高的专用坐标格网尺绘制,亦可在计算机上用 AutoCAD 软件编辑坐标格网图形,然后通过绘图仪绘制在图纸上。

4. 控制点展绘

把各控制点绘制到有方格网的图幅中的工作称为控制点展绘,简称展点。展点时,先由控制点的坐标确定它所在的方格。如图 7.12 所示,控制点 A 的坐标值 x_A=764.30m,y_A=567.15m,该点位于 $klmn$ 方格内。从 k 和 n 向上沿格网线量取 64.30m,得 a、b 两点;又从 k 和 l 向右沿格网线量取 67.15m,可得出 c、d 两点。连接 ab 和 cd,其交点即为控制点 A 在图上的位置。同法将其他各控制点展绘在图纸上。最后量取图上相邻控制点之间的距离和已知的距离相比较,其最大误差在图纸上应不超过±0.3mm,否则应重新展绘。经检查无误,按图式规定绘出控制点符号,并在其右侧用分数形式注上点号和高程,如图 7.12 中 E 点。

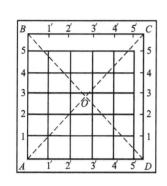

图 7.11 对角线法绘制方格网

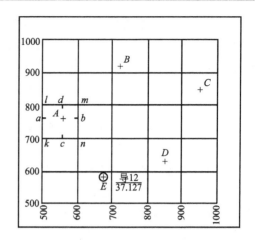

图 7.12 控制点展绘

7.2.2 碎部测量仪器及其使用

测图常用的仪器除经纬仪(见第 3 章)、全站仪(见第 6 章)外,主要的还有平板仪。平板仪由测图板、照准仪和若干附件组成,按照准设备不同分为大平板仪、光电测距平板仪、小平板仪几种。下面介绍其构造。

1. 测图板

测图板部分由图板、基座和三脚架组成。如图 7.13(a)所示为大平板仪与光电测距平板仪图板,图用 3 个连接螺丝固定在基座上,基座用中心连接螺旋安装在三脚架上。基座上装有制动、微动螺旋和脚螺旋,用以图板按某一方位固定、水平微转动和置平。小平板仪测图板直接用中心连接螺旋连接在三脚架上,架头上装有脚螺旋或球臼来置平测图板,旋松中心螺丝,可以在架头上转动图板定向,如图 7.14 所示。

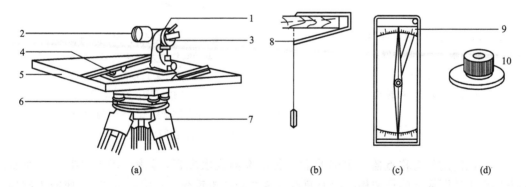

图 7.13 大平板仪及其附件

1—照准仪;2—望远镜;3—竖盘;4—画线尺;5—测图板;6—基座;
7—三脚架;8—移点器;9—定向罗盘;10—圆水准器

2. 照准仪

图 7.13 中 1 为大平板仪的照准仪,主要由望远镜、竖盘和画线尺组成。望远镜和竖

盘相当于经纬仪的视距测量部分,用于照准目标点上标尺测定距离和高差;画线尺和望远镜视准轴C-C在同一竖直面内,望远镜瞄准目标后,以画线尺画线边在图板上划出的方向线即代表瞄准方向。望远镜有垂直制动和微动螺旋、物镜与目镜对光螺旋、竖盘水准管微动螺旋;望远镜支柱上有横向水准管及支柱微倾螺旋,用以置平望远镜的横轴。

图7.14中小平板仪照准仪为一测斜照准仪,由画线尺、觇孔板(接目觇板)和分划板(接物觇板)组成。觇孔板和分划板相当于望远镜的目镜与物镜,利用觇孔、分划板槽孔中照准丝与目标点依三点一线原理来照准目标,但不能测量距离和高差。为了置平测图板,在划线尺上附有一水准管。划线尺两头,设有两个校正水准杆,用以在不动测图板时纠正照准仪使其水平。近年也有仿大平板仪照准仪的形式,制成具有视距丝的小望远镜和简易半圆形金属竖盘,可以进行视距测量。

图7.15为光电测距平板仪的照准仪,主要由支架、测距仪、竖直角自动测量装置、画线尺等组成。竖直角自动测量装置装在测距仪左边,用于自动测量竖直角,经过微机将测距仪测定的斜距处理、归算后,换算为水平距离和高差在显示窗读得;画线尺在支架右侧,可以与测距仪光轴平行滑动。

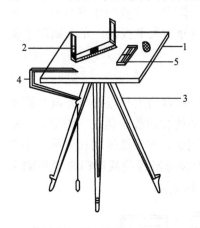
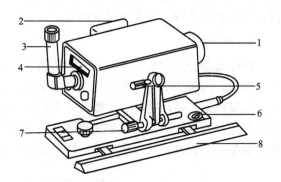

图7.14 小平板仪及其附件
1—测图板;2—照准仪;
3—三脚架;
4—移点器;5—定向罗盘

图7.15 光电测距平板仪照准仪
1—望远镜物镜及电磁波发射接收镜;
2—竖直角自动测量装置;
3—折角目镜;4—显示窗;
5—竖直制动螺旋;6—圆水准器;
7—竖直微动螺旋;8—画线尺

平板仪的附件有移点器、定向罗盘、圆水准器或水准管,如图7.13、图7.14所示。移点器用于使图板上的点和相应的地面点安置在同一铅垂线上;定向罗盘(金属或木质的)用于平板仪的近似定向;圆水准器或水准管用以整平图板。

3. 平板仪测图原理

平板仪测图是以相似形理论为依据,用图解法将地面点的平面位置和高程测绘到图纸上而成地形图的技术过程,是测绘大比例尺地形图的常用方法。

如图7.16所示,设地面上有A、B、C 3点,若要将这3点测绘于图上,可在控制点

A 上水平地安置一块固定了图纸的图板。将 A 点沿铅垂方向投影到图纸上,定出 A 在图上的位置 a。过 AB、AC 方向作两个铅垂面,与图板的交线为 ab、ac(称为方向线)即为 AB、AC 方向在图板上的水平投影。ab 和 ac 间的夹角即为水平角 $\angle BAC$。如果再测得 AB 和 AC 的水平距离,按测图比例尺从 a 起沿 ab、ac 方向截取 AB 和 AC 的水平距离,即可在图上定出 b、c 两点,则图上 bac 与地面上 BAC 的图形相似。

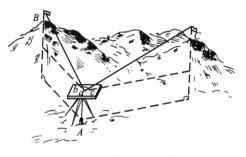

图 7.16 平板仪测量原理

4. 平板仪的安置

平板仪的安置包括对点、整平和定向 3 步。

1)对点

对点是使图板上的控制点 a 和地面上相应的 A 点位于同一铅垂线上。如图 7.17 所示,先将移点器的尖端对准图板上 a 点,然后移动脚架使垂球尖对准地面点 A。对点的容许误差与比例尺大小有关,一般为 $0.05M$mm,M 为比例尺分母。

2)整平

对点后,利用水准管使图板位于水平位置,整平方法同经纬仪整平。

3)定向

经对点、整平后,接着进行图板定向。如图 7.17 所示,将照准仪的画线尺边缘紧贴图上已知直线 ab,转动图板使照准仪瞄准地面目标 B,然后旋紧水平制动螺旋或中心连接螺旋,固定图板,此时图上 ab 的方向与地面上控制点 A、B 之间的方向完全一致,这样图板定向就完成了。图板定向的正确与否对测图的精度影响很大,因此,必须细心地操作。为了防止定向发生错误,应用另一控制点的方向(如 ae)进行检查。

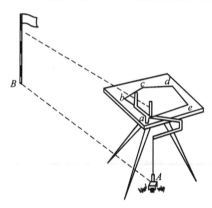

图 7.17 平板仪的安置

由于对点、整平和定向会相互影响,故安置平板仪一般应先将定向罗盘边紧靠南北格网线,转动图板粗定向,用圆水准器使图板概略整平,然后再精确对点、整平和定向。

7.2.3 碎部测量方法

碎部测量是指测定碎部点(地物点和地形点)的平面位置和高程。下面分别介绍碎部点的选择和碎部点的测定方法。

1. 碎部点的选择

1)地物点的选择

地物测绘质量、速度很大程度上取决于立尺员能否正确合理地选择地物(特征)点。地物点主要是其轮廓线的转折点、交叉点、弯曲变化点和独立地物中心点等，如房角点、道路边线的转折点以及河岸线的转折点等。主要地物点应独立测定，一些次要的特征点可以用量距、交会、推平行线等几何作图方法绘出。一般规定，凡主要建筑物轮廓线的凹凸长度在图上大于 0.4mm 时，图上都要表示出来。如测绘 1∶1000 图，主要地物轮廓凹凸大于 0.4mm 时应在图上画出来。1∶500 和 1∶1000 比例尺图的一般取点原则如下。

（1）对于房屋，可测出主要角点（至少 3 个），然后量测有关数据，按其几何关系作图绘出轮廓线。

（2）对于圆形建筑物，可测定其中心位置并量其半径后作图绘出；或在其外廓测定 3 点用作图法定出圆心绘出。

（3）对于公路，应实测两侧边线；而大路或小路可只测中线按量得的路宽绘出；对于道路转折处的圆曲线边线，应至少测定 3 点（起点、终点和中点）。

（4）围墙应实测其特征点，按半比例符号绘出其外围的实际位置。

2）地形点的选择

地貌特征点是指反映地貌特征的地性线上最高点、最低点、坡度与方向变化点，以及山头、鞍部等处的点。根据这些特征点的高程勾绘等高线，即可将地貌在图上表示出来。

为了能真实地表示实地情况，碎部点应保证必要的密度。碎部点的密度是根据地形的复杂程度确定的，同时也取决于测图比例尺和测图目的。测绘不同比例尺的地形图，对碎部点间距、测站至碎部点最远距离，应符合表 7-5 的规定。

表 7-5 地形点最大间距和最大视距

测图比例尺	地形点最大间距(m)		最大视距(m)			
			主要地物特征点		次要地物特征点和地形点	
	一般地区	城镇建筑区	一般地区	城镇建筑区	一般地区	城镇建筑区
1∶500	15	15	60	50	100	70
1∶1000	30	30	100	80	150	120
1∶2000	50	50	180	120	250	200
1∶5000	100	/	300	/	350	/

2. 碎部点的测定方法

1）极坐标法

极坐标法是测定碎部点位最常用的方法。如图 7.18 所示，测站点为 A，定向点为 B，测定 AB 方向和 A 与碎部点 3 方向间的水平角 β_3、A 至 3 的水平距离 D_3，就可确定碎部点 3 的位置，同样，由观测值（β_2，D_2）即可测定点 2 的位置。这种定位方法即为极坐标法。

对于已测定的地物点应根据相互间的关系连线，随测随连，如房屋的轮廓线 3-2、2-1 等，以便将图上测得的地物与地面上的实体相对照。如有错误或遗漏，可以及时发现，并及时修正或补测。

2）交会法

常用的有方向交会法、距离交会法、边角交会法。

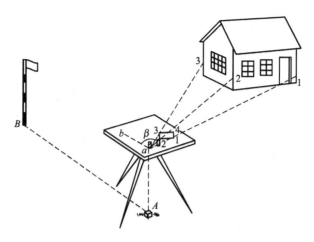

图 7.18　极坐标法测绘碎部点

如图 7.19 所示，欲测定河对岸的特征点 1、2、3 等，由 A、B 控制点量测距离 D_1、D_2、D_3 等不方便，可先将仪器安置于 A，测定 AB 与 $A1$、$A2$、$A3$ 方向间的水平角，并在图上绘出方向线；然后将仪器安置在 B，测定 BA 与 $B1$、$B2$、$B3$ 方向间的水平角，绘出方向线。相应点两方向线的交点即为 1、2、3 在图上的位置。此方法即为方向交会法。当碎部点距测站较远而只有卷尺量距，或遇河流、水面等量距不便时，此法较好。

如图 7.20 所示，P、Q 为已知点或已测地物点，欲测定地物点 1、2，可用尺直接量测距离 D_{P1}、D_{Q1} 和 D_{P2}、D_{Q2}，然后按测图比例尺用分规分别以图上 P、Q 为圆心，以 D_{P1}、D_{Q1} 和 D_{P2}、D_{Q2} 的图距为半径画弧，即可交会出 1、2 在图上的位置。此方法即为距离交会法。当主要地物测定后，一些次要的、隐蔽的、不通视的碎部点可用此法来测定。

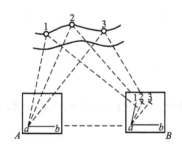
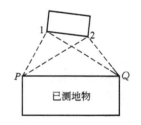

图 7.19　方向交会法测绘碎部点　　**图 7.20　距离交会法测绘碎部点**

如图 7.21 所示，A、B 为控制点，P 为已测地物点，欲测定地物点 1、2，可先在 A 点依方向交会法测绘 $A1$、$A2$ 的方向线，测量出 D_{P1}、D_{P2}，然后用分规分别以图上 P 为圆心，以 D_{P1}、D_{P2} 的图距为半径作弧，与 $A1$、$A2$ 方向线交出 1、2 在图上的位置。此方法即为边角交会法。当量距或视距遇障碍的次要地物点，可用此方法来测绘。

交会法对于利用已知点或已测定的地物点进行欲测的次要地物点定位，只要选择的方法得当，将比较方便、快捷。

3）直角坐标法

直角坐标法又称为支距法。如图 7.22 所示，P、Q 为已测地物点，欲测定 1、2、3、

可以 PQ 为 y 轴，用卷尺沿 PQ 方向量 y_1、y_2、y_3 找出 1、2、3 在 PQ 上的垂足，然后在 PQ 垂直方向由垂足分别量支距 x_1、x_2、x_3，即可用几何作图绘出地物点 1、2、3 在图上的位置。此方法即为直角坐标法。

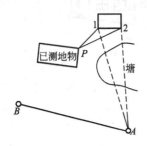
图 7.21 方向距离交会法测绘碎部点

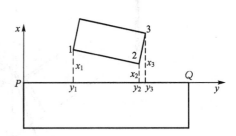
图 7.22 直角坐标法测绘碎部点

7.2.4 测站的测绘工作

1. 测绘法测图

测绘法的实质是极坐标法定点测图。测图时先将经纬仪安置在测站上，将测图板置于测站旁；用经纬仪测定碎部点的方向与已知方向之间的水平角、测站点至碎部点的距离和碎部点的高程。然后根据测定数据用量角器和比例尺把碎部点位展绘在图纸上，并在点的右侧注明其高程，再对照实地描绘地物，勾绘地貌。此法操作简单、灵活，适用于各类测区。一个测站的测绘工作步骤如下。

1) 安置仪器

如图 7.23 所示，安置经纬仪于测站点（控制点）A 上，对中、整平，量取仪器高 i，检测竖盘指标差 x；将 i、x 及测站编号、高程等记入手簿，见表 7-6；并将平板仪安置在测站旁，在图上相应控制点 a 用细针通过圆心插定量角器。

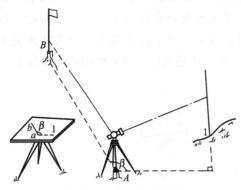
图 7.23 经纬仪测绘法测图

表 7-6 地形测量手簿

仪器型号：苏一光 DJ_2		$i=1.46m$		测站点：A		定向点：B			测站高：37.43m		
仪器编号：940031		$x=0''$		观测者：任 珍		记录者：金 习			观测日期：1999.8.28		

点号	视距间隔 l(m)	中丝读数 v(m)	竖盘读数 (° ′)	竖直角 (° ′)	初算高差 h'(m)	改正数 $i-v$(m)	高差 h (m)	水平角 β (° ′)	水平距离 D(m)	高程 H(m)	备注
1	0.281	1.460	93 28	−3 28	−1.70	0.00	−1.70	125 45	28.00	34.73	山脚
2	0.414	1.460	74 26	15 34	10.70	0.00	10.70	138 42	38.42	47.13	山头
⋮	⋮	⋮	⋮	⋮	⋮	⋮	⋮	⋮	⋮	⋮	⋮
38	0.378	2.460	91 14	−4 14	−0.81	−1.00	−1.81	321 24	37.78	34.62	电杆

2) 定向

照准另一控制点 B 作为后视方向,水平度盘置零,作为碎部点测量的起始方向。

3) 立尺与观测

依次将标尺立在地物、地貌特征点上。经纬仪瞄准碎部点 1 的标尺,读取水平度盘读数,即得水平角 β。

读取尺间隔 l,中丝读数 v,竖盘读数 L,进行视距测量。

4) 记录与计算

将读数 l、v、L、β 记入手簿,见表 7-6。对于有特殊作用的碎部点,如房角、山头、鞍部等,应在备注中加以说明。由竖盘读数 L 计算竖直角 $\alpha=90°-L$,由 α、l、v,按式(4-19)、式(4-21)用计算器计算碎部点的水平距离、高差,并推算其高程。

5) 展绘碎部点与地形勾绘

转动量角器,将量角器上等于 β 角值(碎部点 1 为 $125°45'$)的分划线对准起始方向线 ab,如图 7.24 所示,此时量角器的零方向(画线边)便是碎部点 1 的方向,然后用测图比例尺按测得的水平距离在该方向上定出点 l 的位置(称为刺点),并在点的右侧注明其高程。同法,测绘其他各碎部点。再根据各碎部点的相互关系描绘地物,勾绘出地性线、等高线。若用测距仪配合或全站仪进行水平角、距离、高程(此时 v 等于棱镜高 i')等测量,则称为光电测绘法。此法可将野外获取的观测数据,储存在记录器(PC 卡或电子记录手簿)中,输入到计算机里进行数据处理,机助成图(详见 7.4 节)。

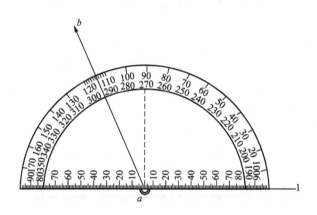

图 7.24 地形测量量角器与碎部点展绘

2. 平板仪测图

平板仪是在野外直接测绘地形图的一种仪器。用平板仪测绘大比例尺地形图是一种常用方法,与测绘法比较,不同的是水平角用图解法测定,水平距离用卷尺测量或视距测量,因此平板仪测量又称为图解测量。

这种方法的特点是将大平板仪或光电测距平板仪安置在测站上,进行对点、整平、定向,用照准仪瞄准碎部点标尺,标定测站至碎部点的方向线,用视距测量获得距离与高程,而后以测图比例尺按测得的水平距离在方向线上定出碎部点位置。

若将小平板仪安置在测站上,以标定测站至碎部点的方向;而将经纬仪安置在测站旁,对碎部点作视距测量,最后用方向与距离交会法定出碎部点在图上的位置,称为经纬

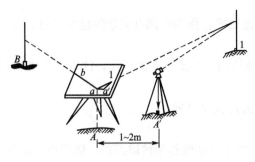

图 7.25　经纬仪与平板仪联合测图

仪与小平板仪联合测图法，如图 7.25 所示。用该方法时，由于经纬仪不在测站上，因此应事先确定经纬仪在图上的位置和经纬仪处的高程。方法是经纬仪安置好后，望远镜置平（指标水准管气泡居中，竖盘读数为 90°00′00″）瞄准测站标尺，读取中丝读数，计算出仪器高程。小平板仪安置好后，用照准仪瞄准经纬仪，定出测站至经纬仪的方向，用皮尺量出测站至经纬仪的距离，依测图比例尺展绘出经纬仪在图上的位置。

3．形图测绘注意事项

(1) 为了检查测图质量，仪器搬到下一测站时，应先观测前站所测的某些明显碎部点，以检查由两个测站测得该点的平面位置和高程是否相符。如相差较大，则应查明原因，纠正错误，再继续进行测绘。

(2) 若测区面积较大，可分幅测绘，最后拼接成全区地形图。为了相邻图幅的拼接，每幅图应测出图廓外 10mm。

(3) 立尺人员在跑点前，应先与观测员和绘图员商定跑尺路线；立尺时应将标尺竖直，并随时观察立尺点周围情况，弄清碎部点之间的关系，地形复杂时还需绘出草图，以协助绘图员绘图。

(4) 为方便绘图员绘图，观测员在观测时，应先读取水平角再视距；在读取竖盘读数时，要注意检查竖盘指标水准管气泡是否居中；读数时，水平角估读至 5′，竖盘读数估读至 1′即可；每观测 20~30 个碎部点后，应重新瞄准起始方向进行检查，经纬仪测绘法起始方向水平度盘读数偏差不得超过 3′。

(5) 绘图人员要注意图面正确、整洁，注记清晰，并做到随测、随绘、随连线、随检查。当每站工作结束后，应检查、确认地物和地貌无错测或漏测时，方可迁站。

4．测站点的增设

由于地形分布的复杂性，有时测图控制点还不够用，需要增加，这一测量工作称为测站点增设（加密）。测站点的增设可根据实地情况选用支点法、图解交会法、内外分点法、附合导线法等。

1) 支点法

在现场选定需要增设的测站点（用木桩标定），用极坐标法测定其在图上的位置，称为支点法。由于测站点的精度必须高于一般地物点，因此，增设支点前必须对仪器重新检查定向，支点边长不宜超过测站定向边的边长，且要进行往返丈量或两次测定，相对误差不得大于 1/200。对于增设测站点的高程，则可以根据已知高程的图根点用水准仪测量或经纬仪视距法测定，其往返高差的较差不得超过 1/7 等高距。

2) 图解交会法

图解交会法增设测站点和方向交会法测定地物点相同，但规定较严格。如图 7.26 所示，A、B 为两个已知控制点，P 为要增设的测站点。P 点选定后打木桩标定，立上标尺。

一般在 A 点测图工作结束时，图板再次定向后，绘出 AP 方向线，测定 P 点的高程。然后将平板仪安置在 B 点，同法绘出 BP 方向线，测定 P 点的高程。两个方向线的交点即为 P 点在图上的位置。再取两个方向上高程的平均值作为 P 点的高程。两高程较差，在平地不应超过 1/5 等高距，在丘陵、山地不应超过 1/3 等高距。

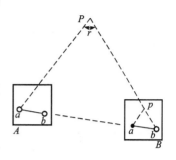

图 7.26　图解交会法增设测站

3）内、外分点法

内、外分点法是一种在已知直线方向上按距离定位的方法。这种方法主要用在通视条件好、便于量距和设站的任意两控制点连线（内分点）或其延长线（外分点）上增补测站点。利用已知边内、外分点建立测站，不需要观测水平角，控制点至测站点间的距离、高差的测定与检核，均与支点法相同。

4）附合导线法

当增加测站较多（超过3点）且又都在一个局部测区内，可根据所建立的测区图根控制网在局部测区增设图根点，依 6.2 节附合导线测量的方法进行测站增设。

7.2.5　地形图的绘制与测图结束工作

在外业工作中，当碎部点展绘在图上后，就可对照实际地形随时描绘地物和等高线。如果测区较大，由多幅图拼接而成，还应及时对各图幅衔接处进行拼接、检查，最后再进行图的清绘与整饰。

1. 地形图的绘制

1）地物描绘

地物要按地形图图式规定的符号表示。房屋轮廓须用直线连接起来，而道路、河流的弯曲部分则是逐点连成光滑的曲线。对于不能按比例描绘的地物，用相应的非比例符号表示。

2）等高线勾绘

在地形图上为了既能详细地表示地貌的变化情况，又不使等高线过密而影响地形图的清晰，等高线必须按表 7-4 规定的基本等高距进行勾绘。

勾绘等高线时，首先用铅笔轻轻描绘出山脊线、山谷线等地性线，再根据碎部点的高程勾绘等高线。由于碎部点是选在地面坡度变化处，相邻点间可视为等坡度倾斜，两相邻碎部点的连线上等高平距相等，因此可内插出相邻点间各条等高线通过的位置。对于诸如绝壁、悬崖、冲沟等，应按图式规定的符号表示。

(1) 解析法：如图 7.27 所示，A、F 为某一地性线上两地形点，A、F 点的高程分别为 57.4m 和 76.8m，高差为 19.4m。a、f 为缩绘在图上的位置，图距 $af=21$mm。若等高距为 5m，则其间有 60m、65m、70m 和 75m 四条等高线通过。则 5 米高差在图上的平距为：$d_0 = af \times 5/(H_F - H_A) = 5.4$mm，由图可知，$A$、$B$ 和 E、F 间的高差不足 5m，其平距为

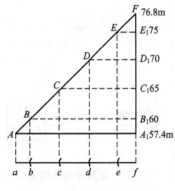

图 7.27 内插法求等高线点

$$ab = \frac{af}{A_1F}A_1B_1 = \frac{21}{19.4} \times (60-57.4) = 2.8 \text{mm}$$

$$ef = \frac{af}{A_1F}E_1F = \frac{21}{19.4} \times (76.8-75) = 2.0 \text{mm}$$

按上述计算数据即可在图上定出 b、c、d、e 点。

(2) 图解法：按等坡度等平距的原则可用图解法勾绘等高线。在一张透明纸上绘一组等间隔的平行线，并在线端注以数字表示等高线根数和高程，如图 7.28 所示。绘图时将平行线覆盖在 af 上，使 a 位于 57.4 处，以 a 为圆心转动透明纸，使 f 与 76.8 重合，af 线与各平行线相交的点即为等高线通过处。

(3) 目估法：根据解析法原理，先确定 b、e 的位置，而后将 be 间分成三等分即可。即"先确定头尾，后等分中间"。此法在现场常用。在地性线上确定了等高线通过位置后，即可根据等高线特性对照实地勾绘等高线。勾绘等高线时，应在两相邻地性形线间进行，且不可等把所有通过点求出后再勾绘，应一边求通过点一边勾绘。勾绘时，对照实地地貌情况将相邻地性线上等高点用圆滑曲线连接起来。图 7.29 为勾绘而成的局部等高线地形图。等高线勾绘应在测图现场进行，至少应将计曲线勾绘好，务必使勾绘的等高线能准确而形象地反映地貌特征，层次分明，协调一致，立体感强，接口处不留痕迹，曲线光滑自如。

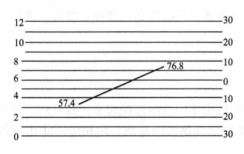

图 7.28 图解法求等高线点

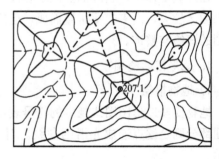

图 7.29 等高线的勾绘

3) 地形图上各种要素配合表示原则

(1) 当两个地物中心重合或接近，难以同时准确表示时，将较重要的地物准确表示，次要地物移位 0.2mm 表示。房屋或围墙等高出地面的建筑物，直接建筑在陡坎或斜坡上的，建筑物按正确位置绘出，坡坎无法准确绘出时，可移位间隔 0.2mm 表示。

(2) 独立地物与房屋、道路、水系等其他地物重合时，中断其他地物符号，间隔 0.2mm 将独立地物完整绘出。两个独立地物相距很近，同时绘出有困难时，将高大突出的地物准确表示，另一个保持相互的关系位置移位表示。

(3) 悬空建筑在水上的房屋与水涯线重合时，间断水涯线，将房屋照常绘出。水涯线与陡坎重合时，以陡坎边线代替水涯线；水涯线与斜坡脚重合时，应在坡脚绘出水涯线。

(4) 双线道路与房屋、围墙等高出地面的建筑物边线重合时，以建筑物边线代替道路边线。道路边线与建筑物相接处应间隔 0.2mm。公路路堤（堑）应分别绘出路边线与堤（堑）边线，二者重合时，将其中之一移位 0.2mm 表示。

(5) 城市建筑区内的电力线、通信线可不连线，但应在杆架处绘出连线方向。等高线遇到房屋及其他建筑物、双线道路、路堤、路堑、陡坎、斜坡、湖泊、双线河以及注记等均应中断表示。

2. 地形图的拼接

由于测量和绘图误差的存在，分幅测图在相邻图幅的连接处，地物轮廓线和等高线都不会完全吻合，图 7.30 为相邻两幅图的局部衔接情况。拼接时用透明纸条覆盖在其中一幅图上将图边格网线、地物、等高线等描下来，然后再把透明纸条按格网线与另一幅图边相接，描绘其地物、等高线。同一地物或等高线两幅图的描线不重合，即为接边误差。对于聚酯薄膜图纸，只需把两张图纸的坐标格网对齐，就可以检查接边处的地物和等高线的偏差情况。图的碎部点平面、高程接边误差不大于表 7-7 规定值的 $2\sqrt{2}$ 倍时，取其平均位置修正，但改正时应保持地物、地貌相互位置和走向的正确性。若边误差超限时，应到实地检查和改正。

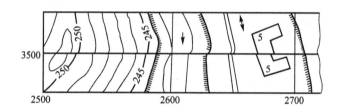

图 7.30　地形图的拼接

表 7-7　地物点平面位置中误差和地形点高程中误差

测区类别	点位中误差	平　地	丘陵地	山　地	高山地	备　注
山地、高山地	图上 0.8mm	高程注记点的高程中误差				h 为基本等高距
		$h/3$	$h/2$	$2h/3$	h	
城镇与工矿建筑区、平地、丘陵地	图上 0.6mm	等高线插求点的高程中误差				
		$h/2$	$2h/3$	h	h	

3. 地形图的检查

为了确保地形图的质量，除施测过程中做好经常性检查外，在地形图测完后，必须对成图质量进行全面检查。地形图的检查包括室内检查、野外巡查和仪器检查。

1) 室内检查

检查图上地物、地貌表现是否清晰易读，各种符号、注记是否正确，轮廓线有无矛盾等；等高线描绘是否合理、地形点高程是否相符、名称注记有无弄错或遗漏，各种植被的表示是否恰当，综合取舍是否合理；各类高程注记点的位置、数量是否符合要求；如发现错误或疑点，应到野外进行实地检查修改。同时还要检查各种控制资料是否齐全、成果精度是否满足要求；各种记录、观测和计算手簿中的记载是否齐全、正确、清晰，有无连环涂改，是否合乎要求。

2）野外巡查

在室内图面检查的基础上，选择合理的巡查路线，将原图上的地物、地貌与实地对照比较。查看有无遗漏，综合取舍情况，形状是否相似，地貌显示是否逼真，符号运用、名称及其他注记是否正确等，发现问题应现场在图上进行修正或补充。

3）仪器检查

在室内检查和野外巡查基础上进行。根据室内检查和巡查发现的问题，到野外设站检查，除对发现的问题进行修正和补测外，还要对本测站所测地形用散点法进行检查，即在测站周围选择一些地形点，测定其位置和高程，看所测地形图是否符合要求，如果发现点位的误差超限，应按正确的观测结果修正。

4. 测图的结束工作

1）地形图的整饰

地形原图的整饰是外业各项成果的最后体现。地形图经过上述拼接、检查和修正后，还应进行清绘和整饰，使图面更为清晰、美观，然后作为地形图原图保存。整饰时按下列顺序进行：先图框内后图框外，先注记后符号，先地物、后地貌。图上的注记、地物符号、等高线等均应按规定的地形图图式进行描绘和书写。

最后，在图框外应按图式要求写出图名、图号、接图表、比例尺、坐标系统及高程系统、施测单位、测绘者及测绘日期等。若系地方独立坐标还应画出真北方向。对于须印制蓝图的原图，应严格按照《地形图图式》进行着墨描绘。

2）测量成果的整理

测图工作结束后，应将各种资料予以整理并装订成册，以便提交验收和保存。这些资料包括平面和高程控制测量、地形测图两部分。主要有控制点分布略图、控制测量观测手簿、计算手簿、控制点成果表、地形原图、地形测量手簿等。

3）成果验收与提交

成果资料整理完成后，应交业务主管部门或委托单位组织有关专家进行检查验收，对全部成果质量做出正确评价。若验收符合质量要求，提交业务主管部门或委托单位归档或使用。否则，应返工重测，并要承担相应的经济责任。

7.3 数字测图基本知识

7.3.1 数字测图概述

传统的地形测图实质上是将测得的观测数据（角度、距离、高差），经过内业数据处理，而后图解绘制出地图形。随着科学技术的进步与电子、计算机和测绘新仪器、新技术的发展及其在测绘领域的广泛应用，20 世纪 80 年代逐步地形成野外测量数据采集系统与内业机助成图系统的结合，建立了从野外数据采集到内业绘图全过程的数字化和自动化的测量成图系统,通常称为数字化测图(简称数字测图)或机助成图系统。使得测量的成果不仅可在纸上绘制地形图,更重要的是提交可供传输、处理、共享的数字地形信息。

传统测图一般是人工在野外实现的,劳动强度大,从外业观测到成图的技术过程使观测数据所达到的精度降低。同时,测图质量管理难,尤其在信息剧增的今天,一纸之图难以反映诸多地形信息,变更、修改也极不方便,难以适应经济建设的需要。数字测图外业实现了地形信息采集自动记录,自动解算处理,缩短了野外作业时间;内业将大量手工作业转化为计算机控制下的自动成图,效率高,劳动强度小,错误机率小,观测精度损失大大降低。所绘地形图精确、美观、规范。

数字测图的实质是将图形模拟量(地面模型)转换为数字量,这一转化过程通常称为数据采集。然后由计算机对其进行处理,得到内容丰富的电子图件,需要时由计算机的图形输出设备(如显示器、绘图仪)恢复地形图或各种专题图。因此,数字测图系统是以计算机为核心,在硬、软件的支持下,对地形空间数据进行采集、输入、成图、绘图、输出、管理的测绘系统。全过程可归纳为数据采集、数据处理与成图、成果输出与存储3个阶段。

广义的数字测图包括地面数字测图、数字化仪成图、摄影与遥感数字化测图。其作业程序如图7.31所示。大比例尺数字测图一般是指地面数字测图,也称全野外数字测图。

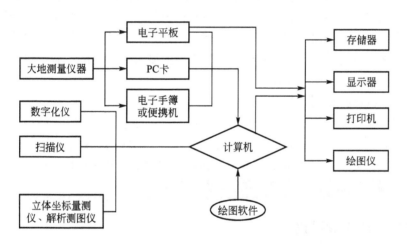

图7.31　数字测图作业程序示意图

可见数字测图就是通过采集有关地物、地貌的各种信息并记录在记录设备(便携机、PC卡、电子手簿等)中,在室内通过数据接口将采集的数据输入计算机,由成图软件进行处理、成图、显示,经过编辑修改,形成符合国标的绘图数据文件,最后由计算机控制绘图仪自动绘制所需的地形图,并可由贮存介质(软盘、光盘、闪存等)保存绘图数据文件,供归档、即时编辑或输出所需要的图件。若有原图或像片(航摄、地面摄影、遥感等)则可在室内用专用设备(数字化仪、扫描仪等)直接将地形信息采集到计算机中,经过数据处理、编辑等工序,最后成图。

由上述可见,数字测图具有诸多优点。

1) 点位精度高

对于传统的测图,影响地物点平面位置精度的因素多,图上点位误差大,主要误差源有图根点的展绘误差和测定误差、测定地物点的视距误差、方向误差、刺点误差等。用数字测图的点位精度会大幅度提高。

2) 便于成果更新

数字测图的成果是以点的定位信息(三维坐标 x, y, H)和绘图信息存入计算机,当实地有变化时,只需输入变化信息,经过编辑处理,即可得到更新的图,从而可以确保地面形态的可靠性和现势性。

3) 避免图纸伸缩影响

图纸上的地理信息随着时间的推移图纸产生变形而产生误差。数字测图的成果以数字信息保存,可以直接在计算机上进行量测或其他需要的测算、绘图等作业,无须依赖图纸。

4) 成果输出多样化

计算机与显示器、打印机、绘图仪联机,可以显示或输出各种需要的资料信息、不同比例尺的地形图、专题图,以满足不同的专业需要。

5) 方便成果的深加工利用

数字测图分层存放,可使地表信息无限存放,不受图面负载量的限制,从而便于成果的深加工利用,拓宽测绘工作的服务面,开拓市场。比如 CASS 软件中共定义 26 个层(用户还可根据需要定义新层),房屋、电力线、铁路、植被、道路、水系、地貌等均存储于不同的层中,通过关闭层、打开层等操作来提取相关信息,便可方便地得到所需的测区内各类专题图、综合图,如路网图、电网图、管线图,地形图等。又如在数字地籍图的基础上,可以综合相关内容补充加工成不同用户所需要的城市规划用图、城市建设用图、房地产图以及各种管理用图和工程用图。

6) 可实现信息资源共享

地理信息系统(GIS)方便的信息查询检索功能、空间分析功能以及辅助决策功能,在国民经济建设、办公自动化及人们日常生活中都有广泛的应用。数字测图能提供现势性强的地理基础信息,为 GIS 的建立节约人力、物力。同时也可利用现代通讯工具非常便利地为其他数据库提供数据资源,实现地理信息资源共享。

7.3.2 数字测图作业过程

由于设备、绘图软件设计不同,数字测图的作业模式不尽相同,有普通测量仪器+电子手簿、平板仪测图+数字化仪、原图数字化、电子平板、镜站遥控电子平板、航测像片量测等测(成)图模式。由于作业模式、数据采集方法、使用的软件等不同,数字测图的作业过程有很大区别。目前,以全站仪+电子手簿测图模式(称为测记式)和电子平板测图模式应用最为广泛。由于电子平板测图模式与传统的大平板测图模式作业过程相似,这里着重介绍测记式数字测图的基本作业过程。

1) 资料准备

收集高级控制点成果资料,将其代码及三维坐标(x, y, H)及其他成果录入电子手簿中。

2) 控制测量

数字测图一般不必按常规控制测量逐级发展。对于大测区（≥15km²）通常先用 GPS 或导线网进行二等或四等控制测量，而后布设二级导线网。对于小测区（<15km²），通常直接布设二级导线网，作为首级控制。等级控制点的密度，根据地形复杂、稀疏程度，可有很大差别。等级控制点应尽量选在制高点或主要街区中，最后进行整体平差。对于图根点和局部地段用单一导线测量和辐射法布设，其密度通常比传统测图小得多。一般用电子手簿及时解算各图根点的三维坐标（x, y, H），并记录图根点。

3) 测图准备

目前绝大多数测图系统在野外数据采集时，要求绘制较详细的草图。绘制草图一般在准备的工作底图上进行。工作底图最好用旧地形图、平面图复制件，也可用航片放大影像图。另外，为了便于野外观测，在野外采集数据之前，通常要在工作底图上对测区进行分区。一般以沟渠、道路等明显线状地物将测区划分为若干个作业区。

4) 野外数据采集

野外数据（碎部点三维坐标）采集的方法随仪器配置不同及编码方式不同而有所区别。一般用"测算法"采集碎部点定位信息及其绘图信息，并用电子手簿记录下来。记录时的点号每次自动生成并顺序加 1。绘图信息输入主要分为全码输入、简码输入、无码输入 3 种。多数情况下采集数据时要及时绘制观测图。

5) 数据传输

用专用电缆将电子手簿与计算机连接起来，通过键盘操作，将外业采集的数据传输到计算机，每天野外作业后都要及时进行数据传输。

6) 数据处理

首先进行数据预处理，即对外业数据的各种可能的错误检查修改和将野外采集的数据格式转换成图形编辑系统要求的格式（即生成内部码）；然后对外业数据进行分幅处理、生成平面图形、建立图形文件等操作；再进行等高线数据处理，即生成三角网数字高程模型（DTM）、自动勾绘等高线等。

7) 图形编辑

一般采用人机交互图形编辑技术，对照外业草图，将漏测或错测的部分进行补测或重测，消除一些地物、地形的矛盾，进行文字注记说明及地形符号的填充，进行图廓整饰等。也可对图形的地形、地物进行增加或删除、修改。

8) 内业绘图

经过编辑后用绘图仪绘制出不同要求、目的的图件。

9) 检查验收

按照数字化测图规范的要求，对数字地图及由绘图仪输出的模拟图进行检查验收。对于数字化测图，明显地物点的精度很高。外业验收主要检查隐蔽点的精度和有无漏测。内业验收主要检查采集的信息是否丰富与满足要求，分层情况是否符合要求，能否输出不同目的的图件。

用全站仪进行数字测图，还可以采用图根导线与碎部测量同时作业的"同步施测法"，即在一个测站上，先测导线的数据，接着就测碎部点，能提高外业工作效率。

7.3.3 野外数据采集

1. 野外数据采集方式

数据采集就是采集供自动绘图用的定位信息和绘图信息,是数字测图的一项重要工作,主要方式有大地测量仪器(全站仪、测距仪、经纬仪等)实施碎部点的数据采集(即大地测量仪器法)、GPS 接收机野外采集碎部点的信息数据(即 GPS 法)、航空摄影测量和遥感手段采集地形点的信息数据(即航测法)、数字化仪在已有原图上采集信息数据(即数字化仪法)等方法。这里介绍大地测量仪器法(测记式数字测图)。采用大地测量仪器进行数据采集可分为以下几种采集方式,它们的配置与连接关系如图 7.32 所示。

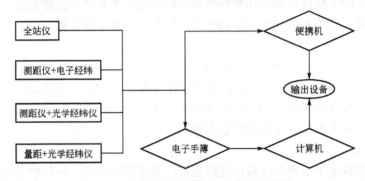

图 7.32 大地测量仪器数据采集设备配置

对于全站仪采集方式,全站仪与电子手簿通过电缆连接(全站仪装有 PC 卡,可通过卡读器将数据输入计算机),可将采集到的数据信息直接传送入电子记录手簿,电子手簿和计算机通信将各种数据信息传输到计算机中。

对于测距仪配合电子经纬仪采集方式,电子经纬仪和测距仪的观测数据通过数据端口和与电子手簿连接的 Y 型通信电缆,实现电子经纬仪与测距仪间的数据通信,并将采集到的数据信息直接传送入电子手簿。该种采集方式由于可利用两种较廉价且使用较广泛的测量仪器,故很多测绘单位用这种方式进行数字测图。

对于测距仪配合光学经纬仪采集方式,必须手工将角度(水平、竖直方向)值输入电子手簿,距离(斜距)数据可自动输入电子手簿。对于光学经纬仪配合量距的采集方式,距离和角度都需要人工输入电子手簿。这两种采集方式由于需人工输入数据,记录的数据容易出错。再则,外业工作量大,采点点位精度低,故不适于较大范围的数字测图。

上述几种数据采集方式,若采用电子平板作业模式,可省去电子手簿,直接将观测数据信息输入便携机,并现场绘制地形图。

2. 电子手簿的使用

数字测图用于野外测量数据采集的记录存储设备习惯上称为电子手簿。目前,电子手簿主要有 3 种类型:仪器内藏的存储模块(或插入 PC 卡)、专用电子记录器(电子手簿)、以袖珍机或便携机为依托的电子手簿。目前我国使用最多的是以通用的袖珍机(如 PC-1500、PC-E500 等)和掌上电脑为载体开发编制的电子手簿。这类电子手簿价格低廉,功能齐全,使用方便。

电子手簿记录的数据信息，不直接记录原始的观测数据，通常利用电子手簿的解算功能，将观测数据转换为三维坐标(x, y, H)，用固定格式进行记录，供内业数据处理使用。电子手簿通常具有丰富的扩展功能，可接收并处理多种测量方法得到的数据，可进行测量平差计算、面积土方量算、放样数据计算，还可控制绘图仪展点及绘制草图。

电子手簿一般按菜单提示操作。下面以南方电子手簿 NFSB 为例，简单介绍电子手簿的基本内容及其操作。

NFSB 一级菜单如下。

```
1. 准备    3. 测     5. 展示    7. 绘图
2. 控制    4. 量     7. 打印    8. 其他
```

选择输入相应的数字，进入二级菜单。

选择 1，手簿做一些准备工作，即输入已知数据(x, y, H)及其编码，输入西南角坐标、对各键定义功能、调阅演示数据和图形数据等。

选择 2，可进行控制测量记录，其二级菜单如下。

```
        1. 导线      4. 方向线交
控      2. 边长交    5. 后交
制      3. 前交      7. 单三角
```

按相应的数字键，进行某种图根控制测量。随后按照提示操作，输入已知点点号及有关测量信息，计算测定点坐标，并自动记入电子手簿。

选择 3，进入碎部点测量，其二级菜单如下。

```
1. 视距         5. 用 3030       8. 全站仪
2. 丈距         6. 集中测…α     9. 速测仪
3. 方向线交     7. 集中测…D
4. 测距极坐标法
```

按相应的数字键，调用某一碎部功能，随后按照提示操作。如选择 1 进入使用光学经纬仪按视距极坐标法测点。首先提示输入测站点号、定向点号、定向点起始值、检查点点号、仪器高、觇镜高（照准高）和地物代码等基础数据，然后按提示输入水平角、斜距、天顶距，随后待测点坐标被计算出来并作短暂显示，并存入手簿。本点工作结束后，手簿仍处于视距极坐标法功能状态，点号自动加 1，进入下一待测点，从觇镜高提示输入。若输入内容不变，可直接按回车键。如欲使用其他功能项，可用 BREAK 键中断。

当测定了一批碎部点后，有些必要的点可用勘丈或计算的方法求得其坐标。

选择 4，进入碎部点量算，其二级菜单如下。

```
1. 直角坐标法            5. 边长与直线交会         8. 求对称点坐标
2. 连续折线法               变形边长交会          9. 高程内插
3. 依线等距定点法         6. 求直线交会
4. 求点至直线的垂距       7. 求两直线移动后交会
```

通过菜单选择进入某一量算方法，再按提示输入起算点号、勘丈距离、计算信息、编码等，即可计算出量算点坐标并记录下来。

3. 数据编码

野外收据采集，仅测定碎部点的位置(x, y, H)不能满足计算机自动成图的要求，还必须将地物点的连接关系和地物类别(或称为属性)等信息(称为绘图信息)记录下来。绘图信息一般用按一定规则构成、计算机可以识别的字符来表示，这些字符串称为数据编码(见《大比例尺地形图机辅制图规范》)。其内容原则上应包括地物的类别、碎部点的连接关系及连接类别(直线、圆弧、一般光滑曲线等)、定位点计算及管理信息等。绘图信息可在输入点的定位信息之前或之后输入。

国内测图软件很多，一般都是根据各自的需要、作业习惯、仪器设备及数据处理方法等设计自己的数据编码，制定各自的属性信息输入方案。方便的数字化测图系统通常采用几种编码混合作业，通过软件处理，统一为程序内部码。如南方测绘仪器公司开发的CASS地形地籍成图系统，使用电子手簿采集数据时，可采用3种编码方式作业，即应用程序内部码、野外操作码(也称为简码)、无码作业。

程序内部码是生成图形的基本代码，由地物要素码和标识码组成，具体有以下几种：①地物要素码+测点顺序码(用于面状、线状地物)；②)P+地物要素码+地物顺序码(用于线状地物的平行线)；③YO+半径(用于圆形地物)；④A+数字(用于点式地物)。由于程序内部码码长、难记，野外作业时很少使用。野外操作码(简码)由地物代码和连接关系(关系码)的简单符号组成。其形式简单、规律性强，无需特别记忆。地物代码是按一定规则设计的，如代码F0、F1、F2，…分别表示特种房、普通房、简单房…("F"取"房"字拼音第一个字母)。关系码只有"+"、"-"、"P"、"A $"等符号组成，点不连续时配合数字使用。当野外地形地物较复杂密集时，可采用无码作业，即在野外无须向电子手簿输入任何代码，而是将地物、地貌关系勾绘一份含点号顺序的草图。内业首先是根据外业草图编辑"编码引导文件"，然后经过软件处理生成程序内部码。也可根据外业勾绘的草图和记载的有关说明信息，直接用鼠标进行屏幕编辑成图(连线、加符号、注记、整饰等)。无码作业方法可加快野外采集速度，提高外业效率。

EPSW电子平板测图系统的绘图信息包括地形点的特征信息(属性信息)及其连接信息(连接点号和连接线型)。属性信息采用3位数字的地形编码。线型区分为：①直线；②曲线；③圆弧。野外要直接输入每个地形点编码是比较困难的，为了解决这个问题，EPSW系统采用了"无记忆编码"法，将每一个地物编码和它的图式符号及文字说明都编写在一个图块里，形成一个图式符号编码表，存储在计算机内。按相应键，编码表就可以显示出来；用光笔或鼠标点中所要的符号，其编码就自动送入测量记录中，用户无需记忆编码，随时可以查找。

4. 野外数据采集

野外数据采集包括两个阶段，即控制测量和地形特征点(碎部点)的采集。控制测量方法与常规测图法中的控制测量基本相同，但主要使用导线测量法测定控制点位置。由于数字化测图主要用电磁波测距，测站点到地物、地形点的距离测量精度容易保证，故对图根点的密度要求已不很严格，一般以在500m以内能测出碎部点为原则。控制测量观测结果(方向值、竖角、距离、仪器高、目标高、点号等)自动或手工输入电子手簿。一般直接由电子手簿解算出控制点坐标与高程。

碎部点数据采集的作业方法与传统测图差别较大。下面着重介绍用全站仪和电子平板进行碎部点的数据采集。

1) 测记法施测

碎部点的数据采集每个作业组一般需观测员1名，绘草图领尺(镜)员1名，立尺(镜)员1~2名，其中领尺员是作业组的核心、指挥者。每个作业组按需要配备全站仪、对讲机、电子手簿、通信电缆(全站仪与电子手簿)、单杆棱镜、皮尺等设备。

数据采集之前通常先将作业区的已知点成果输入电子手簿。进入测区后，领尺员首先对测站周围的地形、地物分布情况进行大致了解，及时按近似比例勾绘一份含主要地物、地貌的草图(用放大的旧图更好)，便于观测时在草图上标明所测碎部点的位置及点号。观测员指挥立镜员到事先选好的某已知点上准备立镜定向，自己快速架好仪器，连接电子手簿，量取仪器高，操作启动电子手簿，选择测量状态，输入测站点号和定向点号、定向点起始方向值(一般把起始方向值置零)。瞄准定向棱镜，定好方向通知持镜者开始跑点。输入仪器高，瞄准棱镜，用对讲机确定镜高及所立点的性质，输入镜高、地物代码，准确瞄准后，按手簿上的回车键，待手簿发出鸣嘀声，即说明测点数据已进入电子手簿，测点的坐标已被记录下来。一般来讲，施测的第一个点选在某已知点上(手簿中事先已输入)。测后从手簿中调出检查，若所测坐标和原已知坐标相符，即可转测下面的点，否则应从以下几方面查找原因：已知点、定向点的点号、坐标是否输错，所调用于检查的已知点的点号、坐标是否有错。若不是这些原因，再查看所输入的已知点成果是否抄错，成果计算是否有误，检查仪器、设备是否有故障等。

进行野外数据采集时，由于测站离测点可能比较远，观测员与立镜员或绘草图者之间的联系离不开对讲机，测站与测点两处作业人员必须时时联络。观测完毕，观测员要告知立镜者，以便及时对照手簿上记录的点号和绘草图者标注的点号，两个点号必须一致。否则应查找原因，是漏标点了，还是多标点了，或一个位置测重复了等，必须及时更正。

绘草图人员必须把所测点的属性在草图上显示出来，以供内业处理、图形编辑时用。草图的编制要遵循清晰、易读、相对位置准确、比例一致的原则。草图示例如图7.33所示。图中为某测区在测站1上施测的部分点。必须提醒，在野外采集时，能测到的点要尽量施测，实在测不到的点可利用皮尺或钢尺量距，利用电子手簿的量算功能，生成这些直接测不到的点的坐标。在一个测站上所有的碎部点测完后，要找一个已知点重测进行检核，以检查施测过程中是否存在因误操作、仪器碰动或出故障等原因造成的错误。检查完毕，确定无误后，切断仪器电源，中断电子手簿，关机、搬站，进行下一站作业。

2) 电子平板法施测

测图时作业人员一般配置为：观测员1人，电子平板(便携机)操作人员1人，跑尺员1~2人。

进行碎部测图时，一般先在测站安置好全站仪，输入测站信息：测站点号、后视点号以及仪器高。然后以极坐标法为主，配合其他碎部点测量方法施测。数据采集可采用角、距记录模式，对话窗如图7.34(a)所示，也可采用坐标记录模式，对话窗如图7.34(b)所示。

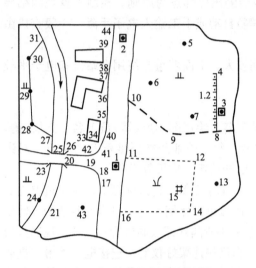

(a)　　　　　　　　　　(b)

图7.33　全站仪野外数据采集草图　　　　图7.34　电子平板野外数据采集记录窗口

在记录对话窗口中，点号为碎部点的测量顺序号。第一个点号输入以后，其后的点号不必再输入。每测一个点自动累加1。

编码，顺序测量时同类编码只输一次，其后的编码由程序自动默认。只有测点编码变换时才输入新的编码。

H、V、S 或 X、Y、H 各项，由全站仪观测并自动输入。

连接点号，凡与上一点相连时，程序在连接点栏自动默认上一点点号。当需要与其他点相连时，则需要输入该连接点的点号。电子平板系统则可在便携机的显示屏上，用光笔或鼠标捕捉连接点，其点号将自动填入记录框。

线型，表明点间(本点与连接点间)的连接线型。可用鼠标单击直线按钮，改变线型时自动加入线型代码，直线为1，曲线为2，圆弧为3，3点才能画圆或弧，独立点则为空。

杆高，由人工输入，输入一次后，其余测点的觇标高则由程序自动默认(自动填入原觇标高)，只有觇标高改变了，才需重新输入新觇标高。

图7.34中其他项都是为完善测图系统而增加的功能项，如"方向"按钮可随时修正有向线符号的方向等。对于电子平板数字测图系统，数据采集与绘图同步进行，内业仅做一些图形编辑、整饰工作。

7.3.4　碎部点坐标测算

数字测图要求先测定所有碎部点的坐标及记录碎部点的绘图信息，并用数据存储器

(电子手簿)存储起来,而后利用计算机辅助成图。在野外数据采集中,若用全站仪测定所有独立地物的定位点、线状与面状地物的折点(统称为碎部点)的坐标,不仅工作量大,而且有些点无法直接测定。因此必须灵活运用"测算法"测算结合,测定碎部点坐标。

碎部点坐标"测算法"的基本思想是:在野外数据采集时,利用全站仪适当用极坐标法测定一些"基本碎部点",再用交会法(只测方向)、量距法(只测距离)测定一部分碎部点的位置(坐标),最后充分利用直线、直角、平行、对称、全等等几何特征,在室内(或现场)计算出所有碎部点的坐标。事实上,只要用几何作图法可以确定出位置的点,都可以用"测算法"求出点的坐标。"基本碎部点"指能满足各种测定碎部点方法(除极坐标法)的必要起算点,如本节图中的 A、B、C、D 等点就是基本碎部点。在数字化测图中,只要灵活应用测算法,需要测定的基本碎部点就不会很多,对于较规则的市区尤其如此。下面介绍几种常用的碎部点测算方法。

1. 仪器法

1) 极坐标法

极坐标法是测量碎部点最常用的方法。如图 7.35 所示,Z 为测站点,O 为定向点,P 为待求点。在 Z 点安置好仪器,量取仪器高 i,照准 O 点,读取定向点 O 的方向值 L_0(常配置为零),然后照准待求点 P,量取觇标高(镜高)i',读取方向值 L_P、Z 至 P 点间的斜距 S_{ZP} 和竖直角 α(或天顶距 T,$T=90-\alpha$)。则待定点坐标和高程可由下式求得

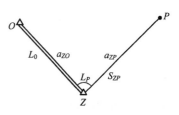

图 7.35 极坐标法测算碎部点

$$\left.\begin{array}{l} x_P = x_Z + S_{ZP} \cdot \sin T \cdot \cos\alpha_{ZP} \\ y_P = y_Z + S_{ZP} \cdot \sin T \cdot \sin\alpha_{ZP} \\ H_P = H_P + S_{ZP} \cdot \cos T + i - i' \end{array}\right\} \quad (7-3)$$

式中 $\alpha_{ZP} = \alpha_{ZO} + L_P$,若观测 Z 至 P 点间的平距 D_{ZP},则 $S_{ZP} \cdot \sin T = D_{ZP}$。

2) 偏心照准法

当待求点与测站点不通视或无法立镜时,可使用照准偏心法间接测定碎部点的点位,该法包括直线延长、方向延长和垂直偏心法。

(1) 直线延长偏心法:如图 7.36(a)所示,Z 为测站点,欲测定 B 点,但 Z、B 间不通视。此时可在地物边线方向选定 B'(或 B'')为辅点,先用极坐标法测定其坐标,再用钢尺量取 BB'(或 BB'')的距离 D,即可求出 B 点的坐标

$$\left.\begin{array}{l} x_B = x_{B'} + D_{BB'} \cdot \cos\alpha_{AB'} \\ y_B = y_{B'} + D_{BB'} \cdot \sin\alpha_{AB'} \end{array}\right\} \quad (7-4)$$

(2) 方向延长偏心法:在图 7.36(b)中,欲测定 B 点,但 B 点不宜立尺或立镜。此时可先测定 ZB 方向上的 B' 点,再丈量 B 至 B' 的距离 ΔS,则 B 点的坐标为

$$\left.\begin{array}{l} x_B = x_{B'} + \Delta S \cdot \cos\alpha_{ZB'} \\ y_B = y_{B'} + \Delta S \cdot \sin\alpha_{ZB'} \end{array}\right\} \quad (7-5)$$

此法在线状或带状地物边有茂密植被时特别适用。

(3) 垂直偏心法:如图 7.36(c)所示,欲测 A 点,由于 Z、A 间不通视,可在 A 附近

找一通视点 A'（或 A''），并使 $\angle ZA'A$（或 $\angle ZA''A$）为直角（A' 或 A'' 的位置可用特制直角棱镜设置），再量出 AA'（或 AA''）的距离 e'（或 e''），即可按下式求出 B 点的坐标

$$\left.\begin{array}{l}x_A = x_{A'} + e' \cdot \cos\alpha_{A'A} \\ y_A = y_{A'} + e' \cdot \sin\alpha_{A'A}\end{array}\right\} \tag{7-6}$$

式中 $\alpha_{AA'}$ 可由 α'_{ZA} 推算。

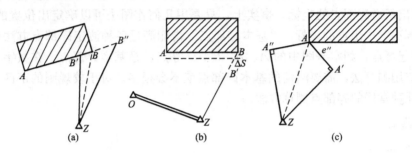

图 7.36 照准偏心法测算碎部点

2. 交会法

1）方向直线交会法

如图 7.37(a) 所示，A、B 为已知碎部点，若测定 i 点，只要照准 i，读取方向值 L_i，则 $\alpha = \alpha_{AZ} - \alpha_{AB}$，$\beta = \alpha_{ZO} + L_i - \alpha_{ZA}$，则可计算 i 点坐标。该法测定规则的家属区很方便。

2）方向直角交会法

图 7.37(b) 所示为构成直角的地物，用方向直角交会法很方便地测定通视点的位置。测出两个 A、B 后，只要连续照准角点 1、2、3、…、i 分别读取方向值 L_i，推算出所需 α、β，则可计算各点坐标。

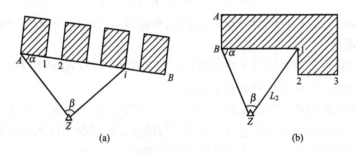

图 7.37 交会法测算碎部点

当照准目标位于 ZB 方向的右侧时

$$\left.\begin{array}{l}\alpha = \alpha_{ZB} - \alpha_{BA} + 90° \\ \beta = \alpha_{ZO} + L_i - \alpha_{ZB}\end{array}\right\} \tag{7-7}$$

当照准目标位于 ZB 方向的左侧时

$$\left.\begin{array}{l}\alpha = \alpha_{ZB} - \alpha_{ZO} - L_i \\ \beta = \alpha_{BA} - \alpha_{ZB} + 90°\end{array}\right\} \tag{7-8}$$

3. 量距法

量距法指利用丈量距离及直线、直角的特性测算出待定点的坐标。

1) 直角坐标法

如图 7.38 所示，已知 A、B 两点，欲测碎部点 i，以 AB 为轴线，用钢尺丈量 a_i 得垂足 d_i，丈量不超过整尺段支距 b_i，借助测线 AB 和垂直短边支距 b_i 求得碎部点 i 坐标

$$\left.\begin{array}{l} x_i = x_A + \sqrt{a_i^2 + b_i^2} \cdot \cos\alpha_i \\ y_i = y_A + \sqrt{a_i^2 + b_i^2} \cdot \sin\alpha_i \\ \alpha_i = \alpha_{AB} \pm \operatorname{arctg} \dfrac{b_i}{a_i} \end{array}\right\} \tag{7-9}$$

式中当碎部点 α_i 在轴线 AB 左侧时取"＋"，反之取"－"。

2) 距离交会法

如图 7.39 所示，已知碎部点 A、B 欲测碎部点 P，量取距离 S_a、S_b，按式(6-24)求得 P 点的坐标。

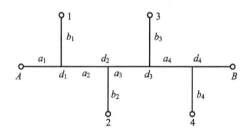

图 7.38 直角坐标法测算碎部点

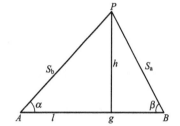

图 7.39 距离交会法测量界址点

3) 分点法

如图 7.40 所示，A、B、C 为已知碎部点，欲测 1，2，3，…，i，量取 C 至各测点的距离 D_i，根据余弦定理求得 A 至各测点的距离 d_i（亦可直接量取），即可按 A、B 的坐标差依比例求出各点的坐标。

4) 直角折点法

如图 7.41 所示，已知 A、B 两点，欲测定 1，2，3，…，i 点，可分别量取相邻点间的距离 D_i，以 AB 为起始边按导线计算方法推算各边的方位角与欲求点的坐标。值得注意的是，若折点较多，应检核坐标增量闭合差，若在容许范围内，则进行坐标改正。

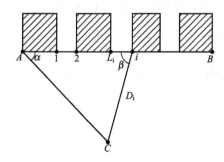

图 7.40 分点法测算碎部点

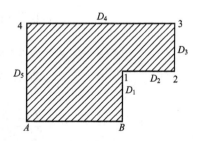

图 7.41 直角折点法测算碎部点

5) 无定向直线折点法

如图 7.42 所示，已知碎部点 A、B，求测定其他各直角折点，只要丈量出各边长，即可求出各折点的坐标。

假定 a、b 分别是以 AB 为斜边的直角边长，由图可知

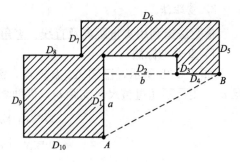

图 7.42 无定向直线折点法测算碎部点

$$\left.\begin{array}{l} a = D_1 - D_3 = D_9 + D_7 - D_5 \\ b = D_2 + D_4 = D_6 + D_8 - D_{10} \end{array}\right\} \quad (7-10)$$

设量距误差的比例因子为 Q，则

$$Q = \frac{D_{AB}}{\sqrt{a^2 + b^2}} \quad (7-11)$$

消除量距误差影响后，得各折点的坐标

$$\left.\begin{array}{l} x_i = x_{i-1} + D_i \cdot Q \cdot \cos\alpha_i \\ y_i = y_{i-1} + D_i \cdot Q \cdot \sin\alpha_i \end{array}\right\} \quad (7-12)$$

当第一条边与已知边的夹角 $A < 90°$ 时

$$\alpha_1 = \alpha_{AB} \pm \angle A \qquad \angle A = \arctan\frac{b}{a} \qquad \alpha_i = \alpha_{i-1} \pm 90°$$

当第一条边与已知边的夹角 $A > 90°$ 时

$$\alpha_1 = \alpha_{AB} \pm \angle A \pm 90° \qquad \angle A = \arctan\frac{a}{b} \qquad \alpha_i = \alpha_{i-1} \pm 90°$$

以上各式中，当 i 点为左折点时取"$-$"，右折点时取"$+$"。

4. 计算法

许多人工地物的平面图形具有平行、垂直、对称、相交等几何关系特性，根据上述特性一般不需要外业观测数据，即可计算碎部点的坐标。

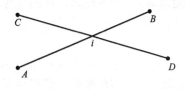

图 7.43 两直线交点坐标计算

如图 7.43 所示为两直线相交法，A、B、C、D 为 4 个已知碎部点，且 AB 与 CD 相交于 i，则

$$\left.\begin{array}{l} x_i = \dfrac{y_C - y_A + x_A \cdot k_1 - x_B \cdot k_2}{k_1 - k_2} \\ y_i = y_A + (x_i - x_A) k_1 \\ k_1 = \dfrac{y_B - y_A}{x_B - x_A} \\ k_2 = \dfrac{y_D - y_C}{x_D - x_C} \end{array}\right\} \quad (7-13)$$

如图 7.44 所示为平行曲线，A、B、C、D、E 是曲线 AE 上已知点，则与 AE 间距为 d 的曲线上 1、2、3、4、5 点的坐标可按下述方法计算。

(1) 直线部分。

$$\left.\begin{array}{l}x_2=x_B+d\cdot\cos\alpha_2\\y_2=y_B+d\cdot\sin\alpha_2\\\alpha_2=\alpha_{AB}\pm90°\end{array}\right\} \quad (7-14)$$

(2) 由直线过渡到曲线的第一个曲线点：

$$\left.\begin{array}{l}x_3=x_C+d\cdot\cos\alpha_3\\y_3=y_C+d\cdot\sin\alpha_3\\\alpha_3=2\alpha_{BC}-\alpha_{AB}\pm90°\end{array}\right\} \quad (7-15)$$

(3) 对于曲线上的其他点，如图中的 4、5 两点，可分别由 D、E 求得。例如 4 点坐标为

$$\left.\begin{array}{l}x_4=x_D+d\cdot\cos\alpha_4\\y_4=y_D+d\cdot\sin\alpha_4\\\alpha_4=\alpha_{CD}+\dfrac{S_{CD}}{S_{AC}+S_{CD}}(\alpha_{CD}-\alpha_{BC})\pm90°\end{array}\right\} \quad (7-16)$$

$$\left.\begin{array}{l}x_{i'}=x_B+D_i\cdot\cos\alpha_i\\y_{i'}=y_B+D_i\cdot\sin\alpha_i\\D_i=\sqrt{\Delta x_{Ai}^2+\Delta y_{Ai}^2}\\\alpha_i=2\alpha_{AB}-\alpha_{Ai}+180°\end{array}\right\} \quad (7-17)$$

式中：S_{ij} 为 i、j 之间的距离。

上面各计算方位角的公式中，当所求曲线点位于已知点的左边时，取"－"；位于右边时取"＋"。另外注意，对于曲线上的点，一定要由外侧向内侧推算。此方法计算道路另一侧测点比较便利。

如图 7.45 所示为一对称地物，测定 A 与对称点 B 和 1，2，3，…，7 后，可按下式计算对称点 $1'$，$2'$，$3'$，…，$7'$ 的坐标。

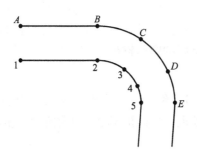

图 7.44　平行曲线测点坐标计算

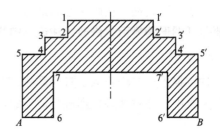

图 7.45　对称测点坐标计算

7.3.5　数字测图内业简介

1. 数字测图成图软件

数字测图的图件绘制，除有计算机、绘图仪等硬件设备外，还必须有相应的成图软件

支持。国内市场上成图软件较多，具有代表性的有：南方测绘仪器公司的 CASS、清华山维公司的 EPSW 电子平板、武汉瑞得公司的 RDMS、中翰测绘仪器公司的 Map 等。

各种软件一般是以 AutoCAD 为开发和运行平台，具有使用方便、扩充性强、接口丰富的特点。它们能测绘地形图、地籍图、房产图，都有多种数据采集接口，成果都能被 GIS 软件所接受，彼此有自己的特色。并具有丰富的图形编辑功能和一定的图形管理功能，操作界面较友好。CASS、EPSW、Map 是在 Windows 环境下用 C++ 语言开发和运行，具有界面美观、可现测现绘、不易漏测、操作直观方便的优点；武汉瑞得公司的 RDMS 全部用高级语言开发，可以直接在 DOS 环境下运行，具有结构紧凑、运行速度快的特点。

2. 内业处理的主要作业过程

数据采集过程完成之后，即进入到数据处理与图形处理阶段，亦称为内业处理阶段。内业处理主要包括数据传输、数据转换、数据计算、图形编辑与整饰直至最后的图形输出。其作业流程用框图表示，如图 7.46 所示。

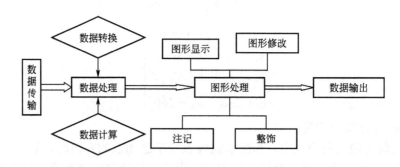

图 7.46　内业处理工作流程

数据传输是将采集到的数据按一定的格式传送到装有绘图软件的计算机中，生成数据文件，供内业处理使用。数据处理中的数据转换是将信息数据文件，按格式与软件需要由计算机生成它可识别的内部码。数据计算主要是指等高线通过点的插值计算和加权平均法进行等高线的光滑处理。在此过程的最后建立图形数据文件，为图形处理做好准备。图形处理主要包括图形的显示、修改、注记、整饰和最后的图形输出。

3. 数据处理

用某种数据采集方法获取了野外观测信息（点号、编码、三维坐标等）后，将这些数据传输到计算机中，并对这些数据进行适当的加工处理，才能形成适合于图形生成的绘图数据文件。

数据处理主要包括两个方面的内容：数据转换和数据计算。数据转换是将野外采集到的带简码的数据文件或无码数据文件转换为带绘图编码的数据文件，供计算机识别绘图使用。对于简码数据文件的转换，软件可自动实现；对于无码数据文件，则还需要通过地物关系（草图）编制引导文件来实现转换。数据计算主要是针对地貌关系的，当数据输入到计算机后，为建立数字地面模型绘制等高线，需要进行插值模型建立、插值计算、等高线光滑 3 个过程的工作。在计算过程中，需要给计算机输入必要的数据，如插值等高距、光滑拟合步距等。必要时需对插值模型进行修改，其余的工作都由计算机自动完成。数据计算还包括对房屋类呈直角拐弯的地物进行误差调整，消除非直角化误差。

经过数据处理即可建立绘图文件，未经整饰的地形图即可显示在计算机屏幕上，同时计算机将自动生成以数字形式表示的各种绘图数据文件，存于计算机储存设备中供后续工作调用。

4. 图形处理

图形处理是指对经数据处理后所生成的图形数据文件进行编辑、整理。要想得到一幅规范的地形图，除需要对数据处理后生成的"原始"图形进行修改、整理外，还需要加上汉字注记、高程注记，进行图幅整饰和图廓整饰，并填充各种地物符号。利用编辑功能菜单项，对图形进行删除、断开、修改、移动、比例缩放、剪切、复制等操作，补充插入图形符号、汉字注记和图廓整饰等，最后编辑好的图形即为用户所需要的地形图。编辑好的图形存入记录介质或用绘图仪输出。

5. 图形输出

经过图形处理以后，可得到由计算机保存的图形文件。数字化成图通过对层的控制，可以编制和输出各种专题地图（包括平面图、地籍图、地形图），以满足不同用户的需要。在用绘图仪输出图形时，还可按层来控制线划的粗细或颜色，绘制美观、实用的图形。还可通过图形旋转、剪辑，绘制工程部门所需的工程用图。

为了使用方便，往往需要用绘图仪或打印机将图形或数据资料输出。用绘图仪输出图形时，首先将绘图仪与计算机连接好，并设置好各种参数，然后在图形界面下按菜单提示操作。

6. 内业处理的基本操作

数字测图系统的内业主要是计算机屏幕操作。成熟的数字测图软件的操作界面都是采用屏幕菜单和对话框进行人机交互操作，完成数据处理、图形编辑、图幅整饰、图形输出及图形管理。下面以 CASS6.0 为例，介绍数字测图内业的基本操作。

如图 7.47 所示为 CASS6.0 的主操作界面，包括顶部下拉菜单（专用工具菜单）、通用工具条、左侧专业快捷工具条、屏幕右侧菜单区、底部提示区和图形编辑区等。下拉菜单区汇集了 CAD 的图形绘制"工具"、"编辑"、"显示"等项，及 CASS 所增加的"数据处理"、"绘图处理"、"等高线"、"地物编辑"、"地籍图纸管理"项目。运用它可完成图形的显示、缩放、删除、修剪、移动、旋转、绘地形图、绘地籍图、图形修饰、文件管理、图形管理等工作。右侧菜单区是一个测绘专用交互绘图菜单，控制点、居民地、道路、管线、水系、植被等图式符号均放在其中，使用时只需用鼠标直接点击所需要的项目，即可将符号绘制在屏幕上。图形编辑区显示所绘图形，可在此区用各种编辑功能对图形进行编辑加工。命令区是 AutoCAD 的命令提示区，在图形进行编辑的过程中，要随时注意此区中所给出的提示，只有按提示要求输入相应的命令内容后才可完成一个操作。把鼠标移动到屏幕顶部，单击"绘图处理"按钮就出现下拉菜单，如图 7.48 所示。在下拉菜单子项中，标记"▶"表示有二级菜单，标记"……"表示有对话框。操作"绘图处理"的下拉菜单，基本上可完成地形图形和地籍图的制作。右侧菜单有 4 种定点方式，即"坐标定位"定点、"测点点号"定点、"电子平板"定点与"数字化仪"定点。若用鼠标单击"测点点号"，就出现如图 7.48 所示的右侧菜单，根据屏幕测点点号和外业草图，操作右侧菜单也可绘制地形图和地籍图。

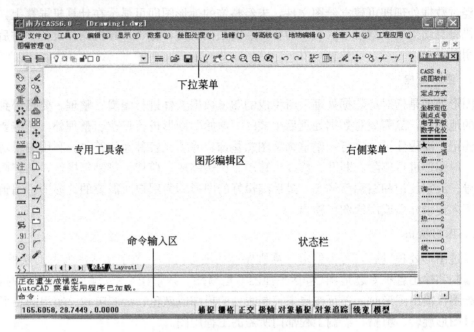

图 7.47　CASS6.0 成图软件主界面

要完成图形的绘制与编辑工作，主要与有关的菜单、对话框及文件打交道。不同的测图软件，其内业处理方法、操作差别很大。要使用好一套测图系统，掌握具体的操作方法，必须对照操作说明书反复练习。

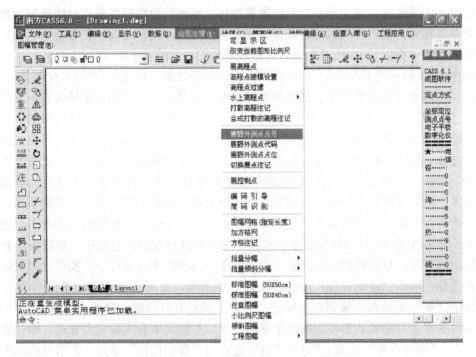

图 7.48　CASS6.0 成图软件下拉专用工具菜单

思 考 题

1. 名词解释：比例尺精度，地物，地貌，等高线，等高距，等高平距，地形图，地籍，权属，宗地，房产图。
2. 比例尺精度在测绘工作中有何作用？地物符号有几类？各有何特点？同一幅图上，等高距选用的原则是什么？等高距、等高线平距与地面坡度的关系如何？
3. 测图前有哪些准备工作？控制点展绘后，怎样检查其正确性？
4. 等高线分为哪几类？在图上分别怎样表示？等高线有哪些基本特性？
5. 简述经纬仪测绘法在一个测站测绘地形图的工作步骤。
6. 在地形测图时，在测站上平板仪的安置包括哪几项内容？在小平板与经纬联合测图时，是怎样工作的？
7. 测站点加密的方法有哪些？如何作业？各种方法适应什么情况？
8. 什么是数字化测图？数字化测图主要有哪些优点？数字化测图的硬件有哪些？
9. 试述数字化测图的作业过程。测定碎部点坐标的方法主要有哪几种？
10. 如何进行野外数据采集？试述数字化测图的内业处理主要作业过程。

习 题

1. 依表 7-8 中的数据，计算各碎部点的水平距离和高程。

表 7-8 地形测量手簿

测站点：A　定向点：B　测站高：40.95m　$i=1.48$m　$x=0''$

点号	视距间隔 l(m)	中丝读数 v(m)	竖盘读数 (° ′)	竖直角 (° ′)	初算高差 h'(m)	改正数 $i-v$(m)	高差 h(m)	水平角 β (° ′)	水平距离 D(m)	高程 H (m)
1	0.557	1.480	93　28					88　45		
2	0.435	1.480	82　26					124　42		
3	0.736	2.480	95　36					168　45		
4	1.202	2.080	97　25					320　24		

2. 在图 7.49 所示的等高线地形图中，按符号标出山顶"△"、鞍部"○"、山脊线（点划线）、山谷线（虚线）。
3. 图 7.50 为某幅 1∶5000 城市地形图图幅，试写出 1∶5000 和阴影部分 1∶2000、1∶1000、1∶500 图幅的编号。
4. 根据等高线的特性，指出图 7.51 中地形图的错误。在错误处用字母编号表出，说明错误原因并加以改正。

图 7.49 习题 2

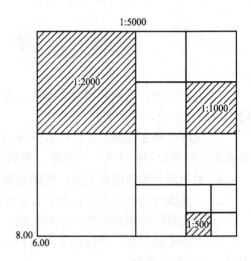

图 7.50 习题 3

5. 图 7.52 所示为某丘陵区测得的各地貌特征点，图中实线表示山脊线，虚线表示山谷线。试按等高距为 1m 勾绘等高线。

图 7.51 习题 4

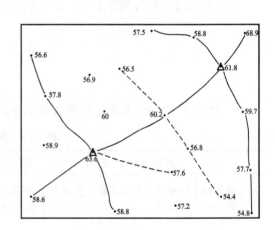

图 7.52 习题 5

第 8 章 地形图的应用

教学要点

知识要点	掌握程度	相关知识
地形图的阅读	(1) 掌握图廓外附注的识读 (2) 掌握地貌、地物的识读	地物与地貌的分类
纸质地形图的应用	(1) 了解地形图应用的基本内容 (2) 掌握面积的量算方法 (3) 掌握断面图绘制、土方量计算方法 (4) 了解汇水面积计算、图上选线	(1) 面积的坐标计算法 (2) 求积仪使用方法
数字地形图的应用	(1) 重点掌握数字地形图土方量计算方法 (2) 掌握数字地形图断面绘制方法	(1) DTM法计算土方 (2) 断面法计算土方 (3) 方格网法计算土方 (4) 等高线法计算土方

技能要点

技能要点	掌握程度	应用方向
土方量计算	熟练掌握土方量计算	工程建设中的土方计算

基本概念

地物、地貌、数字地形图、土方量。

引例

在三峡水利枢纽工程建设过程中,高强度土石方开挖、填筑与支护施工技术及管理水平得到了迅猛发展,其中三峡永久船闸开挖工程具有典型的代表性意义。

三峡永久船闸地面工程土石方开挖总量为 4196 万 m^3,闸槽顶以上一期开挖 1928 万 m^3,合同工期为 21 个月,月最大开挖强度为 165 万 m^3;船闸二期地面开挖工程,共完成土石方开挖 2268 万 m^3,闸槽顶以下直立墙基岩开挖月高峰强度达 60 万 m^3。船闸地面工程土石方开挖量占三峡工程土石方开挖总量的 40%,其岩石开挖量占三峡工程岩石开挖总量的 60%,工期紧、强度高,持续高强度土石方开挖施工技术是施工中主要难题之一。

8.1 地形图的阅读

地形图包含着丰富的自然地理和社会政治经济信息,是土木工程勘测、规划、设计、施工和营运各阶段中的重要依据,正确应用地形图是土木工程技术人员必备的基本技能之一。地形图广泛应用于各项经济建设和国防建设之中,在工程设计、城乡规划、资源勘查、土地开发、环境保护、矿藏挖掘、河道治理等工作中,是必备的基础性资料。在地形图上可以获取各项建设中所需的坐标、高程、方位角、距离、面积、土方量等数据。

8.1.1 图廓外附注的识读

根据地形图图廓元素,可以获取地形图图名、图号、比例尺、坐标系统、高程系统、等高距、接合图、测图时间及测图单位等基本信息。依据地形图的图名、接合图和图廓坐标可以确定该图所在的位置及其范围;根据比例尺可以知道图形所反映的地物和地貌的详略情况;从测图时间可以判断图的新旧程度,了解地面变化情况。

对于大比例尺地形图,目前一般采用 1980 年国家大地坐标系,一些老地形图上采用的是 1954 年北京坐标系,部分城市采用自己的独立坐标系。我国 1988 年开始启用"1985 国家高程基准",原来的"1956 年黄海高程系统"不再使用。识读地形图时,要注意区分图上使用的坐标系统及高程系统,避免工程应用上的混淆。

8.1.2 地物和地貌的识读

对地物的识读,主要依靠地物符号,因此一定要熟悉常用地物的表示方法。根据图上的地物符号及其位置，可以了解地物分布情况，从中获取居民点、水系、交通、通信、管线、农林等方面的信息。

对地貌的识读，主要是根据地貌符号（等高线）和地性线（山脊线和山谷线）来辨认和分析。首先根据地性线构成地貌的骨干，对地貌有一个比较全面的认识，不致被复杂的等高线所迷惑，再根据等高线分布密集程度来分析地形的陡缓状况，并找出图上分布的主要山头、洼地、鞍部等典型地貌的位置。

地形图上包含的地物和地貌，主要有以下内容。

1. 测量控制点

测量控制点是测绘地形图和工程测量的重要依据，包括三角点、导线点、图根点、水准点、GPS点、天文点等。控制点旁一般注记有点名、等级及高程。

2. 居民地和垣栅

居民和垣栅是大比例尺地形图上的主要地物要素。居民地包括一般房屋、简单房屋、建筑中的房屋、破坏房屋、棚房、架空房屋、廊房、窑洞、蒙古包及房屋附属设施。垣栅包括城墙、围墙、栅栏、栏杆、篱笆、铁丝网等。

3. 工矿建（构）筑物及其他设施

这是国民经济建设的主要设施，地形图能准确地表示其位置、形状和性质等特性。这些设施包括矿井、探井、水塔、粮仓、气象站、学校、卫生所、游泳池、路灯等。

(1) 交通及附属设施。包括铁路、火车站、公路、桥梁、码头等。

(2) 管线及附属设施。管线是指各类管道、电力线和通信线等的总称，包括输电线、通信线、管道、检修井等。

(3) 水系及附属设施。水系是指江、河、湖、海、井、泉、水库、池塘、沟渠等自然和人工水体的总称，包括河流、水库、沟渠、水闸、土堤、沙滩、礁石等。

(4) 境界。境界是指区域范围的分界线，包括国界、省界、县界、自然保护区界等。

(5) 地貌和土质。地貌是指地球表面起伏的形态，它利用等高线及其注记、示坡线来表示，特殊地貌如陡崖、冲沟、斜坡、山洞也有相应的表示符号。土质指地面表层覆盖物的类别和性质，如沙田、石块地、沼泽地、盐田等。

(6) 植被。植被是指覆盖在地表上的各类植物的总称，包括耕地、园地、林地、草地、花圃等。

(7) 注记。注记是判读和使用地形图的主要依据，包括居民地名称、说明注记、山名、水系名称等。

8.2 地形图应用的基本内容

8.2.1 测量图上点的坐标值

欲确定地形图上某点的平面坐标，可根据格网坐标用图解法求得。如图8.1所示，先

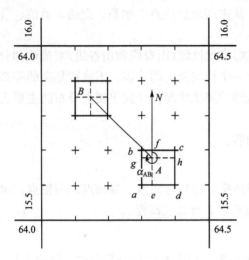

绘制平行线 gh、ef，再量取 ae 和 ag 的长度，则可以获得 A 点的平面坐标。

$$\left.\begin{array}{l}x_A=x_a+ag\cdot M\\ y_A=y_a+ae\cdot M\end{array}\right\} \quad (8-1)$$

如果考虑图纸受温度影响而产生的伸缩变形，还应该量取 ab 和 ad 的长度，按下式计算 A 点的坐标。

$$\left.\begin{array}{l}x_A=x_a+\dfrac{10}{ab}\cdot ag\cdot M\\ y_A=y_a+\dfrac{10}{ad}\cdot ae\cdot M\end{array}\right\} \quad (8-2)$$

式中：M 为比例尺分母；x_a、y_b 为 a 点坐标；ab、ad、ag、ae 为图上量取的长度。

图 8.1 确定图上点的平面坐标

8.2.2 测量图上点的高程

若待测点正好在等高线上，则该点的高程即为等高线的高程；若待测点不在等高线上，则应根据比例内插法确定点的高程，如图 8.2 所示，$H_A=26\mathrm{m}$，$H_B=27.7\mathrm{m}$。

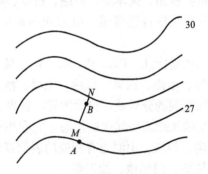

图 8.2 确定图上点的高程

8.2.3 测量直线的长度及其坐标方位角

先量取直线两端点的坐标值，然后按公式计算直线的长度和坐标方位角。

若量测精度要求不高，可直接用比例尺和量角器量取长度和坐标方位角。

8.2.4 测量两点间的坡度

如图 8.2 所示，欲确定直线 AB 的坡度，先量取直线 AB 的长度和 A、B 两点的高程，则直线 AB 的平均坡度为

$$i = \frac{h}{D} = \frac{H_B - H_A}{dM} \qquad (8-3)$$

式中：h 为 A、B 两点间的高差；D 为 A、B 两点间的实地水平距离；d 为 A、B 两点在图上的距离；M 为比例尺分母。坡度常以百分率或千分率表示。

8.3 图形面积的量算

在规划设计中，常需要量算一定范围内图形的面积，常用的方法有透明方格纸法、平行线法、解析法和求积仪法。

8.3.1 透明方格纸法

如图 8.3 所示，要量算曲线内的面积，先将毫米透明方格纸覆盖在图形上，数出图形内完整的方格数 n_1 和不完整的方格数 n_2，则曲线围成的图形的实地面积为

$$A = \left(n_1 + \frac{1}{2} n_2\right) \frac{M^2}{10^6} \qquad (8-4)$$

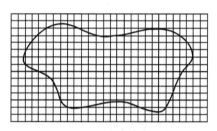

图 8.3 方格纸法面积量算

式中：M 为地形图比例尺分母。

8.3.2 平行线法

如图 8.4 所示，将绘有等距平行线的透明纸覆盖在图纸上，并使两条平行线与图形的边缘相切，每相邻两平行线之间的图形近似为梯形。用尺量出各平行线在曲线内的长度 l_1，l_2，$\cdots$，l_n，则各梯形面积分别为

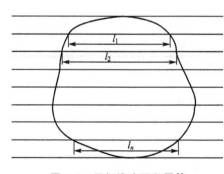

图 8.4 平行线法面积量算

$$\left. \begin{aligned} A_1 &= \frac{1}{2} h (0 + l_1) \\ A_2 &= \frac{1}{2} h (l_1 + l_2) \\ &\cdots \\ A_{n+1} &= \frac{1}{2} h (l_n + 0) \end{aligned} \right\} \qquad (8-5)$$

则总面积为

$$A = A_1 + A_2 + \cdots + A_n + A_{n+1} = h \sum_{i=1}^{n} l_i \qquad (8-6)$$

8.3.3 坐标计算法

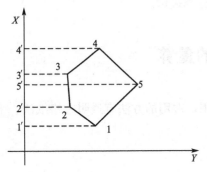

图 8.5 坐标计算法面积量算

如果图形边界为任意多边形,可以在地形图上求出各顶点的坐标(或全站仪测得),直接用坐标计算面积。

如图 8.5 所示,将任意多边形各顶点按顺时针方向编号为 1、2、3、4、5,其坐标分别为 (x_1, y_1)、(x_2, y_2)、(x_3, y_3)、(x_4, y_4)、(x_5, y_5)。由图计算如下。

五边形 12345 的面积等于梯形 $4'455'$ 的面积加上梯形 $5'511'$ 的面积减去梯形 $4'433'$ 的面积减去梯形 $3'322'$ 的面积,再减去梯形 $2'211'$ 的面积。用坐标表示即为

$$A = \frac{1}{2}[(x_4-x_5)(y_4-y_5)+(x_5-x_1)(y_5+y_1)-(x_4-x_3)(y_4+y_3)-(x_3-x_2)(y_3+y_2)-(x_2-x_1)(y_2+y_1)]$$

整理后得

$$A = \frac{1}{2}[x_1(y_2-y_5)+x_2(y_3-y_1)+x_3(y_4-y_2)+x_4(y_5-y_3)+x_5(y_1-y_4)]$$

若图形有 n 个顶点,则一般形式为

$$A = \frac{1}{2}\sum_{i=1}^{n} x_i(y_{i+1}-y_{i-1}) \tag{8-7}$$

上式是将各顶点投影于 x 轴算得的,若将各顶点投影于 y 轴,则一般形式为

$$A = \frac{1}{2}\sum_{i=1}^{n} y_i(x_{i-1}-x_{i+1}) \tag{8-8}$$

式(8-7)和式(8-8)中,n 为多边形的边数,当 $i=1$ 时,y_{i-1} 和 x_{i-1} 分别用 y_n 和 x_n 代入;当 $i=n$ 时,y_{i+1} 和 x_{i+1} 分别用 y_1 和 x_1 代入。此两公式计算的结果可以相互检核。

为了提高计算速度和计算精度,可采用如下公式进行计算。

$$A = \frac{1}{2}\sum_{i=1}^{n}(x_i-x_0)(y_{i+1}-y_{i-1})$$

式中:x_0 为任意实数,一般取 $x_0=x_1$。

8.3.4 求积仪法

求积仪是一种测定任意图形面积的仪器,有机械求积仪和电子求积仪两种。机械求积仪是根据机械传动原理设计的,主要依靠游标读数获取图形面积。电子求积仪在机械求积仪的基础上增加了脉冲计数设备和微处理器,具有高精度、高效率、直观性强等特点,越来越受人们的青睐,已逐步取代了机械求积仪。以下介绍动极式电子求积仪及其测量面积的方法。

图 8.6 所示为日本索佳公司生产的 KP-90N 型电子求积仪,该型号求积仪内藏有专

门程序的微型计算机系统,数字显示所测面积,能够使用功能键很简单地对单位、比例尺进行设定和换算面积。显示数据可达6位,最大面积可达10m²(比例尺为1∶1时)。

KP-90N型电子求积仪的组成部分包括机能键、显示部、动极、动极轴、跟踪臂和跟踪放大镜。如图8.7,仪器面板上设有22个键和一个显示窗,其中显示窗上部为状态区,用来显示电池状态、存储器状态、比例尺大小、暂停状态及面积单位;下部为数据区,用来显示量算结果和输入值。各键的功能和操作见表8-1。

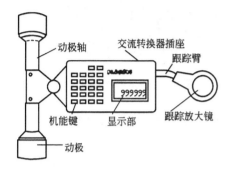

图8.6 数字求积仪结构图

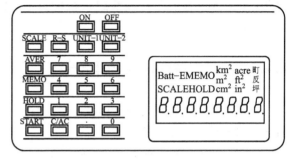

图8.7 数字求积仪面板图

表8-1 电子求积仪操作键及其功能

ON/OFF	电源键	打开/关闭电源
SCALE	比例尺键	用来设置图形的纵、横比例尺
R-S	比例尺确认键	配合SCALE键使用
UNIT-1	单位键1	每按一次都在国际单位制、英制、日制三者间转换
UNIT-2	单位键2	如在国际单位制状态下,按该单位键可以在km²、m²、cm²、脉冲计数(P/C)4个单位间顺序转换
START	启动键	在测量开始及在测量中再启动时使用
HOLD	固定键	测量中按该键则当前的面积量算值被固定,此时移动跟踪放大镜,显示的面积值不变。当要继续量算时,再按该键,面积量算再次开始。该键主要用于累加测量
AVER	平均值键	按该键,可以对存储器中的面积量算值取平均
MEMO	存储键	按该键,则将显示窗中显示的面积存储在存储器中
C/CA	清除键	清除存储器中记忆的全部面积量算值

8.4 地形图在工程建设中的应用

8.4.1 利用地形图确定汇水面积

当在山谷或河流修筑桥梁、涵洞或大坝时,都需要知道有多大面积的雨水汇集在这里，这个面积称为汇水面积。

汇水面积的边界是根据等高线的分水线（山脊线）来确定的。如图 8.8 所示，公路 SE 通过山谷，在 M 处要修建一涵洞，为了设计孔径的大小，需要确定该处汇水面积，即由图中分水线 MA、AB、BC、CD、DN 与 NM 线段所围成的面积。可用格网法、平行线法或求积仪测定该面积的大小。

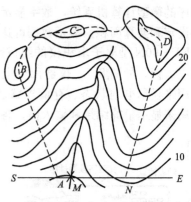

图 8.8 确定汇水面积

8.4.2 按既定坡度在地形图上选线

在道路、管线、渠道等工程设计中，都要求线路在不超过某一限定坡度的条件下，选择一条最短或者等坡路线。

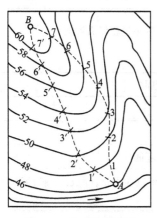

图 8.9 选定等坡路线

如图 8.9 所示，从 A 点到 B 点选择一条公路线，要求其坡度不大于 i（限制坡度）。设计用的地形图比例尺为 $1/M$，等高距为 h。则路线通过相邻等高线的最小等高平距 d 为

$$d = \frac{h}{i \cdot M} \qquad (8-9)$$

例如，地形图比例尺为 1∶2000，限制坡度为 5%，等高距为 2m，则路线通过相邻等高线的最小等高平距 $d = 20$mm。选线时，在图上用分规以 A 为圆心，脚尖设置成 20mm 为半径，作弧与上一根等高线交于 1 点；再以 1 点为圆心，仍以 20mm 为半径作弧，交另一等高线于 2 点。依此类推，直至 B 点为止。将各点连接即得限制坡度的最短路线 1，2，…，B。还有一条路线，即在交出点 2 后，以 2 为圆心时，交上一根等高线于 3 和 3′点，得到另外的一条路线 1，2，3′，…，B。由此可选出多条路线。在比较方案进行决策时，主要根据线形、地质条件、占用耕地、拆迁量、施工方便、工程费用等因素综合考虑，最终确定路线的最佳方案。

如遇到等高线之间的平距大于计算值时，以 d 为半径的圆弧不会与等高线相交。这说明地面实际坡度小于限制坡度，在这种情况下，路线可按最短距离绘出。

8.4.3 按设计线路绘制断面图

在各种线路工程设计中，土（石）方量的概算以及确定线路的纵坡都需要了解沿线路方向地势起伏情况，为此，需要利用地形图绘制沿设计线路方向的纵断面图。

如图 8.10 所示，欲沿 AB 方向绘制断面图，可在绘图纸或方格纸上绘两垂直的直线，横轴表示距离，纵轴表示高程。然后在地形图上，从 A 点开始，沿路线的方向量取两相邻等高线间的水平距离，按一定比例尺将各点依次绘在横轴上，得 A，1，2，…，10，B 点的位置。再从地形图上求出各点高程，按一定比例尺（一般为距离比例尺的 10 或 20 倍）绘

在横轴相应各点的垂线上,最后将相邻的高程点用平滑的曲线连接起来,即得到路线 AB 的纵断面图。

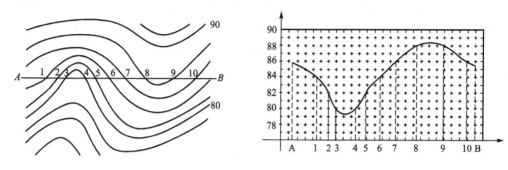

图 8.10 纵断面绘制

8.4.4 平整场地中的土方计算

1. 等高线法

当场地地面起伏较大,且仅计算土方量时,可采用等高线法。这种方法是从场地设计的等高线开始,算出各等高线所包围的面积,分别将相邻两条等高线所围面积的平均值乘以等高距,就是此两等高线平面间的土方量,再求和即得总挖方量。

如图 8.11 所示,地形图等高距为 1m,平整场地的设计高程为 74.5m,首先在图中内插设计高程 74.5m 等高线,然后分别求出 74.5m、75m、76m、77m 四条等高线所围成的面积 $A_{74.5}$、A_{75}、A_{76}、A_{77},即可算出每层土方量为

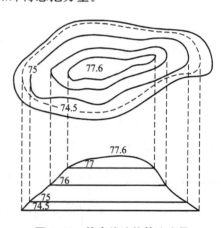

$$\left.\begin{array}{l} V_1 = \frac{1}{2}(A_{74.5}+A_{75}) \times 0.5 \\ V_2 = \frac{1}{2}(A_{75}+A_{76}) \times 1 \\ V_3 = \frac{1}{2}(A_{76}+A_{77}) \times 1 \\ V_4 = \frac{1}{3}A_{77} \times 0.6 \end{array}\right\} \quad (8-10)$$

图 8.11 等高线法估算土方量

总挖方为

$$\sum V_\mathrm{W} = V_1 + V_2 + V_3 + V_4 \quad (8-11)$$

两相邻等高线构成的台体体积可按下式进行较为精确的计算。

$$V = \frac{1}{3}(A_上 + A_下 + \sqrt{A_上 \cdot A_下}) \quad (8-12)$$

2. 断面法

此法适用于带状地形的土方量计算,在施工场地范围内,以一定的间隔绘出断面图,求出各断面图由设计高程线围成的填、挖方面积,然后计算相邻断面间的土方量,最后求

和得到总挖方量和填方量。

如图8.12所示，地形图比例尺为1:1000，等高距为1m，在矩形范围欲修建一段道路，其设计高程为47m。为求土方量，先在地形图上绘出互相平行、间隔为l_0（一般桩距）的断面方向线1—1、2—2、…、6—6；按一定比例尺绘出各断面图，并将设计等高线绘制在断面图上(1—1、2—2断面)，如图8.12所示。然后在断面图上分别求出各断面设计高程线与断面图所包围的填土面积A_{Ti}和挖土面积A_{Wi}（i表示断面编号），最后计算两断面间土方量。例如，1—1和2—2两断面间的土方为

$$\left.\begin{array}{ll} 填方 & V_T = \dfrac{1}{2}(A_{T1}+A_{T2})l \\ 挖方 & V_W = \dfrac{1}{2}(A_{W1}+A_{W2})l \end{array}\right\} \qquad (8-13)$$

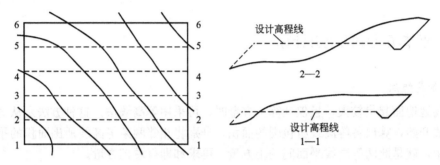

图8.12 断面法计算土方

同理依次计算出每相邻断面间的土方量，最后将填方量和挖方量分别累加，即得到总土方量。

3. 方格网法

图8.13为一块待平整的场地，其比例尺为1:1000，等高距为1m，要求在划定的范围内将其平整为某一设计高程的平地，以满足填、挖平衡的要求。计算土方量的步骤如下。

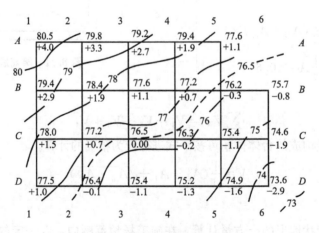

图8.13 方格网法估算土石方量

1) 绘方格网并求方格角点高程

在拟平整的范围打上方格，方格大小可根据地形复杂程度、比例尺的大小和土方估算精度要求而定，边长一般为10m或20m，然后根据等高线内插方格角点的地面高程，并注记在方格角点右上方。本例是取边长为20m的格网。

2) 计算设计高程

把每一个方格4个顶点的高程加起来除以4，得到每一个方格的平均高程。再把每一个方格的平均高程加起来除以方格数，即得到设计高程。

$$H_{设} = \frac{H_1 + H_2 + \cdots + H_n}{n} = \frac{1}{n}\sum_{i=1}^{n} H_i \tag{8-14}$$

式中：H_i 为每一方格的平均高程；n 为方格总数。

为了计算方便，从设计高程的计算中可以分析出角点 $A1$、$A5$、$B6$、$D1$、$D6$ 的高程在计算中只用过一次，边点 $A2$、$A3$、$C1$…的高程在计算中使用过两次，拐点 $B5$ 的高程在计算中使用过 3 次，中点 $B2$、$B3$、$C2$、$C3$…的高程在计算中使用过 4 次，这样设计高程的计算公式可以表示为

$$H = \frac{\sum H_{角} + 2\sum H_{边} + 3\sum H_{拐} + 4\sum H_{中}}{4n} \tag{8-15}$$

式中：n 为方格总数。

用上式计算出的平均高程为 76.97m，考虑到表层土的利用情况，综合设定 76.5m 作为设计高程。取在图 8.13 中用虚线描出 76.5m 的等高线，称为填挖分界线或零线。

3) 计算方格顶点的填挖高度

根据设计高程和方格顶点的地面高程，计算各方格顶点的挖、填高度。

$$h = H_{地} - H_{设}$$

式中：h 为填挖高度（施工厚度），正数为挖，负数为填；$H_{地}$ 为地面高程；$H_{设}$ 为设计高程。

4) 计算填挖方量

各点对应的土方量计算公式分别为

$$\begin{aligned}&角点：V = h \cdot A/4 \\ &边点：V = h \cdot A/2 \\ &拐点：V = h \cdot 3A/4 \\ &中点：V = h \cdot A\end{aligned} \tag{8-16}$$

式中：A 为方格的实际面积。

填、挖方量的计算一般在表格中进行，可以使用 Excel 计算图 8.13 中的填、挖方量。如图 8.14 所示，本例 Excel 计算得，挖方总量为 4830m³，填方总量为 2180m³。

点号	地面高程	次数	代表面积	挖深	填高	挖方量	填方量
			填、挖土方计算表				
A1	80.5	1	100	4.0		400	
A2	79.8	2	200	3.3		660	
A3	79.2	2	200	2.7		540	
A4	78.4	2	200	1.9		380	
A5	77.6	1	100	1.1		110	
B1	79.4	2	200	2.9		580	
B2	78.4	4	400	1.9		760	
B3	77.6	4	400	1.1		440	
B4	77.2	4	400	0.7		280	
B5	76.2	3	300		0.3		90
B6	75.7	1	100		0.8		80
C1	78.0	2	200	1.5		300	
C2	77.2	4	400	0.7		280	
C3	76.5	4	400				
C4	76.3	4	400		0.2		80
C5	75.4	4	400		1.1		440
C6	74.6	2	200		1.9		380
D1	77.5	1	100	1.0		100	
D2	76.4	2	200		0.1		20
D3	75.4	2	200		1.1		220
D4	75.2	2	200		1.3		260
D5	74.9	2	200		1.6		320
D6	73.6	1	100		2.9		290
Σ		56				4830	2180
设计高程			76.97				

图 8.14 使用 Excel 计算填挖土石方量

8.5 数字地形图的应用

前面几节是介绍纸质地形图在工程建设方面的应用,随着计算机制图学的发展以及全站仪在测图中的广泛使用,数字测图已经逐步取代以手工描绘为主的平板仪测图。采用数字地形图进行工程规划设计,极大地提高了设计效率和精度。下面以数字化测图软件 CASS5.0 为例,介绍数字地形图在工程建设方面的应用。

8.5.1 利用数字地形图查询基本几何要素

基本几何要素的查询包括指定点坐标、两点间距离及直线的方位、线长、实体面积等。

1. 查询指定点坐标

执行下拉菜单"工程应用 | 查询指定点坐标",选取所要查询的点即可,也可先进入点号定位方式,再输入要查询的点号。

2. 查询两点距离及方位

执行下拉菜单"工程应用 | 查询两点距离及方位",分别选取所要查询的两点,也可

先进入点号定位方式，再输入两点的点号。CASS5.0 所显示的坐标为实地坐标，因此所显示的两点间的距离为实地距离。

3. 查询线长

执行下拉菜单"工程应用｜查询线长"，选取图上曲线即可。

4. 查询实体面积

执行下拉菜单"工程应用｜查询实体面积"，选取待查询的实体的边界线即可，要注意实体应该是闭合的。

8.5.2 利用数字地形图计算土方量

如图 8.15 所示，土方量计算方法有 5 种：DTM 法土方计算、断面法土方计算、方格网法土方计算、等高线法土方计算和区域土方量平衡计算。

1. DTM 法土方计算

由 DTM 模型来计算土方量是根据实地测定的地面点坐标(X, Y, Z)和设计高程，通过生成三角网来计算每一个三棱锥的填挖方量，最后累计得到指定范围内填方和挖方量，并绘出填挖方分界线。

DTM 法土方计算方法有 3 种方式：坐标文件计算法、图上高程点计算法和图上三角网计算法。常用的为坐标文件计算法，如图 8.16 所示。

根据坐标文件计算土方量的步骤如下：

（1）用复合线画出所要计算土方的封闭区域。

（2）执行下拉菜单"工程应用｜DTM 法土方计算｜根据坐标文件"，命令行提示如下。

选择边界线：（单击封闭边界对象）

请输入边界插值间隔(米)：<20> Enter （直接回车选用默认值 20 米）

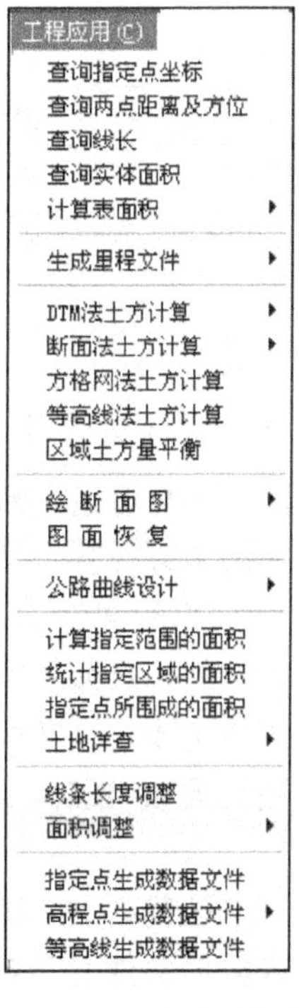

屏幕上将弹出选择高程坐标文件的对话框，在对话框中选择所需坐标文件。命令行提示如下。

平场面积 = 10121.9m²

平场标高(米)=(输入 35)

挖方量 = 9412.8 m³，填方量 = 13197.6 m³

图 8.15　"工程应用"菜单

同时图上绘出所分析的三角网、填挖方的分界线(白色线条)。在屏幕上指定了表格左下角的位置后，CASS5.0 将在指定点处绘制土方专用表格，如图 8.16 所示。

根据高程点计算土方量是指在屏幕上选取已展绘的高程点来计算土方量。根据图上三角网计算土方量是指在图上选取已经绘出的三角网来计算。这是与根据坐标文件计算的不同之处，其他操作基本一致。

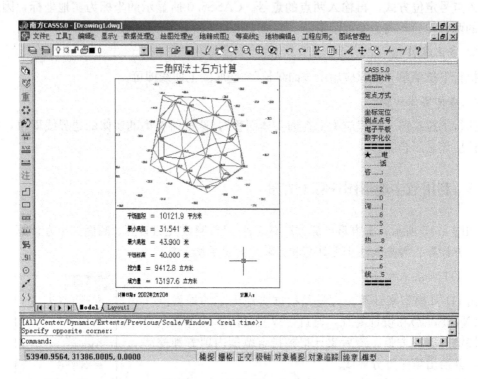

图 8.16 DTM 法土方计算

2. 断面法土方计算

断面法计算有道路断面法土方计算和场地断面法土方计算两种类型,本节主要介绍道路的断面法土方计算,其计算的步骤如下。

1) 生成里程文件

里程文件用离散的方法描述了实际地形,生成里程文件常用的有 4 种方法:图面生成、等高线生成、纵断面生成和坐标文件生成。由纵断面生成是 4 种方法中速度最快的,这种方法只要展出点,绘出纵断面线,就可以在极短的时间里生成所有横断面的里程文件。

执行下拉菜单"工程应用｜生成里程文件｜由纵断面生成"命令,屏幕上弹出"输入断面里程数据文件名"对话框,来选择断面里程数据文件,这个文件将保存要生成的里程数据。接着屏幕上弹出"输入坐标数据文件名"的对话框,来选择原始坐标数据文件。命令窗口提示如下。

请选取纵断面线:(用鼠标单击所绘纵断面线)
输入横断面间距:(米)<20.0> Enter (直接回车使用默认值 20 米)
输入横断面线上点距:(米)<5.0> Enter
输入带状区域的宽度:(米)<40.0> Enter

系统自动根据上面几步给定的参数在图上绘出所有横断面线,同时生成每个横断面的里程数据,写入里程文件。

2) 设定计算参数

执行下拉菜单"工程应用│断面法土方计算│道路断面"后,弹出"断面设计参数"对话框,如图 8.17 所示。在对话框中选择里程文件并输入计算参数。

3) 绘制断面图

设置完对话框中的参数后,命令窗口提示如下。

横向比例为 1:<500> Enter (直接回车使用默认值 500)

纵向比例为 1:<100> Enter

请输入隔多少里程绘一个标尺(米)<直接回车只在两端绘标尺> Enter

指定横断面图起始位置:(用鼠标左键在窗口上单击)

至此,图上已绘出道路的纵断面图及每一个横断面图。如果道路设计时断面的设计高程不一样,就需要手工编辑断面。

4) 计算工程量

执行下拉菜单"工程应用│断面法土方计算│图面土方计算",命令行提示如下。

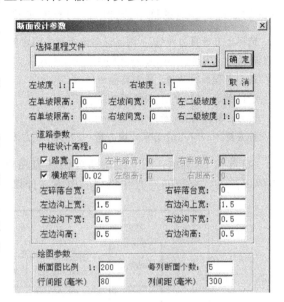

图 8.17 "断面设计参数"对话框

选择要计算土方的断面图:(在窗口中选择参与计算的道路横断面图)

指定土石方计算表左上角位置:(用鼠标左键在窗口上单击)

系统自动在图上绘出土石方计算表,如图 8.18 所示,命令行提示如下。

土石方数量计算表

里程	中心高(m)		横断面积(m²)		平均面积(m²)		距离(m)	总数量(m³)	
	填	挖	填	挖	填	挖		填	挖
K0+0.00	2.79		64.92	0.00					
					45.80	1.08	20.00	916.00	21.60
K0+20.00	1.10		26.68	2.16					
					14.64	8.89	20.00	292.80	177.80
K0+40.00		0.30	2.60	15.62					
					1.30	37.17	20.00	26.00	743.40
K0+60.00		2.06	0.00	58.72					
					0.00	60.18	11.60	0.00	698.15
K0+71.60		2.21	0.00	61.65					
合计								1234.8	1641.0

图 8.18 土石方计算表

总挖方=1641.0 立方米,总填方=1234.8 立方米

3. 方格网法土方计算

由方格网来计算土方量是根据实地测定的地面点坐标(X,Y,Z)和设计高程,通过生成方格网来计算每一个长方体的填挖方量,最后累计得到指定范围内填方和挖方的土方量,并绘出填挖方分界线。设计面是水平时,其操作步骤如下。

(1) 用复合线画出所要计算土方的闭合区域。

(2) 执行下拉菜单"工程应用｜方格网法土方计算",屏幕上将弹出选择高程坐标文件的对话框,在对话框中选择所需的坐标文件,系统提示如下。

选择土方计算边界线:(用鼠标单击所画的闭合复合线)
输入方格宽度:(米)<20>Enter
最小高程=24.368,最大高程=43.9
设计面是:(1)平面(2)斜面<1> Enter
输入目标高程:(米) 35 Enter
挖方量=8727.6 立方米,填方量=2949.3 立方米

如图 8.19 所示,图上绘出所分析的方格网和填挖方的分界线(点线),并给出每个方格的填挖方,每行的挖方和每列的填方,计算出总填方和总挖方。

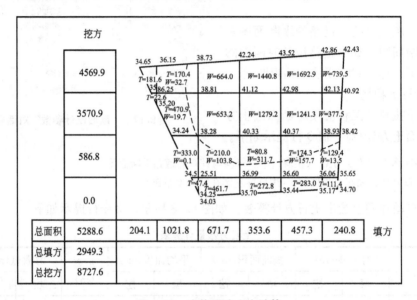

图 8.19　方格网法土方计算

用方格网法算土方量时,设计面也可以是倾斜的。计算的不同点是要输入设计面坡度和基准线设计高程位置,其余的操作基本一致。

4. 等高线法土方计算

用户将白纸图扫描矢量化后可以得到数字地形图,但这样的图并没有高程数据文件,所以无法用前面的几种方法计算土方量。但一般来说,这些图上都会有等高线,可以根据等高线来计算土方量。

用等高线法可计算任两条等高线之间的土方量,但所选等高线必须闭合。由于两条等高线所围面积可求,两条等高线之间的高差也已知,因此可计算出这两条等高线之间的土方量。

执行下拉菜单"工程应用｜等高线法土方计算",屏幕提示如下。

选择参与计算的封闭等高线: Enter
输入最高点高程:<直接回车不考虑最高点> Enter

请指定表格左上角位置：＜直接回车不绘制表格＞ （在图上空白区域单击鼠标左键，系统将在该点绘出计算成果表格）

窗口上自动生成等高线法计算土方成果表。

5．区域土方量平衡计算

大多数工程要求挖方量和填方量大致相等，这样可以大幅度减少运输费用，降低工程造价。计算指定区域填挖平衡的设计高程和土方量时，执行下拉菜单"工程应用｜区域土方量平衡"命令，提示如下。

（1）根据坐标数据文件；（2）根据图上高程点＜1＞：Enter（在弹出的对话框中选择文件）

选择边界线：（单击边界线，要求边界线是闭合的复合线）

输入边界插值间隔(米)：＜20＞ Enter

平场面积＝8002.3平方米

土方平衡高度＝38.106米，挖方量＝24898立方米，填方量＝24898立方米

请指定表格左下角位置：＜直接回车不绘表格＞

完成响应后，CASS5.0在指定点绘制一个土方量专用表格，如图8.20所示。

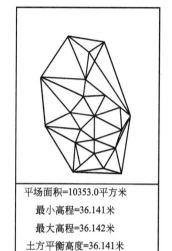

计算日期：2004年7月4日　计算人：余加勇

图 8.20　区域土方量平衡成果图

8.5.3　利用数字地形图绘制断面图

利用数字地形图绘制断面图的方法有两种：由图面生成和根据里程文件生成。下面介绍由图面生成的步骤。

首先用复合线生成断面线，然后执行下拉菜单"工程应用｜绘断面图｜根据坐标文件"，系统提示如下。

选择断面线：（用鼠标单击上步所绘断面线）

输入高程点数据文件名：（选择高程点数据文件）

请输入采样点间距(米)：＜20＞ Enter

输入起始里程：＜0＞ Enter

横向比例为1：＜500＞ Enter

纵向比例为1：＜100＞ Enter

请输入隔多少里程绘一个标尺(米)＜直接回车只在两端绘标尺＞ Enter

是否绘制平面图？(1)否(2)是＜1＞ Enter

在屏幕上则出现所选断面线的断面图，如图8.21所示。

还可以编写里程文件，根据里程文件生成断面图。里程文件采用约定的格式，它包含有断面的信息。

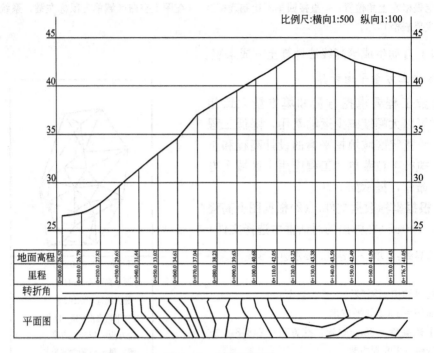

图 8.21 绘制断面图

8.5.4 利用数字地形图进行工程设计

数字地形图已广泛地应用于道路、桥梁、建筑、给排水等工程设计。传统的公路设计方法不仅需要大量费时费力的野外勘测工作，而且存在工作劳动强度大、设计工作繁琐等缺陷。而采用数字地形图，建立数字地面模型进行公路设计，能有效解决这些问题。公路设计主要包含平曲线、纵断面、横断面、土方量、透视图五个方面。

思 考 题

1. 白纸图上面积量算的方法有几种，各适合哪种情况？
2. 利用纸质地形图估算土方有哪些方法？利用数字地形图估算土方有哪些方法？在这两种地形图上估算土方各有什么特点？

习 题

1. 如图 8.22 所示为 1∶1000 比例尺的地形图，拟将方格内的场地平整为水平场地，图中格网为 10m×10m，请用方格网法计算土方量。

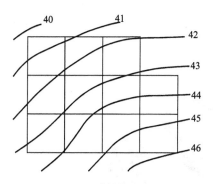

图 8.22 习题 1

第 9 章 施工测量的基本工作

教学要点

知识要点	掌握程度	相关知识
施工测量	(1) 了解施工测量的内容与工作特点 (2) 掌握施工测量的一般方法 (3) 了解施工测量的精确方法	(1) 施工测量的常用测量仪器 (2) 施工测量的专用测量仪器
点位确定	掌握极坐标法、距离交会法、角度交会法、全站仪坐标法定位空间点的基本原理	施工放样数据计算

技能要点

技能要点	掌握程度	应用方向
已知水平距离测设	掌握钢尺放样水平距离的一般方法	施工定位
已知水平角度测设	掌握经纬仪放样水平角的一般方法	施工定向
已知高程测设	掌握高程放样定点的一般过程	按设计标高定位空间点
已知平面位置测设	掌握极坐标法和全站仪坐标法定位空间点的基本过程	建筑物施工放样

基本概念

施工测量、测设、放样、坡度、施工测量的目的、施工测量的特点、施工测量的精度、施工测量的原则

引例

世界上最高的建筑迪拜塔、全世界跨度最大的悬索桥明石海峡大桥、高速铁路、三峡大坝、鸟巢、巴林的人造海上乐园、无一不是人类建设史上的新奇观。今后，这些超大型建筑和超大型科学实验装置，将会越来越多，结构越来越复杂，精度要求也越来越高，如正负电子对撞机中电子轨道轴线施工误差仅为0.1mm。

不管这些大型工程规模多么庞大，它们在施工过程中都是从一点一滴开始实施的，都必须由测量员按设计图纸一点一点地定位其空间位置。测量就是工程施工的向导。没有现代测量技术就没有现代工程建设的成就。或者说由于有现代工程建设的需要，推动了现代测量技术突飞猛进地发展。

9.1 施工测量概述

9.1.1 施工测量的目的与任务

施工测量(Construction Survey)是以地面控制点为基础，根据图纸上建(构)筑物的设计数据，计算出建(构)筑物各特征点与控制点之间的距离、角度、高差等数据，将建(构)筑物的特征点在实地标定出来，以便施工，这项工作称为测设，又称为施工放样。

施工测量的目的与一般测图工作相反，它是按照设计和施工的要求将设计的建(构)筑物的平面位置和高程测设在地面上，作为施工的依据，并在施工过程中进行一系列的测量工作，以衔接和指导各工序之间的施工。

施工测量贯穿于整个施工过程中。从场地平整、建(构)筑物定位、基础施工，到建(构)筑物构件安装等工序，都需要进行施工测量，才能使建(构)筑物各部分的尺寸、位置符合设计要求。其主要任务包括以下几项。

(1) 施工控制网的建立。在施工场地建立施工控制网，作为建(构)筑物详细测设的依据。

(2) 建(构)筑物的详细测设。将图纸上设计建(构)筑物的平面位置和高程标定在实地上。

(3) 检查、验收。每道施工工序完工之后，都要通过测量检查工程各部位的实际位置及高程是否与设计要求相符。

(4) 变形观测。随着施工的进展，测定建(构)筑物在平面和高程方面产生的位移和沉降，收集整理各种变形资料，作为鉴定工程质量和验证工程设计、施工是否合理的依据。

9.1.2 施工测量的原则与要求

为了保证施工能满足设计要求,施工测量与一般测图工作一样,也必须遵循"由整体到局部,先控制后碎部"的原则,即先在施工现场建立统一的施工控制网,然后以此为基础,再测设建筑物的细部位置。采取这一原则,可以减少误差积累,保证测设精度,免除因建筑物众多而引起测设工作的紊乱。

此外,施工测量责任重大,稍有差错,就会酿成工程事故,给国家造成重大损失,因此,必须加强外业和内业的检核工作。检核是测量工作的灵魂。

9.1.3 施工测量的精度

施工测量的精度取决于建(构)筑物的大小、材料、用途和施工方法等因素。一般情况下的测设精度,大型建(构)筑物高于中、小型建(构)筑物,高层建(构)筑物高于低层建(构)筑物,钢结构厂房高于钢筋混凝土结构厂房,装配式建(构)筑物高于非装配式建(构)筑物,工业建(构)筑高于民用建(构)筑。

另外,建(构)筑物施工期间和建成后的变形测量,关系到施工安全和建(构)筑物的质量以及建成后的使用维护,所以,变形测量一般需要有较高的精度,并应及时提供变形数据,以便做出变形分析和预报。

9.1.4 施工测量的施测程序

施工测量遵循"由整体到局部,先控制后碎部"的原则,首先在图纸上布设施工控制网,施工控制网有三角网、导线网、建筑基线、建筑方格网等形式,并将施工控制网测设到施工现场,这个过程所进行的测量称为施工控制测量;然后以现场施工控制网为基础,测设建(构)筑物的细部位置。

9.2 测设的基本工作

9.2.1 已知水平距离的测设

在施工测设中,经常要把建(构)筑物的轴线(或边线)设计长度在地面上标定出来,这个工作称为已知距离测设。测设已知距离不同于测量未知距离。它是以一个已知点为起点,沿指定方向,量出设计的水平距离,定出终点。测设已知距离所用的工具与丈量地面两点间的水平距离相同。

1. 用钢尺放样已知水平距离

1) 一般方法

从已知起点开始，沿给定方向按已知长度值，用钢尺直接丈量定出另一端点。为了检核，应往返丈量两次，取其平均值作为最终结果。

2) 精确方法

当放样精度要求较高时，可根据已知水平距离，结合地面起伏情况、所用钢尺的实际长度、测设时的温度等，进行尺长、温度和倾斜 3 项改正。但注意 3 项改正数的符号与量距时相反。距离测量计算公式(4-11)可改写为

$$D_{放} = D - \Delta D_d - \Delta D_t - \Delta D_h \tag{9-1}$$

【例 9.1】 设欲测设 AB 的水平距离 $D=29.9100$m，使用的钢尺名义长度为 30m，实际长度为 29.9950m，钢尺检定时的温度为 20℃，钢尺膨胀系数为 1.25×10^{-5}，以 A、B 两点的高差为 $h=0.385$m，实测时温度为 28.5℃，求放样时在地面上应量出的长度为多少。

【解】

尺长改正为

$$\Delta D_d = \frac{29.9950 - 30}{30} \times 29.9100 = -0.0050 \text{m}$$

温度改正为

$$\Delta D_t = 1.25 \times 10^{-5} \times (28.5 - 20) \times 29.9100 = 0.0032 \text{m}$$

倾斜改正为

$$\Delta D_h = -\frac{0.385^2}{2 \times 29.9100} = -0.0025 \text{m}$$

则放样长度为

$$D_{放} = D - \Delta D_d - \Delta D_t - \Delta D_h = 29.9143 \text{m}$$

2. 光电测距仪测设已知水平距离

用光电测距仪放样已知水平距离与用钢尺测设已知水平距离的方式一致，先用跟踪法放出终点的概略位置，再精确测定其长度，最后进行改正。

如图 9.1 所示，安置仪器于 A 点，瞄准并锁定已知方向，沿此方向移动反射棱镜，使仪器显示值为所放样水平距离，棱镜所在位置即为终点 B。当放样精度要求较高时，可用光电测距仪精确测定 AB 的水平距离，再按 4.3 节所述进行仪器常数、气象、倾斜改正，确定距离改正数 ΔD，在 AB 方向线上进行改正。

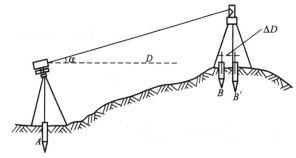

图 9.1 光电测距仪测设已知水平距离

9.2.2 已知角度的测设

测设已知水平角是指根据水平角的已知数据和一个已知方向，把该角的另一个方向测设在地面上。

1. 一般方法

如图 9.2 所示，已知地面上 OA 方向，从 OA 向右测设已知水平角 β，定出 OB 方向，步骤如下。

(1) 在 O 点安置经纬仪，盘左位置瞄准 A 点，并使水平度盘读数为 $0°00'00''$（归零）。

(2) 松开水平制动螺旋，旋转照准部，使水平度盘读数为 β 值，在此方向线定出 B' 点。

(3) 在盘右位置同法定出 B'' 点，取 B'、B'' 的中心点 B，则 $\angle AOB$ 就是要测设的已知水平角 β。该方法称为盘左盘右分中法。

2. 精确方法

当对测设精度要求较高时，可按下述步骤进行。

(1) 如图 9.3 所示，先按一般方法放样定出 B' 点。

(2) 反复观测水平角 $\angle AOB'$ 若干个测回，取其平均值 β_1，并计算出它与已知水平角的差值 $\Delta\beta = \beta - \beta_1$。

(3) 计算改正距离。

$$BB' \approx OB' \cdot \frac{\Delta\beta}{\rho}$$

式中：OB' 为测站点 O 至放样点 B' 的距离；$\rho = 206265''$。

(4) 从 B' 点沿 OB' 的垂直方向量出 BB'，定出 B 点，则 $\angle AOB$ 就是要放样的已知水平角。

注意：如 $\Delta\beta$ 为正，则沿 OB' 的垂直方向向外量取；反之向内量取。

当前，随着科学技术的日新月异，全站仪的智能化水平越来越高，能同时放样已知水平角和水平距离。若用全站仪放样，可自动显示需要修正的距离和移动的方向。

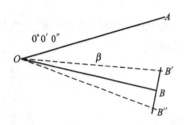

图 9.2 已知角度测设的一般方法

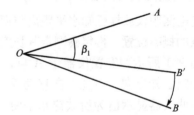

图 9.3 已知角度测设的精确方法

9.2.3 已知高程的测设

根据已知水准点，在地面上标定出某设计高程的工作，称为已知高程测设。如图 9.4 所示，在某设计图纸上已确定建筑物的室内地坪高程为 $H_{设} = 21.500\text{m}$，附近有一水准点 A，其高程为 $H_A = 20.950\text{m}$。现在要把该建筑物的室内地坪高程放样到木桩 B 上，作为施工时控制高程的依据。其方法如下。

(1) 安置水准仪于 A、B 之间，在 A 点竖立水准尺，测得后视读数为 $a = 1.675\text{m}$。

(2) 在 B 点处设置木桩，在 B 点木桩侧面竖立水准尺。

(3) 计算视线高 H_i 和 B 点水准尺应读数 $b_应$ 为

$$H_i = H_A + a = 20.950 + 1.675 = 22.625 \text{m}$$

$$b_应 = H_i - H_设 = 22.625 - 21.500 = 1.125 \text{m}$$

(4) 上下移动 B 点的水准尺，直至水准仪视线在水准尺上截取的读数恰好等于 1.125m 时，紧靠尺底在木桩侧面划一道横线，此线位置就是设计高程的位置。

在深基坑内或在较高的楼层面上测设高程时，水准尺的长度不够，这时，可在坑底或楼层面上先设置临时水准点，然后将地面高程点传递到临时水准点上，再放样所需高程。

如图 9.5 所示，欲根据地面水准点 A 测设坑内水准点 B 的高程，可在坑边架设吊杆，杆顶吊一根零点向下的钢尺，尺的下端挂上重锤，在地面和坑内各安置一台水准仪。则 B 点的高程为

$$H_B = H_A + a_1 - (b_1 - a_2) - b_2$$

式中：a_1、a_2、b_1、b_2 为钢尺和水准尺读数。然后，改变钢尺悬挂位置，再次观测，以便检核。

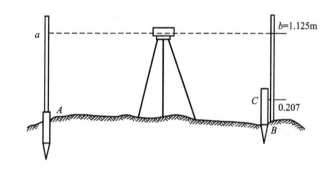

图 9.4　已知高程的测设

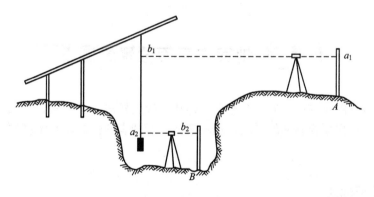

图 9.5　高程传递测设

9.2.4　已知坡度的直线测设

在修筑道路、敷设排水管道等工程中，经常要测设设计的坡度线。如图 9.6 所示，A

和 B 为设计坡度线的两端点,若已知 A 点的设计高程为 H_A,设计坡度为 i_{AB},则可求出 B 点的设计高程 H_B 为

$$H_B = H_A + i_{AB} \cdot D_{AB}$$

测设 B 点时,安置水准仪于 A 点,在 B 点竖立水准尺,使视线在水准尺上截取的读数恰好等于 $H_B - H_A = i \cdot D_{AB}$ 时,紧靠尺底在木桩侧面划一道横线,此线即为 B 点的设计高程。

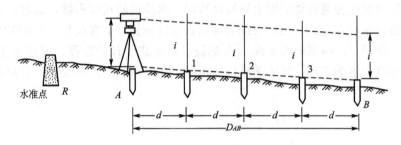

图 9.6 已知坡度的直线测设

为了施工方便,每隔一定距离 d(一般取 $d=10\text{m}$)打一木桩,测设方法可用水准仪(若地面坡度较大,亦可用经纬仪)设置倾斜视线法,其测设步骤如下。

(1) 先用已知高程测设方法,根据附近已知水准点 R 将设计坡度线两端点的设计高程 H_A、H_B 测设于地上,并打下木桩。

(2) 将水准仪安置在 A 点上,并量取仪器高 i,安置时使一个脚螺旋在 AB 方向上,另两个脚螺旋的连线大致与 AB 方向线垂直。

(3) 旋转 AB 方向上的脚螺旋和微倾螺旋,使视线在 B 点标尺上所截取的读数等于仪器高 i,此时水准仪的倾斜视线与设计坡度线平行,当中间各桩点 1、2、3 上的标尺读数都为 i 时,尺底即为该桩的设计高程。则各桩顶的连线就是要测设的设计坡度线。若各桩顶的水准尺实际读数为 $b_i (i=1,2,3,\cdots)$,则各桩的填挖高度为 $i-b_i$。

当 $i=b_i$,不填不挖;$i>b_i$,需挖;反之需填。

9.3 地面点平面位置的测设

点的平面位置测设常用的方法有直角坐标法、极坐标法、交会法、全站坐标法。至于选用哪种方法,应根据控制网的形式、现场情况、所拥有的仪器以及精度要求等因素进行选择。

9.3.1 直角坐标法

当在施工现场有互相垂直的主轴线或方格网线时,可以用直角坐标法测设点的平面位置。如图 9.7 所示,已知某厂房矩形控制网 4 个角点 A、B、C、D 的坐标,设计总平面图中已确定某车间 4 角点 1、2、3、4 的设计坐标。现以根据 B 点测设点 1 为例,说明其测设步骤。

(1) 先算出 B 与点 1 的坐标差:$\Delta x_{B1} = x_1 - x_B$,$y_{B1} = y_1 - y_B$。

(2) 在 B 点安置经纬仪，瞄准 C 点，在此方向上用钢尺量 Δy_{B1} 得 E 点。

(3) 在 E 点安置经纬仪，瞄准 C 点，用盘左、盘右位置两次向左测设 $90°$ 角，在两次平均方向 $E1$ 上从 E 点起用钢尺量 Δx_{B1}，即得车间角点 1。再量 $x_4 - x_1$ 即得 4 点。

(4) 同法，从 C 点测设点 2，从 D 点测设点 3，从 A 点测设点 4。

(5) 检查车间的 4 个角是否等于 $90°$，各边长度是否等于设计长度，若满足设计或规范要求，则测设为合格；否则应查明原因重新测设。

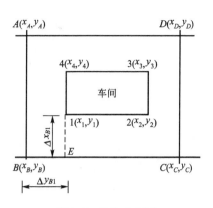

图 9.7 直角坐标法

9.3.2 极坐标法

本法是根据已知水平角度和水平距离测设点位。测设前须根据施工控制点(例如导线点)及测设点的坐标，按坐标反算公式(6-8)求出 ij 方向的坐标方位角 α_{ij} 和水平距离 D_{ij}，

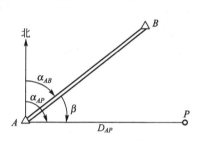

图 9.8 极坐标法

再根据坐标方位角求出水平角。如图 9.8 所示，水平角 $\beta = \alpha_{AP} - \alpha_{AB}$，水平距离为 D_{AP}。求出放样数据 β、D_{AP} 后，即可安置经纬仪于控制点 A，以 AB 方向为起始方向，向右测设 β 角，以定出 AP 方向。在 AP 方向上，以 A 为起点用钢尺测设水平距离 D_{AP} 定出 P 点的位置。各点测设完成后，应按预设建(构)筑物的形状、尺寸检核各角度和长度误差，若满足设计或规范要求，则测设为合格；否则应查明原因重新测设。

9.3.3 交会法

1. 角度交会法

本法是在量距困难地区用两个已知水平角测设点位的方法，颇收成效。但必须有第 3 个方向进行检核，以免错误。

如图 9.9 所示，A、B、C 为 3 个控制点，其坐标为已知，P 为待测设点，设计坐标亦为已知。先用坐标反算求出 α_{AP}、α_{BP} 和 α_{CP}，然后由相应坐标方位角之差求出测设数据 β_1、β_2、β_3 和 β_4，并按下述步骤测设。

用经纬仪先定出 P 点的概略位置，在概略位置处打一个顶面积约为 $10\text{cm} \times 10\text{cm}$ 的大木桩，然后在大木桩的顶面上精确测设。由观测者指挥，用铅笔在桩顶面分别在 AP、BP、CP 方向上各标定两点(见小图中 a、p；b、p；c、p)，将各方向上的两点连起来，就得 ap、bp、cp 3 个方向线。3 个方向线理应交于一点，但实际上由于测设误差的存在，将形成一个误差三角形。一般规定，若误差三角形的最大边长不超过 $3 \sim 4\text{cm}$ 时，取误差三角形内切圆的圆心或误差三角形角平分线的交点作为 P 点的最后位置。

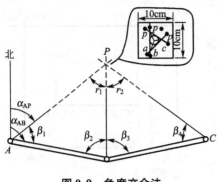

应用此法测设时,宜使交会角 γ_1、γ_2 在 $30°\sim150°$ 之间,最好使交会角 γ 接近 $90°$,以提高交会点的精度。

2. 距离交会法

在便于量距的地区,且边长较短时(如不超过一钢尺长),宜用本法。

如图 9.10 所示,由已知控制点 A、B、C 测设房角点 1、2,根据控制点的已知坐标及 1、2 点的设计坐标,反算出放样数据 D_1 和 D_2、D_3 和 D_4。分别从 A、B、C 点用钢尺测设已知距离 D_1 和 D_2;D_3 和 D_4。D_1 和 D_2 的交点即为点 1,D_3 和 D_4 的交点即为点 2。最后测量 1、2 的距离,与设计距离比较作为校核。

图 9.9 角度交会法

3. 方向线交会法

方向线交会法是指利用两条相互垂直的方向线相交来定出测设点。一般在需要测设的点和线很多的情况下采用,例如根据厂房矩形控制网和柱列轴线进行柱基测设时,采用本法具有计算简便,交会精度高的优点。如图 9.11 所示,T、U、R、S 为某厂房矩形控制网角点,为了测设 P 点,先在矩形网的边上量距,确定方向线的定向点 1 及 $1'$,2 及 $2'$ 的位置。然后在定向点 1 与 2 上安置经纬仪瞄准对应的定向点 $1'$ 与 $2'$,形成方向线 $11'$ 与 $22'$,两方向线的交点就是所需的测设点 P。

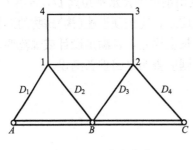

图 9.10 距离交会法

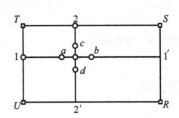

图 9.11 方向线交会法

在大型设备的基础施工时,不仅要定出基础中心 P 的位置,而且要定出通过基础中心的纵横轴线。因此,用方向线交会法测设时,除了交会出中心点 P 以外,还要沿方向线在基础中心的挖土范围以外设置 4 个定位点 a、b、c、d,并打定位小木桩,作为 P 点的定位桩(俗称"骑马桩"),以便测设基础的轮廓和恢复 P 点。

9.3.4 全站仪坐标法

全站仪坐标法测设的本质是极坐标法,它能适合各类地形情况,而且精度高,操作简便,在生产实践中已被广泛采用。

测设前,将全站仪置于放样模式,向全站仪输入测站点坐标、后视点坐标(或方位角),再输入放样点的坐标。准备工作完成之后,用望远镜照准棱镜,按坐标放样功能键,则可立即显示当前棱镜的位置与放样点位置的坐标差,根据坐标差值,移动棱镜位置,直至坐标差值为零,这时,棱镜所对应的位置就是测设点位置,然后在地面作下标志。

思 考 题

1. 施工测量遵循的基本原则是什么?
2. 施工测量的内容及其特点是什么?
3. 什么叫测设?测设的基本工作有哪些?
4. 简述精密测设水平角的方法。
5. 测设点的平面位置有哪几种方法?各适用于什么情况下?
6. 试述测绘与测设的异同点。
7. 试述测图精度与测设精度的差异。

习 题

1. 已知某钢尺的尺长方程式为 $l_1 = 30 + 0.0035 + 1.2 \times 10^{-5} \times (t - 20℃)l_i$,用它测设 22.500m 的水平距离 AB。若测设时温度为 25℃,施测时所用拉力与钢尺检定时的拉力相同,测得 A、B 两点的高差 $h = -0.60$m,试计算测设时地面所需量出的长度。

2. 设用一般方法测设出 $\angle ABC$ 后,精确测得 $\angle ABC$ 为 $45°00'24''$(设计值为 $45°00'00''$),BC 长度为 120m,怎样移动 C 点才能使 $\angle ABC$ 等于设计值?试绘略图表示。

3. 已知水准点 A 的高程为 $H_A = 20.355$m,若在 B 点处墙面上测设出高程分别为 21.000m 和 23.000m 的位置,设在 A、B 中间安置水准仪,后视 A 点水准尺得读数 $a = 1.452$m,怎样测设才能在 B 处墙面得到设计标高?

4. 已知控制点 A、B 和待测设点 P 的坐标为

$\begin{cases} x_A = 1500.000\text{m} \\ y_A = 2247.360\text{m} \end{cases}$; $\begin{cases} x_B = 1500.000\text{m} \\ y_B = 2305.777\text{m} \end{cases}$; $\begin{cases} x_P = 1520.200\text{m} \\ y_P = 2280.500\text{m} \end{cases}$

现用直角坐标法测设 P 点,试计算测设数据和简述测设步骤,并绘略图表示。

5. 已知控制点 A、B 和待测设点 P 的坐标为

$\begin{cases} x_A = 725.680\text{m} \\ y_A = 480.640\text{m} \end{cases}$; $\begin{cases} x_B = 515.980\text{m} \\ y_B = 985.280\text{m} \end{cases}$; $\begin{cases} x_P = 1054.052\text{m} \\ y_P = 937.984\text{m} \end{cases}$

现用角度交会法测设 P 点,试计算测设数据,简述测设步骤,并绘略图表示。

6. 如图 9.4,A、B 为控制点,P 为待测设点,已知数据如下。

$\begin{cases} x_A = 1500.000\text{m} \\ y_A = 2247.360\text{m} \end{cases}$; $\begin{cases} D_{AB} = 87.670\text{m} \\ \alpha_{BA} = 156°31'20'' \end{cases}$; $\begin{cases} x_P = 535.220\text{m} \\ y_P = 701.780\text{m} \end{cases}$

若采用极坐标法测设 P 点,试计算测设数据,简述测设过程,并绘出测设示意图。

第 10 章
建筑工程施工测量

教学要点

知识要点	掌握程度	相关知识
民用建筑施工测量	(1) 掌握建筑施工控制测量的方法 (2) 掌握建筑物定位测量 (3) 掌握轴线控制与投测 (4) 掌握高程传递测量	(1) 施工图纸 (2) 建筑物施工工序 (3) 建筑物施工测量的内容 (4) 施工测量的精度技术标准
工业厂房施工测量	(1) 掌握工业厂房施工控制测量的方法 (2) 掌握柱子、相关构件的安装与定位测量	(1) 工业厂房图纸 (2) 柱子、相关构件定位精度
变形测量	(1) 了解变形测量的基本内容 (2) 了解变形测量的基本原理与方法	(1) 变形测量的相关仪器 (2) 变形测量的精度与频率

技能要点

技能要点	掌握程度	应用方向
建筑物定位	(1) 掌握经纬仪+钢尺定位方法 (2) 了解全站仪定位方法	(1) 一般建筑施工 (2) 复杂类型的建筑施工
轴线投测	(1) 了解经纬仪投测方法 (2) 了解激光垂准仪投测方法	(1) 高层建筑施工 (2) 激光准直仪、激光垂准仪
高程传递	(1) 掌握水准仪+钢尺的高程传递方法	(1) 超高层建筑施工

基本概念

建筑基线、施工坐标、建筑物定位、龙门框、轴线控制、抄平、基础施工测量、墙体施工测量、皮数杆、轴线投测、高程传递、厂房柱列轴线、变形测量、沉降观测、位移观测、倾斜观测、挠度与裂缝观测。

引例

正负电子对撞机是高能物理研究的重大科技基础设施，其尺寸巨大（如欧洲强子对撞机包含了一个圆周为 27km 的圆形隧道），但安装精度极高，一些部件必须定位在 0.05mm 的精度以内，量距精度在 0.025mm 之内，常规测量仪器不能满足这一精度要求。如何满足正负电子对撞机的安装精度要求，是测绘界一个极具挑战性的课题。正负电子对撞机是衡量一个国家科技发展水平的重要标志性装置。

磁悬浮铁路和高速铁路是现代科技与交通发展的产物，其测量精度要求也极高。

10.1 建筑施工控制测量

工程建设在勘测阶段已建立了测图控制网，但是由于它是为测图而建立的，未考虑施工的要求，因而，其控制点的分布、密度、精度都难以满足施工测量的要求。另外，平整场地时，控制点大多受到破坏，因此，在施工之前，必须重新建立专门的施工控制网。

在现代道路和桥梁工程建设中，施工平面控制网往往布设成 GPS 网、导线网或全站仪三维边角网，其测量方法与测图控制网的测量方法也相同，在此不再赘述。

建筑场地的平面控制网可根据场地地形条件和建筑物、构筑物分布情况，布设成 GPS 网、导线网。由于建筑物轴线绝大多数是相互垂直的关系，为了方便采用直角坐标法放样建筑物，常在建筑场地布设建筑基线作为施工控制网。本节仅介绍建筑施工场地的控制测量。

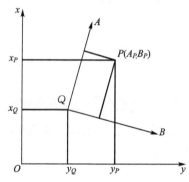

图 10.1 施工坐标系与测图坐标系的关系

测量工作中为了施工方便，常将高斯平面坐标换算为施工坐标。如图 10.1 所示，设放样点 P 在施工坐标系 AQB 中的坐标为 (A_P, B_P)，在高斯平面坐标系（或测图坐标系）中的坐标为 (x_P, y_P)。

若将 P 点施工坐标转化为高斯平面坐标，其换算公式为

$$x_p = x_0 + A_P \cos\alpha - B_p \sin\alpha \\ y_p = y_0 + A_p \sin\alpha + B_p \cos\alpha \quad (10-1)$$

若将 P 点的高斯平面坐标转化为施工坐标，其换算公式为

$$A_p = (x_p - x_0)\cos\alpha + (y_p - y_0)\sin\alpha \\ B_p = -(x_p - x_0)\sin\alpha + (y_p - y_0)\cos\alpha \quad (10-2)$$

式中：α 为两坐标系之间的夹角；x_0，y_0 为施工坐标系原点在高斯平面坐标系中的坐标。

10.1.1 建筑基线的布设

建筑基线是建筑场地的施工控制基准线，即在建筑场地中央放样一条长轴线或若干条与其垂直的短轴线。它适用于总平面图布置比较简单的小型建筑场地。

建筑基线的布设形式是根据建筑物的分布、场地地形等因素来确定的。其常见的形式有"一"字形、"L"字形、"十"字形和"T"字形，如图10.2所示。

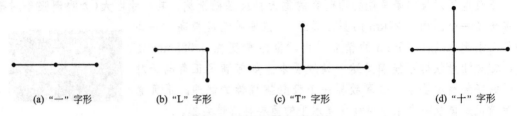

(a) "一"字形　　(b) "L"字形　　(c) "T"字形　　(d) "十"字形

图10.2　建筑基线布设形式

建筑基线的布设要求如下。

(1) 主轴线应尽量位于场地中心，并与主要建筑物轴线平行，主轴线的定位点应不少于3个，以便相互检核。

(2) 基线点位应选在通视良好和不易被破坏的地方，且要设置成永久性控制点，如设置成混凝土桩或石桩。

10.1.2　建筑基线的放样方法

根据建筑场地的条件不同，建筑基线的放样方法主要有以下两种。

1) 根据建筑红线或中线放样

建筑红线是指建筑用地的界定基准线，由城市测绘部门测定，它可用作建筑基线放样的依据。如图10.3所示，AB、AC 是建筑红线，从 A 点沿 AB 方向量距 D_{AP} 定出 P 点，沿 AC 方向量距 D_{AQ} 定出 Q 点。通过 B 点作红线 AB 的垂线，并量取距离 D_{AQ} 得到 2 点，做出标志；通过 C 点作红线 AC 的垂线，并量取距离 D_{AP} 得到 3 点；用细线拉出直线 $P3$ 和 $Q2$，两直线 $P3$ 与 $Q2$ 相交于 1 点，

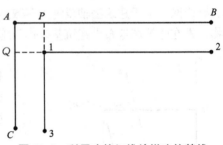

图10.3　利用建筑红线放样建筑基线

做出标志，也可分别安置经纬仪于 P、Q 两点，交会出 1 点。则 1、2、3 点即为建筑基线点。将经纬仪安置在 1 点，检测其是否为直角，其不符值不超过 $\pm20''$。

2) 利用测量控制点放样

利用建筑基线的设计坐标和附近已有控制点的坐标，按照极坐标放样方法计算出放样数据(β 和 D)，然后放样。

今以"一"字形建筑基线为例来说明利用测量控制点放样建筑基线点的方法。如图10.4所示，A、B 为附近已有的控制点，1、2、3 为选定的建筑基线点。

首先，利用已知坐标反算放样数据 β_1、β_2、β_3 和 D_1、D_2、D_3，然后，用经纬仪和钢尺以极坐标法放样 1、2、3 点。由于测量误差不可避免，放样的基线点往往不在同一直线上，且点与点之间的距

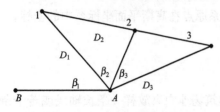

图10.4　建筑基线用测量控制点放样

离与设计值也不完全相符,因而,需要精确测出已放样直线的折角 β' 和距离 D'(图 10.5 中 12、23 边的边长 a 和 b),并与设计值相比较。若 $\Delta\beta=\beta'-180°$ 超限,则应对 1、$2'$、$3'$ 点在横向进行等量调整,如图 10.5 所示,调整量按下式计算。

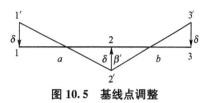

图 10.5 基线点调整

$$\delta=\frac{ab}{a+b}\cdot\frac{\Delta\beta}{2\rho''} \quad (10-3)$$

例如,$a=100$,$b=150$,$\Delta\beta=-16''$,则 $\delta=-0.0023$ 米,即 $1'$、$3'$ 点向右移动 0.0023 米,$2'$ 点向左移动 0.0023 米(以 13 边为前进方向)。

若放样距离超限,如果 $\frac{\Delta D}{D}=\frac{D'-D}{D}<\frac{1}{10000}$,则以 2 点为准,按设计长度在纵向调整 1、3 点。

10.1.3 建筑施工场地高程控制测量

在一般情况下,施工场地平面控制点也可兼作高程控制点,高程控制网可分为首级网和加密网,相应的水准点称为基本水准点和施工水准点。

基本水准点应布设在不受施工影响、无震动、便于施测和能永久保存的地方,按四等水准测量的要求进行施测。而对于为连续性生产车间、地下管道放样所设立的基本水准点,则需采用三等水准测量的要求进行施测。为了便于成果检核和提高测量精度,场地高程控制网应布设成闭合环线、附合路线或结点网形。

施工水准点用来直接放样建筑物的高程,为了使放样方便和减少误差,施工水准点应靠近建筑物,通常可以采用建筑方格网点的标志桩加设圆头钉作为施工水准点。

为了使放样方便,在每栋较大的建筑物附近,还要布设±0.000 水准点(一般以底层建筑物的地坪标高为±0.000),其位置多选在较稳定的建筑物墙、柱的侧面,用红油漆绘成上顶为水平线的"▼"形,其顶端表示±0.000 位置。

10.1.4 建筑施工测量的技术准备

1. 熟悉设计资料及图纸

设计资料及图纸是施工放样的依据,在放样前应熟悉设计资料图纸。根据建筑总平面图了解施工建筑物与地面控制点及相邻地物的关系,从而确定放样平面位置的方案,如图 10.6 所示。

从建筑平面图中(包括底层平面及楼层),如图 10.7 所示,查取建筑物的总尺寸和内部各定位轴线之间的关系尺寸,它们是放样的基础资料。

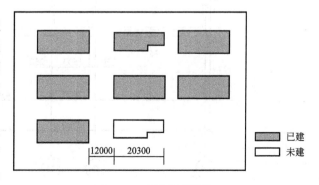

图 10.6 建筑总平面图

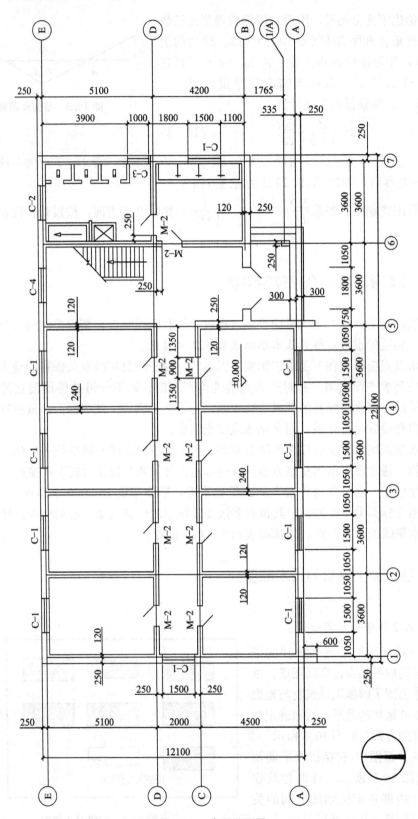

图 10.7 底层平面图

基础平面图给出了建筑物的整个平面尺寸及细部结构与各定位轴线之间的关系,从而确定放样基础轴线的必要数据,如图10.8所示。

基础剖面图给出了基础剖面的尺寸(边线至中轴线的距离)及其设计标高(基础和设计地坪的高差),从而确定开挖边线和基坑底面的高程位置,如图10.9所示。还有其他各种立面图、剖面图等。

2. 现场踏勘

目的是了解现场的地物、地貌和控制点的分布情况,并调查与施工测量有关的问题。

3. 拟定放样计划和绘制放样草图

放样计划包括放样数据和所用仪器工具的准备。一般应根据放样的精度要求,选择相应等级的仪器和工具。在放样前,对所用仪器工具要进行严格的检验和校正。

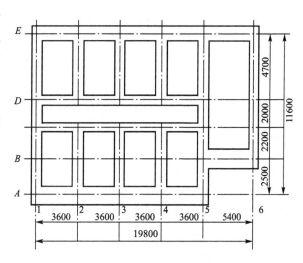

图10.8 基础平面图

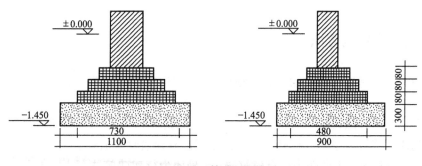

图10.9 基础剖面图

10.2 民用建筑施工测量

住宅楼、商店、学校、医院、食堂、办公楼、水塔等建筑物都属于民用建筑。民用建筑有单层、低层(2~3层)、多层(4~8层)和高层(9层以上),由于建筑类型不同,其放样方法和精度也有所不同,但总的放样过程基本相同,即建筑物定位、放线、基础工程施工测量、墙体工程施工测量等。在建筑场地完成了施工控制测量工作之后,就可按照施工的各个工序开展施工放样工作,将建筑物的位置、基础、墙、柱、门、窗、楼板、顶盖等基本结构放样出来,设置标志,作为施工依据。建筑场地的施工放样的主要过程如下。

(1) 准备资料,如总平面图,建筑物的设计与说明等。

(2) 熟悉资料,结合场地情况制定放样方案,并满足工程测量技术规范,见表 10-1。
(3) 现场放样,检测及调整等。

表 10-1 建筑物施工放样的主要技术要求

建筑物结构特征	测距相对中误差	测角中误差(mm)	测站高差中误差(mm)	施工水平面高程中误差(mm)	竖向传递轴线点中误差(mm)
钢结构、装配式砼结构、建筑物高度 100~120m 或跨度 30~36m	1/20000	5	1	6	4
15 层房屋或建筑物高度 60~100m 或跨度 18~30m	1/10000	10	2	5	3
5~15 层房屋或建筑物高度 15~60m 或跨度 6~18m	1/5000	20	2.5	4	2.5
5 层房屋或建筑物高度 15m 或跨度 6m 以下	1/3000	30	3	3	2
木结构、工业管线或公路铁路专线	1/2000	30	5	——	——
土工竖向整平	1/1000	45	10	——	——

10.2.1 建筑物定位方法

建筑物的定位是指将建筑物外廓各轴线交点(简称角桩,如图 10.10 中 $A1$、$E1$、$E6$、$A6$ 点)放样到地面上,作为放样基础和细部的依据。

放样定位点的方法很多,有极坐标法、直角坐标法等,除了上一节所介绍的根据控制点、建筑基线、建筑方格网放样外,还可以根据已有建筑物来放样。

如图 10.10 所示,1 号楼为已有建筑物,2 号楼为待建建筑物(8 层、6 跨),$A1$、$E1$、$E6$、$A6$ 点为建筑物定位点,其放样步骤如下。

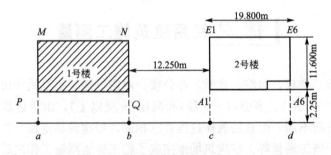

图 10.10 建筑物定位

(1) 用钢卷尺紧贴于 1 号楼外墙边 MP、NQ 边各量出 2 米(距离大小根据实地地形而定,一般为 1~4m),得 a、b 两点,打入桩,桩顶钉上铁钉标志,以下类同。

(2) 把经纬仪安置于 a 点，瞄准 b 点，并从 b 点沿 ab 方向量出 12.250 米，得 c 点，再继续量 19.800 米，得 d 点。

(3) 将经纬仪安置在 c 点，瞄准 a 点，水平度盘读数配置到 $0°00'00''$，顺时针转动照准部，当水平度盘读数为 $90°00'00''$ 时，锁定此方向，并按距离放样法沿该方向用钢尺量出 2.25 米得 $A1$ 点，再继续量出 11.600 米，得 $E1$ 点。

将经纬仪安置在 d 点，同法测出 $A6$、$E6$。则 $A1$、$E1$、$E6$、$A6$ 四点为待建建筑物外墙轴线交点。检测各桩点间的距离，与设计值相比较，其相对误差不超过 1/2500（参见表 10-1），用经纬仪检测 4 个拐角是否为直角，其误差不超过 $40''$。建筑物放线就是根据已定位的外墙轴线交点桩来进行放线。

(4) 放样建筑物其他轴线的交点桩（简称中心桩），如图 10.11 中 $A2$、$A3$、$A4$、$A5$、$B5$、$B6$ 等各点为中心桩，其放样方法与角桩点相似，即以角桩为基础，用经纬仪和钢尺放样出来。

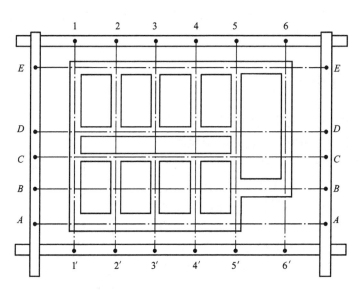

图 10.11 轴线控制点及龙门框布置图

10.2.2 轴线控制桩设置

由于基槽开挖后，角桩和中心桩将被挖掉，为了便于在施工中恢复各轴线位置，应把各轴线延长到基槽外安全的地方，并作好标志，其方法有设置轴线控制桩和龙门框两种形式。

龙门框法适用于一般砖石结构的小型民用建筑物。在建筑物四角与隔墙两端基槽开挖边界线以外约 2 米处打下大木桩，使各桩连线平行于墙基轴线，用水准仪将 ± 0.000 的高程位置放样到每个龙门桩上，然后以龙门桩为依据，用木料或粗约 5cm 的长铁管搭设龙门框，如图 10.11 所示，使框的上边缘高程正好为 ± 0.000，若现场条件受限制时，也可比 ± 0.000 高或低一个整数高程。安置仪器于各角桩、中心桩上，用延长线法将轴线引测到龙门框上，做出标志，图中 A、B、…、E，1、2、…、6 等为建筑物各轴线延至龙门框

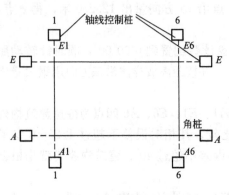

图 10.12 轴线控制框

上的标志点。也可用拉细线的方法将角桩、中心桩延长至龙门框上,具体方法是用锤球对准桩点,然后沿两锤球线拉紧细绳,把轴线标定在龙门框上。

轴线控制桩设置在基槽外基础轴线的延长线上,建立半永久性标志(多数为混凝土包裹木桩),如图10.12所示,作为开挖基槽后恢复轴线位置的依据。

为了确保轴线控制桩的精度,通常是先直接放样轴线控制桩,然后根据轴线控制网放样角桩。如果附近有已建的建筑物,也可将轴线投测到建筑物的墙上。

角桩和中心桩被引测到安全地点之后,用细绳来标定开挖边界线,并沿此线撒下白灰线,施工时按此线进行开挖。

10.2.3 基础施工测量

开挖边线标定之后,就可进行基槽开挖。如果超挖基底,不得以土回填,因此,必须控制好基槽的开挖深度。如图10.13所示,当将挖到槽底设计标高时,用水准仪在基槽壁上设置一些水平桩,使水平桩表面离槽底设计标高为整分米数,用以控制开挖基槽的深度。各水平桩间距约为3~5m,在转角处必须再加设一个,以此作为修平槽底和浇筑垫层的依据。水平桩放样的允许误差为±10mm。

浇筑垫层后,先将基础轴线投影到垫层上,再按照基础设计宽度定出基础边线,并弹墨标明。

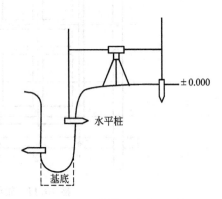

图 10.13 基槽深度施工测量

10.2.4 墙体施工测量

在垫层之上,±0.000m以下的砖墙称为基础墙。基础的高度利用基础皮数杆来控制。基础皮数杆是一根木制的杆子,如图10.14所示,在杆上预先按照设计尺寸将砖、灰缝厚度划出线条,标明±0.000m、防潮层等标高位置。立皮数杆时,把皮数杆固定在某一空间位置上,使皮数杆上标高名副其实,即使皮数杆上的±0.000m位置与±0.000桩上标定位置对齐,以此作为基础墙的施工依据。基础和墙体顶面标高容许误差为±15mm。

在±0.000m以上的墙体称为主体墙。主体墙的标高利用墙身皮数杆来控制。墙身皮数杆根据设计尺寸按砖、灰缝从底部往上依次标明±0.000、门、窗、过梁、楼板预留孔等以及其他各种构件的位置。同一标准楼层各层皮数杆可以共用，不是同一标准楼层，则应根据具体情况分别制作皮数杆。砌墙时，可将皮数杆撑立在墙角处，使杆端±0.000刻划线对准基础端标定的±0.000位置。

砌墙之后，还应根据室内抄平地面和装修的需要，将±0.000标高引测到室内，在墙上弹墨划线标明，同时还要在墙上定出+0.5m的标高线。

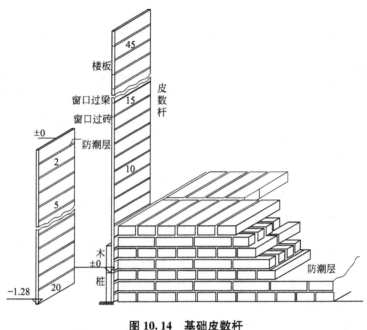

图 10.14 基础皮数杆

10.2.5 高层建筑施工测量

高层建筑的特点是层数多、高度高，尤其是在繁华商业区建筑群中施工，场地十分狭窄，而且高空风力大，给施工放样带来较大困难。在施工过程中，建筑物各部位的水平位置、垂直度、标高等精度要求十分严格。高层建筑的施工方法有很多，目前较常用的方法有两种，一种是滑模施工，即分层滑升逐层现浇楼板的方法，另一种是预制构件装配式施工。国家建筑施工规范中对上述高层建筑结构的施工质量标准规定见表10-2。

表 10-2 高层建筑施工质量标准

高层施工种类	竖向偏差限值		高程偏差限值	
	各层	总累计	各层	总累计
滑模施工	5mm	$H/1000$（最大 50mm）	10mm	50mm
装配式施工	5mm	20mm	5mm	30mm

高层建筑的施工测量主要包括基础定位及建网、轴线点投测和高程传递等工作。基础定位及建网的放样工作在前述已经论述，在此不再重复。因此，高层建筑施工放样的主要

问题是轴线投测时控制竖向传递轴线点中误差和层高误差,也就是各轴线如何精确向上引测的问题。

1. 轴线点投测

低层建筑物轴线投测通常采用吊锤法,即从楼边缘吊下5~8kg重的垂球,使之对准基础上所标定的轴线位置,垂线在楼边缘的位置即为楼层轴线端点位置,并划出标志线。这种方法简单易行,一般能保证工程质量。

高层建筑物轴线投测一般采用经纬仪引桩投测或激光铅垂仪投测。本节主要介绍经纬仪引桩投测法。

先在离建筑物较远处(1.5倍以上建筑物高度)建立轴线控制桩,如图10.15所示的A、B位置。然后在相互垂直的两条轴线控制桩上安置经纬仪,盘左照准轴线标志,固定照准部,仰倾望远镜,照准楼边或柱边标定一点。再用盘右同样操作一次,又可定出一点,如两点不重合,取其中点即为轴线端点,如$C1_{中}$点、$C_{中}$点,两端点投测完之后,再用弹墨标明轴线位置。

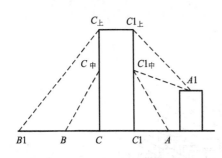

图10.15 经纬仪引测投桩

当楼层逐渐增高时,望远镜的仰角愈来愈大,操作不方便,投测精度将随仰角增大而降低。此时,可将原轴线控制桩引测到附近大楼的屋顶上,如$A1$点,或更远的安全地方,如$B1$点。再将经纬仪搬至$A1$或$B1$点,继续向上投测。

当建筑场地狭窄无法延长轴线时,可采用侧向借线法。如图10.16所示,将轴线向建筑物外侧平移出一小段距离,如1m,得平移轴线的交点a、b、c、d,在施工楼层的四角用钢脚手架支出操作平台。然后将经激光垂准仪[图10.16(c)]安置在地面d点上,瞄准b点,盘左盘右取其平均值在平台上交会出$d1$点,同法交会出$a1$、$b1$、$c1$点。把地面上a、b、c、d四点引测到平台上,以$a1-b1$、$b1-d1$、$d1-c1$、$c1-a1$为准,向内量出1m,即可得到该楼层面的轴线位置。

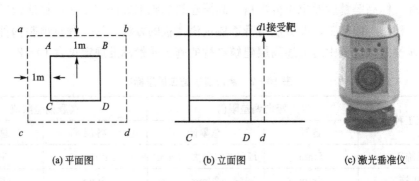

(a) 平面图 (b) 立面图 (c) 激光垂准仪

图10.16 侧向借线法

2. 高程传递

高程传递是指将底层±0.000m标高点沿建筑物外墙、边柱或电梯间等用钢尺向上量取。一幢高层建筑物至少要由 3 个底层标高点向上传递。由下层传递上来的同一层几个标高点，必须用水准仪进行检核，检查是否在同一水平面上，其误差不超过 3mm。

对于装配式建筑物，墙板吊装前要在墙板两侧边线内，各铺设一些水泥沙浆，利用水准仪按设计高程抄平其面层。在墙板吊装就绪后，应检查各开间的墙间距，并利用吊垂球线的方法检查墙板的垂直度，合格后再固定墙板位置，用水准仪在墙板上放样标高控制线，一般为整数值。接下来进行墙板抄平层施工，抄平层是由水泥沙浆或细石混凝土在墙上、柱顶面抹成。抄平层放样是将靠尺下端对准墙板上部弹出标高控制线，其上端即为楼板底面的标高，用水泥沙浆抹平凝结后即可吊装楼板。抄平层的高程误差不得超过 5mm。

滑模施工的高程传递是先在底层墙面上放样出标高控制线，再沿墙面用钢尺向上垂直量取标高，并将标高放样在支承杆上。在各支承杆上每隔 20cm 标注一分划线，以便控制各支承点提升的同步性。在模架提升过程中，为了确保操作平台水平，要求在每层提升间歇，用两台水准仪检查平台是否水平，并在各承杆上设置抄平标高线。

超高层建筑物总体高度和高程的传递可采用图 9.5 的方式用吊钢尺代替水准尺的方法进行高程传递。

10.3　工业建筑施工测量

工业建筑以厂房为主体，一般工业厂房大多采用预制构件在现场装配的方法施工。厂房的预制构件有柱子（也有现场浇注的）、吊车梁、吊车车轨和屋架等。因此，工业建筑施工测量的工作主要是保证这些预制构件安装到位，其主要工作包括厂房矩形控制网放样、厂房柱列轴线放样、基础施工放样、厂房预制构件安装放样等。

10.3.1　工业建筑控制网的测设

厂房与一般民用建筑相比，它的柱子多、轴线多，且施工精度要求高，因而对于每幢厂房还应在建筑方格网的基础上，再建立满足厂房特殊精度要求的厂房矩形控制网，作为厂房施工的基本控制网。图 10.17 描述了建筑方格网、厂房矩形控制网以及厂房车间的相互位置关系。

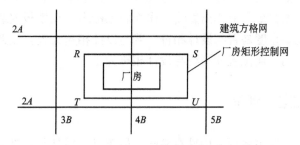

图 10.17　厂房矩形控制网

厂房矩形控制网是依据已有建筑方格网按直角坐标法来建立的,其边长误差小于1/10000,各角度误差小于±10″。

10.3.2 柱列轴线与桩基测设

厂房矩形控制网建立之后,再根据各柱列轴线间的距离在矩形边上用钢尺定出柱列轴线的位置,如图10.18所示,并作好标志。其放样方法是:在矩形控制桩上安置经纬仪,如T端点安置经纬仪,照准另一端点T,确定此方向线,根据设计距离,严格放样轴线控制桩。依次放样全部轴线控制桩,并逐桩检测。

柱列轴线桩确定之后,在两条互相垂直的轴线上各安置一部经纬仪,沿轴线方向交会出柱基的位置。然后在柱基基坑外的两条轴线上打入4个定位小桩,作为修坑和竖立模板的依据。柱基基坑施工放样与10.2.3节一致,如图10.19所示。

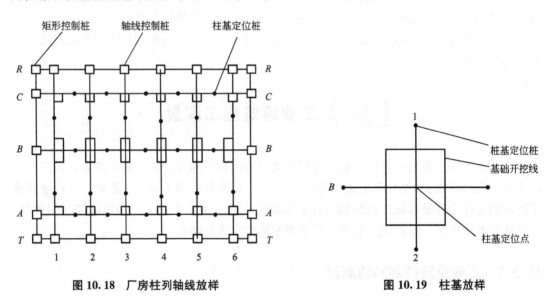

图10.18 厂房柱列轴线放样　　　　图10.19 柱基放样

10.3.3 施工模板定位

在柱子或基础施工时,若采用现浇方式施工,则必须安置模板。模板内模位置,将是柱子或基础的竣工位置。因此,模板定位就是将模板内侧安置于柱子或基础的设计位置上。在安置模板时,先在垫层上弹出墨线,作为施工标志。在模板安装定位之后,再检查平面位置和高程以及垂直度是否与设计相符。若与设计相差太大,以此误差来指导施工人员进行适当调整,直到平面位置和高程与设计相符为止。

10.3.4 构件安装定位测量

装配式单层工业厂房主要预制构件有柱子、吊车梁、屋架等,在安装这些构件时,必须使用测量仪器进行严格检测、校正,才能正确安装到位,即它们的位置和高程与设计要求相符。柱子、桁架或梁的安装测量容许误差见表10-3。

表10-3　厂房预制构件安装容许误差

项目		容许误差(mm)
杯形基础	中心线对轴线偏移	10
	杯底安装标高	+0，-10
柱	中心线对轴线偏移	5
	上下柱接口中心线偏移	3
	垂直度 ≤5m	5
	垂直度 >5m	10
	垂直度 ≥10m 多节柱	1/1000 柱高，且不大于 20
	牛腿面和柱高 ≤5m	+0，-5
	牛腿面和柱高 >5m	+0，-8
梁或吊车梁	中心线对轴线偏移	5
	梁上表面标高	+0，-5

厂房预制构件的安装测量所用仪器主要是经纬仪和水准仪等常规测量仪器，所采用的安装测量方法大同小异，仪器操作基本一致，本节以柱子吊装测量为例来说明预制构件安装测量方法。

1. 投测柱列轴线

根据轴线控制桩用经纬仪将柱列轴线投测到杯形基础顶面作为定位轴线，并在杯口顶面弹出杯口中心线作为定位轴线的标志，如图10.20所示。

2. 柱身弹线

在柱子吊装前，应将每根柱子按轴线位置进行编号，在柱身的3个面上弹出柱中心线，供安装时校正使用。

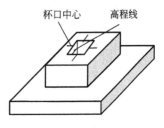

图 10.20　投测柱列轴线

3. 柱身长度和杯底标高检查

柱身长度是指从柱子底面到牛腿面的距离，它等于牛腿面的设计标高与杯底标高之差。检查柱身长度时，应量出柱身4条棱线的长度，以最长的一条为准，同时用水准仪测定标高。如果所测杯底标高与所量柱身长度之和不等于牛腿面的设计标高，则必须用水泥沙浆修填杯底。抄平时，应将靠柱身较短棱线一角填高，以保证牛腿面的标高满足设计要求。如果柱子在施工过程中，水平摆置于地上，则可用钢卷尺直接测量其长度，并在柱身上划标志线作为安置的依据。

4. 柱子吊装时垂直度的校正

柱子吊入杯底时，应使柱脚中心与定位轴线对齐，误差不超过5mm，然后，在杯口处柱脚两边塞入木楔，使之临时固定，再在两条互相垂直的柱列轴线附近，离柱子约为柱高 1.5 倍的地方各安置一部经纬仪,如图 10.21 所示,照准柱脚中心线后固定照准部,仰倾望远镜,照准柱子中心线顶部。如重合,则柱子在这个方向上是竖直的。如不重合,应用牵绳或千斤顶进行调整,使柱中心线与十字丝竖丝重合为止。当柱子两个侧面都竖直时,应立即灌浆,以固定柱子的位置。观测时应注意:千万不能将杯口中心线当成柱脚中心线去照准。

5. 吊车梁的吊装测量

吊车梁的吊装测量主要是为了保证吊装后的吊车梁中心线位置和梁面标高满足设计要求。吊装前先弹出吊车梁的顶面中心线和吊车梁两端中心线,将吊车轨道中心线投到牛腿面上。其测量步骤如下。

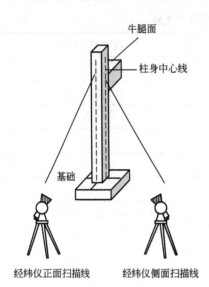

图 10.21 柱身垂直度校正

(1) 如图 10.22 所示,利用厂房中心线 A_1A_1,根据设计轨道间距在地面上放样出吊车轨道中心线 $A'A'$ 和 $B'B'$。

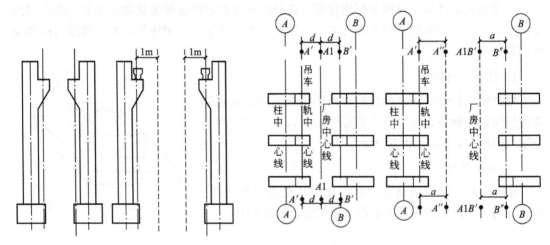

图 10.22 吊车梁及吊车轨道安装测量

(2) 分别安置经纬仪于吊车中线的一个端点 A' 上,瞄准另一个端点 A',仰倾望远镜,即可将吊车轨道中线投测到每根柱子的牛腿面上并弹以墨线。

(3) 吊装前,要检查预制柱、梁的施工尺寸以及牛腿面到柱底长度,检查是否与设计要求相符,如不相符且相差不大时,可根据实际情况及时作调整,确保吊车梁安装到位。

(4) 吊装时使牛腿面上的中心线与梁端中心线对齐,将吊车梁安装在牛腿上。

(5) 吊装完后,还需要检查吊车梁的高程,可将水准仪安置在地面上,在柱子侧面放样 50cm 的标高线,再用钢尺从该线沿柱子侧面向上量到梁面的高度,检查梁面标高是否正确,最后在梁下用钢板调整梁面高程。

6. 吊车轨道安装测量

安装吊车轨道前,一般须先用平行线法对梁上的中心线进行检测。如图 10.22 所示,首先在地面上从吊车轨道中心线向厂房中线方向量出长度 a(1m),得平行线 $A''A''$ 和 $B''B''$。然后安置经纬仪于平行线一端点 A'' 上,瞄准另一端点,固定照准部,仰起望远镜进行投测。此时另一人在梁上移动横放的木尺,当视线正对准尺上一米刻划线时,尺的零点应与梁面上的中线重合。如不重合应予以改正,可用撬杠移动吊车梁,使瞄准 b 点吊车轨道中线到 $A''A''$(或 $B''B''$)的间距等于 1m 为止。

吊车轨道按中心线安装就位后,可将水准仪安置在吊车梁上,水准尺直接放在轨道顶上进行检测,每隔 3m 测一点高程,并与设计高程相比较,误差在 3mm 以内。还需要用钢尺检查两吊车轨道间的跨距,并与设计跨距相比较,误差在 5mm 以内。

10.3.5 烟囱、水塔施工放样

烟囱和水塔的形式不同,如图 10.23 所示。但有一个共同特点,即基础小、主体高,其对称轴通过基础圆心的铅垂线。在施工过程中,测量工作的主要目的是严格控制它们的中心位置,保证主体竖直。其放样方法和步骤如下。

1. 基础中心定位

首先按设计要求,利用与已有控制点或建筑物的尺寸关系,在实地定出基础中心 O 的位置。如图 10.24 所示,在 O 点安置经纬仪,定出两条相互垂直的直线 AB、CD,使 A、B、C、D 各点至 O 点的距离为构筑物的 1.5 倍左右。另在离开基础开挖线外 2m 左右标定 E、G、F、H 4 个定位小桩,使它们分别位于相应的 AB、CD 直线上。

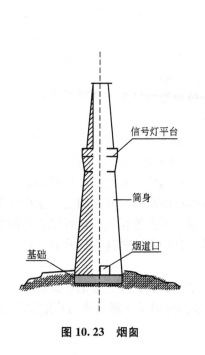

图 10.23 烟囱

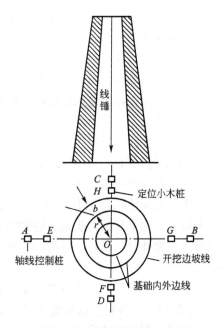

图 10.24 烟囱基础中心定位

以中心点 O 为圆心，以基础设计半径 r 与基坑开挖时放坡宽度 b 之和为半径（$R=r+b$），在地面画圆，撒上灰线，作为开挖的边界线。

2. 基础施工放样

当基础开挖到一定深度时，应在坑壁上放样整分米水平桩，控制开挖深度。当开挖到基底时，向基底投测中心点，检查基底大小是否符合设计要求。浇筑混凝土基础时，在中心面上埋设铁桩，然后根据轴线控制桩用经纬仪将中心点投设到铁桩顶面，用钢锯锯刻"十"字形中心标记，作为施工时控制垂直度和半径的依据。

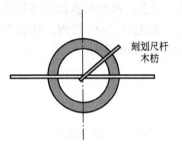

图 10.25 吊线尺

3. 筒身施工放样

一般高度较低的烟囱、水塔大都是砖砌的。为了保证筒身竖直和收坡符合设计要求，施工前要制作吊线尺。吊线尺用长约等于烟囱筒脚直径的木枋制成，以中间为零点，向两头刻注厘米分划，如图 10.25 所示。

4. 筒体标高控制

筒体标高控制是用水准仪在筒壁上测出整分米数（如+50cm）的标高线，再向上用钢尺量取高度。

10.3.6 竣工测量及总图编绘

建筑物和构筑物竣工验收时进行的测量工作称为竣工测量。竣工测量的目的一方面是为了检查工程施工定位的质量，另一方面是为今后工程扩建、改建及管理维护提供必要的资料，特别是为隐蔽工程提供详尽的竣工资料。

竣工测量的主要内容有：测定建筑物和构筑物的墙角、地下管线转折点、窨井中心、道路交叉点等重要地物细部点坐标；测定主要建筑物的室内地坪、上水道管顶、下水道管底、道路变坡点等的高程；编制竣工总平面图、分类图、断面图以及细部坐标和高程明细表。这些点的坐标和高程与施工时的测量系统应一致；如果没有变更设计，则竣工测量结果一般与设计数据吻合，误差大小可以反映施工定位质量的优劣。如果有变更设计，则竣工测量结果应与变更设计数据吻合，并附上变更设计资料。

竣工总平面图是综合反映工程竣工后该地区的主体工程及其附属设备（包括地下和地上设施）相互关系的平面图。一般采用 1∶500～1∶2000 的比例尺，根据有关设计图纸、施工测量和竣工测量资料在设计总平面图的基础上进行编绘。编绘时，先在图纸上绘制坐标格网，将实地各种建筑物和构筑物按所测定的坐标展绘出来，并在图上各主要建筑物墙角点、进出口点、地下管线转折点、窨井中心、道路交叉点等相应位置标出它们的坐标和高程，同时注记窨井号、管径、电缆的电压标记等。其中房屋的高程通常只标注一个室内地坪高程。

竣工总平面图必须按规定要求进行清绘整饰。坐标和高程按分数的形式标注，坐标以 x 为分子，y 为分母；高程以点号为分子，高程数值为分母。不能与地物并排标注的地方，可从该点引斜线，指示在适当位置标注。

10.4 变形测量

10.4.1 建(构)筑物变形的基本概念

随着国民经济及社会的快速发展,我国城市化进程越来越快,大型及超大型建筑越来越多,城市建筑向高空和地下两个空间方向拓展,往往要在狭窄的场地上进行深基坑的垂直开挖。在开挖过程中,周围高大建筑物以及深基坑土体自身的重力作用,使得土体自身及其支护结构失稳、裂变、坍塌等变形,从而对周围建筑物及地基产生影响;另外,随着建筑施工过程中荷载的不断增加,会使深基坑从负向受压变为正向受压,进而对正在施工的建筑物自身下沉和周围建筑物及地基产生影响。因此,在深基坑开挖和施工过程中,都应该对深基坑的支护结构和周边环境进行变形监测。

建筑物在施工过程中,随着荷载的不断增加,不可避免地会产生一定量的沉降。沉降量在一定范围内是正常的,不会对建筑物安全构成威胁,超过一定范围即属于沉降异常。其一般表现形式为沉降不均匀、沉降速率过快及累计沉降量过大。

建筑物沉降异常是地基基础异常变形的反映,会对建筑物的安全产生严重影响,或使建筑物产生倾斜,或造成建筑物开裂,甚至造成建筑物整体坍塌。因此,在建筑施工过程中和建筑物最初交付的使用阶段,定期观测其沉降变化是非常重要的。当建筑物主体结构差异沉降过大时,还要对其进行倾斜观测和挠度观测。

变形测量就是对建筑物(构筑物)及其地基或一定范围内岩体和土体的变形(包括水平位移、沉降、倾斜、挠度、裂变等)所进行的测量工作。变形测量的意义是,通过对变形体的动态监测,获得精确的观测数据,并对监测数据进行综合分析,及时对基坑或建筑物施工过程中的异常变形可能造成的危害做出预报,以便采取必要的技术措施,避免造成严重后果,这就需要采取支护结构对基坑边坡土体加以支护,了解变形的机理对下一阶段的设计和施工具有指导意义。

10.4.2 变形测量的特点与技术要求

深基坑施工中,变形测量的内容主要包括:支护结构顶部的水平位移监测;支护结构沉降监测;支护结构倾斜观测;邻近建筑物、道路、地下管网设施的沉降、倾斜、裂缝监测。在建筑物主体结构施工中,变形测量的主要内容是建筑物的沉降、倾斜、挠度和裂缝观测。变形监测要求及时对观测数据进行分析判断,对深基坑和建筑物的变形趋势作出评价,起到指导安全施工和实现信息施工的重要作用。

变形测量按不同的工程要求分为4个等级,其主要精度要求见表10-4。

表 10-4　变形测量的等级划分及精度要求

变形测量等级	垂直位移测量		水平位移测量	适用范围
	变形点高程中误差(mm)	相邻变形点高差中误差(mm)	变形点的点位中误差(mm)	
一等	±0.3	±0.1	±1.5	变形特别敏感的高层建筑、高耸构筑物、工业基础、重要古建筑、精密工程设施等
二等	±0.5	±0.3	±3.0	变形比较敏感的高层建筑、高耸构筑物、古建筑、重要工程设施和重要建筑场地的滑坡监测等
三等	±1.0	±0.5	±6.0	一般性的高层建筑、高耸构筑物、工业建筑、滑坡监测等
四等	±2.0	±1.0	±12.0	观测精度要求较低的建筑物、构筑物和滑坡监测等

10.4.3　沉降观测

沉降观测是指根据水准基点定期测出变形体上设置的观测点的高程变化，从而得到其下沉量。沉降观测常采用水准测量的方法，也可采用液体静力水准测量的方法。

1. 水准基准点的布设和监测网的建立

水准基点是固定不动的且作为沉降观测高程基点的水准点。水准基点应埋设在建筑物变形影响范围之外，一般距基坑开挖线 50m 左右，选在不受施工影响的地方。可按二、三等水准点标石规格埋设标志，也可在稳固的建筑物上设立墙上水准点。点的个数不少于 3 个，以便相互检核。沉降监测网一般是将水准基点布设成闭合水准路线，采用独立高程系。常使用 DS_1 精密水准仪，按国家二等水准技术要求施测。对精度要求较低的建筑物也可按三等水准施测。监测网应经常进行检核。

2. 观测点的布设

观测点是设立在变形体上、能反映其变形特征的点。点的位置和数量应根据地质情况、支护结构形式、基坑周围环境和建筑物（或构筑物）荷载等情况而定。通常由设计部门提出要求，具体位置由测量工程师和结构工程师共同确定。点位埋设合理，就可全面、准确地反映变形体的沉降情况。深基坑支护的沉降观测点应埋设在锁口梁上，一般 20m 左右埋设一点，在支护结构的阳角处和原有建筑物离基坑很近处加密设置观测点。

建筑物上的观测点可设在建筑物四角，或沿外墙间隔 10～15m 布设，或在柱上布点，每隔 2～3 根柱设一点。烟囱、水塔、电视塔、工业高炉、大型储藏罐等高耸建筑物可在基础轴线对称部位设点，每一构筑物不得少于 4 点。

此外，在建筑物不同的分界处，人工地基和天然地基的接壤处，裂缝或沉降缝、伸缩缝两侧，新旧建筑物或高低建筑物的交接处以及大型设备基础等处也应设立观测点，即在变形大小、变形速率和变形原因不一致的地方设立观测点。

观测点应埋设稳固，不易遭破坏，能长期保存。点的高度、朝向等要便于立尺和观测。锁口梁、设备基础上的观测点，可将直径为 20mm 的铆钉或钢筋头（上部锉成半球状）埋设于混凝土中作为标志。墙体上或柱子上的观测点，可将直径为 20～22mm 的钢筋按图 10.26 的形式设置。

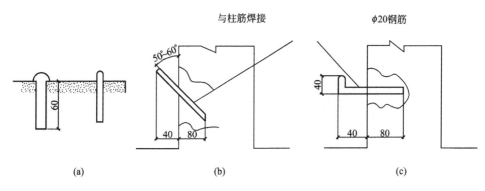

图 10.26　沉降观测点埋设

3. 沉降观测

沉降观测应先根据建筑物的特征、变形速率、观测精度和工程地质条件等因素综合考虑，确定沉降观测的周期，并根据沉降量的变化情况适当调整。深基坑开挖时，锁口梁会产生较大的水平位移，沉降观测周期应较短，一般每隔 1～2 天观测一次；浇筑地下室底层后，可每隔 3～4 天观测一次，至支护结构变形稳定。当出现暴雨、管涌、变形急剧增大时，要增加观测次数。

建筑物主体结构施工时，每 1～2 层楼面结构浇筑完之后观测一次；结构封顶之后每两个月左右观测一次；建筑物竣工投入使用之后，观测周期视沉降量的大小而定，一般可每 3 个月左右观测一次，至沉降稳定。如遇停工时间过长，停工期间也要适当观测。无论何种建筑物，沉降观测次数不能少于 5 次。

一般性高层建筑和深基坑开挖的沉降观测，通常用精密水准仪，按国家二等水准技术要求施测，将各观测点布设成闭合环或附合水准路线联测到水准基点上。为提高观测精度，观测时前、后视宜使用同一根水准尺，视线长度小于 50m，前、后视距大致相等；或采用测站数为偶数的方法提高测量精度。每次观测宜使观测条件尽量相同，即相同的观测路线，使用同一台仪器和水准尺，同一观测员，同一立尺员，甚至是相同的转点和相同的测站位置等，总之，要尽可能使每次的观测条件一致，使观测结果便于消除系统误差、削弱偶然误差。为了正确分析变形原因，观测时还应记录荷载变化和气象条件。

二等水准测量高差闭合差容许值为 $\pm 0.6\sqrt{n}$(mm)，n 为测站数。

三等水准测量高差闭合差容许值为 $\pm 1.4\sqrt{n}$(mm)。

每次观测结束后，应及时整理观测记录。先根据基准点高程计算出各观测点高程，然后分别计算各观测点相邻两次观测的沉降量（本次观测高程减去上次观测高程）和累计沉降量（本次观测高程减去首次观测高程）。并将计算结果填入成果表中。为了更形象地表示沉降、荷重和时间之间的相互关系，可绘制荷重—时间沉降量关系曲线图，简称沉降曲线图,如图 10.27 所示。

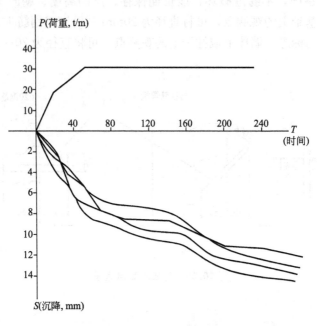

图 10.27 沉降曲线图

对观测成果的综合分析评价是沉降监测一项十分重要的工作。在深基坑开挖阶段,引起沉降的主要原因是支护结构产生大的水平位移和地下水位降低。沉降发生的时间往往比水平位移发生的时间滞后 2~7 天。地下水位降低会较快地引发周边地面大幅度沉降。在建筑物主体施工中,引起其沉降异常的因素较为复杂,如勘察提供的地基承载力过高,导致地基剪切破坏;施工中人工降水或建筑物使用后大量抽取地下水,地质土层不均匀或地基土层厚薄不均,压缩变形差大,以及设计错误或打桩方法、工艺不当等都可能导致建筑物异常沉降。

由于观测存在误差,有时会使沉降量出现正值,应正确分析原因。判断沉降是否稳定,通常当 3 个观测周期的累计沉降量小于观测精度时,可作为沉降稳定的限值。观测示例见表 10-5。

表 10-5 建筑物沉降观测成果表

工程名称													
		湖北工业大学文教大楼											
观测点		CT-1			CT-2			CT-3			CT-4		
次数	观测日期	高程(m)	本次沉降(mm)	累计沉降(mm)	高程(m)	本次沉降(mm)	累计沉降(mm)	高程(m)	本次沉降(mm)	累计沉降(mm)	高程(m)	本次沉降(mm)	累计沉降(mm)	施工进展	荷重(t/m²)
1	04-9-1	21.5386	0.0	0.0	21.5623	0.0	0.0	21.5472	0.0	0.0	21.5846	0.0	0.0	1层楼完	3.0
2	04-9-16	21.5373	−1.3	−1.3	21.5607	−1.6	−1.6	21.5457	−1.5	−1.5	21.5832	−1.4	−1.4	3层楼完	8.0
3	04-10-1	21.5352	−2.1	−3.4	21.5589	−1.8	−3.4	21.5433	−2.4	−3.9	21.5815	−1.7	−3.1	5层楼完	13.0

(续)

工程名称						湖北工业大学文教大楼							
观测点		CT-1			CT-2			CT-3			CT-4		
次数	观测日期	高程(m)	本次沉降(mm)	累计沉降(mm)	高程(m)	本次沉降(mm)	累计沉降(mm)	高程(m)	本次沉降(mm)	累计沉降(mm)	高程(m)	本次沉降(mm)	累计沉降(mm)	施工进展	荷重(t/m²)
4	04-10-16	21.5319	-3.3	-6.7	21.5562	-2.7	-6.1	21.5405	-2.8	-6.7	21.5781	-3.4	-6.5	7层楼完	18.0
5	04-11-1	21.5262	-5.7	-12.4	21.5516	-4.6	-10.7	21.5358	-4.7	-11.4	21.5739	-4.2	-10.7	9层楼完	23.0
6	04-11-16	21.5218	-4.4	-16.8	21.5472	-4.4	-15.1	21.5319	-3.9	-15.3	21.5698	-4.1	-14.8	11层楼完	28.0
7	04-12-1	21.5186	-3.2	-20.0	21.5429	-4.3	-19.4	21.5278	-4.1	-19.4	21.5662	-3.6	-18.4	13层楼完	33.0
8	04-12-16	21.5156	-3.0	-23.0	21.5397	-3.2	-22.6	21.5249	-2.9	-22.3	21.5635	-2.7	-21.1	15层楼完	38.0
9	05-1-1	21.5135	-2.1	-25.1	21.5378	-1.9	-24.5	21.5227	-2.2	-24.5	21.561	-2.5	-23.6	17层楼完	43.0
10	05-1-16	21.5117	-1.8	-26.9	21.5359	-1.9	-26.4	21.5208	-1.9	-26.4	21.5594	-1.6	-25.2	18层封顶	47.0
11	05-3-15	21.5098	-1.9	-28.8	21.5338	-2.1	-28.5	21.5185	-2.3	-28.7	21.5568	-2.6	-27.8	2个月后	47.0
12	05-5-15	21.5076	-2.2	-31.0	21.532	-1.8	-30.3	21.5167	-1.8	-30.5	21.5555	-1.3	-29.1	4个月后	47.0
13	05-7-15	21.5063	-1.3	-32.3	21.5305	-1.5	-31.8	21.5151	-1.6	-32.1	21.5537	-1.8	-30.9	6个月后	47.0
14	05-9-15	21.5053	-1.0	-33.3	21.5294	-1.1	-32.9	21.5146	-0.5	-32.6	21.5527	-1.0	-31.9	8个月后	47.0
15	05-10-15	21.5049	-0.4	-33.7	21.5291	-0.3	-33.2	21.5142	-0.4	-33.0	21.5525	-0.2	-32.1	竣工	47.0

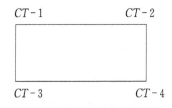

在高精度沉降观测中，还广泛采用液体静力水准测量的方法，它是利用静力水准仪，根据静止的液体在重力作用下保持在同一水准面的基本原理，来测定观测点的高程变化，从而得到沉降量。其测量精度不低于国家二等水准。

如图10.28所示为组合式液体静力水准仪的示意图，它由测高仪、观测器、控制系统、溢水器、连通器等构成。

观测时，将测高仪、观测器和控制系统安置在沉降观测点附近，将与连通器相连的溢水器 C_1、C_2、C_3 挂置在沉降观测点标志上。向观测器注水，打开溢水器 C_1 的阀门，其他溢水器阀门关闭，待 C_1 中水溢出时停止供水。这时观测器中的水位和溢水器 C_1 的水位相同。打开控制系统的探测开关，测高仪内装置的电动机便驱使探针下降，至接触水面时立即自动停止。在读数表盘上即可读得水位量程值，估读到0.1mm。通过前后两次量程值的比较，便可得到 C_1 的沉降量。如此逐点加水，逐点观测。

为了保证观测精度，观测时要将连通管内的空气排尽，保持水罐和水质干净。

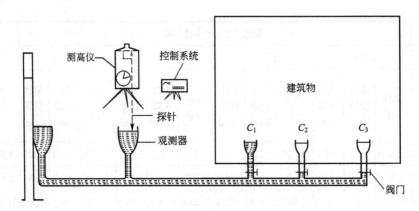

图 10.28 液体静力水准仪

10.4.4 位移观测

根据场地条件,可采用基准线法、小角法、全站仪坐标法等测量水平位移。

1. 基准线法

基准线法的原理是在与水平位移垂直的方向上建立一个固定不变的铅垂面,测定各观测点相对该铅垂面的距离变化,从而求得水平位移。基准线法适用于直线型建筑物。

在深基坑监测中,主要是对锁口梁的水平位移进行监测。如图 10.29 所示,在锁口梁轴线两端基坑的外侧分别设立两个稳定的工作基点 A 和 B,两工作基点的连线即为基准线方向。锁口梁上的观测点应埋设在基准线的铅垂面上,偏离的距离应小于 2cm。观测点标志可埋设直径为 16~18mm 的钢筋头,顶部锉平后,做出"+"字标志,一般每 8~10m 设置一点。观测时,将经纬仪安置于一端工作基点 A 上,瞄准另一端工作基点 B(后视点),此视线方向即为基准线方向,通过测量观测点 P 偏离视线的距离变化,即可得到水平位移。

2. 小角法

小角法测量水平位移的原理如图 10.30 所示。将经纬仪安置于工作基点 A,在后视点 B 和观测点 P 分别安置观测觇牌,用测回法测出 $\angle BAP$。设第一次观测角值为 β_1,后一次为 β_2,根据两次角度的变化量 $\Delta\beta = \beta_2 - \beta_1$,即可求算出 P 点水平位移量,即

$$\delta = \frac{\Delta\beta}{\rho''} \times D$$

角度观测的测回数视仪器精度和位移观测精度而定。位移的方向根据 $\Delta\beta$ 的符号而定。

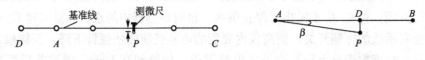

图 10.29 基线法测位移　　　　图 10.30 小角法测量水平位移

工作基点在观测期间也可能发生位移,因此,工作基点应尽可能远离开挖边线,同

时,两工作基点延长线上应分别设置后视点。为减少对中误差,必要时工作基点可做成混凝土墩台,在墩台上安置强制对中设备。

观测周期视水平位移的大小而定,位移速度较快时,周期应短;位移速度减慢时,周期相应增长;当出现险情如位移急剧增大,出现管涌或渗漏,割去支护对撑或斜撑等情况时,可进行间隔数小时的连续观测。

建筑物水平位移观测方法与深基坑水平位移观测方法基本相同,只是受通视条件限制,工作基点、后视点和检核点都设在建筑物的同一侧,如图 10.31 所示。观测点设在建筑物上,可在墙体上用油漆做"▲▶"标志,然后按基准线法或小角法观测。

当工程场地受环境限制时,不能采用小角法和基准线法,可用其他类似控制测量的方法测定水平位移。首先在场

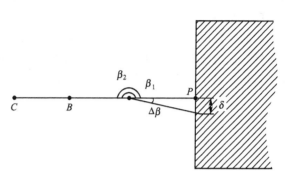

图 10.31 建筑物位移观测

地上建立水平位移监测控制网,然后用控制测量的方法测出各测点的坐标,将每次测出的坐标值与前一次坐标值进行比较,即可得到水平位移在 x 轴和 y 轴方向的位移分量(Δx,Δy),则水平位移量为 $\delta=\sqrt{\Delta x^2+\Delta y^2}$,位移的方向根据 Δx、Δy 求出的坐标方位角来确定。x、y 轴最好与建筑物轴线垂直或平行,这样便于以 Δx,Δy 来判定位移方向。

当需要动态监测建筑物的水平位移时,可用 GPS 卫星定位测量的方法来观测点位坐标的变化情况,从而求出水平位移。还可用最新研制成功的全站式扫描测量仪,对建筑物全方位扫描之后,将获得建筑物的空间位置分布情况,并生成三维景观图。将不同时刻的建筑物三维景观图进行对比,即可得到建筑物全息变形值。

10.4.5 倾斜观测

如图 10.32 所示,根据建筑物的设计,M 点与 N 点位于同一铅垂线上。当建筑物因不均匀沉陷而倾斜时,M 点相对于 N 点移动了一段距离 D,即位于 M' 上。这时建筑物的倾斜度为

$$i=\tan\alpha=\frac{D}{H}$$

式中:H 为建筑物的高度。由上式可知,倾斜观测已转化为平距 D 和高度 H 的观测。然后运用前面章节的知识,直接测量 D 和 H。

很多时候,直接测量 D 和 H 是困难的,可采用间接测量的方式。如图 10.33 所示,在建筑物顶部设置观测点 M,在离建筑物大于高度 H 的 A 点安置经纬仪,用正、倒镜法将 M 点向下投影,得 N 点并做出标志。当建筑物发生倾斜时,顶角 P 点偏到了 P' 点的位置,M 点也向同一方向偏到

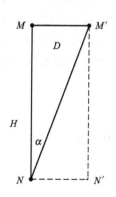

图 10.32 倾斜分量

了 M' 点位置，这时，经纬仪安置在 A 点将 M' 点向下投影得到 N' 点，N' 与 N 不重合，两点间的水平距离为 D 表示建筑物在水平方向产生的倾斜量。

对于挖孔或钻孔的倾斜观测，常采用埋设测斜管的办法。如图 10.34 所示，在支护桩后 1m 范围内，将直径为 70mm 的 PVC 测斜管埋设在 100mm 的垂直孔内，管外填细砂与孔壁结合。观测时，将探头定向导轮对准测斜管定向槽放入管内，再通过绞车用细钢丝绳控制探头到达的深度，测斜观测点竖向间距为 1~1.5m。打开测斜系统开关，孔斜顶角和方位角的参数以及图像会显示在监视器上。如与微机相连接，则直接可得到探头深度测点的坐标。通过比较前、后两次同一测点的坐标值的变化可求得水平位移量。测点坐标可以在任意坐标系中，主要是为了得到水平位移量。

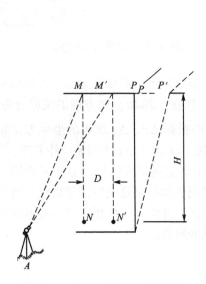

图 10.33 建筑物倾斜观测

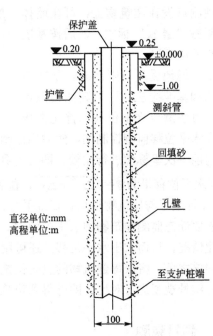

图 10.34 测斜管埋设

对于圆形建筑物的倾斜观测，一般是测定其顶部中心与底部中心的偏心位移量，并将其作为倾斜量。如图 10.35 所示，欲测量烟囱的倾斜量 OO'，在烟囱附近选两测站 A 和 B，要求 AO 与 BO 大致垂直，且距烟囱的距离大于烟囱高度的 1.5 倍。将经纬仪安置在 A 点，用方向观测法观测与烟囱底部断面相切的两个方向 $A1$、$A2$ 和与顶部断面相切的两个方向 $A3$、$A4$，得方向观测值分别为 a_1、a_2、a_3、a_4，则 $\angle 1A2$ 的角平分线与 $\angle 3A4$ 的角平分线的夹角为

$$\delta_A = \frac{(a_1+a_2)-(a_3+a_4)}{2}$$

δ_A 即为 AO 与 AO' 两方向的水平角，则 O' 点对 O 点的倾斜位移分量为

$$\Delta_A = \frac{\delta_A(D_A+R)}{\rho}$$

$$\Delta_B = \frac{\delta_B(D_B+R)}{\rho}$$

式中：D_A、D_B 分别为 AO、BO 方向 A、B 至烟囱外墙的水平距离；R 为底座半径，由其周长计算得到。

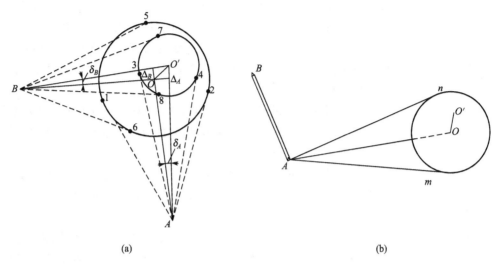

图 10.35 烟囱倾斜观测

烟囱的倾斜量为

$$\Delta = \sqrt{\Delta_A^2 + \Delta_B^2}$$

烟囱的倾斜度为

$$i = \frac{\Delta}{H}$$

O' 的倾斜方向由 δ_A、δ_B 的正负号确定。当 δ_A 或 δ_B 为正时，O' 偏向 AO 或 BO 的左侧，当 δ_A 或 δ_B 为负时，O' 偏向 AO 或 BO 的右侧。

还可用坐标法来测定，图 10.35(b) 中，在测站 A 点安置经纬仪，瞄准烟囱底部切线方向 Am 和 An，测得水平角 $\angle BAm$ 和 $\angle BAn$。将水平度盘读数置于二者的平均值位置，得 AO 方向。沿此方向在烟囱上标出 P 点的位置，测出 AP 的水平距离 D_A。AO 的方位角为

$$\alpha_{A_O} = \alpha_{AB} + \frac{\angle BAm - \angle BAn}{2}$$

O 点坐标为

$$x_O = x_A + (D_A + R)\cos\alpha_{A_O}$$
$$y_O = y_A + (D_A + R)\sin\alpha_{A_O}$$

由 O 点和 O' 点的坐标可求出烟囱的倾斜量。

10.4.6 挠度与裂缝观测

在建筑物的垂直面内各不同高程点相对于底点的水平位移称为挠度，如图 10.36 所示。

对于高层建筑物，由于它们相当高，故在较小的面积上有很大的集中荷载，从而导致

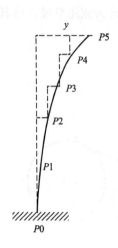

图 10.36 挠度

基础与建筑物的沉陷,其中不均匀沉陷将导致建筑物倾斜,局部构件产生弯曲和引起裂缝。这种倾斜和弯曲又将导致建筑物的挠曲,对于塔式建筑物,在风力和温度的作用下,其挠曲会来回摆动,从而就需要对建筑物进行动态观测。建筑物的挠度不应超过设计允许值,否则会危及建筑物的安全。挠度可由观测不同高度处的倾斜量来换算求得。对于地基基础的挠度,则由观测不同位置处的沉降量来换算求得。

当要对建筑物进行动态连续测量时,需要专用的光电观测系统,如电子测斜仪。这种方法从原理上来看与激光准直仪相类似,只不过在方向上旋转了90°。

当基础挠度过大时,建筑物可能出现剪切破坏而产生裂缝。建筑物出现裂缝时,除了要增加沉降观测、位移观测外,还应立即进行裂缝观测,以掌握裂缝发展情况。

裂缝观测就是测定建筑物上裂缝发展情况的观测工作。在裂缝两侧埋设观测标志,准备两片带刻划的小钢尺,一片固定在裂缝一侧,另一片固定在另一侧,并使其中一部分紧贴在相邻的白铁片之上,如图 10.37(a)所示,然后,读出两小钢尺上的初始读数。当裂缝继续发展时,两片小钢尺将逐渐拉开,再读数,其读数差即为裂缝增大的宽度。

观测装置也可沿裂缝布置成图 10.37(b)所示的形式,随时检查裂缝发展的程度。还可直接在裂缝两侧墙面上分别作标志(画细"十"字线),然后用尺子量测两侧"十"字标志的距离变化,即可得到裂缝的变化。

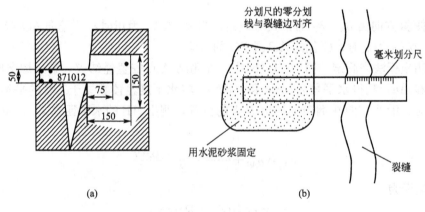

图 10.37 裂缝观测

思 考 题

1. 建筑基线有哪些布设形式?简述 5 点十字形基线的放样方法及步骤?
2. 房屋基础放线和抄平测量的工作方法及步骤如何?龙门框有什么作用?
3. 如何控制墙身的竖直位置和砌筑高度?

4. 为什么要建立专门的厂房控制网？厂房控制网是如何建立的？

5. 柱子吊装测量有哪些主要工作内容？

6. 在一般砖砌烟囱施工中，如何保证烟囱竖直和收坡符合设计要求？

7. 为什么要进行建筑物变形测量？变形测量主要包括哪些内容？

8. 深基坑变形监测有什么特点？监测内容有哪些？

9. 建筑物沉降异常的表现形式是什么？

10. 沉降观测有哪些步骤？每次观测为什么要保持仪器、观测员和水准路线不变？如何根据观测成果判断建筑物沉降已趋于稳定？

11. 水平位移的观测方法主要有哪些？各适合于什么场合？

习　题

1. 如图 10.38 所示，已给出新建筑物与原建筑物的相对位置关系（墙厚 37cm，轴线偏里），试述放样新建筑物的方法及步骤。

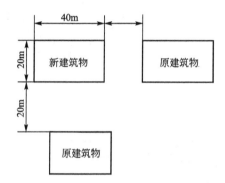

图 10.38　习题 1 图

第11章 线路工程测量

教学要点

知识要点	掌握程度	相关知识
公路测量	(1) 掌握中线测量 (2) 熟练曲线测量	了解道路勘测设计的基本原理
桥梁测量	(1) 掌握桥轴线控制及桩基定位 (2) 了解施工放样的基本过程	了解桥梁施工规范
隧道测量	(1) 掌握洞内、洞外联系测量 (2) 熟练隧道掘进控制及断面测量	(1) 隧道贯通精度 (2) 隧道贯通控制测量
管线测量	掌握中线测量及高程控制	了解管道施工过程

技能要点

技能要点	掌握程度	应用方向
公路测量	(1) 掌握圆、缓和曲线的放样数据计算 (2) 能用计算器或 excel 完成坐标计算	(1) 中桩坐标计算 (2) 纵断面高程计算
桥梁测量	能用全站仪进行桥梁细部放样	桥梁施工放样
隧道测量	控制隧道撑子面边线	隧道中线及高程测量
管线测量	了解管线的高程控制方法	管顶及流水面高程控制

基本概念

道路主点、道路中线、圆曲线、缓和曲线、纵断面、横断面、偏角法、切线支距法、路堤、路堑、桥梁轴线、跨河水准、地下导线、竖井、贯通误差、管顶高程、流水面高程。

第11章 线路工程测量

  引例

铁路、公路、桥梁、隧道、管路是现代交通运输中不可少的基础设施。2009年，设计时速达350km/h的从武汉到广州的高速铁路投入运营，标志着我国高铁技术达到世界先进水平。

到2020年，我国交通运输将基本实现现代化，在硬件基础设施和软件信息化管理方面将有一个大的飞跃。今后，铁路、公路等管线建设投资将越来越大，与之相关的测量工作越来越多，需要一大批高级测量技术员从事铁路、公路等线路测量工作。

11.1 线路工程测量概述

呈线型的建设工程称为线路工程，它们的中线称为线路。线路工程有的建设在地面（如公路、铁路、沟渠等），有的在地下（如隧道、地铁、管道等），有的在空中（如输电线、索道、输送管道等）。线路工程在勘测设计、施工建设、竣工各阶段及其运营过程中所进行的测量工作称为线路工程测量。

11.1.1 线路工程测量的任务和内容

线路工程测量的主要任务，一是为工程项目的方案选择、立项决策、设计等提供地形图、断面图及其相关数据资料；二是按设计要求提供点、线、面指导施工、进行施工测量以及编制竣工图的竣工测量，例如线路中线的标定、桥梁基础定位、地下建筑贯通测量等；三是为保证施工质量、安全以及运营过程中的管理，需对工程项目或构筑物进行施工监测和变形测量。

线路工程测量的主要内容包括中线测量（包括曲线测设），带状地形图测绘，纵、横断面测量，土石方工程测量计算和施工测量。除管道不设曲线外，各种线路工程测量的程序和方法大致相同。由此可见，线路工程测量包括以下工作。

（1）收集项目区域各种比例尺地形图、平面图和断面图、沿线水文与地质以及控制点等数据。

（2）根据工程要求，利用已有地形图，结合现场实际勘察，在地形图上规划或确定线路走向、进行方案比较、编制项目可行性论证书和设计方案拟订。

（3）根据设计方案在实地标定线路的基本走向，并沿基本走向进行平面与高程控制测量。必要时，根据工程建设需要，测绘比例尺合适的带状地形图或平面图，典型结构物（如特大桥梁、服务设施等）等的局部大比例尺地形或平面图，为初步设计提供数据。

（4）根据批准的方案进行实地定线，进行中线测量、纵横断面测量，绘制纵横断面图，为施工图设计提供数据。

（5）根据施工详图及设计要求进行施工测量和施工监测，指导现场施工；竣工后进行竣工测量，编制竣工图。

(6) 根据建设项目的营运安全需要，对特殊工程进行变形观测。

本章将介绍线路定测中的中线测量、纵横断面测量及线路工程施工测量的基本内容。

11.1.2 线路工程测量的特点和基本程序

根据线路工程的作业内容，线路工程测量具有全局性、阶段性和渐近性的特点。全局性是指测量工作贯穿于线路工程建设的全过程。如公路工程在项目立项、决策、勘测设计、施工、竣工图编制、营运监测等阶段都需进行必要的测量工作。阶段性体现了测量技术的自我特点，在不同的实施阶段，所进行的测量工作内容与要求也不同，并要反复进行，而且各阶段之间测量工作不连续。渐近性说明了线路工程测量在项目建设的全过程中，历经由粗到细、由高到低的过程。线路工程项目高标准、高质量、低投资、高效益目标的实现，必须是严肃、认真、全面的勘察，科学、合理、经济、完美的设计，精心、高质的施工等的有机结合。因此测量工作必须遵循"由高级到低级"的原则，既按渐进的规律，也必须顾及到典型结构物对测量的特殊要求。

线路工程的勘测设计一般采用初步和施工图两阶段设计。对任务紧迫、方案明确、技术要求低的线路，也可采用一阶段设计。为初步设计提供图件和数据所进行的测量工作称为初测，为施工图设计提供图件和数据所进行的测量工作称为定测。

初测是根据初步提出的各个线路方案，对地形、地质及水文等进行较为详细的勘察与测量，为线路的初步设计（方案比较、项目可行性论证、立项决策等）提供必要的地形数据。初测的外业工作主要是对所选定的线路进行控制测量和测绘线路大比例尺带状地形图。对于某些线路工程也可采用一阶段直接现场定线，测定各中桩的位置。

定测是把初步设计的线路位置在实地定线，同时结合现场的实际情况调整线路的位置，并为施工图设计收集数据。定测工作包括中线测量和纵横断面测量等。

综合上述，线路工程测量的基本程序见表 11-1，在《线路勘测设计》课程中会详细介绍。

表 11-1 线路工程测量程序

阶 段	规划设计阶段	勘测设计阶段		施工阶段	竣工阶段及其他
		初 测	定 测		
工作内容	收集资料 图上选线 实地勘察 方案比较与论证	平面控制测量 高程控制测量 地形测量 特殊用途地形测量	实地定线 中线测量 曲线测设 纵、横断面测量 纵、横断面图绘制	恢复定线 线路边线放样 施工放样 施工监测 验收测量	竣工测量 竣工图编制 工程营运状况监测 安全性评价

11.2 线路中线测量

线路的平面线型是由直线和曲线组成的。将直线和曲线的中心线（中线）标定在实地上,并测出其里程,所进行的测量工作称为线路中线测量。其主要内容有交点(JD)与转点(ZD)测设、距离和转角测量、曲线测设、中桩设置等,如图11.1所示。

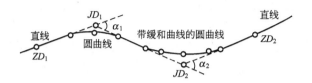

图 11.1　线路中线

11.2.1　交点的测设

线路中线两相邻直线段延长线的相交点称为线路的交点,用 JD 表示。交点与线路的起、终点确定了线路的位置和走向,为详细测设线路中线的控制点。在线路勘测中,要根据线路的等级、技术要求、水文地质条件以及实际地形与环境因素等确定交点,以选择经济、合理的线路平面布置方案。该项工作称为定线。

确定交点的情况有两种,一是通过图上选线后,量测出图上交点的坐标或相关数据,然后通过测量手段在实地标定;二是现场选线定位,属于线路勘测设计的内容。本节介绍将图上设计线路的交点测设到实地上的交会法、穿线交点法、拨角放线法、解析法。

1. 交会法

如图11.2所示,JD_8 已在地形图上选定,可先在图上量测出建筑物两角点和电线杆的距离 d_i,d_i 在现场依据相应的地物点,用距离交会法测设出 JD_8。

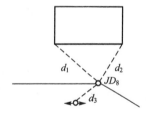

图 11.2　交会法测设交点

2. 穿线交点法

以带状地形图上附近的导线点为依据,按照地形图上设计的路线与导线点间的角度和距离关系,将线路直线段测设到地上,相邻两直线段延长线相交的点,即为交点。

如图11.3所示,设 P_i 为直线段上要测定的临时点,1、2、3、4 为附近的导线点。以导线边的垂线 l_i 与线段相交用支距法标定 P_i 称为放点。先在图上量测支距 l_i,而后在现场以相应的导线点为垂足,用经纬仪或方向架和卷尺,按支距法测设 P_i。

如图11.4所示,P_i 为图上用极坐标法定出的直线段上临时点。首先在图上用量角器或六分仪和比例尺分别量测出水平角 β_i 和支距 l_i。实地放点时,分别在导线点 i 设站,用经纬仪和钢尺按极坐标法定出各点的位置。

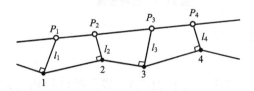

图 11.3　支距法放点

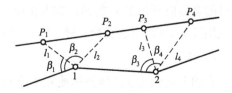

图 11.4　极坐标法放点

为了检查和比较，一条直线至少应放出3个以上的临时点，这些点应选在地势较高、通视良好、离导线点较近、便于测设的地方。

理论上讲，上述各线段上所放临时点应在同一直线上，由于图解数据和测设误差的影响，实际所放各点并不会在一条直线上，如图11.5所示。这时可根据现场实际，采用目估法或经纬仪视准法穿线，经过比较与选择，使定出的直线为尽可能多地穿过或靠近临时点的直线AB。最后在A、B或AB方向线打下两个以上的转点桩(ZD)，确定直线后取消临时桩点。这一工作称为穿线。

如图11.6所示，当相邻两直线AB和CD测设于实地后，即可延长直线交会定交点，称为交点。将经纬仪安置在ZD_2，后视ZD_1点，倒镜后沿视线方向在交点JD概略位置前后各打下一个木桩(俗称骑马桩)，采用盘左盘右分中法，定出a、b两点；将仪器移至ZD_3，后视ZD_4，同法定出c、d两点。沿a、b和c、d挂上细线，在两线交点处打下木桩，并钉上小钉，即为交点JD。

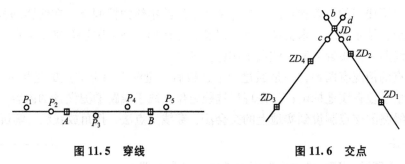

图11.5 穿线　　　　　图11.6 交点

3. 拨角放线法

根据在图上量测的交点和导线点坐标，反算出相邻交点间的距离D_{ij}和中线方位角α_{ij}，计算出JD的转角α_z或α_y。而后在实地将经纬仪安置于中线起点或已确定的交点上，现场直接拨转角α_z或α_y，测定交点间的距离D_{ij}，定出交点的位置。如图11.7所示，N_i为导线点，在N_1安置经纬仪，拨角β_1，量距离D_1，定出交点JD_1。在JD_1安置经纬仪，拨角β_2，量距离D_2，定出JD_2。同法定出其他交点。

该方法实际上是极坐标法延伸测设交点，施测简便、工效高，适用于测量控制点较少的线路。缺点是放线误差容易累积，因此一般连续放出若干个点后应与导线点连测，求出方位角闭合差，方位角闭合差应不超过$\pm 30''\sqrt{n}$，长度相对闭合差应不超过1/2000。亦可在导线点用图11.4的方法直接放样JD，可减少误差累积。

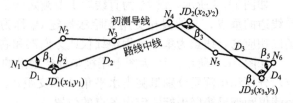

图11.7 拨角放线

4. 解析法

在图上量测出JD的坐标或在数字地形图上定线，由于JD和导线点的坐标均已知，可反算出导线点与线路交点的距离与方向，然后在实地把它们标定出来。亦可用全站仪直接采取坐标法放样交点，可大大提高放线效率。

11.2.2 转点的测设

相邻两交点互不通视或直线较长，为便于量距、测角及定线，需在相邻交点的连线或延长线上设置若干点，这种点称为转点，用 ZD 表示。如果两交点间能通视，可直接采用 7.2 节方法用内外分点法加密转点。

1. 在两交点间设转点

如图 11.8 所示，JD_5、JD_6 不通视，ZD' 为初定转点。为检查 ZD' 是否在两交点的连线上，将经纬仪安置于 ZD'，用正倒镜分中法延长直线 JD_5、ZD' 至 JD_6'。设 JD_6' 至 JD_6 的偏距为 f，若 JD_6 允许移位，则以 JD_6' 代替 JD_6。否则，用视距法测定距离 a、b，则 ZD' 应横向移动的距离 e 按下式计算

$$e = \frac{a}{a+b} f \quad (11-1)$$

将 ZD' 横移 e 值至 ZD，再把经纬仪安置在 ZD，按上述方法进行检验施测，直到符合要求为止。

2. 在两点交点延长线上设转点

如图 11.9 所示，JD_8、JD_9 不通视，ZD' 为延长线上的初定转点。将经纬仪安置于 ZD'，照准 JD_8，用正倒镜分中法定出 JD_9'。设 JD_9' 至 JD_9 的偏距为 f，若 JD_9 可以变动，则以 JD_9' 替换 JD_9。否则，用视距法测定距离 a、b，则 ZD' 应横向移动的距离 e 按下式计算。

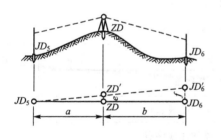

图 11.8　在两交点间设转点

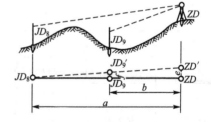

图 11.9　在延长线上设转点

$$e = \frac{a}{a-b} f \quad (11-2)$$

将 ZD' 横移 e 值至 ZD，再将仪器置于 ZD，按上述方法检验施测，直至符合要求为止。

11.2.3 线路转角的测定

线路从一个方向转向另一个方向时，其间的偏转角称为转角（或偏角），用 α 表示。通

常是用 DJ_6 型经纬仪观测线路前进方向的右角 β 一个测回，较差满足规范规定后，再根据 β 算出 α。如图 11.10 所示，当 $\beta<180°$ 时，线路右转，其转角为右转角，用 α_y 表示；当 $\beta>180°$ 时，线路左转，其转角为左转角，用 α_z 表示。转角按下式计算。

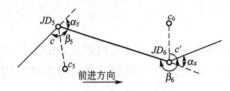

图 11.10 线路转角与分角线

$$\left.\begin{array}{l}\alpha_y=180°-\beta\\ \alpha_z=\beta-180°\end{array}\right\} \quad (11-3)$$

由于曲线中点 QZ 的测设需要，在测定右角 β 后，不变动水平度盘位置，测定 β 的分角线方向。如图 11.10 所示，设观测时后视水平度盘读数为 a，前视水平度盘数为 b，分角线方向的读数为 c，则

$$c=\frac{a+b}{2} \quad (11-4)$$

然后在分角线方向上定出 C 点并钉桩标定。若线路左转，分角线应水平度盘设置读数为 c 后，倒镜在线路左侧视线方向上标定 C，以便后序工作测设曲线中点。

11.2.4 中桩设置

线路交点、转点测定之后，便确定了线路的方向与位置。而后沿线路中线以一定距离在地面上设置一些桩来标定中心线位置和里程，称为线路中线桩，简称中桩。中桩分为控制桩、整桩和加桩，中桩是线路纵横断面测量和施工测量的依据。

控制桩是线路的骨干点，它包括线路的起点、终点、转点、曲线主点和桥梁与隧道的端点等，目前采用的控制桩符号为汉语拼音标识，见表 11-2。

表 11-2 线路标志点名称

标志名称	简称	缩写	标志名称	简称	缩写
交点		JD	公切点		GQ
转点		ZD	第一缓和曲线起点		ZH
圆曲线起点	直圆点	ZY	第一缓和曲线终点		HY
圆曲线中点	曲中点	QZ	第二缓和曲线起点		YH
圆曲线终点	圆直点	YZ	第二缓和曲线终点		HZ

整桩是由线路的起点开始，间隔规定的桩距 l_0 设置的中桩，l_0 对于直线段一般为 20m、25m 或 50m，曲线上根据曲线半径 R 选择，一般为 5m、10m、20m。百米桩、千米桩均为整桩。

加桩分为地形加桩、地物加桩、曲线加桩及关系加桩。地形加桩是在沿中线方向地形坡度变化点、地质不良段的起讫点等处设置的中桩。地物加桩是在中线上人工构筑物处（如桥梁、涵洞等），以及与其他线路（如管道、铁路、地下电缆和管线、输电线路等）的交叉处设置的中桩。曲线加桩是指除曲线主点(见11.3节)以外设置的中桩。关系加桩是指表示 JD、ZD 和中桩位置的指示桩。

中桩应编号(称为桩号)后桩钉,其编号为该桩至线路起点的里程,所以又称里程桩。桩号的书写方式是"千米数+不足千米的米数",其前冠以 K(表示竣工后的连续里程)以及控制桩的点名缩写,线路起点桩号为 $K0+000$。如图11.11所示,$K3+135.12$ 表示该桩距线路起点 3135.12m,涵 $K4+752.8$ 表示该涵洞中心距起点 4752.8m。

中桩的设置是在线路中线标定的基础上进行的,由线路起点开始,用经纬仪定线,距离测量可使用测距仪、全站仪或钢尺,低等级线路亦可用皮尺,边丈量直线边长边设置。钉桩时,对于控制桩均打下边长为 6cm 的方桩,桩顶距地面约 2cm,顶面钉一小钉表示点位,并在方桩一侧约 20cm 处用写明桩名和桩号的板桩(2.5cm×6cm)设置指示桩。其他中桩一律用板桩钉在点位上,高出地面约 15cm,露出桩号,桩号字面朝向线路起点。

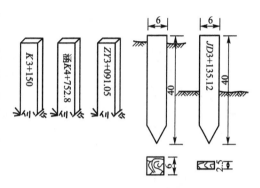

图 11.11 中桩及其桩号

《公路勘测设计规范》(JTG C—10—2007)规定,线路中线敷设设置测站时,应对所使用的测站元素进行检查,当转移测站后,后一站测设前应对前一测站所敷设的 1~2 个中桩进行检查。其中桩平面位置精度应符合表11-3的规定。

表 11-3 中桩平面位置精度

公路等级	中桩位置中误差(cm)		桩位检测之差(cm)	
	平原、微丘	重丘、山岭	平原、微丘	重丘、山岭
高速公路、一、二级公路	≤±5	≤±10	≤±10	≤±20
三级及以下公路	≤±10	≤±15	≤±20	≤±30

11.3 线路的曲线及其测设

线路从一个方向转向另一个方向时,相邻直线的交点处必须设置曲线。根据线路技术等级要求和转角 α 的大小,设置的曲线形式也不相同。最常用的平面曲线为单一半径的圆曲线(又称为单曲线),同一段曲线具有两个及其以上半径的同向曲线称为复曲线。车辆从直线段驶入曲线段后,会突然产生离心力,影响行车的舒适和安全。为了使离心力渐变而符合车辆的行驶轨迹,在直线与圆曲线间或两圆曲线间设置一段曲率半径渐变的曲线,这种曲线称为缓和曲线。缓和曲线可采用螺旋线(回旋曲线)、三次抛物线、双纽线等空间曲线来设置。在山区公路中,由于转角 α 大,为便于线路展线还须设置回头曲线。本节着重讨论圆曲线、复曲线和缓和曲线的测设方法。

11.3.1 圆曲线及其测设

圆曲线的测设分为主点测设和详细测设。标定曲线起点(ZY)、曲线中点(QZ)、曲线终点(YZ)称为圆曲线的主点测设;在主点间按一定桩距施测加桩称为圆曲线的详细测设。

1. 圆曲线的主点测设

1) 圆曲线主点元素的计算

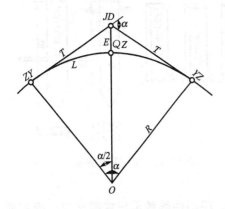

图 11.12 圆曲线主点元素

如图 11.12 所示,设线路交点的转角为 α,选线时确定的圆曲线半径为 R,则圆曲线主点元素可按下式计算。

切线长　　　$T = R \tan \dfrac{\alpha}{2}$　　　　(11-5)

曲线长　　　$L = R \dfrac{\pi}{180°} \alpha$　　　　(11-6)

外矢距　　　$E = R \left(\sec \dfrac{\alpha}{2} - 1 \right)$　　　(11-7)

切曲差　　　$D = 2T - L$　　　　(11-8)

式中:T、E 用于主点测设,T、L、D 用于里程计算。

2) 主点桩号的计算

线路中线不经过交点,所以曲线上各桩的里程应沿曲线长度进行推算,主点里程计算如下。

ZY 里程 = JD 里程 − T

YZ 里程 = ZY 里程 + L

QZ 里程 = YZ 里程 − L/2 = ZY 里程 + L/2

JD 里程 = QZ 里程 + D/2(检核)

但必须指出,上式仅为单个曲线主点里程的计算。由于交点桩里程在线路中线测量时已由测定的 JD 间距离推定,所以从第二条曲线开始,其主点桩号计算应考虑前面曲线的切曲差 D,否则会导致线路断链。

【例 11.1】　某线路 JD_3 的里程桩号为 K3+528.75,转角 α_y 为 40°24′,半径 R 为 200m,计算的主点元素为:T=73.59m,L=141.02m,E=13.11m,D=6.16m,主点里程计算如下。

```
        JD      K3+528.75
    —)  T           73.59
        ZY      K3+455.16
    +)  L          141.02
        YZ      K3+596.18
    —)  L/2       141.02/2
```

```
QZ        K3+525.67
+)D/2           3.08/2
JD        K3+528.75        （计算无误）
```

3）主点测设

将经纬仪安置在 JD 上，照准后方向的 ZD 或 JD 点，自 JD 沿视线方向量取切线长 T，桩钉曲线起点 ZY；再照准前方向的 ZD 或 JD 点，又沿视线方向量取切线长 T，桩钉曲线终点 YZ；然后沿分角线方向量取外矢距 E，桩钉曲线中点 QZ。

2. 圆曲线的详细测设

圆曲线主点测设完成后，曲线在地面上的位置就确定了。当地形变化较大、曲线较长(>40m)时，仅 3 个主点不能将圆曲线的线形准确地反映出来，也不能满足设计和施工的需要。因此必须在主点测设的基础上，按一定桩距 l_0 沿曲线设置里程桩和加桩。圆曲线上里程桩和加桩可按整桩号法(桩号为 l_0 的整倍数)或整桩距法(相邻桩间的弧长为 l_0)设置。曲线详细测设方法有多种，这里仅介绍常用的偏角法、切线支距法和极坐标法。

1）偏角法

为类似极坐标放样的方法，如图 11.13 所示，它是以曲线的 ZY(或 YZ)至曲线上任一待定点 P_i 的弦线与切线间的弦切角 Δ_i（称为偏角）和相邻桩间的弦长 C_i 用边角交会的方式测设 P_i，根据几何学原理，偏角 Δ_i 等于相应弧(弦)所对圆心角 φ_i 的一半，即

$$\Delta_i = \frac{\varphi_i}{2} = \frac{l_i}{2R}\rho \quad (11-9)$$

弦长

$$C_i = 2R\sin\frac{\varphi_i}{2} = 2R\sin\Delta_i \quad (11-10)$$

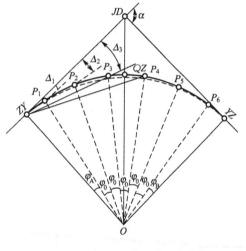

图 11.13 偏角法详细测设圆曲线

弦弧差

$$\delta_i = l_i - C_i = \frac{l_i^3}{24R^2} \quad (11-11)$$

曲线详细测设时，可由 ZY 点测设至 YZ 点。为避免过长的距离测设，通常采用对称式，分别以 ZY 点和 YZ 点为起点向 QZ 点进行。所以在测设数据计算和测设过程中，其 Δ_i 分为正拨与反拨。当曲线在切线的右侧时，Δ_i 应顺时针方向拨角，称为正拨；在左侧时，Δ_i 应逆时针方向拨角，称为反拨。

【例 11.2】 按例 11.1 的曲线元素及主点桩号，桩距 $l_0=20$m，该曲线的偏角法测设数据见表 11-4(整桩号法)。

本例测设步骤如下。

(1) 在 ZY 点安置经纬仪，瞄准 JD 点，并使水平度盘读数为 $0°00'00''$，拨角(正拨)

Δ_1,使度盘读数为 $0°41'36''$。从 ZY 点沿视线方向测设距离(弦长)4.84m,定出 K36+460 桩。

(2) 转动照准部,使水平度盘读数为 $3°33'29''$,由 K3+460 点测设距离(弦长)19.99m 使与视线方向相交,定出 K36+480 桩。同法拨角、测设距离,定出其他各点直至 QZ 点,并与 QZ 点校核其位置。

(3) 将经纬仪安置在 YZ 点,瞄准 JD 点,使水平度盘读数为 $0°00'00''$,拨角(反拨) Δ_i,使水平度盘读数为 $360°-\Delta_{580}$($357°40'57''$)。从 YZ 点沿视线方向测设距离(弦长)16.18m,定出 K3+580 桩。

(4) 转动照准部拨角,使水平度盘数为 $360°-\Delta_{560}$($354°49'04''$),由 K3+580 点测设距离(弦长)19.99m 使与视线方向相交,定出 K3+560 桩。同法定出其他各点直至 QZ,并与 QZ 点校核其位置。

表 11-4 偏角法圆曲线测设数据计算表

仪器型号:<u>TDJ2</u>　　观测日期:<u>2007.04.06</u>　　观测:<u>严 瑾</u>　　计算:<u>秦正凯</u>
仪器编号:<u>NO.06088</u>　　天　　气:<u>晴</u>　　　　　记录:<u>金 习</u>　　复核:<u>任 珍</u>

桩号	曲线长(m)	偏角值(° ′ ″)	拨角读数(° ′ ″)	相邻点间弧长(m)	相邻点间弦长(m)
ZY K3+455.16	0.00	0 00 00	0 00 00		
				4.84	4.84
+460	4.84	0 41 36	0 41 36		
				20.00	19.99
+480	24.84	3 33 29	3 33 29		
				20.00	19.99
+500	44.84	6 25 22	6 25 22		
				20.00	19.99
+520	64.84	9 17 16	9 17 16		
				5.67	5.67
QZ K3+525.67	70.51	10 06 00	10 06 00 349 54 00		
				14.33	14.33
+540	56.18	8 02 49	351 57 11		
				20.00	19.99
+560	36.18	5 10 56	354 49 04		
				20.00	19.99
+580	16.18	2 19 03	357 40 57		
				16.18	16.18
YZ K3+596.18	0.00	0 00 00	0 00 00		

若测设点与 QZ 点不重合,其闭合差不得超过如下规定,否则返工重测。
横向闭合差(半径方向)　　　　　±0.1m
纵向闭合差(切线方向)　　　　　$L/2000$(平地)(L 为曲线长)　　　$L/1000$(山地)

由表 11-3 知,当曲线半径较大时,相邻桩间的弦弧差 δ_i 相差很小,实际测设中可直接用弧长代替弦长。

在测设中,当视线遇障碍受阻时,可迁站到能与待定点相通视的已定桩上,根据同一圆弧段两端的弦切角相等的原理,找出新测站的切线方向,就可以继续测设。如图 11.14 所示,仪器在 ZY 点与 P_4 点不通视,将仪器迁至已测定的 P_3 点,瞄准 ZY 点并将水平度盘配置为 ZY 点的切线偏角读数 $0°00'00''$,然后倒镜正拨 P_4 点的偏角 Δ_4,则视线方向便是 $P_3 - P_4$ 方向。从 P_3 点起沿视线方向测设相应的弦长即可定出 P_4 点。以后仍按测站在 ZY 点时计算的偏角值测设其余各点。当 P_3 不宜设站时,可在 QZ 点设站照准 ZY 点,水平度盘置零,反拨 Δ_4,制动仪器,P_4 即在视线方向上。

2) 切线支距法

亦称为直角坐标法,是以 ZY 或 YZ 为坐标原点,以切线方向为 x 轴,以过原点半径方向为 y 轴,建立直角坐标系,用曲线上任意一点 P_i 的坐标 x_i、y_i 来标定 P_i。采用对称法测设。

如图 11.15 所示,设 l_i 为待定点 P_i 至原点间的弧长,φ_i 为 l_i 所对的圆心角,R 为曲线半径,则 P_i 的坐标为

$$\left. \begin{array}{l} x_i = R\sin\varphi_i \\ y_i = R(1-\cos\varphi_i) \\ \varphi_i = \dfrac{l_i}{R} \cdot \dfrac{180°}{\pi} \end{array} \right\} \quad (11-12)$$

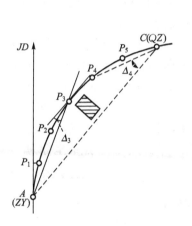

图 11.14 偏角法视线受阻

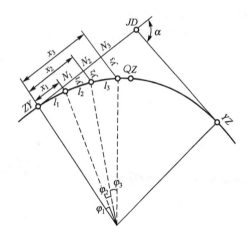

图 11.15 切线支距法详细测设圆曲线

【例 11.3】 按例 11.1 的曲线元素及主点桩号,桩距 $l_0 = 20\text{m}$,计算的曲线测设数据见表 11-5(整桩距法)。

具体施测步骤如下。

(1) 从 $ZY(YZ)$ 点开始,用钢尺沿切线方向量取 x_i 定出垂足点 N_i。

(2) 在 N_i 点用经纬仪或方向架定出垂线方向,沿垂线方向量取 y_i,即可定出曲线点 p_i。

(3) 曲线细部点测设完毕后,要量取相邻各桩点间的距离,以资检核。

表 11-5　切线支距法圆曲线测设数据计算表

仪器型号：TDJ2	观测日期：2007.04.06	观测：严瑾	计算：秦正凯
仪器编号：NO.06088	天　气：晴	记录：金习	复核：任珍

桩号	曲线长(m)	纵距 x_i (m)	横距 y_i (m)	圆心角 (° ′ ″)	相邻点间弦长(m)
ZY K46+455.16	0.00	0.00	0.00	5　43　46	19.99
+475.16	20.00	19.97	1.00		19.99
				11　27　33	
+495.16	40.00	39.73	3.99		19.99
				17　11　19	
+515.16	60.00	59.10	8.93		19.99
				20　11　59	10.50
QZ K3+525.67	70.51	69.06	12.03		
				20　11　59	10.50
+536.18	60.00	59.10	8.93		19.99
				17　11　19	
+556.18	40.00	39.73	3.99		19.99
				11　27　33	
+576.18	20.00	19.97	1.00		19.99
YZ K3+596.18	0.00	0.00	0.00	5　43　46	19.99

用整桩距法进行曲线详细测设时，如遇到整百米时，还须加设百米桩。

3）极坐标法

用测距仪或全站仪测设圆曲线时，仪器可安置在任何已知坐标点或未知坐标的点上，操作极为简便。具有测设速度快、精度高、使用方便灵活的优点。

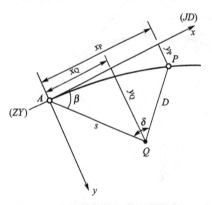

图 11.16　极坐标法详细测设圆曲线

极坐标法采用的直角坐标系与切线支距法相同，曲线上各点的坐标 x_i、y_i 按式(11-12)计算（曲线位于切线左侧时，y_i 为负值）。如图 11.16 所示，在曲线附近选择与曲线点通视良好、便于安置仪器的极点 Q。将仪器安置于 ZY（或 YZ）点，测定 β 角和距离 s，然后按下式计算 Q 点和 P_i 点极坐标为

$$x_Q = s \cdot \cos\beta \qquad y_Q = s \cdot \sin\beta \qquad (11-13)$$

极角、极径为

$$\delta_i = \alpha_{QP_i} - \alpha_{QA} \qquad D_i = \sqrt{(x_i - x_Q)^2 + (y_i - y_Q)^2}$$

式中：$\alpha_{QA} = \beta \pm 180°$；$\alpha_{QP_i}$ 由 $R_{QP_i} = \arctan\left|\dfrac{y_i - y_Q}{x_i - x_Q}\right|$ 按所在象限换算获得。上述计算可预先编程，在现场用便携机或掌上电脑计算放样数据。测设时，在 Q 点安置测距经纬仪，后视 ZY（或 YZ）并将水平度盘配置于 $0°00'00''$，依次转动照准部拨极角 δ_i，沿视线方向测设极径 D_i，定出曲线点 P_i，最后在曲线主点 YZ(ZY)点进行检核。

若使用全站仪内置的自由设站程序和坐标放样程序，就能迅速测定测站点的坐标，可进行包括曲线主点在内的曲线测设。如果自由设站在曲线主点，测设曲线就更方便。

11.3.2 复曲线及其测设

两圆曲线之间可以用缓和曲线连接，也可以直接连接。当单曲线无法满足技术等级或线路平面线形要求时，需用两个或两个以上不同半径的同向曲线直接连接进行平面线型设计，即采用复曲线过渡到另一直线段。

如图 11.17 所示，半径为 R_1、R_2 的复曲线的交点为 JD、起点为 ZY、终点为 YZ 及公共切点为 YY（或 GQ）。在设计确定 R_1、R_2 及 α_1、α_2 后，可计算得曲线主点元素 T_1、L_1、E_1 及 T_2、L_2、E_2。此时，$AB=T_1+T_2$。在 $\triangle ABC$ 中可求得 A、B 到 JD 的距离 AC 与 BC。

在外业实施测设时，按圆曲线的测设方法，沿切线方向自 JD 起量取 CA、CB 得到交点 A、B。在 AB 上量取 T_1 及 T_2 得公共切点 YY。

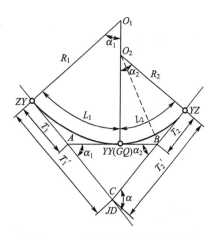

图 11.17 复曲线及其主点元素

在实地线路测设时，由于地形、地物障碍，会遇到 JD 点虚交（JD、曲线主点处无法安置仪器及视线受阻），复曲线的 α_1、α_2 在实地测定。先按技术要求、地形、地质等条件设定一个主曲率半径 R_1，这个预先设计半径的圆曲线称为主曲线。另一待定曲率半径 R_2 通过解算求得，这个曲线称为副曲线。

实地测设时，关键是按地形条件和技术要求在现场选定交点 A、B 的位置，并测定偏角 α_1、α_2 及距离 AB。依据观测数据和设计半径 R_1 算得 T_1、L_1、E_1，并按下式反算 T_2、R_2

$$T_2 = AB - T_1 \tag{11-14}$$

$$R_2 = \frac{T_2}{\tan\frac{\alpha_2}{2}} \tag{11-15}$$

再按 α_2、R_2 可求得副曲线要素 T_2、L_2、E_2。若使 $R_1=R_2$ 即成为单曲线，测设时可使 $T_1=T_2$。复曲线的测设方法与圆曲线相同。

11.3.3 缓和曲线及其测设

1. 基本公式

在直线与圆曲线间插入一段缓和曲线，该缓和曲线起点处的半径 $R_0=\infty$，终点处 $R_0=R$，其特性是曲线上任一点的半径与该点至起点的曲线长 l 成反比，即

$$c = R_0 l = R l_0 \tag{11-16}$$

式中：c 为常数，称为曲线半径变化率；l_0 为缓和曲线全长，均与车速有关，我国公路工程采用 $c=0.035V^3$，铁路采用 $c=0.098V^3$，V 为车辆平均车速，以 km/h 计。相应的缓和

曲线长度为

$$l_0 \geqslant 0.035V^3/R(公路) \quad 或 \quad l_0 \geqslant 0.098V^3/R(铁路)$$

《公路工程技术》(JTG B01—2003)规定，当公路平曲线半径小于表 11-6 所列不设超高的最小半径时，应设长度为 l_0 的缓和曲线。l_0 应根据线形设计以及安全、视觉景观等要求，选用较大值。四级公路的直线与小于不设超高的圆曲线相衔接处，用超高、加宽缓和段连接。

表 11-6　不设超高的圆曲线最小半径　　　　　　　　　　　　　　　　　　单位：m

设计车速(km/h)	120	100	80	60	40
$i_{路拱}\leqslant 2\%$	5500	4000	2500	1500	600
$i_{路拱}>2\%$	7500	5250	3350	1900	850

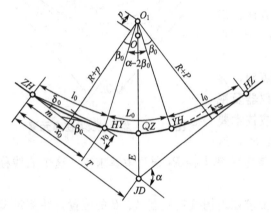

图 11.18　缓和曲线与主点要素

当圆曲线两端加入缓和曲线后，圆曲线应内移一段距离，才能使缓和曲线与直线衔接。内移圆曲线可采用移动圆心或缩短半径的方法实现。我国在曲线设计中，一般采用内移圆心的方法。如图 11.18 所示，在圆曲线的两端插入缓和曲线，把圆曲线和直线平顺地连接起来。

具有缓和曲线的圆曲线，其主点如下。

直缓点 ZH：直线与缓和曲线的连接点。

缓圆点 HY：缓和曲线和圆曲线的连接点。

曲中点 QZ：曲线的中点。

圆缓点 YH：圆曲线和缓和曲线的连接点。

缓直点 HZ：缓和曲线与直线的连接点。

2. 切线角公式

缓和曲线上任一点 P 处的切线与过起点切线的交角 β 称为切线角。如图 11.19 所示，切线角与缓和曲线上任一点 P 处弧长所对的中心角相等，在 P 处取一微分段 dl，所对应的中心角为 $d\beta$，则

$$d\beta = \frac{dl}{R_0} = \frac{l}{c}dl$$

上式积分得

$$\beta = \frac{l^2}{2c} = \frac{l^2}{2Rl_0} \tag{11-17}$$

或

$$\beta = \frac{l^2}{2Rl_0}\rho \tag{11-18}$$

当 $l=l_0$ 时，$\beta=\beta_0$，即

$$\beta_0 = \frac{l_0}{2R}\rho \tag{11-19}$$

3. 参数方程

如图 11.20 所示，设以 ZH 为坐标原点，过 ZH 点的切线为 x 轴，半径方向为 y 轴，任一点 P 的坐标为 $(x、y)$，则微分弧段 $\mathrm{d}l$ 在坐标轴上的投影为

$$\mathrm{d}x = \mathrm{d}l\cos\beta \qquad \mathrm{d}y = \mathrm{d}l\sin\beta$$

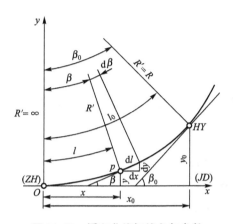

图 11.19　缓和曲线切线角与参数

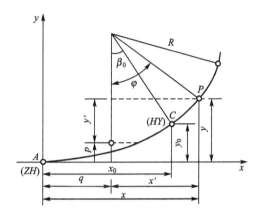

图 11.20　切线支距法测设缓和曲线

将式中 $\cos\beta$、$\sin\beta$ 按幂级数展开，顾及式(11-17)，积分后略去高次项得

$$x = l - \frac{l^5}{40R^2 l_0} \qquad y = \frac{l^3}{6R^2 l_0} \tag{11-20}$$

如图 11.20，当 $l = l_0$ 时，HY 点的直角坐标为

$$x_0 = l_0 - \frac{l_0^3}{40R^2} \qquad y_0 = \frac{l_0^2}{6R} \tag{11-21}$$

4. p、q 值的计算

如图 11.18 所示，缓和曲线是在不改变直线段方向和保持圆曲线半径不变的条件下，插入到直线段和圆曲线之间的，因此原来的圆曲线需要在垂直于其切线的方向上内移一段距离 p，称为内移值。由图 11.18 可知

$$p + R = y_0 + R\cos\beta_0$$

即

$$p = y_0 - R(1 - \cos\beta_0)$$

将 $\cos\beta_0$ 按幂级数展开，并将 β_0、y_0 值代入得

$$p = \frac{l_0^2}{6R} - \frac{l_0^2}{8R} = \frac{l_0^2}{24R} = \frac{1}{4}y_0 \tag{11-22}$$

加设缓和曲线后切线增长距离 q，称为切垂距，其关系式为

$$q = x_0 - R\sin\beta_0$$

将 x_0、β_0 式代入上式，并将 $\sin\beta_0$ 按幂级数展开，取至 l_0 三次方有

$$q = \frac{l_0}{2} - \frac{l_0^3}{240R^2} \tag{11-23}$$

以上 β_0、p、q、x_0、y_0 统称为缓和曲线常数。

5. 具有缓和曲线的曲线主点要素计算及主点测设

1) 主点要素计算

根据图 11.18，带有缓和曲线的主点要素，按下列公式计算：

$$\left.\begin{aligned}
\text{切线长} \quad & T = q + (R+p)\tan\frac{\alpha}{2} \\
\text{曲线长} \quad & L = R(\alpha - 2\beta_0)\frac{\pi}{180°} + 2l_0 \\
\text{外矢距} \quad & E = (R+p)\sec\frac{\alpha}{2} - R \\
\text{切曲差} \quad & D = 2T - L
\end{aligned}\right\} \quad (11-24)$$

当 R、l_0、α 选定后，即可根据以上公式计算曲线要素。其中 $L = L_y + 2l_0$，L_y 为插入缓和曲线后的圆曲线长度。

2) 主点里程计算

根据交点里程和曲线要素，即可按下式计算主点里程。

直缓点　　　　　　ZH 里程 = JD 里程 − T
缓圆点　　　　　　HY 里程 = ZH 里程 + l_0
曲中点　　　　　　QZ 里程 = HY 里程 + $\left(\dfrac{L}{2} - l_0\right)$
圆缓点　　　　　　YH 里程 = QZ 里程 + $\left(\dfrac{L}{2} - l_0\right)$
缓直点　　　　　　HZ 里程 = YH 里程 + l_0
计算检核　　　　　HZ 里程 = JD 里程 + T − D

3) 主点测设

ZH、HZ、QZ 三点的测设方法与圆曲线主点测设相同。HY 点和 YH 点是根据缓和曲线终点坐标 (x_0, y_0) 用切线支距法或极坐标法测设的。

6. 具有缓和曲线的曲线详细测设

1) 切线支距法

切线支距法是以 ZH 点或 HZ 点为坐标原点，以切线为 x 轴，过原点的半径为 y 轴，如图 11.19 所示，缓和曲线段上各点坐标可按式 (11-20) 计算，即

$$x = l - \frac{l^5}{40R^2 l_0^2} \qquad y = \frac{l^3}{6Rl_0}$$

圆曲线上各点坐标，因坐标原点是缓和曲线起点，故先求出以圆曲线起点为原点的坐标 x'、y'（图 11.20），再分别加上 p、q 值，即可得到以 ZH 点为原点的圆曲线点的坐标，即

$$\left.\begin{aligned}
x &= x' + q = R\sin\varphi + q \\
y &= y' + p = R(1 - \cos\varphi) + p
\end{aligned}\right\} \quad (11-25)$$

式中：$\varphi = \dfrac{l_i - l_0}{R}\dfrac{180°}{\pi} + \beta_0$，$l_i$ 为曲线点 P_i 的曲线长。曲线上各点的测设方法与圆曲线切线支距法相同。

2) 偏角法

(1) 测设缓和曲线部分：如图 11.21 所示，设缓和曲线上任一点 P 至 ZH 的弧长为 l_i，偏角为 δ_i，因 δ_i 较小，则

$$\delta_i = \tan\delta_i = \frac{y_i}{x_i}$$

将曲线参数方程式(11-20) x、y 代入上式，取第一项得

$$\delta_i = \frac{l_i^2}{6Rl_0} \tag{11-26}$$

过 HY 点或 YH 点的偏角 δ_0 为缓和曲线段的总偏角。以 l_0 代入式(11-26)，有

$$\delta_0 = \frac{l_0}{6R} \tag{11-27}$$

因

$$\beta_0 = \frac{l_0}{2R}$$

所以

$$\delta_0 = \frac{\beta_0}{3} \tag{11-28}$$

将(11-27)式代入(11-26)式，则有

$$\delta_i = \left(\frac{l_i}{l_0}\right)^2 \delta_0 \tag{11-29}$$

当 R、l_0 确定之后，δ_0 为定值。由式(11-29)可知，缓和曲线上任意一点的偏角，与该点至 ZH 点或 HZ 点的曲线长的平方成正比。

测设时，将经纬仪安置于 ZH 点，后视交点 JD，以切线为零方向，首先拨出偏角 δ_1，以弧长 l_1 代弦长相交定出 1 点。再依次拨出偏角 δ_2、δ_3、…、δ_n，同时从已测定的点上量出弦长定出 2、3…，直至 HY 点，并检核合格为止。

(2) 测设圆曲线部分：如图 11.21 所示，将经纬仪置于 HY 点，先定出 HY 点的切线方向，即后视 ZH 点，并使水平度盘读数为 b_0（路线右转时，为 $360-b_0$）。

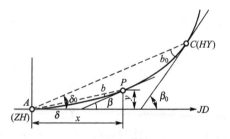

图 11.21　偏角法测设缓和曲线

$$b_0 = \beta_0 - \delta_0 = 2\delta_0 \tag{11-30}$$

然后转动仪器，使读数为 $0°00'00''$ 时，视线在 HY 点切线方向上，倒镜后，曲线各点的测设方法与前述的圆曲线偏角法相同。

11.4　线路中桩坐标计算

只要计算出线路各中桩(逐桩)的坐标，利用全站仪的坐标放样功能进行中线测量将十

分方便。如图 11.22 所示,交点 JD 的坐标 X_{JD}、Y_{JD} 已经测定(如采用纸上定线,可在地形图上量取),路线导线的坐标方位角 A 和边长 S 按坐标反算求得。在选定各圆曲线半径 R 和缓和曲线长度 l_0 后,根据各桩的里程桩号,按下述方法即可算出相应的中桩坐标值 X、Y。

1. HZ 点(含路线起点)至 ZH 点之间的中桩坐标计算

如图 11.22 所示,此段为直线,桩点的坐标按下式计算。

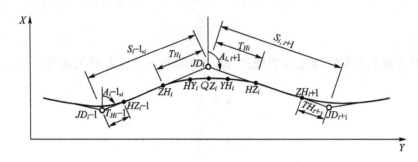

图 11.22 线路中桩坐标计算示意图

$$\left. \begin{array}{l} X_i = X_{HZ_{i-1}} + S_i \cos A_{i-1,i} \\ Y_i = Y_{HZ_{i-1}} + S_i \sin A_{i-1,i} \end{array} \right\} \quad (11-31)$$

式中:$A_{i-1,i}$ 为路线导线 JD_{i-1} 至 JD_i 的坐标方位角;S_i 为桩点至 HZ_{i-1} 点的距离,即里程桩号差;$X_{HZ_{i-1}}$、$Y_{HZ_{i-1}}$ 为 HZ_{i-1} 点的坐标,由下式计算。

$$\left. \begin{array}{l} X_{HZ_{i-1}} = X_{JD_{i-1}} + T_{H_{i-1}} \cos A_{i-1,i} \\ Y_{HZ_{i-1}} = Y_{JD_{i-1}} + T_{H_{i-1}} \sin A_{i-1,i} \end{array} \right\} \quad (11-32)$$

式中:$X_{JD_{i-1}}$、$Y_{JD_{i-1}}$ 为交点 JD_{i-1} 的坐标;$T_{H_{i-1}}$ 为 JD_{i-1} 所设置曲线(含缓和曲线)的切线长。

ZH 点为直线的终点,除上式外亦可按下式计算。

$$\left. \begin{array}{l} X_{ZH_i} = X_{JD_{i-1}} + (S_{i-1,i} - T_{H_i}) \cos A_{i-1,i} \\ Y_{ZH_i} = Y_{JD_{i-1}} + (S_{i-1,i} - T_{H_i}) \sin A_{i-1,i} \end{array} \right\} \quad (11-33)$$

式中:$S_{i-1,i}$ 为路线导线 JD_{i-1} 至 JD_i 的边长。

2. ZH 点至 YH 点之间的中桩坐标计算

该段含第一缓和曲线及圆曲线,可按式(11-20)和式(11-25)先算出切线支距坐标 x、y,然后通过坐标变换将其转换为测量坐标 X、Y。变换公式为

$$\begin{bmatrix} X_i \\ Y_i \end{bmatrix} = \begin{bmatrix} X_{ZH_i} \\ Y_{ZH_i} \end{bmatrix} + \begin{bmatrix} \cos A_{i-1,i} & -\sin A_{i-1,i} \\ \sin A_{i-1,i} & \cos A_{i-1,i} \end{bmatrix} \begin{bmatrix} x_i \\ y_i \end{bmatrix} \quad (11-34)$$

当曲线为左转角时,上式应以 $y_i = -y_i$ 代入计算。

3. YH 点至 HZ 点之间的中桩坐标计算

该段为第二缓和曲线,仍按式(11-20)计算切线支距坐标 x、y,再按下式转换为测量坐标 X、Y。变换公式为

$$\begin{bmatrix} X_i \\ Y_i \end{bmatrix} = \begin{bmatrix} X_{ZH_i} \\ Y_{ZH_i} \end{bmatrix} - \begin{bmatrix} \cos A_{i,i+i} & \sin A_{i,i+i} \\ \sin A_{i,i+i} & -\cos A_{i,i+i} \end{bmatrix} \begin{bmatrix} x_i \\ y_i \end{bmatrix} \qquad (11-35)$$

当曲线为右转角时，上式应以 $y_i = -y_i$ 代入计算。

【例 11.4】 路线交点 JD_2 的坐标为 (2588711.270，20478702.880)，JD_3 的坐标为 (2591069.056，20478662.850)，JD_4 的坐标为 (2594145.875，20481070.750)。JD_3 的桩号为 K6+790.306，圆曲线半径 $R=2000\mathrm{m}$，缓和曲线长 $l_0=100\mathrm{m}$。

【解】 1. 计算路线转角

$$\tan A_{32} = \frac{Y_{JD_2} - Y_{JD_3}}{X_{JD_2} - X_{JD_3}} = \frac{+40.030}{-2357.786} = -0.016977792$$

$A_{32} = 180° - 0°58'21''.6 = 179°1'38''.4$

$$\tan A_{34} = \frac{Y_{JD_4} - Y_{JD_3}}{X_{JD_4} - X_{JD_3}} = \frac{+2407.900}{+3076.819} = 0.78259397$$

$A_{34} = 38°02'47''.5$

右角 $\beta = 179°01'38''.4 - 38°02'47''.5 = 140°58'50''.9$

$\beta < 180°$，线路右转。于是 $\alpha_y = 180° - 140°58'50''.9 = 39°01'09''.1$

2. 计算曲线测设元素

$\beta_0 = \dfrac{l_0}{2R}\dfrac{180°}{\pi} = 1°25'56''.6$，$p = \dfrac{l_0}{24R} = 0.208\mathrm{m}$，

$q = \dfrac{l_0}{2} - \dfrac{l_0^3}{240R^2} = 49.999\mathrm{m}$ $\quad T = (R+p)\tan\dfrac{\alpha}{2} + q = 758.687\mathrm{m}$，

$L = R\alpha\dfrac{\pi}{180°} + l_0 = 1462.027\mathrm{m}$ $\quad L_y = R(\alpha - 2\beta_0)\dfrac{\pi}{180°} = 1262.027\mathrm{m}$

$E = (R+p)\sec\dfrac{\alpha}{2} - R = 122.044\mathrm{m}$ $\quad D = 2T - L = 55.347\mathrm{m}$

3. 计算曲线主点桩号

$$\begin{array}{rlr} & JD_3 & K6+790.306 \\ -)& T & 758.687 \\ \hline & ZH & K6+031.619 \\ +)& l_0 & 100.000 \\ \hline & HY & K6+131.619 \\ +)& L_y & 1262.027 \\ \hline & YH & K7+393.646 \\ +)& l_0 & 100.000 \\ \hline & HZ & K7+493.646 \\ -)& L/2 & 1462.027/2 \\ \hline & QZ & K6+762.632 \\ +)& D/2 & 55.342/2 \\ \hline & JD_3 & K6+790.306 \end{array}$$

4. 计算曲线主点及其中桩(仅列举少数桩号)坐标

1) ZH 点的坐标按式(11-33)计算

$$S_{23}=\sqrt{(X_{JD_3}-X_{JD_2})^2+(Y_{JD_3}-Y_{JD_2})^2}=2358.126$$

$$A_{23}=A_{32}+180°=359°01'38''.4$$

$$\left.\begin{array}{l} X_{ZH_3}=X_{JD_2}+(S_{23}-T_{H_3})\cos A_{23}=2590310.479 \\ Y_{ZH_3}=Y_{JD_2}+(S_{23}-T_{H_3})\sin A_{23}=20478675.729 \end{array}\right\}$$

2) 第一级缓和曲线上的中桩坐标的计算

如中桩 $K6+100$,$l=6100-6031.619(ZH$ 桩号$)=68.381$,代入式(11-20)计算切线支距坐标为

$$\left.\begin{array}{l} x=l-\dfrac{l^5}{40R^2l_0^2}=68.380 \\ y=\dfrac{l^3}{6Rl_0}=0.266 \end{array}\right\}$$

以式(11-34)转换坐标

$$\left.\begin{array}{l} X=X_{ZH_3}+x\cos A_{23}-y\sin A_{23}=2590378.854 \\ Y=Y_{ZH_3}+x\sin A_{23}+y\cos A_{23}=20478674.834 \end{array}\right\}$$

3) HY 点按式(11-21)计算切线支距坐标为

$$\left.\begin{array}{l} x_0=l_0-\dfrac{l_0^3}{40R^2}=99.994 \\ y_0=\dfrac{l_0}{6R}=0.833 \end{array}\right\}$$

按式(11-34)转换坐标

$$\left.\begin{array}{l} X_{HY_3}=X_{ZH_3}+x_0\cos A_{23}-y_0\sin A_{23}=2590410.473 \\ Y_{HY_3}=Y_{ZH_3}+x_0\sin A_{23}+y_0\cos A_{23}=20478674.864 \end{array}\right\}$$

4) 圆曲线部分的中桩坐标计算

如中桩 $K6+500$,按式(11-12)计算切线支距坐标为

$$l=6500-6131.619(HY\text{桩号})=368.381$$

$$\varphi=\dfrac{l}{R}\dfrac{180°}{\pi}+\beta_0=11°59'08''.6$$

$$x=R\sin\varphi+q=465.335$$

$$y=R(1-\cos\varphi)+p=43.809$$

代入式(11-34)得 $K6+500$ 的坐标为

$$\left.\begin{array}{l} X=X_{ZH_3}+x\cos A_{23}-y\sin A_{23}=2590776.491 \\ Y=Y_{ZH_3}+x\sin A_{23}+y\cos A_{23}=20478711.632 \end{array}\right\}$$

5) QZ 点位于圆曲线部分,故计算步骤与 $K6+500$ 相同

$$l = \frac{L_y}{2} = 631.014$$
$$\varphi = 19°30'34''.6$$
$$x = 717.929$$
$$y = 115.037$$
$$\left.\begin{array}{l} X_{QZ_3} = 2591030.257 \\ Y_{QZ_3} = 20478778.562 \end{array}\right\}$$

6) HZ 点的坐标按式(11-32)计算

$$\left.\begin{array}{l} X_{HZ_3} = X_{JD_3} + T_{H_3}\cos A_{34} = 2591666.530 \\ Y_{HZ_3} = Y_{JD_3} + T_{H_3}\sin A_{34} = 20479130.430 \end{array}\right\}$$

7) YH 点的支距坐标与 HY 点完全相同

$$\left.\begin{array}{l} x_0 = 99.994 \\ y_0 = 0.833 \end{array}\right\}$$

按式(11-35)转换坐标，并顾及曲线为右转角，y 以 $-y_0$ 代入得

$$\left.\begin{array}{l} X_{YH_3} = X_{HZ_3} + x_0\cos A_{34} + (-y_0)\sin A_{34} = 2591587.270 \\ Y_{YH_3} = Y_{HZ_3} + x_0\sin A_{34} - (-y_0)\cos A_{34} = 20479069.460 \end{array}\right\}$$

8) 第二缓和曲线上的中桩坐标计算

如中桩 $K7+450$，$l = 7493.646(HZ$ 桩号$) - 7450 = 43.646$，代入式(11-12)计算支距坐标为

$$\left.\begin{array}{l} x = 43.646 \\ y = 0.069 \end{array}\right\}$$

按式(11-35)转换坐标，y 以负值代入得

$$\left.\begin{array}{l} X = 2591632.116 \\ Y = 20479103.585 \end{array}\right\}$$

9) 直线上中桩坐标的计算：

如 $K7+600$，$D = 7600 - 7493.646(HZ$ 桩号$) = 106.354$，代入式(11-31)即可求得

$$\left.\begin{array}{l} X = X_{HZ_3} + D\cos A_{34} = 2591750.285 \\ Y = Y_{HZ_3} + D\sin A_{34} = 20479195.976 \end{array}\right\}$$

由于一条路线的中桩数以千计，通常中线逐桩坐标表都用计算机程序计算编制。

11.5 线路纵断面与横断面测量

线路纵断面测量的任务是：当中桩设置完成后，沿线路进行路线水准测量，测定中桩地面高程，然后根据地面高程绘制线路纵断面图，为线路工程纵断面设计、土方工程量计算、土方调配等提供线路竖向位置图。在线路纵断面测量中，为了保证精度和进行成果检核，仍必须遵循控制性原则。即线路水准测量分两步进行，首先是沿线设置水准点，建立高程控制，称为基平测量；而后根据各水准点，分段以附合水准路线形式，测定各中桩的地面高程，称为中平测量。

11.5.1 基平测量

1. 水准点的设置

沿线水准点应根据需要和用途设置永久性或临时性的水准点。路线起点和终点、大型构筑物、隧道两端、垭口和需长期进行变形监测的区域（如地质条件不稳定、软基高路堤）附近均应设置永久性水准点。特大桥与大型构筑物每一端应埋 2 个（含 2 个）以上水准点。一般地段每隔 25～30km 布设一个永久性水准点，临时水准点一般每隔 1.0～1.5km 设置一个。水准点是恢复路线和路线施工的重要依据，要求点位选择在稳固、醒目、安全（距中线大于 50m，小于 300m）、便于引测和不易破坏的地段。

2. 施测方法

基平测量时，应先将起始水准点与附近的国家水准点进行联测，以获得绝对高程。在沿线测量中，也尽量与就近国家水准点联测以获得检核条件。当引测有困难时，可参考地形图选定一个明显地物点的高程作为起始水准点的假定高程。基平测量应使用不低于 DS_3 级的水准仪或光电测距三角高程，采用往返或两次单程观测，其方法详见第 2 章以等级水准施测。

11.5.2 中平测量

中平测量一般以相邻两水准点为一测段，从一水准点开始，用视线高法施测逐点中桩的地面高程，直至附合到下一个水准点上。相邻两转点间观测的中桩称为中间点。为了削弱高程传递的误差，观测时应先观测转点，后观测中间点。转点传递高程，因此转点水准尺应立在尺垫、稳固的固定点或坚石上，尺上读数至 mm，视线长度不大于 150mm。中间点不传递高程，尺上读数至 cm。观测时，水准尺应立在紧靠中桩的地面上。

如图 11.23 所示，水准仪置于 I 站，后视水准点 BM_1，读数为 a_0；前视转点 ZD_1，读数为 b_0，记入表 11-7 中"后视"和"前视"栏内；而后扶尺员依次在中桩点 0+000、…、0+080 等各中桩点立尺，观测逐个中桩，将中视读数 b_i 分别记入"中视栏"。将仪器搬到 II 站，后视转点 ZD_1，前视转点 ZD_2，然后观测 ZD_1 与 ZD_2 之间各中间点。用同法继续向前观测，直到附合到下一个水准点 BM_2，完成测段观测。高差闭合差限差：一级公路为 $\pm 20\sqrt{L}$ mm，二级以下公路为 $\pm 30\sqrt{L}$ mm（L 以 km 计），若在容许范围内，即可进行中桩地面高程的计算，但无需进行闭合差调整；否则重测。

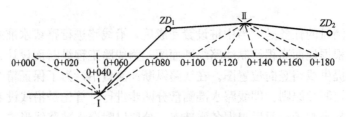

图 11.23　纵横断面测量

表 11-7 中线水准测量手簿

仪器型号：__DS$_3$__   观测日期：__2007.04.03__   观测：__任 珍__   计算：__金 习__
仪器编号：__NO.06048__   天　　气：__多 云__   记录：__秦正凯__   复核：__严 瑾__

点号	水准尺读数(m)			视线高程(m)	高程(m)	备注
	后视	中视	前视			
BM_1	2.191			57.606	55.415	$H_{BM1}=55.415m$
K0+00		1.62			55.99	
+200		1.90			55.71	
+040		0.62			56.99	
+060		2.03			55.58	
+080		0.90			56.71	
ZD_1	2.162		1.006	58.762	56.600	
+100		0.5			58.26	
+120		0.52			58.24	
+140		0.82			57.94	
+160		1.20			57.56	
+180		1.01			57.75	
ZD_2	2.246		1.521		57.241	
…	…	…	…	…	…	
K1+380		1.65			66.98	
BM_2			0.606		68.024	$H_{BM2}=68.057m$
检核	$\sum a-\sum b=12.609m$ $H_2'-H_1'=68.024m-55.415m=12.609m$ $f_h=H_2'-H_1'=68.024m-68.057m=-33mm$ $f_{h容}=\pm30\sqrt{L}=\pm30\sqrt{1.4}=\pm35mm$ $f_h<f_{h容}$，符合精度要求					

每一测站转点及各中桩的高程按下列公式计算。

视线高程＝后视点高程＋后视读数

转点高程＝后视高程－前视读数

中桩高程＝视线高程－中线读数

当路线经过沟谷时，为了减少测站数，以提高施测速度和保证测量精度，一般采用沟内外分开测量，如图 11.24 所示。当测到沟谷边沿时，先前视沟谷两边的转点 ZD_A、ZD_{16}，将高程传递至沟谷对岸，通过 ZD_{16} 可沿线继续设站(如Ⅳ)施测，即为沟外测量。施测沟内中桩时，迁站下沟，于测站Ⅱ后视 ZD_A，观测沟谷内两边的中桩及转点 ZD_B，再设站于Ⅲ后视 ZD_B，观测沟底中桩。沟内各桩测量实际上是以 ZD_A 为起始点的单程支线水准,缺少检核条件,故施测时应倍加注意。为了减少Ⅰ站前后视距不等所引起的误差,仪器设置于Ⅳ站时,尽可能使 $l_3=l_2$,$l_4=l_1$。

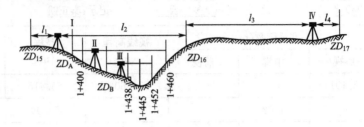

图 11.24 跨沟谷中平测量

11.5.3 纵断面图的绘制

纵断面图是表示线路中线上的地面起伏和纵坡设计的线状图,它主要反映路段纵坡大小、中桩填挖高度以及设计结构物立面布局等,是设计和施工的重要资料。

图 11.25 所示为公路纵断面图,在图的上半部,从左至右绘有两条贯穿全图的线,一条是细的折线,表示中线实际地面线,是以里程为横坐标,高程为纵坐标,按中桩地面高程绘制的。里程比例尺一般用 1∶5000、1∶2000 或 1∶1000。为了明显反映地面的起伏变化,高程比例尺为里程比例尺的 10 倍。另一条粗线为包括竖曲线在内的纵坡设计线,是纵断面设计时绘制的。此外,图上还标注有水准点的位置、编号和高程,桥涵的类型、孔径、跨数、长度、里程桩号和设计水位,竖曲线元素和同其他公路、铁路交叉点的位置、

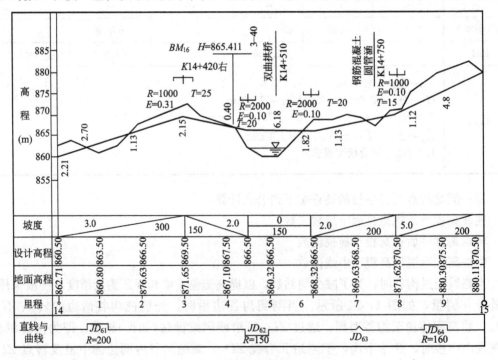

图 11.25 公路纵断面图

里程和有关说明等。在图的下部几栏表格中，注记有关测量和纵坡设计的资料，主要包括以下内容。

1. 直线与曲线

直线与曲线为线路中线平面示意图，曲线部分用折线表示，上凸表示右转，下凸表示左转，并注明交点编号和曲线半径。圆曲线用直角折线，缓和曲线用钝角折线，在不设曲线的交点位置，用锐角折线表示。

2. 里程

按里程比例尺标注百米桩和公里桩，有时也须逐桩标注。

3. 地面高程

按中平测量成果填写相应里程桩的地面高程。

4. 设计高程

按中线设计纵坡和平距计算的里程桩的设计高程。

5. 坡度

从左至右向上斜的线表示上坡(正坡)，向下斜的线表示下坡(负坡)，水平线表示平坡。斜线或水平线上面的数字为坡度的百分数，水平路段坡度为零，下面数字为相应的水平距离，称为坡长。

纵断面图的绘制步骤如下。

1) 打格制表，填写有关测量资料

采用透明毫米方格纸，按照选定的里程比例尺和高程比例尺打格制表，填写直线与曲线、里程、地面高程等资料。

2) 绘地面线

为了便于绘图和阅读，首先要合理选择纵坐标的起始高程位置，使绘出的地面线能位于图上适当位置。在图上按纵、横比例尺依次展绘各中桩点位，用直线顺序连接相邻点，该折线即为绘出的地面线。由于纵向受到图幅限制，在高差变化较大的地区，若按同一高程起点绘制地面线，往往地面线会逾越图幅，这时可将这些地段适当变更高程的起算位置，地面线在此构成台阶形式。

3) 计算设计高程

根据设计纵坡和两点间的水平距离(坡长)，可由一点的高程计算另一点的高程。设起算点的高程为 H_0，设计纵坡为 i(上坡为正，下坡为负)，推算点的高程为 H_P，推算点至起算点的水平距离为 D，则

$$H_p = H_0 + iD \tag{11-36}$$

4) 计算各桩的填挖高度

同一桩号的设计高程与地面高程之差称为该桩的填挖高度，正号为填土高度，负号为挖土深度。在图上，填土高度写在相应点的纵坡设计线的上面，挖土深度写在相应点的纵坡设计线的下面。也有在图中专列一栏注明填挖高度的。地面线与设计线的交点为不填不挖的"零点"，零点桩号可由图上直接量得。

最后，根据线路纵断面设计，在图上注记有关资料，如水准点、桥涵、构造物等。

图 11.26 所示为一排水管道的纵断面图。管道不设曲线栏。排水管道以下游出水口为线路起点,图中主要标注各检查井的桩号,并以它们的地面高程绘制地面线。地面线下绘出管道设计线(双线),管道的纵坡以千分率(‰)表示,根据出口处的设计高程、管道坡度和相邻桩点间的平距,按式(11-36)可推算各桩点处的管底设计高程。在图中还应注明管径(φ)、埋设深度以及各检查井的编号等。

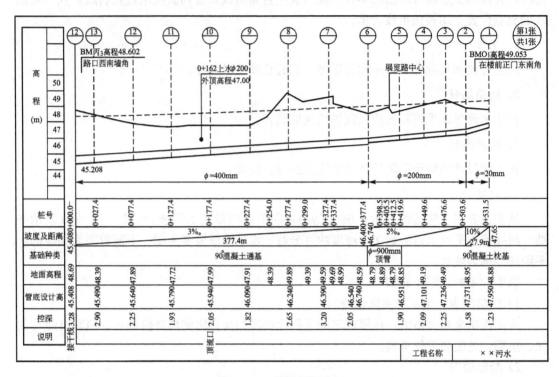

图 11.26 管道纵断面图

11.5.4 竖曲线测设

线路中,除水平的路段外,不可避免地有上坡(正坡)和下坡(负坡),两相邻坡段的交点称为变坡点。按有关规定,当相邻坡度的代数差超高 0.003~0.004 时,为保证车辆的平稳行驶和安全、满足视距要求,在正、负纵坡变化处用曲线衔接,这种曲线称为竖曲线。若变坡点在曲线的下方称为凸形竖曲线,变坡点在曲线的上方称为凹形竖曲线,如图 11.27 所示。

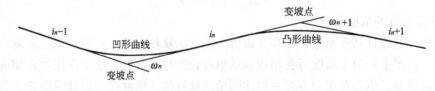

图 11.27 线路竖曲线示意图

《公路工程技术标准》(JTG B01—2003)规定,公路竖曲线最小半径和最小长度应满足表 11-8 的要求。

表 11-8 竖曲线最小半径和最小长度

设计车速(km/h)		120	100	80	60	40
凸曲线半径(m)	一般值	17000	10000	4500	2000	700
	极限值	11000	6500	3000	1400	450
凹曲线半径(m)	一般值	6000	4500	3000	1500	700
	极限值	4000	3000	2000	1000	450
竖曲线最小长度(m)		100	85	70	50	35

由表 11-8 可以看出,竖曲线选用的半径都很大。所以竖曲线可采用二次抛物线和圆曲线。由于线路相邻纵坡差(用"ω"表示)比较小,在公路竖曲线设计中用二次抛物线与圆曲线计算的结果非常接近,故公路竖曲线通常用圆曲线。

如图 11.28,AC 段的坡度为 i_n(为正值),CB 段的坡度为 i_{n+1}(为负值),A 为竖曲线起点,C 为变坡点,B 为竖曲线终点,竖曲线半径为 R,其测设元素为

曲线长 $\quad\quad L_s=\omega R$

由于 ω 很小,即有 $\omega=i_n-i_{n+1}$

于是 $\quad\quad L_s=R(i_n-i_{n+1})$ (11-37)

切线长 $\quad\quad T_s=R\tan\dfrac{\omega}{2}$

因 ω 很小,可认为 $\tan\omega/2=\omega/2$,则

$$T_s=R\frac{\omega}{2}=\frac{L}{2}=\frac{1}{2}R(i_n-i_{n+1}) \quad (11-38)$$

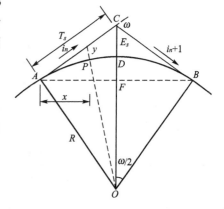

图 11.28 竖曲线测设元素

由于 ω 很小,可认为 $DF=E$,$AF=T$。则有 △ACD 与 ACF 相似,于是

$$R:T=T:2E_s$$

外距 $\quad\quad E_s=\dfrac{T_s^2}{2R}$ (11-39)

若测设竖曲线上任一点 P,将过 P 点的竖曲线半径延长与切线相交,其交点到 P 点的距离为 y;由于设计坡度较小,R 很大,可把上述交点至竖曲线起点 A 的切线长视为水平距离 x,y 可视为 P 点与交点间的高差。就是说,竖曲线上任一点 P 的测设数据 x、y 可定义为:x 值由 P 点到竖曲线起(终)点的距离确定,y 值表示 P 点其切线与竖曲线上的高差。因此,竖曲线上任一点的高程(H_i)可按下式计算

$$H_i=H_i'\pm y_i \quad (11-40)$$

式中:y_i 为该点的标高改正数,凸形曲线取"$-$"号,凹形曲线取"$+$"号;H_i' 为该点切线上的高程,即坡道线上的高程,称为坡道点高程,可根据变坡点 C 的设计高程 H_0、坡度 i 及该点至竖曲线起(终)点的间距 x_i 推算,即

$$H_i = H_0 \pm (T_s - x_i) \cdot i \tag{11-41}$$

由图 11.28 可知，$(R+y_i)^2 = R^2 + x_i^2$，由于 y_i 与 R 相比很小，前式展开后略去 y^2，整理得

$$y_i = \frac{x_i^2}{2R} \tag{11-42}$$

【例 11.5】 已知变坡点的里程桩号为 K42+740，其设计高程为 $H_0 = 208.36\text{m}$，相邻路段的设计坡度 $i_1 = -2.5\%$，$i_2 = +1.1\%$，竖曲线半径欲设置 $R = 2500\text{m}$，若按间隔 10m 设置一桩，计算竖曲线元素和各竖曲线点的桩号及高程。

【解】 由式(11-37)、式(11-38)、式(11-39)计算竖曲线元素

$$L_s = R(i_n - i_{n+1}) = 2500 \times (1.1\% + 2.5\%) = 90\text{m}$$

$$T_s = \frac{1}{2} R(i_n - i_{n+1}) = 2500 \times (1.1\% + 2.5\%)/2 = 45\text{m}$$

$$E_s = \frac{T_s^2}{2R} = \frac{45^2}{2 \times 2500} = 0.4\text{m}$$

竖曲线起、终点的桩号为

```
       变坡点 C      K42+740
    —)    T_s            45
       起点   A      K42+695
    +)    L_s            90
       终点   B      K42+785
```

按式(11-42)、式(11-41)、式(11-40)计算各桩的标高改正数 y_i、坡道点高程 H_i'、设计高程 H_i 见表 11-9。

表 11-9 竖曲线测设数据计算表

仪器型号：___		观测日期：2007.04.09		观测：任 珍	计算：金 习
仪器编号：___		天　　气：多云		记录：秦正凯	复核：严 瑾

点名	桩号	x_i	标高改正数 y_i(m)	坡道点高程 H_i'(m)	设计高程 H_i(m)
起点 A	K42+695	0	0.00	209.49	209.49
	+705	10	0.02	209.24	209.26
	+715	20	0.08	208.99	209.07
	+725	30	0.18	208.74	208.92
	+735	40	0.32	208.49	208.81
变坡点 C	K42+740	$T_s=45$	$E=0.40$	$H_0=208.36$	20876
	+745	40	0.32	208.42	208.74
	+755	30	0.18	208.53	208.71
	+765	20	0.08	208.64	208.72
	+775	10	0.02	208.75	208.77
终点 B	K42+785	0	0.00	208.86	208.86

11.5.5 线路横断面测量

横断面测量的任务是测定垂直于中线方向中桩两侧的地面起伏变化状况，依据地面变坡点与中桩间的距离和高差，绘制出横断面图，为路基设计、土方计算、防护工程设计和施工放样提供依据。横断面测量的宽度和密度应根据工程需要而定，一般在大中桥头、隧道洞口、挡土墙等重点工段，应适当加密断面。断面测量宽度，应根据路基宽度、中桩的填挖高度、边坡大小、地形复杂程度和工程要求而定，但必须满足横断面设计的需要。一般自中线向两侧各测 10~50m。

1. 横断面方向的测定

1) 直线横断面方向的测定

直线横断面方向垂直于中线的方向。一般情况下用简易直角方向架测定，如图 11.29 所示，将方向架置于中桩点上，以其中一方向 ab 对准路线前方（或后方）某一中桩，则另一方向 cd 即为横断面施测方向。

2) 圆曲线横断面方向的测定

圆曲线某中桩横断面方向为过该桩点指向圆心的半径方向，如图 11.30(a) 所示，设 B 点至 A、C 点的桩距相等。欲测定 B 点的横断面方向，可在 B 点置方向架，以其一方向瞄准 A，则另一方向定出 D_1 点。同法瞄准 C 点，定出 D_2 点。取 D_1、D_2 的中点 D，BD 即为 B 点横断面方向。

如图 11.30(b) 所示，当欲测断面处 1 与前后桩间距不等时，可采用安装有活动定向杆的方向架测定（称为求心方向架）。ab 和 cd 为相互垂直的十字杆，ef 为活动定向杆。观测时先将方向架立在 ZY 点上，用 ab 对准 JD 点（切线方向），cd 方向即为 ZY 点处的横断面方向；转动定向杆 ef 对准曲线上

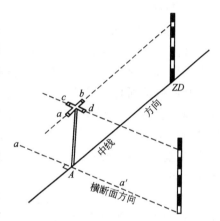

图 11.29　横断面方向的测定

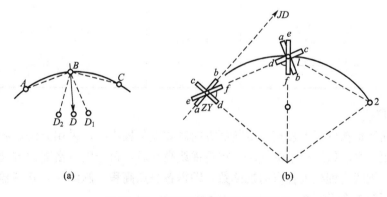

图 11.30　圆曲线横断面方向的测定

前视中桩1,固定活动杆 ef;移动方向架至1点,用 cd 对准 ZY 点,按同弧切角相等原理,则定向杆 ef 方向即为1点处的横断面方向。在该方向竖立标杆,转动方向架使 cd 对准标杆,则 ab 方向即为1点的切线方向。松开 ef 对准2点,固紧后将方向架移至2点,按测定1点的方法测定2点横断面方向。同法依次测定其他各点横断面方向。

3) 缓和曲线横断面方向的测定

缓和曲线横断面方向与中桩点缓和曲线的切线方向垂直。如图11.31所示,测定时,可先计算出欲测定横断面的中桩点 D 至前视中桩点 Q(或后视中桩 H)的弦线偏角 δ_q(或 δ_h),然后在 D 点架设经纬仪,照准前视点 Q(或后视点 H),配置水平度盘为 $0°00'00''$,顺时针旋转照准部,使水平度盘读数为 $90°+\delta_q$(或 $90°-\delta_h$),则望远镜视线所指方向即为缓和曲线上 D 点横断面方向。

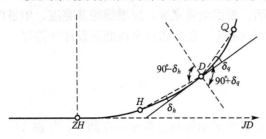

图 11.31　缓和曲线横断面方向的测定

2. 横断面测量的方法

1) 标杆皮尺法

如图11.32所示,A、B、C、…为横断面方向上所选定的变坡点,施测时,将标杆立于 A 点,从中桩地面将皮尺拉平,量出至 A 点的平距,皮尺截取标杆的高度即为两点间的高差。同法可测出 A 至 B、B 至 C……各测段的距离 d_i 和高差 h_i,直至所需宽度为止。此法简便,但精度较低。

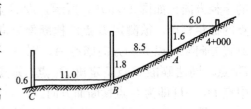

图 11.32　标杆皮尺法

记录见表11-10,按路线前进方向分左侧与右侧,分母表示测段水平距离 d_i,分子表示测段高差 h_i,正号表示上坡,负号表示下坡。

表 11-10　横断面测量记录表

左侧			桩号	右侧			
…			…	…			
$\dfrac{-0.6}{11.0}$	$\dfrac{-1.8}{8.5}$	$\dfrac{-1.6}{6.0}$	4+000	$\dfrac{+1.1}{4.6}$	$\dfrac{+0.7}{4.4}$	$\dfrac{+1.6}{7.0}$	$\dfrac{+1.6}{7.0}$
$\dfrac{-0.5}{7.8}$	$\dfrac{-1.2}{4.2}$	$\dfrac{-0.8}{6.0}$	3+980	$\dfrac{+0.7}{7.2}$	$\dfrac{+1.1}{4.8}$	$\dfrac{-0.4}{7.0}$	$\dfrac{+0.9}{6.5}$

2) 水准仪法

当横断面测量精度要求较高,横断面方向高差变化较小时,采用此法。施测时用钢尺(或皮尺)量距,水准仪后视中桩标尺,求得视线高程后,再分别在横断面方向的坡度变化点上立标尺,视线高程减去各点前视读数,即得各测点高程。施测时,若仪器位置安置得当,一站可观测多个横断面。

3) 经纬仪法

在地形复杂、横坡较陡的地段，可采用此法。施测时，将经纬仪安置在中桩上，用视距法测出横断面方向各变坡点至中桩间的水平距 d_i 与高差 h_i。

11.5.6 横断面图的绘制

根据横断面测量成果，在毫米方格纸上绘制横断面图，距离和高程采用同一比例尺（通常取 1∶100 或 1∶200）。一般是在野外边测边绘，以便及时对横断面图进行检核。绘图时，先在图纸上标定中桩位置，然后在中桩左右两侧按各测点间的距离和高程逐一点绘于图纸上，并用直线连接相邻点，即得该中桩处横断面地面线。图 11.33 所示为一横断面图，并绘有路基横断面设计线（俗称戴帽子）。每幅图的横断面图应从左至右，由下到上依桩号顺序绘制。横断面图亦可在室内绘制或用计算机编程绘制。

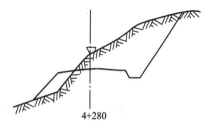

图 11.33　横断面图

11.6　公路施工测量

11.6.1　施工准备测量

路基开工前，测量工作是施工准备中的一项重要工作，其内容包括平面与高程控制网的复测、中线恢复测量、横断面检查与补测、施工控制点加密、施工控制桩的测设等。

从线路勘测结束到施工往往相距时间较长，使得有部分桩点被破坏或丢失，同时为了检核设计数据的准确性，在施工前必须对设计桩点进行恢复和对设计提供的数据进行复核。对于控制网复测和控制点（临时）加密按第 6 章的方法施测，并满足《公路工程技术标准》(JTG B01—2003)的规定和设计提供的等级要求。中线恢复测量和横断面检查方法见第 11.4、11.5 节。

在施工过程中中线桩会被埋挖，为了可靠、有效地控制中线位置，对路线的主要控制桩（如交点、转点、曲线主点以及百米桩、千米桩等），应视地形条件在填挖线以外不受施工破坏、便于引测和易于保存的地方设置施工控制桩（也称护桩）。设置方法如下。

1. 平行线法

平行线法是指在线路直线段路基填挖线以外测设两排平行于中线的施工控制桩，如图 11.34 中的 $K1+120$、$K1+140$、$K1+160$。控制桩间距可与中桩相同，一般为 20m。

2. 延长线法

如图 11.34 所示，延长线法是指在道路转弯处的中线延长线上以及曲线中点 QZ 至交点 JD 的延长线上，测设施工控制桩。控制桩设置后，应采用混凝土护桩，并以"点之记"记录。

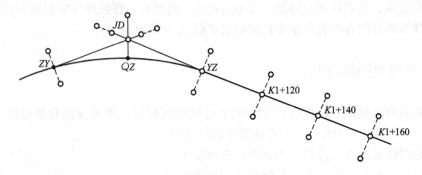

图 11.34 施工控制桩的测设

11.6.2 线路纵坡的测设

在施工现场，用水准仪后视就近水准点或转点得仪器高程，用它减去桩顶中视读数得桩顶高程。桩顶高程减去该桩的设计高即得该桩从桩顶起算的填挖高度，并将它标注在桩上供施工之用。也可直接引用纵断面图中从地面起算的填挖高度标注在桩上。

11.6.3 路基边桩的测设

设计路基的边坡与地面的交点称为路基边桩。测设时，边桩的位置由边桩至中桩的距离来确定。通常采用如下方法测设。

1. 图解法

在施工图设计时，每个横断面都绘制了设计线。直接在横断面图上量取中桩至边桩的距离，然后在实地用尺沿横断面方向定出边桩的位置。在地面较平坦、填挖方不大时，多采用此法。

2. 解析法

路基边桩至中桩的平距通过计算求得，这种方法称为解析法。

1) 平坦地段路基边桩的测设

填方路基称为路堤，如图 11.35(a)所示，路堤边桩至中桩的距离为

$$D = \frac{B}{2} + mh \tag{11-43}$$

挖方路基称为路堑，如图 11.35(b)所示，路堑边桩至中桩的距离为

$$D = \frac{B}{2} + s + mh \tag{11-44}$$

以上两式中：B 为路基设计宽度；m 为设计的边坡系数；h 为路基中桩填挖高度；s 为路堑边沟顶面宽。

若断面位于曲线上设有加宽时，按上述方法求出 D 值后，还应于曲线加宽一侧的 D 中加上加宽值。根据算得的 D 值，沿横断面方向丈量，便可定出路基边桩。

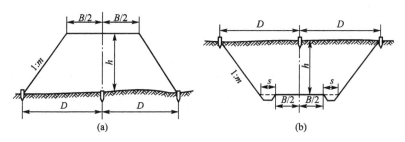

图 11.35　平坦地段路基边桩的测设

2) 倾斜地段路基边桩的测设

在倾斜地段，计算 D 时应考虑地面横向坡度的影响。如图 11.36(a) 所示，路堤边桩至中桩的距离 D_s、D_x 为

$$D_s = \frac{B}{2} + m(h_z - h_s) \\ D_x = \frac{B}{2} + m(h_z + h_x)$$
(11-45)

图 11.36(b) 所示路堑边桩对中桩的距离 D_s、D_x 为

$$D_s = \frac{B}{2} + s + m(h_z + h_s) \\ D_x = \frac{B}{2} + s + m(h_z - h_x)$$
(11-46)

式中：h_z 为中桩的填挖高度；B、s、m 的意义同前；h_s、h_x 为斜坡上、下侧边桩与中桩的高差，在边桩未定出之前则为未知数。因此，实际工作中采用逐渐趋近法测设边桩。首先参考路基横断面图并根据地面实际情况，估计边桩位置。然后测出估计边桩与中桩的高差，试算边桩位置。若计算与估计边桩不符，应重复上述工作，直至计算值与估计值基本相符为止。当填挖高度很大时，为了防止路基边坡坍塌，设计时在边坡一定高度处设置宽度为 d 的坠落平台，计算 D 时也应加进去。

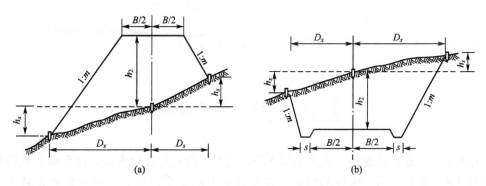

图 11.36　倾斜地段路基边桩的测设

11.6.4　路基边坡的测设

测设路基边桩后，为了使填、挖的边坡达到设计的坡度要求，还应把设计边坡在实地

标定出来,以便于施工。

1. 用竹竿、绳索测设边坡

如图 11.37(a)所示,O 为中桩,A、B 为边桩,由中桩向两侧量出 $B/2$ 得 C、D 两点。在 C、D 处竖立竹竿,于竹竿上高度等于中桩填土高 h 的 C'、D' 处用绳索连接,同时由 C'、D' 用绳索连接到边桩 A、B 上,即给出路基边坡。当路堤填土较高时,如图 11.37(b)所示,可分层挂线。

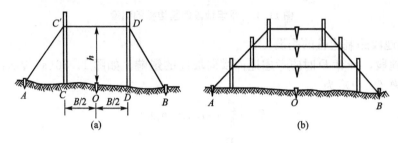

图 11.37　路堤边坡测设

2. 用边坡模板测设边坡

首先按照边坡坡度做好坡度模板,施工时比照模板进行测设。活动边坡模板(带有水准器的边坡尺)如图 11.38(a)所示,当水准器气泡居中时,边坡尺的斜边所指示的坡度为设计边坡坡度,借此可指示与检查路堤边坡的填筑。

固定边坡模板如图 11.38(b)所示,开挖路堑时,在坡顶边桩外侧按设计坡度设置固定边坡模板,施工时可随时指示并检核边坡的开挖与修整。

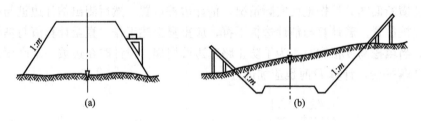

图 11.38　用边坡模板测设边坡

11.7　桥梁施工测量

随着交通运输业的发展,为了确保车辆、船舶、行人的通行安全,高等级交通线路建设日新月异,跨越河流、山谷的桥梁,以及陆地上的立交桥和高架桥建得越来越多、越高、跨径也越来越大,新桥型的不断涌现使得桥梁施工技术含量增加,所以桥梁建设无论从投资比重、工期、技术要求等方面都居十分重要的位置。为了保证桥梁施工质量达到设计要求,必须采用正确的测量方法和适宜的精度来控制各分项工程的平面位置、高程和几何尺寸。因而桥梁施工测量的意义显而易见。桥梁按其轴线长度 L 一般分为特大型(>1000m、单孔>150m)、大型(100m≤L≤1000m 或单孔 40m≤L<150m)、中型(30m<

$L<100$m 或单孔 20m≤L<40m)、小型(8m≤L≤30m 或 5m≤L<20m)4 类,其施工测量的方法和精度取决于桥梁轴线长度、桥梁结构和地形状况。桥梁施工测量的主要内容包括建立桥梁控制网、桥轴线测定、墩台中心定位、各轴线控制桩设置、墩台基础及细部施工放样等。

11.7.1 桥梁施工控制网的建立

建立桥梁施工控制网的目的是为了按规定的精度测定桥梁轴线长度,并据此进行桥墩、桥台的定位。因此,桥梁施工前,必须对设计建立的平面和高程控制网进行复核,检查其精度是否能保证桥轴线长度测定和墩台中心放样的必要精度,以及便于施工放样。必要时还应加密控制点或重新布网。

1. 桥梁平面控制网

如图 11.39 所示,桥梁平面控制网一般用三角网。图 11.39(a)为双三角形,适用于一般桥梁的施工放样;图 11.38(b)为大地四边形,适用于一般中、大型桥梁施工测量;图 11.38(c)为桥轴线两侧各布设一个大地四边形,适用特大桥的施工放样。图中双线为基线;AB 为桥轴线,桥轴线在两岸的控制桩 A、B 间的距离称为桥轴线长度,它是控制桥梁定位的主要依据。对于引桥较长的,控制网应向两岸方向延伸。

桥梁三角网的布设,应满足三角测量规范规定的技术要求。同时三角点应选在土质坚硬的高地、不易受施工干扰、通视条件良好的地方。基线不应少于两条,依据地形可布设于河流两岸,并尽可能与桥轴线正交。桥轴线应与基线一端连接,成为三角网的一条边。基线长度一般不小于桥轴线的 0.7 倍,困难地段不得小于 0.5 倍,对于桥轴线长度可用光电测距直接测量。桥梁平面控制网也可采用全球定位系统(GPS)测量技术布设。采用三角测量时,坐标计算可参阅 6.3 节。也可以只测三角形的边长,以测边网求算控制点的坐标。桥梁平面控制网的精度必须符合《公路勘测设计规范》(JTG C10—2007)第 4.1 节或《公路桥涵施工技术规范》(JTJ 041—2000)第 3.2.2 节的技术规定。

图 11.39 桥梁施工控制网

2. 高程控制网

桥位的高程控制的基本水准点一般在线路基平测量时建立,一般在桥址的两岸各设置两个水准基点;当桥长在 200m 以上时,每岸至少埋设 3 个水准基点,同岸 3 个水准点中的两个应埋设在施工范围之外,以免受到破坏。水准基点应与国家(或城市)水准点联测。在施工阶段,为了将高程传递到桥台与桥墩上和满足各施工阶段引测的需要,还需建立施工高程控制点。

高程控制点一般用水准测量施测，测量精度必须符合《公路勘测设计规范》或《公路桥涵施工技术规范》的技术规定。对于需进行变形观测的桥梁高程控制网应用精密方法联测。当跨河距离较长时，可采用光电测距三角高程测量或下述跨河水准测量。不论是水准基点还是施工水准点，都应根据其稳定性和使用情况定期检测。

如图 11.40 所示，A、B 为立尺点，C、D 为测站点，要求 AD 与 BC 长度基本相等，AC 与 BD 长度基本相等且不小于 10m，构成对称图形。用两台水准仪同时作对向观测，在 C 站先测本岸 A 点尺上读数，得 a_1，然后测对岸 B 点尺上读数 2～4 次，取其平均值得 b_1，高差为 $h_1=a_1-b_1$。同时，在 D 站先测本岸 B 点尺上读数，得 b_2，然后测对岸 A 点尺上读数 2～4 次，取其平均值得 a_2，高差为 $h_2=a_2-b_2$，取 h_1 和 h_2 的平均值，即完成一个测回。一般进行 4 个测回。

由于跨河水准测量的视线长，远尺读数困难，可以在水准尺上安装一个能沿尺面上下移动的觇板，如图 11.41 所示，观测员指挥扶尺员上下移动觇板，使觇板中横线被水准仪横丝平分，扶尺员根据觇板中心孔在水准尺上读数。

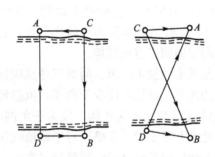

图 11.40 跨河水准测量的测站和立尺点布置

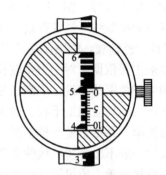

图 11.41 跨河水准测量觇板

11.7.2 桥梁墩台中心定位

桥梁墩台定位测量是桥梁施工测量的关键。它是根据桥轴线控制点的里程和墩台中心的设计里程，以桥轴线控制点和平面控制点为依据，准确地测设出墩台中心位置和纵横轴线，以固定墩台位置和方向。若为曲线桥梁，其墩台中心不在桥端点的连线上，此时应考虑设计资料、曲线要素和主点里程等。直线桥梁墩台中心定位一般可采用下述方法。

1. 直接测距法

在河床干涸、浅水或水面较窄的河道，用钢尺可以跨越丈量时，可用直接丈量法。如图 11.42 所示，根据桥轴线控制点 A、B 和各墩、台中心的里程，即可求得其间距离。然后使用检定过的钢尺，考虑尺长、温度、倾斜三项改正，采用 9.2.1 节精密测设已知水平距离的方法，沿桥轴方向从一端测至另一端，依次测设出各墩台的中心位置，最后与 A、B 控制点闭合，进行检核。经检核合格后，用大木桩加钉小铁钉标定于地上，定出各墩、台中心位置。亦可采用光电测距施放墩、台中心位置。

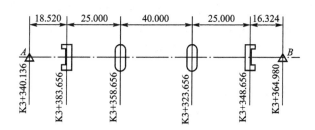

图 11.42 直接测距法(单位：m)

2. 角度交会法

当桥墩所在位置的河水较深，无法直接丈量，且不易安置反射棱镜时，可根据建立的三角网(图 11.43)，在 3 个三角点上(其中一个为桥轴线控制点)安置经纬仪，进行 3 个方向交会，定出桥墩中心位置。

如图 11.43 所示，A、B、C、D 为施工控制网中的控制点，其中 A、B 是桥轴线上的控制点，P_i 点为待测设的桥墩中心点。A、B、C、D、P_i 点的坐标已知，采用坐标反算的方法解出 α_{CA}、α_{Ci}、α_{DA}、α_{Di}，计算出测设交会角 α_i 和 β_i。

施测时，如图 11.44 所示，在 C、A、D 3 点各安置一台经纬仪，A 站的仪器瞄准 B 点，定出桥轴线方向，C、D 两站的仪器均后视 A 点，并分别测设 α_i、β_i，以正倒镜分中法定出交会方向线。由于测量误差的影响，从 C、A、D 3 站拨角定出的 3 条方向线不交会于一点而构成误差三角形。若误差三角形在桥轴线方向的边长在容许范围(墩底为 2.5cm，墩顶为 1.5cm)内，取由 C、D 两点的方向线的交点 i' 在桥轴线上的投影 i 作为桥墩的中心位置。

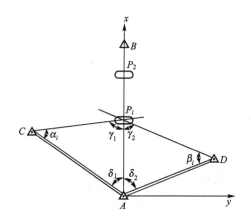

图 11.43 角度交会法

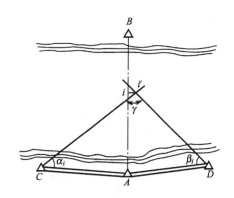

图 11.44 交会误差三角形

角度交会的精度与交会角 γ 的大小有关，故在选择基线和布网时应给予注意。

在桥墩施工过程中，随着桥墩混凝土浇筑高度增加，其中心位置的放样需反复进行，而且必须准确和快速。因此在第一次测定 i 后，将 Ci、Di 方向线延长到对岸，并桩定设立瞄准标志，而后的放样只要瞄准对岸的标志，即可恢复交会点 i。

3. 坐标法

如果能在墩台位置安置反射棱镜，可以采用坐标法测设墩台的中心位置。在现行的设计文件中,一般给出了墩台中心的直角坐标,这时可应用全站仪的坐标测设功能按第9.3.4节的方法直接测设。当用测距仪配合经纬仪测设时,用已知坐标计算出测设数据,就可用极坐标法进行测设。坐标法测设时要测定气温、气压进行气象改正。

11.7.3 桥梁墩台纵横轴线测设

在墩台定位以后,还应测设墩台的纵横轴线,作为墩台细部放样的依据。直线桥的墩台的纵轴线是指过墩台中心平行于线路方向的轴线;曲线桥的墩台的纵轴线则为墩台中心处曲线的切线方向的轴线。墩台的横轴线是指过墩台中心与其纵轴线垂直(斜交桥则为与其纵轴线垂直方向成斜交角度)的轴线。

直线桥上各墩台的纵轴线为同一个方向,且与桥轴线重合,无需另行测设。墩台的横轴线是过墩台中心且与纵轴线垂直或与纵轴垂直方向成斜交角度的,测设时应在墩台中心架设经纬仪,自桥轴线方向用正倒镜分中法测设90°角或90°减去斜交角度,即为横轴线方向。

由于在施工过程中需要经常恢复纵横轴线的位置,所以需要在基坑开挖线外1~2m处设置墩台纵、横轴线方向控制桩(即护桩),如图11.45所示。它是施工中恢复墩台中心位置的依据,应妥善保存。墩台轴线的护桩在每侧应不小于两个,以便在墩台修出地面一定高度以后,在同一侧仍能用以恢复轴线。施工中常常在每侧设置3个护桩,以防止护桩被破坏;如果施工期限较长,应采取固桩方法加以保护。位于水中的桥墩,如采用筑岛或围堰施工时,则可把轴线测设于岛上或围堰上。

在曲线桥上,若墩台中心位于路线中线上,则墩台的纵轴线为墩台中心曲线的切线方向,而横轴与纵轴垂直。如图11.46所示,假定相邻墩台中心间曲线长度为l,曲线半径为R,则有

$$\frac{\alpha}{2}=\frac{180°}{\pi}\frac{l}{2R} \tag{11-47}$$

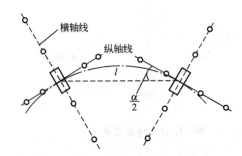

图 11.45　墩台轴线控制桩　　　图 11.46　曲线墩台轴线控制桩

测设时,在墩台中心安置经纬仪。自相邻的墩台中心方向测设$\alpha/2$角,即得纵轴线方向,自纵轴线方向再测设90°角,即得横轴线方向。若墩台中心位于路线中线外侧时,首先按上述方法测设中线上的切线方向和横轴线方向,然后根据设计资料给出的墩台中心外移值将测设的切线方向平移,即得墩台中心纵轴线方向。

11.7.4 墩台施工放样

桥梁墩台主要由基础、墩台身、台帽或盖梁3部分组成，它的细部放样，是在实地标定好的墩位中心和桥墩纵、横轴线的基础上，根据施工的需要，按照施工图自上而下分阶段地将桥墩各部位尺寸放样到施工作业面上。

1. 基础施工放样

桥梁基础通常采用明挖基础和桩基础。明挖基础的构造如图11.47所示。根据已经测设出的墩台中心位置及纵、横轴线，已知基坑底部的长度和宽度及基坑深度、边坡，即可测设出基坑的边界线。

边坡桩至墩台轴线的距离 D 按下式计算

$$D = \frac{b}{2} + l + mh \qquad (11-48)$$

式中：b 为基础宽度；l 为预留工作宽度；m 为边坡系数；h 为基底距地表的深度。

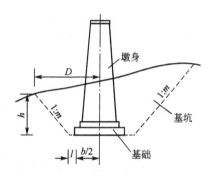

图 11.47 明挖基础基坑放样

桩基础可分为单桩和群桩，单桩的中心位置放样方法同墩台中心定位。群桩的构造如图11.48(a)所示，为在基础下部打入一组基桩，再在桩上灌注钢筋混凝土承台，使桩和承台连成一体，然后在承台以上浇筑墩身。基桩位置的放样如图11.48(b)所示，它以墩台纵横轴线为坐标轴，按设计位置用直角坐标法测设逐桩桩位。

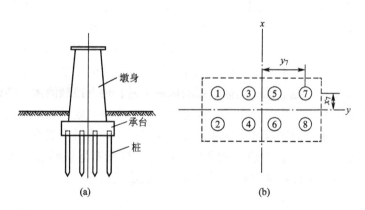

图 11.48 桩基础施工放样

2. 桥墩(柱)细部放样

基础完工后，应根据岸上水准基点检查基础顶面的高程。细部放样主要依据桥墩纵横轴线或轴线上的护桩逐层投测桥墩(柱)中心和轴线，再根据轴线安装模板，浇灌混凝土。

圆头墩身的放样如图11.49所示。设墩身某断面长度为 a、宽度为 b、圆头半径为 r，可以墩中心 O 点为准，根据纵横轴线及相关尺寸，用直角坐标法可放出 I、K、P、Q 点

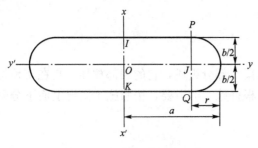

图 11.49 圆头墩身的放样

和圆心 J 点。然后以 J 点为圆心，以半径 r 可放出圆弧上各点。同法放样出桥墩的另一端。

3. 台帽与盖梁放样

墩台施工完成后，再投测出墩台中心及纵横轴线，据此安装台帽或盖梁模板、设置锚栓孔、绑扎钢筋骨架等。在浇注台帽或盖梁前，必须对桥墩的中线、高程、拱座斜面及各部分尺寸进行复核，并准确地放出台帽或盖梁的中心线及拱座预留孔(拱桥)。灌注台帽或盖梁至顶部时应埋入中心标及水准点各1~2个，中心标埋在桥中线上并与墩台中心呈对称位置。台帽或盖梁顶面水准点应从岸上水准点测定其高程，作为安装桥梁上部结构的依据。高程传递可采用悬挂钢尺的办法进行。

11.8 隧道施工测量

11.8.1 隧道测量的内容与作用

随着现代化建设的发展，我国地下隧道工程日益增加，如公路、铁路、水利枢纽、地铁等隧道和矿山巷道等。按其长度 L，《公路工程技术标准》(JTG B1—2003)将直线形隧道分为特长隧道($L>3000m$)、长隧道($3000m \geqslant L > 1000m$)、中隧道($1000m \geqslant L > 500m$)和短隧道($L \leqslant 500m$)。同等级的曲线形隧道，其长度界限为其一半。

由于工程性质和地质条件的不同，地下工程的施工方法也不相同。施工方法不同，对测量的要求也有所不同。隧道施工测量的主要工作包括在地面上建立平面和高程控制网的地面控制测量、建立地面地下统一坐标系统的联系测量、地下控制测量、隧道施工测量。

所有这些测量工作的作用是：在地下标定出地下工程建筑物的设计中心线和高程，为开挖、衬砌和施工指定方向和位置，保证各开挖面掘进中，施工中线在平面和高程上按设计的要求正确贯通，开挖不超过规定的界线。同时保证所有建筑物在贯通前能正确地修建、设备的正确安装，为设计和管理部门提供竣工测量资料等。

11.8.2 地面控制测量

地面控制测量包括平面控制测量和高程控制测量。一般要求在每个洞口应测设不少于3个平面控制点和两个高程控制点。直线隧道上，两端洞口应各设一个中线控制桩，以两控制桩连线作为隧道的中线。平面控制应尽可能包括隧道洞口的中线控制点，以利于提高隧道贯通精度。在进行高程控制测量时，要联测各洞口水准点的高程，以便引测进洞，保证隧道在高程方向正确贯通。

1. 地面平面控制测量

地面平面控制测量的主要任务是测定各洞口控制点的相对位置，以便根据洞口控制点按设计方向进行开挖，并能以规定精度正确贯通。地面平面控制测量的方法有：中线法、三角测量法、导线测量法、GPS 测量法。

1) 中线法

对于较短的直线隧道一般采用中线法，其优点是中线长度误差对贯通影响甚小。如图 11.50 所示，A、B 为两洞口中线控制点，但互不通视。中线法就是在 AB 方向间按一定距离将 1、2 等点在地表面标定出来，作为洞内引测方向的依据。

安置经纬仪于 A 点，按 AB 的概略方位角定出 $1'$ 点。然后迁站至 $1'$ 点以正倒镜分中法延长直线定出 $2'$，按同法逐点延长直线至 B' 点。在延长直线的同时测定 $A1'$、$1'2'$、$2'B'$ 的距离和 $B'B$ 的长度，按下式求得 2 点的偏距 f_2 为

$$f_2 = \frac{A2}{AB} B'B \tag{11-49}$$

在 $2'$ 点按近似垂直 $2'B'$ 方向量取 f_2 定出 2 点。安置仪器于 2 点，同理延长直线 B2 至 1 点，再从 1 点延长至 A 点，若不与 A 点重合，再进行第二次趋近。直至 1、2 两点位于 AB 直线上为止。最后用光电测距仪分段测量 AB 间的距离，其测距相对误差 K 应不大于 1/5000。

2) 三角测量法

长隧道都位于地形复杂的山岭地区，可采用此方法建立精密三角网。如图 11.51 所示，隧道三角网一般布设成沿隧道路线方向延伸的单三角锁，最好尽量沿洞口连线方向布设成直伸型三角锁，以减小边长误差对横向贯通的影响。三角锁必须测量高精度的基线，测角精度要求也较高，如《公路勘测设计规范》(JTG C10—2007)规定二等小三角网的测角精度为±1″，起始边的相对误差不应低于 1/250000，最弱边长相对中误差不低于 1/100000。若用高精度的测距仪多测几条基线，用测角锁计算比较简便。根据各控制点坐标可推算开挖方向的进洞关系角度 β_1、β_2。如在 A 点后视 C 点，拨角 β_1，即得进洞的中线方向。

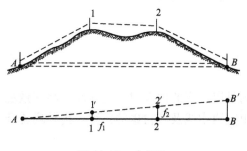

图 11.50　中线法

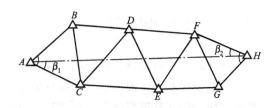

图 11.51　隧道小三角控制网

3) 导线测量法

用光电测距导线，既方便又灵活，已成为对地形复杂、量距困难的隧道进行地面平面控制的主要方法。对于直线隧道，为减少导线测距误差对隧道横向贯通的影响，应尽量将导线沿隧道中线敷设。对于曲线隧道，应使导线沿两端洞口连线方向布设成直伸型。为了

增加校核条件、提高导线测量的精度,应适当增加闭合环个数以减少闭合环中的导线点数。图 11.52 所示为我国已建成的长达 14.295km 的大瑶山隧道,其地面控制网就是采用了由 5 个闭合环组成的导线网。

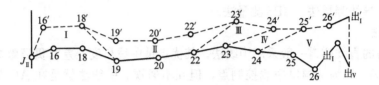

图 11.52　大瑶山隧道导线网

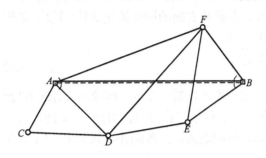

图 11.53　隧道 GPS 控制网方案

4) GPS 测量法

利用 GPS 定位技术建立隧道地面控制网,工作量小、精度高、可以全天候观测,适用于建立大、中型隧道地面控制网。布设 GPS 网时,一般只需在洞口处布点。对于直线隧道,洞口点选在线路中线上,另外再布设两个定向点,除要求洞口点与定向点通视外,定向点之间不要求通视。对于曲线隧道,还应把曲线上的主要控制点包括在网中。

图 11.53 所示为一 GPS 控制网布网方案,图中两点间连线为独立基线,网中每个点至少有两条独立基线相连,其可靠性较好。

2. 地面高程控制测量

高程控制测量的任务是按规定的精度测定洞口附近水准点的高程,作为高程引测进洞的依据。每一洞口埋设的水准点应不少于两个,两个水准点的位置以能安置一次仪器即可联测为宜。水准线路应选择连接各洞口较平坦和最短的路线,且形成闭合环或敷设两条互相独立的水准路线,以达到测站少、观测快、精度高的要求。由已知的水准点从一端洞口向另一端洞口观测。水准测量的等级取决于两洞口间水准路线的长度。对于中、短隧道通常用三、四等水准测量,长隧道用二等水准测量。

11.8.3　地下控制测量

隧道地下平面控制一般采用导线测量。其目的是以规定的精度建立与地面控制测量统一的地下坐标系统,根据地下导线点坐标,放样出隧道中线及其衬砌的位置,指导隧道开挖的方向,保证隧道贯通符合设计和规范要求。

1. 地下导线的布设

地下导线的起始点通常设在由地面控制测量测定的隧道洞口的控制点上,其特点是:它为随隧道开挖进程向前延伸的支导线,沿坑道内敷设导线点选择余地小。

为了很好地控制贯通误差,应先敷设精度较低的施工导线,然后再敷设精度较高的基本控制导线,采取逐级控制和检核。施工导线随开挖面推进布设,用以放样指导开挖,边长一般为 25～50m。对于长隧道，为了检查隧道方向是否与设计相符合，当隧道掘进一段后，选择部分施工导线点布设边长一般为 50～100m、精度较高的基本导线，以检查开挖方向的精度。对于特长隧道掘进大于 2km 时，可选部分基本导线点敷设主要导线，其边长一般为 150～300m，用测距仪测边，并加测陀螺边以提高方位的精度。因此导线布设时应考虑到点位、精度和贯通精度要求。地下控制导线布设方案如图 11.54 所示，其中 $A、B、C、\cdots$ 为主导线，$a、b、c、\cdots$ 为基本导线，1、2、3、$\cdots$ 为施工导线。在隧道施工中，导线点大多埋设在洞顶板，测角、量距与地面大不相同。

由于地下导线布设成支导线，而且测一个新点后，中间要间断一段时间，所以当导线继续向前测量时，须先进行原测点检测。在直线隧道中，只进行角度检核；在曲线隧道中，还须检核边长。在有条件时，尽量构成闭合导线。

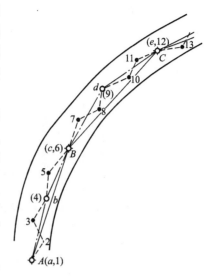

图 11.54 隧道地下平面控制网

2. 地下导线测量的外业

导线点要选在坚固的地板或顶板上，应便于观测和安置仪器、通视较好，边长大致相等，且不小于 20m。测角一般采用测回法，观测时要严格对中，瞄准目标或垂球线上的标志。如果导线点在洞顶，则要求经纬仪具有向上对中功能。量边按第 4 章的方法以相应要求进行悬空丈量。若用光电测距丈量边长，既方便又快速。

3. 地下导线测量的内业

导线测量的计算与地面相同。只是地下导线随隧道掘进而敷设，在贯通前难以闭合，也难以附合到已知点上，是一种支导线的形式。因此，根据误差分析可知，测角误差对导线点位的影响，随测站数的增加而增大，故应尽量减少测站数；量边的系统误差对隧道纵向误差影响较大，测角误差对隧道横向误差影响较大。

4. 地下高程控制测量

当隧道坡度小于 8°时，多采用水准测量比较方便；当坡度大于 8°时可采用三角高程测量。随着隧道的掘进，可每隔 50m 在地面上设置一个洞内高程控制点，也可埋设在洞顶或洞壁上，亦可将导线点作为高程控制点。但都力求稳固和便于观测。地下高程控制测量都是支水准路线，必须往返观测进行检核。若有条件尽量闭合或附合。测量方法与地面基本相同。

11.8.4 竖井联系测量

在隧道施工中，常常在洞口间以竖井增加掘进作业面，以缩短贯通段的长度，提高工程进度。为了保证各相向开挖面能正确贯通，必须将地面控制网中的坐标、方向及高程，经由竖井传递到地下，这些传递工作称为竖井联系测量。其中坐标和方向的传递称为竖定向测量。定向方法有一井、两井、平(斜)峒定向和陀螺经纬仪定向。本节主要介绍一井定向。

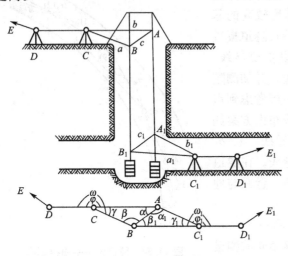

图 11.55　一竖井定向测量

1. 竖井定向测量

如图 11.55 所示，一井定向是在井筒内挂两条吊垂线，在地面根据近井控制点测定两吊垂线的坐标 x、y 及其连线的方位角。在井下，根据投影点的坐标及其连线的方位角，确定地下导线点的起算坐标及方位角。一井定向分为投点和连接测量。

1) 投点

通常采用重荷稳定投点法。投点重锤重量与钢丝直径随井深而异(如井深 $<100\mathrm{m}$ 时，锤重为 $30\sim50\mathrm{kg}$，钢丝直径为 $0.7\mathrm{mm}$)。投点时，先在钢丝上挂以较轻的垂球用绞车将钢丝导入竖井中，然后在井底换上作业重锤，并将它放入油桶中，使其稳定。由于井筒内气流影响，致使重锤线发生偏移或摆动，若摆幅小于 $0.4\mathrm{mm}$，即认为是稳定的。

2) 连接测量

如图 11.55 所示，A、B 为井中悬挂的两根重锤线，C、C_1 为井上、井下定向连接点，从而形成了以 AB 为公共边的两个联系三角形 ABC 与 $A_1B_1C_1$。D 点坐标和方位角 α_{DE} 为已知。经纬仪安置于 C 点较精确地观测连接角 ω、φ 和三角形 ABC 的内角 γ，用钢尺准确丈量 a、b、c，用正弦定律计算 α、β，根据 C 点坐标和 CD 方位角算得 A、B 的坐标和 AB 的方位角。在井下经纬仪安置于 C_1 点，较精确地测量连接角 ω_1、φ_1 和井下三角形 ABC_1 内角 γ_1，丈量边长 a_1、b_1、c_1，按正弦定理可求得 α_1、β_1。在井下根据 B 点坐标和 AB 的方位角便可推算 C_1、D_1 点的坐标及 D_1、E_1 的方位角。

为了提高定向精度，在点的设置和观测时，两重锤之间距离应尽可能大；两重锤连线所对的 γ、γ_1 应尽可能小，最大应不超过 3°，a/c、a_1/c_1 的比值不超过 1.5；丈量 a、b、c 时，应用检定过的钢尺，施加标准拉力，在垂线稳定时丈量 6 次，读数估读 $0.5\mathrm{mm}$，每次较差不应大于 $2\mathrm{mm}$，取平均值作为最后结果。水平角用 DJ_2 经纬仪观测 3~4 个测回。

用陀螺经纬仪作竖井定向时，如图 11.55 所示，陀螺经纬仪安置在 C 点，测定 C、B 的真方位角并丈量其距离 D_{CB}。在井下仪器安置于 C_1 点，测定 BC_1 真方位角和距离，根据连接点 B 的坐标推算井下坐标。但值得注意的是，陀螺经纬仪测得的是真方位角。若地面的控制网为坐标方位角应化算为一致。

2. 竖井高程传递

通过竖井传递高程(也称为导入高程)的目的是将地面上水准点的高程传递到井下水准点上，建立井下高程控制，使地面和井下统一的高程系统。

在传递高程时，应同时用两台水准仪，两根水准尺和一把钢尺进行观测，其布置如图

11.56 所示。将钢尺悬挂在架子上,其零端放入竖井中,并在该端挂一重锤(一般为 10kg)。一台水准仪安置在地面上,另一台水准仪安置在隧道中。地面上水准仪在起始水准点 A 的水准尺上读取数为 a,而在钢尺上读取数为 a_1;地下水准仪在钢尺上读取数为 b_1,在水准点 B 的水准尺上读取读数为 b。a_1 及 b_1 必须在同一时刻观测,而观测时应量取地面及地下的温度。

在计算时,对钢尺要加入尺长、温度、垂直和自重 4 项改正。前两项改正计算方法见 4.1 节。用钢尺垂直悬挂传递高程与检定钢尺时钢尺的状态不同,因此,还要加入垂曲改正和由于钢尺自重而产生的伸长改正值。

这时地下水准点 B 的高程可用下列公式计算。

$$H_B = H_A + a - [(a_1 - b_1) + \Delta l_t + \Delta l_d + \Delta l_c + \Delta l_s] - b \quad (11-50)$$

式中:Δl_t 为温度改正数;Δl_d 为尺长改正数;Δl_c 为垂曲改正数;Δl_s 为钢尺自重伸长值。Δl_c、Δl_s 按下式计算。

$$\Delta l_c = \frac{l(P - P_0)}{EF} \qquad \Delta l_s = \frac{\gamma l^2}{2E}$$

式中:$l = a_1 - b_1$;P 为重锤重量,kg;P_0 为钢尺检定时的标准拉力,N;E 为钢尺的材料弹性模量(一般为 $2 \times 10^6 \text{kg/cm}^2$);$F$ 为钢尺截面积,cm^2;γ 为钢尺单位体积的质量(一般取 7.85g/cm^3)。

用光电测距仪测出井深 L_1,即可将高程导入地下。如图 11.57 所示,将测距仪安置在井口一侧的地面上,在井口上方与测距仪等高处安置一直角棱镜将光线转折 90°,发射到井下平放的反射镜,测出测距仪至地下反射镜的折线距离 $L_1 + L_2$;在井口安置反射镜,测出距离 L_2。再分别测出井口和井下的反射镜与水准点 A、B 的高差 h_1、h_2,即可求得 B 点的高程。

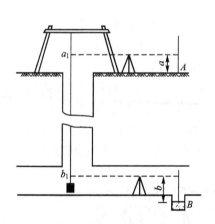

图 11.56 钢尺传递高程

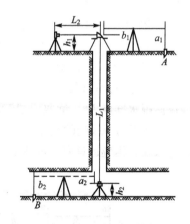

图 11.57 测距仪传递高程

11.8.5 隧道掘进中的测量工作

1. 隧道中线的测设

如图 11.51 所示,根据洞口控制点 A(或 H)的坐标和与其他控制点连线(如 C、F)的方向，反算隧道开挖方向的进洞数据 β_1 或 β_2。置于经纬仪 A（或 H），测设 β_1 或 β_2，标定进洞的中线方向，并把该方向标定在地面上，同时过 A（或 H）点在中线及垂直方向埋设护桩，以便施工中检查和恢复洞口点位置。

隧道施工时通常用中线确定掘进方向。先用经纬仪根据洞内已敷设的导线点设置中线点。如图 11.58 所示，P_3、P_4 为已敷设导线点，P_i 为待定中线点，已知 P_3、P_4 的实测坐标、P_i 点的设计坐标和隧道中线的设计方位角，即可推算出放样中线点所需的数据 β_4、β_i 和 L_i。置经纬仪于 P_4 点，测设 β_i 角和 L_i，便可标定 P_i。在 P_i 点埋设标志并安置仪器，后视 P_4 点，拨角 β_i 角即得中线方向。随着开挖面向前推进，便需要将中线点向前延伸，埋设新的中线点，如图中 P_{i+1} 点。由此构成施工控制点，各施工控制点间的距离不宜超过 50m。

为了方便施工，常规作业是在近工作面处采用串线法指导开挖方向。先用正倒镜分中法延长直线，在洞顶设置 3 个临时中线点，点间距不宜小于 5m，如图 11.59 所示。定向时，一人在 E 点指挥，另一人在作业面上用红油漆标出中线位置。因用肉眼定向，E 点到作业面的距离不宜超过 30m。随着开挖面的不断向前推进，地下导线应按前述方法进行检查、复核，不时校正开挖方向。

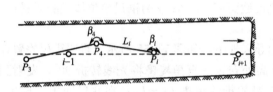

图 11.58　隧道中线测设图

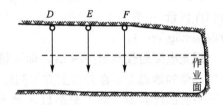

图 11.59　串线法定中线

2. 隧道高程和坡度的测设

地下高程的测设方法与第 9.2.3 节相同。水准测量常用倒尺法传递高程，如图 11.60 所示。高差计算仍为 $h_{AB}=a-b$，但倒尺读数应作为负值参与计算。

在隧道开挖过程中，常用腰线法控制隧道的坡度和高程。作业时在两侧洞壁每隔 5~10m 测设出高于洞底设计高程约 1m 的腰线点。腰线点设置一般采用视线高法。如图 11.61 所示，水准仪后视水准点 P_5，读取后视读数 a，得仪器高。根据腰线点 A、B 的设计高程，可分别求出 A、B 点与视线间的高差 Δh_1、Δh_2，据此可在边墙上定出 A、B 两点。A、B 两点的连线即为腰线。当隧道具有一定坡度时，按第 9.2.4 节的方法测设腰点桩。

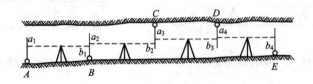

图 11.60　地下高程测设

3. 开挖断面的测设

隧道断面的形式如图 11.62 所示，设计图纸上给出断面宽度 B、拱高 f、拱弧半径 R 以及设计起拱线的高度 H 等数据。测设时，首先用串线法（或在中线桩上安置经纬仪），在工作面上定出断面中垂线,根据腰线定出起拱线的位置。然后根据设计图纸,采用支距法测设断面轮廓。

特别强调,为了保证施工安全,在隧道掘进过程中,还应设置变形观测点,以便监测围岩的位移变化。腰桩、洞壁和洞顶的水准点可作为变形观测点。

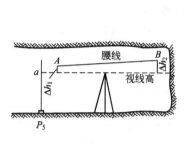

图 11.61 腰线测设

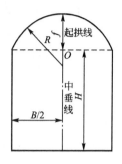

图 11.62 隧道断面测设

11.9 管道施工测量

11.9.1 复核中线和测设施工控制桩

为保证管道中线的准确位置,在施工前应对管道设计中线的主点(起、终点及各转折点)进行现场复核,对损坏或丢失的应给予恢复。并同时对高程控制点进行复核,必要时可增设临时水准点,便于施工引测。此外,根据设计资料,在中线上标定出检查井及附属构筑物的位置。

在施工中,为了便于恢复中线和检查井位置,应在引测方便、易于保存的地方测设施工控制桩。管道施工控制桩分为中线控制桩和井位控制桩两类,如图 11.62 所示。中线控制桩测设在管道起止点及各转折点处中线的延长线上,井位控制桩一般设置在垂直于管道中线的方向上。

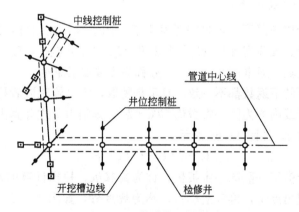

图 11.63 管道施工控制桩

11.9.2 槽口放线

槽口放线是根据土质状况、管径大小、埋设深度，确定基槽开挖宽度，在地面上定出槽口开挖边线的位置，作为开槽的依据。

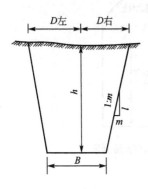

图 11.64 槽口放线

当横断面坡度较平缓时，如图 11.64 所示，B 为槽底宽度，为管节外径与两倍施工工作面宽度之和；m 为沟槽边坡系数，h 为中线挖土深度，槽口半宽可按下式计算。

$$D_左 = D_右 = \frac{B}{2} + mh \qquad (11-51)$$

基槽开挖深度 h 还应包括管道基础的厚度，施测时应注意。当横断面坡度较陡、管径大且埋设较深时，可参照图 11.36 和式 (11-46) 及其说明来确定管道中线两侧的槽口宽度。即开挖时槽口线应用白灰撒定，若与开挖间隔时间过长，应用木桩桩定。

11.9.3 地下管道施工控制标志的测设

管道施工测量的主要任务是控制管道中线位置和管底设计高程，保证管道沿设计方向和坡度敷设，所以在开槽前应设置管道中线和高程的施工控制标志。

1. 坡度板和中线钉设置

为了控制管节轴线与设计中线相符，并使管底标高与设计高程一致，基槽开挖到一定程度，一般每隔 10~20m 处及检查井处沿中线跨槽设置坡度板，如图 11.65 所示。

坡度板埋设要牢固，顶面应水平。

根据中线控制桩，用经纬仪将管道中线投测到坡度板上，并钉上小钉（称为中线钉）。此外，还需将里程桩号或检查井编号写在坡度板侧面。各坡度板上中线钉的连线即为管道的中线方向。在连线上挂垂球线可将中线位置投测到基槽内，以控制管道按中线方向敷设。

2. 设置高度板和测设坡度钉

为了控制基槽开挖的深度，根据附近水准点，用水准仪测出各坡度板顶面高程 $H_顶$，并标注在坡度板表面。板顶高程与管底设计高程 $H_底$ 之差 k 就是坡度板顶面往下开挖至管底的深度，俗称下返数，通常用 C 表示。k 亦称为管道埋置深度。

由于各坡度板下的下返数都不一致，且不是整数，无论施工或者检查都不方便，为了使下返数在同一段管线内均为同一整数值 $C(C<k)$，则须由下式计算出每一坡度板顶应向下或向上量的调整数 δ，如图 11.65 所示。

$$\delta = C - k = C - (H_顶 - H_底) \qquad (11-52)$$

在坡度板中线钉旁钉一竖向小木板桩，称为高程板。根据计算的调整数 δ，在高程板上向下或向上量 δ 定出点位，再钉上小钉，称为坡度钉，如图 11.65 所示。如 $k=2.826$，取 $C=2.500\text{m}$，则调整数 $\delta=-0.326\text{m}$。从板顶向下量 0.326m 钉坡度钉，从坡度钉向下量 2.500m，便是管底设计高程。同法可钉出各处高程板和坡度钉。各坡度钉的连线即平行于管底设计高程的坡度线，各坡度钉下返数均为 C。施工时只需用一标有长度 C 的木杆就可随时检查是否挖到设计深度。

3. 平行轴腰桩法

对管径较小、坡度较大、精度要求较低的管道，可用平行轴腰桩法来控制施工，其步骤如下。

1）测设平行轴线

管沟开挖前，在中线的一侧测设一排平行轴线桩，如图 11.66 所示，轴线桩至中线桩的平距为 a，桩距一般为 20m，各检查井位也应在平行轴线上设桩。

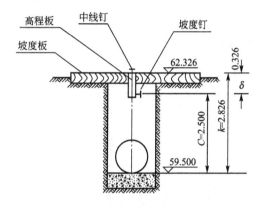

图 11.65 地下管道坡度板设置

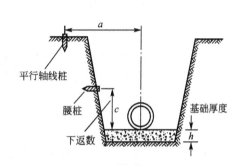

图 11.66 腰桩与平行轴线桩

2）钉腰桩

为了控制管道中线的高程，在基槽坡上（距槽底 0.5～1m 左右）再钉一排木桩，称为腰桩，如图 11.66 所示。

3）引测腰桩高程

腰桩上钉一小钉，用水准仪测出腰桩上小钉的高程。小钉高程与该处管底设计高程之差 h 即为下返数。由于各点下返数不一样，容易出错。因此，可先确定下返数为一整数 C，在每个腰桩沿垂直方向量出该下返数 C 与腰桩下返数 h 之差 δ（$\delta=C-h$），打一木桩，并钉小钉，此时各小钉的连线与设计坡度线平行，而小钉的高程与管底高程相差为一常数 C，从小钉往下量测，即可检查是否挖到管底设计高程，应用十分简便。

11.9.4 顶管施工测量

在管道穿越铁路、公路、河流或重要建筑物时，为了不影响正常的交通秩序或避免大量的拆迁和开挖工作，可采用顶管施工方法敷设管道。首先在欲设顶管的两端挖好工作坑，在坑内安装导轨（铁轨或方木），将管材放在导轨上，用顶镐将管材沿中线方向顶进土中，然后挖出管筒内泥土。顶管施工测量的主要任务是控制管道中线方向、高程及坡度。

1. 中线测量

如图 11.67 所示，用经纬仪将地面中线引测到工作坑的前后，钉立木桩和铁钉，称为

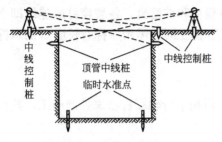

图 11.67　顶管中线桩测设

中线控制桩。按前述槽口放线的方法确定工作坑的开挖边界线，而后实施工作坑施工。工作坑开挖到设计高程时，再进行顶管的中线测设。测设时，根据中线控制桩，用经纬仪将中线引测到坑壁上，并钉立木桩，称为顶管中线桩，以标定顶管中线位置。

在进行顶管中线桩测量时，如图 11.68 所示，在两个顶管中线桩之间拉一细线，在线上挂两个垂球，两垂球的连线方向即为顶管的中线方向。这时在管内前端横放一水平尺，尺长等于或略小于管径，尺上分划是以尺中点为零向两端增加。当尺子在管内水平放置时，尺子中点若位于两垂球的连线方向上，顶管中心线即与设计中心线一致。若尺子中点偏离两垂球的连线方向，其偏差大于允许值时则应校正顶管方向。

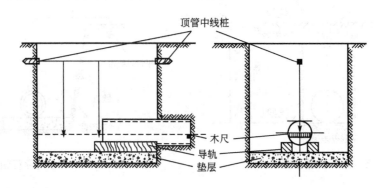

图 11.68　顶管中线测量

2. 高程测量

为了控制管道按设计高程和坡度顶进，先按 11.8.4 节介绍的方法在工作坑内设置临时水准点。一般要求设置两个，以便进行检核。将水准仪安置在工作坑内，先检测临时水准点高程有无变化，再后视临时水准点，用一根长度小于管径的标尺立于管道内待测点上，即可测得管底（内壁）各点高程。将测得的管底高程与设计高程比较，差值应在允许值内，否则应进行校正。

对于短距离（小于 50m）的顶管施工一般每顶进 0.5m 可按上述方法进行一次中线和高程测量。当距离较长时，须每隔 100m 设一个工作坑，采用对向顶管施工。顶管施工中，高程允许偏差为 ±10mm；中线允许偏差为 30mm；管子错口一般不超过 10mm，对顶时错口不得超过 30mm。

在大型管道施工中，应采用自动化顶管施工技术。使用激光准直仪配置光电接收靶和自控装置，即可用激光束实现自动化顶管施工的动态方向监控。首先将激光准直仪安置在工作坑内中线桩上，调整好激光束的方向和坡度（倾斜度），在掘进机上安置光电接收靶和自控装置。当掘进方向出现偏差时，光电接收靶接收准直仪的光束便与靶中心出现相同的偏差，该偏差信号通过偏差装置自动调整掘进机顶镐顶进方向，沿中线方向继续顶进。

由智能全站仪构成的自动测量和控制系统（测量机器人）已实现了开挖和掘进自动化。

利用多台自动寻标全站仪构成顶管自动引导测量系统,在计算机的控制下,实时测出掘进机顶镐位置并与设计坐标进行比较,可及时引导掘进机走向正确位置。

思 考 题

1. 名词解释:交点、转点、转角、整桩、加桩、正拨、反拨、圆曲线主点、基平测量、中平测量。
2. 线路中线测量的任务、内容是什么?
3. 在路线上测设转点的目的是什么?试述放点穿线法测设交点的步骤。
4. 什么是路线的转角?如何确定转角是左转角还是右转角?
5. 里程桩有何作用?加桩有哪几种?如何注记桩号?
6. 什么是整桩号法设桩?什么是整桩距法设桩?两者各有什么特点?
7. 用偏角法测设圆曲线时,若视线遇障碍受阻,迁站后应怎样继续进行测设?
8. 在加设缓和曲线后,曲线发生变化,简述变化的条件和结果。
9. 什么是复曲线?
10. 什么是缓和曲线?缓和曲线长如何确定?何谓缓和曲线常数?如何计算?
11. 在绘制线路纵断面图时,里程桩的设计高程如何计算?
12. 为什么要进行隧道地面和地下的联系测量?

习 题

1. 已知下列右角 β,试计算路线的转角 α,并判断是左转角还是右转角。
(1) $\beta_1 = 210°42'$。 (2) $\beta_2 = 162°06'$。
2. 在路线右角测定后,保持原度盘位置,若后视方向的读数为 $32°40'00''$,前视方向的读数为 $172°18'12''$,试计算分角线方向的度盘读数。
3. 已知交点 JD 的桩号为 K2+513.00,转角 $\alpha_{右}=40°20'$,半径 $R=200$m。
(1) 计算圆曲线测设元素。
(2) 计算主点桩号。
4. 按表 11-11 所列中平测量观测数据完成计算。
5. 已知交点的里程桩号为 K4+300.18,测得转角 $\alpha_{左}=17°30'$,圆曲线半径 $R=500$m,若采用切线支距法并按整桩号法设置中桩,并说明测设步骤。
6. 已知交点的里程桩号为 K10+100.88,测得转角 $\alpha_{左}=24°18'$,圆曲线半径 $R=400$m,若采用偏角法按整桩号设置中桩,试计算各桩的偏角及弦长。并说明测设步骤。
7. 如图 11.17 复曲线,设 $\alpha_1=30°12'$,$\alpha_2=32°18'$,$AB=387.62$m,主曲线半径 $R_1=300$m,试计算复曲线的测设元素。
8. 已知交点的里程桩号为 K21+476.21,转角 $\alpha_{右}=37°16'$,圆曲线半径 $R=300$m,缓和曲线长 l_s 采用 60m,试计算该曲线的测设元素、主点里程以及缓和曲线终点的坐标,并说明主点的测设方法。

9. 第 8 题在钉出主点后，若采用偏角法按整桩号详细测设，试计算测设所需要的数据。

表 11-11 中线水准测量手簿

点 号	水平尺读数(m)			视线高程(m)	高 程(m)	备 注
	后 视	中 视	前 视			
BM_1	1.020				35.883	
DK5+000		0.78				
+020		0.98				
+040		1.21				
+060		1.79				
+071.5		2.30				
ZD_1	2.162		2.471			
+80		0.86				
+100		1.02				
+108.7		1.35				
+120		2.37				
ZD_2	2.246		2.675			
+140		2.43				
+160		1.10				
+180		0.95				
+200		1.86				
ZD_3			2.519			

附录　测量实验的一般要求

一、测量实验目的及一般规定

（1）测量实验的目的是为了验证、巩固课堂所学知识，熟悉测量仪器的构造和使用方法，培养学生测、绘、算的基本操作技能，力求理论与实践相结合。

（2）实验课前，应认真预习实验指导书和复习教材中的相关内容，明确实验的目的、要求、操作方法和步骤及注意事项，以保证按时完成实验任务。

（3）实验以小组为单位进行，组长负责组织和协调实验工作，负责按规定办理所用仪器和工具的领借与归还手续。并检查所领借的仪器和工具与实验所用仪器和工具是否一致。

（4）实验过程中，每人都必须认真、仔细地按操作规程操作，遵守"测量仪器工具的管理规定"。遵守纪律、听从指挥，培养独立工作能力和严谨的科学态度；全组人员应相互协作，各工种或工序应适当轮换，充分体现集体主义团队精神。

（5）实验应在规定的时间和地点进行，不得无故缺席或迟到早退，不得擅自改变实验地点或离开现场。

（6）测量数据应用正楷文字及数字记入规定的记录手簿中，书写应工整清晰，不可潦草。记录应该用2H或3H铅笔。记录数据应随观测随记录，并向观测者复诵数据，以免记错。

（7）测量数据不得涂改和伪造。记录数字若发现有错误或观测成果不合格（观测误差超限），不得涂改，也不得用橡皮擦拭，而应该用细横线划去错误数字，在原数字上方写出正确数字，并在备注栏内说明原因。测量记录禁止连续更改数字（如黑、红面尺读数；盘左、盘右读数；往、返量距结果等均不能同时更改），否则，应予重测。

（8）记录手簿规定的内容应完整、如实填写，草（略）图描绘应形象清楚、比例适当。数据运算应根据小数所取位数，按"四舍六入，五单进双不进"的规则进行凑整。

（9）在交通频繁地段实验时，应随时注意来往的行人与车辆，确保人员及仪器设备的安全，杜绝意外事故发生。

（10）根据观测结果，应当场作必要的计算，并进行必要的成果检验，以决定观测成果是否合格、是否需要进行重测（返工）。应该当场编制的实验报告必须现场完成。

（11）实验过程中或实验结束时，发现仪器或工具损坏或丢失，应及时报告指导教师，同时要查明原因，视情节轻重，按规定予以赔偿和处理。

（12）实验结束后，应提交书写工整、规范的实验报告给指导教师批阅；经教师认可后，方可清点仪器和工具，作必要的清洁工作，将领借的仪器、工具交还仪器室，经验收合格后，结束实验。

二、测量仪器使用规则和注意事项

测量仪器属于比较贵重的设备，尤其是目前测量仪器向精密光学、电子化方向发展，其功能日益先进，其价值也更昂贵。对测量仪器的正确使用、精心爱护和科学保养，是从事测量工作的人员必须具备的素质和应该掌握的技能，也是保证测量成果的质量、提高工作效率、发挥仪器性能和延长其使用年限的必要条件。

1. 仪器工具的借用

（1）以实验小组为单位借用测量仪器和工具，按小组编号在指定地点向实验室人员办理借用手续。

（2）借用时，按本次实验的仪器工具清单当场清点检查，实物与清单是否相符，器件是否完好，然后领出。

（3）搬运前，必须检查仪器箱是否锁好，搬运时，必须轻取轻放，避免剧烈震动和碰撞。

（4）实验结束，应及时收装仪器、工具、清除接触土地的部件（脚架、尺垫等）上的泥土，送还仪器室检查验收。如有遗失和损坏，应写出书面报告说明情况，进行登记，并应按照有关规定赔偿。

2. 仪器的使用

（1）携带仪器时，注意检查仪器箱是否扣紧、锁好，提环、背带是否牢固，远距离携带仪器时，应将仪器背在肩上。

（2）开箱时，应将仪器箱放置平稳。开箱时，记清仪器在箱内的安放位置及姿势，以便用后按原样装箱。提取仪器或持握仪器时，应双手持握仪器基座或支架部分，严禁手提望远镜及易损的薄弱部位。安装仪器时，应首先调节好三脚架高度，拧紧架腿伸缩紧定螺丝；保持一手握住仪器，一手拧连接螺旋，使仪器与三脚架牢固连接；仪器取出后，应关好仪器箱，仪器箱严禁坐人。

（3）作业时，严禁无人看管仪器。观测时应撑伞，严防仪器日晒、雨淋。对于电子测量仪器，在任何情况下均应撑伞防护。若发现透镜表面有灰尘或其他污物，应用柔软的清洁刷或镜头纸清除，严禁用手帕、粗布或其他纸张擦拭，以免磨损镜面。观测结束应及时套上物镜盖。

（4）各制动旋钮勿拧得过紧，以免损伤；转动仪器时，应先松开制动螺旋，然后平稳转动；脚螺旋和各微动旋钮勿旋至尽头，即应使用中间的一段螺纹，防止失灵。仪器发生故障时，不得擅自拆卸；若发现仪器某部位呆滞难动，切勿强行转动，应交指导教师或实验管理人员处理，以防损坏仪器。

3. 仪器的搬迁

近距离搬站，应先检查连接螺旋是否牢靠，放松制动旋钮，收拢脚架，一手握住脚架放在肋下，一手托住仪器，放置胸前小心搬移，严禁将仪器扛在肩上，以免碰伤仪器。若距离较远或难行地段，必须装箱搬站。对于电子仪器，必须先关闭电源，再行搬站，严禁带电搬站。迁站时，应带走仪器所有附件及工具等，防止遗失。

4. 仪器的装箱

实验结束，仪器使用完毕，应清除仪器上的灰尘，套上物镜盖，松开各制动螺旋，将脚螺旋调至中段并使大致同高，一手握住仪器支架或基座，一手旋松连接螺旋使与脚架脱离，双手从脚架头上取下仪器。仪器装箱时，应放松各制动旋钮，按原样将仪器放回；确认各部分安放妥帖后，再关箱扣上搭扣或插销，最后上锁。最后清除箱外的灰尘和三脚架脚尖上的泥土。

5. 测量工具的使用

（1）使用钢尺时，应使尺面平铺地面，防止扭曲、打结和折断，防止行人踩踏或车轮碾压，尽量避免尺身沾水。量好一尺段再向前量时，必须将尺身提起离地，携尺前进，不得沿地面拖尺，以免磨损尺面刻划甚至折断钢尺。钢尺用毕，应将其擦净并涂油防锈。

（2）皮尺的使用方法基本上与钢尺的使用方法相同，但量距时使用的拉力应小于钢尺，皮尺沾水的危害更甚于钢尺，皮尺如果受潮，应晾干后再卷入盒内，卷皮尺时切忌扭转卷入。

（3）使用水准尺和标杆时，应注意防止受横向压力、竖立时倒下、尺面分划受磨损。标尺、标杆不得用作担抬工具，以防弯曲变形或折断。

（4）小件工具（如垂球、测钎、尺垫等）用完即收，防止遗失。

（5）所有测量仪器和工具不得作其他非测量的用途。测量仪器大多属精密仪器，谨防倒置、碰撞、震动，切记要轻拿轻放，谨防失手落地。

三、测量教学实习

（一）目的与要求

测量学是一门实践性很强的技术基础课，测量实习是教学计划中的一个重要环节。通过实习将已学过的理论知识作一次系统的实践，巩固和拓宽测量理论知识。进一步训练学生掌握常用测绘仪器的操作技能和土木工程专业的基本测绘技能、计算技术、施测方法以及工程测量的其他技能；通过控制测量、地形测量、纵横断面测量、建筑放样、曲线测设等实践，培养学生相应的测、绘、算能力和建筑施工组织、综合应用、解决实际测量问题的能力。要求掌握常用测绘仪器测量的原理和操作、检校方法、技能、步骤；掌握控制测量、碎部测量、地形图测绘、纵横断面测量、施工放样、圆曲线测设等的基本方法与技术，并提交合格的技术资料。

（二）实习仪器与器具（以小组为单位）

DJ_6经纬仪1台，DS_3水准仪1台，全站仪1台，小平板仪1台，水准尺2只，格网尺一根，钢尺、皮尺、记录板、量角器、铁锤、比例尺、垂球、竹篮各1把（个），标杆3只，木桩若干，钢钉若干。

（三）实习内容与时间安排（以2周为例）

1. 布置任务，领取仪器、检校仪器、选点（1.0天）

进一步掌握水准仪和经纬仪的技术操作和检验校正方法，熟悉检校的全过程。模拟实际工地进行现场导线控制点选定，布设测量控制网。

2. 导线测量（2.0天）

每组按测量规范要求完成图根导线测量，主要工作为现场选点、经纬仪测角、光电或钢尺量距，测角量距也可由电子全站仪完成，并进行导线计算。

3. 水准测量(1.0 天)

每组按测量规范要求完成四等水准测量的外业和内业工作。

4. 地形图测绘(3.0 天)

每组完成面积约为 250m×250m 范围 1∶500 的地形图测图。

5. 图上设计与实地放样(1.0 天)

按图上设计的建筑物的位置，进行实地测设。

6. 圆曲线测设(1.0 天)

每小组选择两个交点，设置两条圆曲线(一条采用直角坐标法，一条采用极坐标法)，并进行曲线主点和详细测设。

7. 方格水准测量(1.0 天)

在 100m×100m 范围内，设置 10m×10m 方格网，并平整成平面场地，计算出土方量。

8. 测量新技术与新仪器介绍(0.5 天)

9. 技术总结报告与考核(1.5 天)

这一项包括资料整理，每人把实习作为一个生产项目写出技术总结报告，作为实习考核的主要内容；指导教师根据实习情况进行书面或实践考核，并进行成绩评定。

各专业还可根据本专业实习时间的长短增加或酌减上述实习时间及相应内容。

参 考 文 献

[1] 合肥工业大学. 测量学[M]. 北京：中国建筑工业出版社，1995.
[2] 武汉测绘科技大学《测量学》编写组. 测量学[M]. 北京：测绘出版社，1997.
[3] 许娅娅，雒应. 测量学[M]. 北京：人民交通出版社，2003.
[4] 钟孝顺，聂让. 测量学[M]. 北京：人民交通出版社，1997.
[5] 熊春宝，姬玉华. 测量学[M]. 天津：天津大学出版社，2002.
[6] 松林. 测量学[M]. 北京：中国铁道出版社，2002.
[7] 顾孝烈，鲍峰，程效军. 测量学[M]. 上海：同济大学出版社，1999.
[8] 王秉礼. 测量学[M]. 上海：同济大学出版社，1990.
[9] 吕云麟，林凤明. 建筑工程测量[M]. 武汉：武汉工业大学出版社，1996.
[10] 陈永奇. 工程测量学[M]. 北京：测绘出版社，1995.
[11] 张正禄. 工程测量学[M]. 武汉：武汉大学出版社，2002.
[12] 李青岳，陈永奇. 工程测量学[M]. 北京：测绘出版社，1995.
[13] 胡伍生，潘庆林. 土木工程测量[M]. 南京：东南大学出版社，1999.
[14] 过静珺. 土木工程测量[M]. 武汉：武汉工业大学出版社，2000.
[15] 邹永廉. 土木工程测量[M]. 北京：高等教育出版社，2004.
[16] 罗时恒. 地形测量学[M]. 北京：冶金工业出版社，1985.
[17] 罗聚胜，杨晓明. 地形测量学[M]. 北京：测绘出版社，2002.
[18] 钟宝琪，谌作霖. 地籍测量[M]. 武汉：武汉测绘科技大学出版社，1996.
[19] 詹长根. 地籍测量学[M]. 武汉：武汉大学出版社，2001.
[20] 孔祥元，梅是义. 控制测量学[M]. 武汉：武汉测绘科技大学出版社，2000.
[21] 王侬，过静珺. 现代普通测量学[M]. 北京：清华大学出版社，2001.
[22] 王兆祥. 铁道工程测量[M]. 北京：中国铁道出版社，2001.
[23] 张项铎，张正禄. 隧道工程测量[M]. 北京：测绘出版社，1997.
[24] 聂让. 全站仪与高等级公路测量[M]. 北京：人民交通出版社，1997.
[25] 黄丁发，范东明. GPS卫星定位及其应用[M]. 成都：西南交通大学出版社，1994.
[26] 周忠谟，易杰军，周琪. GPS卫星测量原理与应用[M]. 北京：测绘出版社，1999.
[27] 冯仲科，余新晓. "3S"技术及其应用[M]. 北京：中国林业出版社，1996.
[28] 刘基余，李征航，王跃虎，桑吉章. 全球卫星定位系统原理及其应用[M]. 北京：测绘出版社，1993.
[29] 朱光，季晓燕，戎兵. 地理信息系统基本原理及应用[M]. 北京：清华大学出版社，1999.
[30] 李志林，朱庆. 数字高程模型[M]. 武汉：武汉测绘科技大学出版社，2000.
[31] 高井详，肖本林，付培义. 数字测图原理与方法[M]. 徐州：中国矿业大学出版社，2001.
[32] 潘正风，杨正尧. 数字测图原理与方法[M]. 武汉：武汉大学出版社，2002.
[33] 杨德麟. 大比例尺数字测图的原理、方法与应用[M]. 北京：清华大学出版社，1998.
[34] 潘正风. 大比例尺数字测图[M]. 北京：测绘出版社，1996.
[35] 刘志德. EDM三角高程测量[M]. 北京：测绘出版社，1996.
[36] 於宗俦，鲁成林. 测量平差基础[M]. 北京：测绘出版社，1999.
[37] 中华人民共和国国家标准. 工程测量规范（GB/T 50026—1980）[S]. 北京：中国计划出版社，1998.

[38] 中华人民共和国测绘行业标准. 光电测距仪检定规范(CH 8001—1991)[S]. 北京：中国标准出版社，1995.

[39] 中华人民共和国国家标准. 1∶500，1∶1000，1∶2000 地形图图式(GB/T 7929—1995)[S]. 北京：中国标准出版社，1995.

[40] 中华人民共和国国家标准. 全球定位系统(GPS)测量规范(GB/T 18314—2001)[S]. 北京：中国计划出版社，2001.

[41] 中华人民共和国行业标准. 公路路线设计规范(JTJ 011—1994)[S]. 北京：人民交通出版社，2003.